传承弘扬工业精神、践行科学发展；遵循规律、规范行为、改革创新、兼收并蓄、构建行业、企业特色文化；提升国民素质、实现强国百年目标。

李毅中

二〇一六、六、廿七、

全国政协常委、经济委员会副主任、工业和信息化部首任部长李毅中弘扬两弹一星和载人航天精神，推进中国制造智能转型。

孙家栋

2016.6.23

两弹一星功勋科学家、中国科学院院士、中国第一颗人造卫星总设计师、中国探月工程总设计师、原航空航天部副部长孙家栋

先进的工业文化
是
先进工业的灵魂

张彦仲

2016年6月26日

中国大型飞机重大专项专家咨询委员会主任、
原中国航空工业第二集团公司党组书记、总经理、中国工程院院士张彦仲以先进文化为导向，培育形成中国大飞机精神，建设国际一流航空企业。

金壮龙

二〇一六年六月二十八日

中国商飞党委书记、董事长金壮龙

精益求精铸就中国之匠精神

创新驱动实现中国百年梦想

西安交通大学校长 王树国

二〇一六年六月三十日

西安交通大学校长王树国

工业精神

1964年10月16日，我国自主研发的第一颗原子弹爆炸成功
1967年6月17日，我国自主研发的第一颗氢弹爆炸成功
1970年4月24日，我国自主研发的第一颗人造卫星发射成功

2003年10月15日，"神舟五号"成功发射

1960年2月20日，大庆石油会战开始

工业精神

孟泰工作中

郝建秀工作法

赵梦桃小组组长王晓荣
给组员教技术

青年钳工倪志福工作中

工业精神

唐建平班组

铁人王进喜

薛莹班组

苗建印班组

工业文化
Industrial Culture

◎ 王新哲 孙星 罗民 著

电子工业出版社
Publishing House of Electronics Industry
北京·BEIJING

未经许可，不得以任何方式复制或抄袭本书之部分或全部内容。
版权所有，侵权必究。

图书在版编目（CIP）数据

工业文化 / 王新哲，孙星，罗民著. —北京：电子工业出版社，2018.10
ISBN 978-7-121-35059-7

Ⅰ. ①工… Ⅱ. ①王… ②孙… ③罗… Ⅲ. ①工业－文化研究 Ⅳ. ①T

中国版本图书馆 CIP 数据核字(2018)第 214076 号

策划编辑：王　斌
责任编辑：刘淑敏
印　　刷：北京七彩京通数码快印有限公司
装　　订：北京七彩京通数码快印有限公司
出版发行：电子工业出版社
　　　　　北京市海淀区万寿路 173 信箱　邮编 100036
开　　本：787×1092　1/16　印张：33　字数：540 千字　彩插：4
版　　次：2018 年 10 月第 1 版
印　　次：2020 年 1 月第 4 次印刷
定　　价：98.00 元

凡所购买电子工业出版社图书有缺损问题，请向购买书店调换。若书店售缺，请与本社发行部联系，联系及邮购电话：(010) 88254888，88258888。
质量投诉请发邮件至 zlts@phei.com.cn，盗版侵权举报请发邮件至 dbqq@phei.com.cn。
本书咨询联系方式：(010) 88254199，sjb@phei.com.cn。

序

大力弘扬工业文化 支撑制造强国建设

工业是强国之本，文化是民族之魂。习近平总书记指出："体现一个国家综合实力最核心的、最高层的，还是文化软实力，这事关一个民族精气神的凝聚。"世界工业化三百多年的历史证明，文化元素对工业化进程和产业变革具有基础性、长期性、决定性的影响，工业文化在工业化进程中衍生、积淀和升华，也必将在未来现代化发展中发挥越来越重要的作用。

在推进工业化的探索实践中，我国工业孕育了大庆精神、"两弹一星"精神、载人航天精神等辉映时代的工业文化典型，涌现了一大批彰显工业文化力量的优秀企业，它们在不同的历史时期对工业发展起到了春风化雨的推动作用。改革开放以来，我国工业取得了举世瞩目的发展成就，成为世界第一制造大国。但是，我国工业大而不强的问题仍然突出，在产业结构水平、自主创新能力、质量品牌建设等方面与发达国家差距明显。这与工业文化发展相对滞后有密切关系，集中表现为创新不足、专注不深、诚信不够、实业精神弱化等问题，严重制约着我国工业的转型升级和提质增效。

实施制造强国战略，不仅需要技术发展的刚性推动，更需要文化力量的柔性支撑。我们要牢固树立和贯彻落实创新、协调、绿色、开放、共享的发展理念，紧紧围绕制造强国的战略部署，以社会主义核心价值观为引领，努力培育和发展符合时代要求的工业文化。《中国制造2025》明确指出，要"培育有中国特色的制造文化，实现制造业由大变强的历史跨越"。我们要推动全社会提高对工业文化重要性的认识，努力提升中国工业的软实力。一是要大力弘扬创新精神，强化科学精神和创造性思维培养，使谋划创新、推动创新、落实创新成为自觉行动；二是要大力弘扬工匠精神，培养精益求精、追求质量的技能人才，引导企业"十年磨一剑"，走"专精特新"发展之路；三是要大力弘扬诚信精神，鼓励企业诚信担当、守法经营，为老百姓提供质优价廉的产品和服务；四是要大力弘扬企业家精神，加快建设具有全球视野、把握时代脉搏的企业家队伍，激发全社会创新创业活力；五是要抢救和保护濒危工业文化资源，挖掘和萃取我国优秀传统工业文化的精华，并且不断创新载体，赋予其新的时代内涵。

工业文化建设是一项长期的系统工程，需要政府部门、工业企业、行业协会和学术界的共同参与。《工业文化》一书，从概念、演进、价值、产业、实践等方面，对工业文化做了较为系统的梳理，是工业文化领域的一次理论创新与实践总结，对于弘扬优秀工业文化、提升我国工业软实力、支撑制造强国建设，具有重要的意义。期待《工业文化》的出版能为广大读者提供启发和参考，也希望越来越多的人关注、研究、推动工业文化建设。

二〇一六年六月十五日

目 录

概 念 篇

第一章　工业创造现代文明..................2
　　第一节　社会发展原动力..................2
　　第二节　工业化与工业革命..................7
　　第三节　人类社会..................12

第二章　工业文化释义..................20
　　第一节　工业文化界定..................20
　　第二节　形态、地位与本质..................28
　　第三节　工业文化属性..................35
　　第四节　工业文化特征..................40

第三章　工业文化范畴..................46
　　第一节　主体与载体..................46
　　第二节　工业文化分类..................49
　　第三节　工业文化系统..................51

| | | 第四节 纵横体系架构 | 56 |

第四章	工业文化重要特性	60
	第一节 先进性界定	60
	第二节 动态理解工业文化先进性	66
	第三节 先进工业文化影响力	68

第五章	工业之美	71
	第一节 自然美与人造美	71
	第二节 工业美学	76
	第三节 工业流程之美	80
	第四节 工业创造美丽世界	85

演 进 篇

第六章	工业文化起源与发展	98
	第一节 古代手工业	98
	第二节 近代工业	106
	第三节 李约瑟难题	112
	第四节 演进动力	116

第七章	工业文化传播	122
	第一节 传播路径与方式	122
	第二节 世界工业重心演变	129
	第三节 传播规律	137

第八章　工业文化变迁 142
　　第一节　传承与创新 142
　　第二节　冲突与调适 145
　　第三节　涵化与整合 149
　　第四节　丧失与自觉 154
　　第五节　量变与质变 158
　　第六节　中心与边缘 160

第九章　工业文化与工业革命 164
　　第一节　工业革命改变人类发展进程 164
　　第二节　工业文化对历次工业革命的影响 166
　　第三节　工业革命中的文化演进 171
　　第四节　工业文化助燃工业革命 175

第十章　工业文化与区域发展 179
　　第一节　生产力、生产关系与工业文化 179
　　第二节　从农耕思维到工业思维 183
　　第三节　文化风尚熏染制造品格 187
　　第四节　工业文化对区域经济主体的影响 191
　　第五节　工业文化对区域经济客体的影响 195
　　第六节　工业文化积淀决定区域发展前景 198

价 值 篇

第十一章　工业文化核心价值 206
　　第一节　工业文化功能 206

第二节　工业文化作用 211

　　第三节　工业价值观与特征 215

第十二章　工业伦理 221

　　第一节　内涵与准则 221

　　第二节　工业社会问题 226

　　第三节　产业技术伦理 234

　　第四节　生产与服务伦理 238

　　第五节　企业社会责任 240

第十三章　工业精神 242

　　第一节　工业精神内涵 242

　　第二节　创新精神 245

　　第三节　工匠精神 247

　　第四节　诚信精神 250

　　第五节　协作精神 252

　　第六节　劳模精神 253

　　第七节　企业家精神 255

第十四章　工业文化外溢 259

　　第一节　外溢效应 259

　　第二节　流水线生产与流水线文化外溢 262

　　第三节　精益生产与精益文化外溢 264

　　第四节　服务型制造与服务文化外溢 265

第十五章　产品的文化定价权 ... 267
第一节　基于文化定价的动因分析 ... 267
第二节　影响定价的文化因素 ... 273
第三节　产品的文化定价权理论架构 ... 281
第四节　价值升华机制与文化溢价空间 ... 286

第十六章　工业软实力 ... 292
第一节　软实力与硬实力 ... 292
第二节　作用机理模型 ... 297
第三节　产业与企业软实力 ... 301

产 业 篇

第十七章　工业强国文化根基 ... 306
第一节　英国 ... 307
第二节　德国 ... 310
第三节　美国 ... 315
第四节　日本 ... 318

第十八章　文化作用工业机制机理 ... 323
第一节　推动工业发展的作用机理 ... 323
第二节　物质文化对工业的支撑机制 ... 325
第三节　制度文化对工业的保障机制 ... 326
第四节　精神文化对工业的引领机制 ... 328
第五节　工业文化促进工业科技创新 ... 329

第十九章　宏观层面工业文化 333
第一节　国家工业体系 333
第二节　国家工业文化资源 341
第三节　国家工业形象 345

第二十章　工业文化产业 354
第一节　工业遗产 354
第二节　工业博物馆 362
第三节　工业旅游 367
第四节　工艺美术 370
第五节　工业设计 376
第六节　质量与品牌 383
第七节　工业文艺 387
第八节　工业文化新业态 391

第二十一章　工业行业文化 395
第一节　汽车文化 395
第二节　航空文化 401
第三节　网络文化 404
第四节　影视文化 410

第二十二章　微观层面工业文化 414
第一节　企业文化 414
第二节　工业群体文化 422
第三节　典型国家企业文化案例 425

实 践 篇

第二十三章　英国铁桥峡谷工业遗产 432
　　第一节　铁桥峡谷工业遗产由来 432
　　第二节　铁桥峡谷工业遗产价值 434
　　第三节　博物馆群保护利用模式 437
　　第四节　工业旅游胜地 440

第二十四章　法国巴黎航展 443
　　第一节　全球最大的航空盛会 443
　　第二节　航空科技展示与交流 445
　　第三节　航空科普与大众娱乐 447
　　第四节　国家工业形象与企业品牌展示 448

第二十五章　德国工业设计红点奖 450
　　第一节　最具国际影响力的工业设计奖 450
　　第二节　选评及推广模式 451
　　第三节　助推德国制造品质提升 453

第二十六章　美国硅谷创新文化 455
　　第一节　美国硅谷的崛起 455
　　第二节　创新文化筑就创新中心 457
　　第三节　硅谷创新文化内涵 462

第二十七章　日本匠人文化 464
　　第一节　秋山学校"匠人须知 30 条" 464
　　第二节　匠人精神融入职业操守 466

工业文化 INDUSTRIAL CULTURE

第三节　汽车业体现的匠人精神 471

第二十八章　中国三线建设 473
　　第一节　国家工业体系再布局 473
　　第二节　物质财富和工业遗产 478
　　第三节　宝贵的精神财富 479

第二十九章　中国工业精神 483
　　第一节　"两弹一星"精神 483
　　第二节　大庆精神 486
　　第三节　鞍钢宪法 488
　　第四节　载人航天精神 490

第三十章　中国企业班组建设 492
　　第一节　孟泰工作法 492
　　第二节　郝建秀工作法 494
　　第三节　赵梦桃小组 496
　　第四节　倪志福钻头 498
　　第五节　铁人王进喜 499
　　第六节　唐建平班组 501
　　第七节　薛莹班组 504
　　第八节　苗建印班组 506

后记 509

参考文献 511

概念篇

第一章 工业创造现代文明

从人类发展历史进程来看，推动人类发展的根本力量是工业。人类在进化过程中，最显著的变化是学会使用工具和火，其后的世界文明发展和社会进步是以工具的进步、科技的创新为先导，并形成以生产力提升和产业变革为核心的发展模式。就经济社会发展而言，工业化是三千余年来人类历史上最重大的事件，特别是当今工业大发展，缔造了现代文明。

第一节 社会发展原动力

1. 工具发明开启文明进程

工业，1999 年版《辞海》的释文是"采掘自然物质资源和对工农业生产的原材料进行加工或再加工的社会生产部门"。从这层意义上说，人类最初诞生的历史及文化活动恰恰是从"工业"开始的。当工具被人类有意识地大量制造并应用于采集、渔猎、建筑和生活之后，原始工业或称手工业的雏形就形成了。换个角度讲，如果从人类文化发展进程而言，"第一级产业"

或"第一次产业"是工业而不是农业[①]，因为人类文明的发展和社会进步是先以工具发明、手工业兴起，后以科学技术进步为先导的，工业和科技创新及其所连带的产业结构升级，始终是生产力发展的核心动力。

人类的先祖，起初与其他动物在获取食物以维持生命所使用的手段方面并没有太大的区别，也只是用手和牙齿。工具的发明和火的使用逐步使人类大脑得到进化，智力得到开发。其中，在获取食物和防卫过程中，人类慢慢地由无意识变为有意识、有目的地使用火、木棍和石块，并通过种群交流将这种学到的"本领"传承下来。相应地，他们的后代大脑更加进化，智力开发程度更高，学习能力更强，不仅学会了取火的方法，还发现了如何加工工具，并使之更加"好用"。比如，人类捕获猎物后，发现可用捡来的带锐边的石块进行切割，随后又认识到砾石在石块上摔破时，可能产生带锐边的石块，于是就慢慢地懂得了用一块石头来打击另一块石头，使其产生锐边。这便是历史学家们所说的制造打制石器，也就是原始人类制造工具的起源。当原始人类用取自自然的石材原料制造出第一批石器的时候，人类就打开了自我历史的第一页。原始社会第一阶段，即以使用打制石器为标志的人类物质文化发展阶段——旧石器时代开始了。

考古实物发现也证实了石器制造和木器制造是最古老的手工业。迄今所知最早的石器发现于东非肯尼亚的科比福拉，以及埃塞俄比亚的奥莫和哈达尔地区，距今 250 万～200 万年，之后，在非洲形成奥杜韦文化和阿舍利文化两大石器文化传统。大约在 150 万年前，一支进化程度更高的人种——直立人出现了。直立人学会了掌握火和制造更复杂的石器的技巧，同时活动范围由非洲扩张到亚洲，如中国的周口店人使用的石器有刮削器、砍砸器、尖状器等，并有早期骨器。在欧洲人类活动的最早证据是 100 万年前被使用的一种更先进的手斧。

[①] 贺云翱. 工业是人类开创文化缔造文明的根本性力量[J]. 大众考古, 2015(11), 卷首语.

凭借掌握的制造技术，人类可以实现许多目的，克服自身许多障碍，将更多自然物更快地转化为满足人衣、食、住、行需求的有用之物。凭借手中的锐器，人类终于在与自己为伍的动物同伴的世界中，取得支配地位，成为与一般动物不同的种类。会不会使用和制造工具成为人和动物的根本区别，这是人区别于猿的标志，是人之所以为人的依据。黑格尔说，人因自己的工具具有支配外部自然的力量。恩格斯说，劳动创造了人，而劳动是从创造工具开始的。从这个意义上说，技术创造了人，制造工具的技术使人实现了从动物界到人类的提升。随着早期人类制造的工具越来越复杂，他们的大脑也变得越来越发达，并在群体生活中产生了语言和文化。

原始社会包括旧石器时代和新石器时代。旧石器时代人类的文化成就主要有三个方面：一是石器工具的制作与使用，它是区分人与动物的最主要证据；二是用火，用火是人类进化过程中的一个里程碑；三是原始艺术的产生，如岩画、石刻和雕刻品。其后才有语言、文字的产生。考古学家把打制石器的活动称为"原始工业"，虽然能否称为"工业"存在争论，但不可否认，正是原始石器制造的进步，才促进了人类采集业和狩猎业的发展。同时，石器制造还为原始建筑工业的诞生创造了条件，进而推动人类居住及聚落营建水平的不断提升。

新石器时代原始农业逐步发展起来。公元前8500年左右，定居在中东的人类发明出"刀耕火种"生活方式，即先以石斧，后来用铁斧砍伐地面上的树木等枯根朽茎，然后晒干后用火焚烧，用腐烂的树叶及烧成的灰烬做肥料，播种后不再施肥。在土地的肥力耗尽以后进行迁徙，然后完成下一轮的耕作。

大规模工具制作为原始农业发展创造了条件。制陶业、农业、家畜饲养业和磨制石器制造业的出现成为新石器时代开端的标志和早期文化的四要素。在中国河北武安县磁山遗址上，发现了距今至少7 000多年，有几十个有规律地集中摆放劳动工具的"组合物"。这些"组合物"多由石磨盘、石棒、石铲、石斧、陶盂、支架等组成，每组一般四件，而且大都按生产工具（石铲、石斧等）、脱粒工具（石磨盘、石棒等）、炊具（陶盂、支架等）分组、分类放置。说明当时先民们已结束了游牧生活，有了相对稳定的定居聚落，以种粟为主，以采集、渔猎为辅，饲养了狗、猪等家畜。

原始社会后期，人类经历了农业部落和游牧部落从采集狩猎者中分离的第一次社会大分工，手工业和农业之间分离的第二次社会大分工，以及商人阶层产生的第三次社会大分工。在漫长的原始社会，人类物质生产只有农业和手工业两个主要部门，所以从某种意义上讲，人类物质生产活动是从手工业领域首先发生的。人类以天然产物或农牧产品为原料加工制造生产工具和生活用具的生产活动是手工业发展的最初阶段。随着渔猎经济的发展，骨、角、牙、蚌器的制造和皮革、编织等手工业也出现了。此后，出现了适应定居农业生活需要的制陶、纺织、建筑等手工业。原始社会末期，在传统石器、骨角器制作的基础上又派生出制玉、象牙雕刻等新分支，并出现了制铜业。

原始工业与后世的工业相比，虽然非常落后，却对当时人们的生活产生了相当重要的影响，尤其对人类衣、食、住、行等物质生活水平的提高具有极大作用。它逐渐改变了原始落后的生活方式，使人类脱离衣不蔽体和茹毛饮血的生活状态，并走出山洞，来到近河的低地，开始与外界以自己的手工业等产品进行交换，使人类由此一步步向文明迈进。如果没有原始工业基础，文明恐怕无从产生和发展。同时，由于手工业的发展，使得原始人脱离了衣不蔽体的状态，脱离了茹毛饮血的阶段。

2. 人类发展的第一推动力

人类是自然界的产物，在进化过程中，人类最初和其他动物一样，觅食并维持生存，这是所有动物的本能，这是人类生存的第一条件，可是这个条件不是人类独需的，而是自然界几乎所有动物必须追求的，或说人类吃饭问题继承了动物天性，是天生的本能。

农业起源于没有文字记载的远古时代，它发生于原始社会采集、渔猎经济的母体之中。在没有农业之前，人类依靠本能去采集和渔猎，食物构成主要是野生动、植物，采摘物包括坚果、浆果、种子等。人类发明了工具并创造"石器工业"之后，就大大提高了采集和渔猎的效率，到了1万～2万年前，人类开始有意识地栽培谷物，开辟农田，驯化可食用的动物，并且建造房屋，聚居一处。一般认为，采集活动孕育了原始的种植业，狩猎活动孕育了原始的畜牧业。

进入农业社会，人类有了相对稳定的食物来源和安稳生活的基本条件，但各类农具、服装、器具、粮食加工、生活用品等仍然要依靠原始手工作坊才能产出，也就是说，农业非常重要，但离开了原始工业也难以独自发展。

农业之于人类当然是至关重要的产业，但与"工业"相比，在人类产业发展史上，它仍属于基础位置，正因为工业是创造物质财富的第一推动力，所以构建在物质财富基础之上的人类文明才有了向前发展的基础。比如，正是有了陶器制造工业，人类才第一次创造出完全有别于此前不能改变自然原材料性质的工业成果，即人造"石器"的新产业形态。因为陶器是泥土、水、火及人类设计智慧合成的产物，是人类第一次利用工业方式改变自然物资性能的创新性成就。制陶工业中出现的高温生成技术及相关工业技术还为此后青铜、铁器等制造工业的诞生开启了先河，许多考古学家和历史学家均认为，青铜时代才真正意味着人类文明时代的开始，青铜工业、冶铁工业、建筑业等工业成就加上文字的发明构成了人类文明诞生的必备条件和标志。

原始社会是阶级、国家私有制出现之前的氏族部落阶段，生产方式是游猎、捕捞和采摘，生产工具主要是石头，社会组织方式是公社，伦理和价值是共有和共享。工业对人类历史、文化发展的根本性作用，不仅存在于史前时代和历史时期的古代，也存在于人类的近代和现代。人类之所以拥有今天的成就，真正的动力来自英国的工业革命，没有工业革命，就没有现代工业文明成就。由此也可以发现，历史的运行规律不会因为我们的认知角度不同而发生改变，农业无论如何重要，也无法取代工业对人类历史、文化、文明开启和推动的基础性作用，工业是人类创造文明的最重要的利器。

第二节　工业化与工业革命

1. 工业化是人类历史重大事件

人类历史有近 300 万年，但人类的经济大幅增长不到 300 年的历史，世界人均 GDP 水平在农业社会的两三千年里基本变化不大，经济增长非常缓慢，经过工业革命之前与工业革命之后对比发现，这完全是两个世界。按照史学家麦迪森的估算，公元元年时世界人均 GDP 大约为 445 美元（按 1990 年美元算），到 1820 年上升到 667 美元，1 800 多年里只增长了 50%。同期，西欧国家稍微好一些，但也只是从公元元年的 450 美元增长到 1820 年时的 1 204 美元。从 1820 年到 2001 年的 180 年里，世界人均 GDP 从原来的 667 美元增长到 6 049 美元[1]。因此，就社会经济发展而言，国际计量史学界的研究成果认为，工业化是三千余年来人类历史上最重大的事件[2]。

工业化的实质是经济结构的转化过程，是农业份额下降和非农业份额上升的过程。诚如马克思、恩格斯所言，现代社会的形成是一个漫长的过程，要早于工业革命。因此，现代社会的形成一定会受到文艺复兴、宗教改革、启蒙运动等思想文化事件的影响。但是，经济基础决定上层建筑，生产力的变革是第一位的。在工业革命前的漫长酝酿期，各种政治与文化变革为现代

---

[1] 陈志武. 量化历史研究告诉我们什么？[N]. 经济观察报, 2013-9(14).
[2] 李扬. 为经济学发展做出中国贡献[N]. 人民日报, 2015-6(1).

社会的到来准备了各种要素，但只有当生产力真正得到解放以后，生产方式的变革才开始冲击其他社会要素，并将整个社会加以改造。

在工业革命之前，世界各国经济增长基本符合马尔萨斯循环定律，即人口变动与实际收入变动成反方向的变动，人口的增长引起劳动生产率的下降，从而引起实际收入降低，生产力的下降，于是饥荒、瘟疫、战争出现，使人口急剧减少，随后，人均占有耕地的大幅度回升，收入又再度回升，然后生产力的发展又使人口快速提升，然后收入又开始下降，然后又是饥荒和内乱……这就形成了循环。此时，人类生产力发展更多的是依靠经验技术，因此，经济发展是一个缓慢提升的过程。

在工业革命之后，人类打破了这个循环，因为工业化使人类可以迂回生产，于是，科学技术能够大规模地推广应用，生产率可以不断提高，财富就能持续积累。此时，生产力的提升主要依靠科学技术的进步，而且历次工业革命的前期均有重大的科技突破和创新成果的产业化应用。

哈特维尔评价工业革命时说："工业革命明显的和本质的特征是：总产值和人均产值增长率的持续上升，这种增长和以前的增长相比是革命性的。"[①]随着工业的发展，每次工业革命所带来的经济进步都与前一次大有不同，第一次工业革命时期，底特律被称为"美国的巴黎"，是世界汽车工业之都，1990年底特律最大的三家企业的总市值为360亿美元，总收入约为2 500亿美元，员工总数约为120万人；第三次工业革命后，硅谷作为美国的新兴城市快速成长，2014年硅谷最大的三家企业的总市值高达1.09万亿美元，但是在员工数只有底特律的1/10的前提下，硅谷的总收入约为2 407亿美元，与底特律不相上下。更为重要的是今天的社会发展，主要不是表现在GDP统计数字上，而是表现在新科技、新产品、新业态的不断涌现，表现在人们的生产方式和消费方式的不断改善上。

---

① 马克垚. 世界文明史(下)[M]. 北京：北京大学出版社，2004.

2. 工业革命是人类历史的分水岭

无论是社会学家还是经济学家，都认可首先爆发于英国的工业革命是人类历史的分水岭。工业革命之所以重要，是因为它解放了人类的生产力，而生产力作为基础性的决定性的力量，又推动了生产关系及上层建筑的变革，其连锁反应最终彻底改变了人类社会。工业革命之所以重要，是工业的本质就是"革命"，平和一点是"创新"。工业革命前，世界各地的制造业，技术进步的速度都不快，很多传统工艺能保持数百年甚至更久。工业革命的革命性在于，技术进步的速度大大加快，在巨人的市场竞争压力下，旧的技艺乃至旧的工业部门不断消亡，新技术和新产业不断创生。如果说传统手工业更讲究独门技艺的千年传承，那么，现代工业必须以高强度创新作为生存竞争的武器。

事实上，马克思、恩格斯在《共产党宣言》中，已经很清楚地看到了工业革命的革命性，尽管《共产党宣言》出版时，英国也不过刚刚完成第一次工业革命而已。马克思与恩格斯写道："资产阶级在它的不到一百年的阶级统治中所创造的生产力，比过去一切世代创造的全部生产力还要多，还要大。自然力的征服，机器的采用，化学在工业和农业中的应用，轮船的行驶，铁路的通行，电报的使用，陆地的开垦，河川的通航，仿佛用法术从地下呼唤出来的大量人口，过去哪个世纪料想到在社会劳动力中蕴藏着这样的生产力呢？"这是对工业革命解放了人类生产力的巨大礼赞。

在生产力发展方面，工业革命之后，工业技术的不断进步，促进了人类劳动生产率和生活效率的不断提高。借助先进工业技术，推动人类文明由原始文明、农业文明向更高层次的文明迈进。在此过程中，人类社会衍生出语音文字、生产消费、商业贸易、政治制度、法律政策、文学艺术等，都呈现出不同时代新、旧工业技术演变的特征。特别是工业革命带来现代工业文明，从机械化到电气化，从自动化到智能化，从汽车、轮船、飞机到宇宙飞船、空间站，从留声机、录放机、电视机到智能终端、量子计算，从木质家具到智能家居，从"福特制"到精益生产，从质量标准到品牌服务，现代工业在创造巨大物质文明成就的同时，也创造了巨大的精神文明成就。

在社会进步方面，英国工业革命前，人类总体处于靠天吃饭的农业社会，部分人甚至还处于原始社会，只有依靠高强度的、重复性的体力劳动才能勉强糊口。工业革命之后，人类的生活方式、社会结构、政治形态及文化内涵都发生了本质性的变革，引发了社会关系的重组与社会文化的重塑。这种变革加速了自大航海时代以来的全球化，带来了社会的大规模城市化。近300年，人类10%左右的人口真正生活在完全工业化的国家。中国作为一个本来一穷二白的农业大国，在不到70年的时间中，建立了一个基本完整、门类齐全的工业体系，以最快的速度实现了国家工业化，这是社会主义中国所取得的最伟大的经济成就！

在思想意识方面，工业革命爆发以前，人类对自然现象的认识有限，也很少有时间从事创造性的工作，对所处生存环境的探索更多地停留在猜想层面，缺乏科学的论证能力。因此，人类畏惧无法解释的自然现象，将之视为"神"，同时也塑造"神"以满足自身的精神需求和对物质的渴望，并为此做出野蛮、有悖人伦的行为，如用活人祭祀等。工业革命爆发带来制造业飞速发展，为人类探索自然、解释自然现象创造了丰富的工具，提供了更多实践论证素材，使人类对自然现象得到科学合理的解释，特别是科学理性的逐步传播，从而使人的思想摆脱传统意义上"神"的束缚，并使人类得以正确认识人与自然的关系，通过提升制造业水平实现与自然的和谐相处。同时，制造业的发展使更多的人可以摆脱传统的高强度体力劳动，将思想解放出来，从事创造性工作，从而促进了人思维能力和水平的提升。通过便捷的信息传输工具，先进知识和思想得到普及，高尚的道德情操得到传播，优秀的精神得到传承和发扬，人类整体的思想认识和道德水平随之提升，进而推进全人类的进步。

3. 社会发展进步离不开工业

科技突破具有先导性，代表了人对自然界认识的深入与提高，但科技突破之后的产业化更为重要，因为它将人类认识世界的科学知识转化为改造自然的动力、造福人类的工具，形成全世界人民可获得的、可享受的成果，并影响社会的方方面面，最终推动人类社会的进步。从本质上看，人类社会的每次更迭，都是一次生产力的巨大飞跃，而每次生产力的飞跃，又都缘于一场深刻的生产技术变革。特别是工业社会，每一次工业革命的发生，都是建立在其发生之前人类文明创造的科技创新成果基础之上的，都是对前一次工业革命的升华。

世界各国的社会经济发展要靠工业。英国成为"日不落"帝国，依靠的是率先发展起来的造船、采矿、蒸汽机、纺织、钢铁等工业，为英国殖民地扩张奠定了基础。美国和德国能在第二次工业革命时期赶超英国，依靠的是后来居上的工业。第二次工业革命期间，美德的钢材产量、铁路里程等均超过英国，在新产品研发和应用方面也远超英国，不仅为美德经济和社会发展积累了巨额资本，也为人民生活水平的提升创造了条件。韩国、瑞士等国家的兴起，依然靠的是在全世界具有特色优势的工业，如韩国的消费品和电子产品、瑞士的钟表等制造业一度风靡全球，当今巴西、印度、越南等新兴市场国家无一不把发展工业作为实现经济和社会腾飞的关键举措。

那么蓬勃兴起的文化产业、服务业等是否意味着工业地位的衰退？不是，一方面，它们是工业不断发展的产物。农业实现现代化，文化要变为"产业"，必须走工业化道路，没有农业、文化的工业化，这些目标不可能实现，这不取决于人的意愿，而是由历史发展客观规律所决定的。凡是现代强大的国家，无一不是经由工业化发展阶梯而实现的。工业化还是人类城市化的前置条件，不仅城市建设本身就是工业创造的过程，而且城市的发展水平也取决于工业化发达程度。另一方面，工业是创造物质财富的主要部门，离开以工业为核心的实体经济，虚拟经济再发达也无法解决人类生存的物质需求。

总之，人类社会进步经历了工具制作、手工业、机器大工业、现代工业的历程，工业发展彻底改变了人类的生活、思想和情感。人类的命运再也无法摆脱工业——这就是现实，躲开了工业，就是躲开了这个社会，躲开了赖以生存的土壤。近300万年来的人类实践反复证明，工业是人类创造文化、创造文明的根本性力量。

第三节 人类社会

1. 社会演化

社会是由特定地域的具有相同文化的人群构成的。社会的发展是演化的，不是静止的，这种演化是具有阶段性的，根据不同的视角和标准，可以对社会演化的阶段进行不同的体系性划分。在宏观层面上，整个地球上的人类共同构成了整体性的人类社会。这种整体性的人类社会经历了不同的演化阶段，但总体来说，自文明史以来，人类社会主要经历了从原始社会、农业社会到工业社会的宏大转变。这种转变是以生产力变革为基础的，而且各个社会形态的形成是一个漫长的过程。

关于社会演化的理论，在思想史与学术史上由来已久。人类学家刘易斯·亨利·摩尔根的理论中将所有的社会分成三组：原始社会、野蛮社会和文明社会。[1]

泰勒按照文化进化的逻辑将人类社会的文化形态划分了三个主要阶段：原始未开化或狩猎采集阶段，野蛮的以动物驯化和种植植物为特征的阶段，

---

[1] ［美］路易斯·亨利·摩尔根. 古代社会[M]. 杨东莼，马雍，马巨，译. 北京：中央编译出版社，2007.

文明开化的、以书写艺术为开端的阶段。①

从社会赖以生存的方式上，学界也把社会分为狩猎的与采集的社会、畜牧社会、初民社会、农业社会（又称前工业社会）、工业社会（现代社会）。

约翰·麦休尼斯、安东尼·吉登斯等社会学家把人类社会的演化划分为两大阶段，即前现代社会与现代社会，或者传统社会与现代社会。

诞生于 19 世纪的马克思主义社会形态更替理论无疑更为科学，如果从阶级理论出发，社会演进分为原始社会、奴隶社会、封建社会、资本主义社会和共产主义社会（社会主义为其初级阶段）。如果从生产力理论出发，可以根据不同历史时期人类社会主导性的生产模式，将社会演进分为原始社会、农业社会、工业社会三个阶段。

人类历史的发展是非线性的，不同地区的发展具有极大的不平衡性。如吉登斯所言，工业社会就是现代社会。农耕技术的出现使人类社会从原始社会进入了农业社会，蒸汽动力技术的出现又使人类从农业社会进入了工业社会。不过，人类从传统社会迈向现代社会，除了生产力的大革命，还有思想文化等方面的变革，有些变革或早于工业革命，这使工业社会的形成实际上经历了几百年的酝酿期。在严格意义上的工业社会逐渐形成后，由于工业本身的革命性，工业社会自身也持续演化着。

2. 工业社会

"工业"（Industry）一词从 15 世纪就出现在英文里，但那时的"Industry"或"工业"一词都有较为宽泛的用法，包括指称前工业革命时代的手工业。工业是指采取自然物质资源，制造生产资料、生活资料，或者对各种原料进行加工的生产事业。工业是社会分工发展的产物，经过手工业、机器大工业、现代工业几个发展阶段。近现代工业起源于 18 世纪英国的工业革命，工业

---

① [美]爱德华·泰勒. 原始文化[M]. 连树声, 译. 上海：上海文艺出版社, 1992.

革命使得劳动工具从手工工具转化为机器，原来以手工技术为基础的工场手工业逐步转变为机器大工业。

农耕技术的出现使人类社会从原始社会进入了农业社会，蒸汽动力技术的出现又使人类从农业社会进入了工业社会。工业社会是人类社会尤其是生产力水平发展到一定历史阶段的产物。工业社会是指以工业生产为经济主导成分的社会，它不仅开创了用机器制造机器，使工业内部生产技术和生产组织发生了空前的变化，还用机器装备工业和社会的其他部门，从而改变了整个社会的面貌，导致社会关系和社会生活的重大变革。

与人类历史相比，工业社会是人类滚滚不息长河中的瞬间，其中的工业化只不过是一个巨浪。费里曼曾经将地球5亿年的历史浓缩在一个假想的80天里进行比较，那么：

- 60天前，地球上出现生命。
- 1小时前，人类产生。
- 6分钟前，石器时代开始。
- 1分钟前，现代意义上的人类出现。
- 15秒前，发生农业革命。
- 10秒前，金属被利用。
- 3/10秒前，工业革命发生。

正是这3/10秒的瞬间，几乎完全改变了自然的境况及人类的生存和生活方式，其影响还愈来愈深、愈来愈广、愈来愈大。工业化标志着传统社会的终结，日新月异的现代社会，即工业社会的开始与发展。工业社会不同于以往的传统社会，它有以下特点。

（1）工业社会是以蒸汽机、电力及后来的自动化、信息化、智能化的出现为主要特征的。在生产过程中，以机械力、电力代替了人力、畜力作为动力，以机器大工业代替了工场手工业。同时，大规模的工厂制度建立、劳动者与生产工具相分离，使得人们的社会关系发生了一系列的变化。

（2）工业社会的分工更广、更细。这不仅指工业与农业的分工，主要还指专业上、技术上的分工。

（3）工业社会的大规模的现代化生产。这是传统社会不可比拟的，不仅提高了生产效率，降低了产品成本，而且增加了就业机会。

（4）工业生产跃居经济活动中心。工业产值在国民经济中的比重加大，工业人口增多，农业人口减少，人员社会流动性增强。

（5）工业与家庭分开。在传统社会中，工业常常是家庭的一部分，家庭成员在家中进行手工业劳动；在工业社会中，工人离开家庭到工厂上班。

（6）在工业社会中，城市发展很快，人口集中，城市化与工业化有着密切的联系。

随着科学技术的进步，人类社会的生产力水平由低向高发展，从以畜牧业、农业经济为主向以工业、服务业经济为主发展；人类对自然资源、环境的利用程度逐渐加深、范围增大，活动范围从地表向地下和空中、从陆地向海洋发展，资源利用从土地资源、生物资源向矿产资源、能源资源发展。

19世纪末20世纪初，人类进入了现代工业的发展阶段；从20世纪40年代后期开始，以生产过程自动化为主要特征，采用电子控制的自动化生产线进行生产，改变了机器体系；进入80年代，以微电子技术为中心，包括生物工程、光导纤维、新能源、新材料和机器人等新兴技术和新兴工业变为现实；到21世纪初，以人工智能、信息网络、生物科技、清洁能源、量子技术、新材料与先进制造等为主的全新技术蓬勃兴起。这些新技术的突破，正在改变着工业生产的基本面貌，使得社会经济、政治、文化、教育等发生了一系列前所未有的变迁，给人类带来了更加繁荣的工业文明。

3. 智能社会

工业革命爆发需要具有颠覆性、引领性、渗透性科技创新的引爆，但重大科技创新不一定能带来工业革命，必须能够实现大规模产业化。人类在农业社会，曾经有许多重大的技术突破和发明，如制陶技术、炼铜技术、炼铁技术、造纸技术、火药技术、印刷技术等，这些技术能否构成"手工业革命"呢？目前还没有定论。

人类社会的历史长河，从原始社会、农业社会，到工业社会，未来人类将进入什么社会？智能社会？当前，人类处于新一轮工业革命的前夜，这次革命以互联网、人工智能、清洁能源、量子计算等技术突破为标志。那么，这轮工业革命之后人类是否就进入了智能社会？答案是否定的，人类只是经历一次工业革命，远远没到社会更迭的地步。

在此之前，一些学者提出了"后工业社会（时代）"或"信息社会（时代）"的概念。按一些学者的理解，大约从 1950 年开始，人类社会生产的性质又一次改变了。美国开创了后工业经济，即"基于服务业和高科技的生产体系"，其特点为："自动化机器（后来是机器人技术）降低了劳动者在工厂生产中的作用，扩大了文员和经理队伍。后工业时代是以工业向服务业的转向为标志的。"[1]但是，由于当今世界的基本生产力还是工业提供的，为信息产业提供基本架构的物质基础仍然是制造业，所以人类社会尚未真正脱离工业社会阶段。信息社会实际上是工业社会进入信息化时代的一种表述方式，普遍运用信息技术呈现出的一种状态，本质上还是工业社会的延续，尽管和工业社会初期的机器大工业有着区别，但实际上仍然是机器工业的进化形态。相反，某些"后工业时代"或"信息时代"的特征恰恰还是工业革命的延续。实际上，自动化本身就是从 18 世纪英国工业革命开始的工业化的基本追求，只不过其程度日益加深。换言之，工业革命不是一次性的，而是至

---

[1] 约翰·麦休尼斯. 社会学（第 14 版）[M]. 风笑天，等，译. 北京：中国人民大学出版社，2015.

今仍然在持续进行中的。

下一个社会发展阶段必然像人类从农业社会进入工业社会一样，社会的政治、经济、文化，以及人的思维方式和价值观念都会发生深刻而全面的变革。有一个"吓尿指数"有趣又形象地体现了社会发展的巨大变化，几万年前的原始人如果穿越到几千年前的农业社会，肯定会被当时强大的帝国景象"吓尿"；从几千年前农业社会穿越到当代工业社会的人，肯定会被高楼、飞机和巨大的机器"吓尿"。当代人如果穿越到智能社会，什么会把你"吓尿"呢？让我们通过现在技术发展的一些雏形和一些超前的思想，用最大胆的想象力和逻辑推理，来探讨一下未来的智能社会，什么会把我们"吓尿"，或者什么会远远超出人类现在的认知？

当前，人工智能技术和量子技术能够成为新一轮工业革命的导火索，但显然不足以把我们"吓尿"。人类实现社会更替，至少应该具备以下条件：

（1）从生产力角度看，必须实现从手到脑的大幅跃升。根据马克思主义原理，一切机器在本质上都是人类劳动的模拟，机器工具是人类双手的延伸，计算机和人工智能是人类大脑功能的延伸。每个个体自身身体的能力都是有限的，但工具的使用使得个体的能力得到无穷放大，只要使用的工具足够强大。这些工具小到穿的衣服鞋子，大到各种毁灭性武器和宇宙飞船。因为原始社会人类生产活动主要依靠双手，随后，人类发明了工具，农业社会生产活动主要依靠工具，工具成为手的延伸。工业社会，人的体力因机器的使用而延伸增强，随着机械化、自动化、信息化的技术发展，人类生产活动有了新的工具，但还是手的延伸，最多是人脑的助手。当前出现智能社会，更多地从智能教育、智能金融、智能交通、智能农业、智能服务业、智能医疗、智能建筑、智能工业体系等角度描述，其实，这些智能仅仅是基于深度学习的算法，缺乏人类的智慧，即不能独立思考问题，关键是不能创新。只有人类创造出能够像人一样能够独立思维，并能够在已有基本知识的基础上具备创新能力的机器人,人类才能真正进入了下一个社会——智能社会。

（2）从生产活动来说,机器人能够代替人从事生产和创新活动。智能社会的最大特征就是,人工智能成为人脑的延伸,此时,机器人能够帮助人类进行思考、创新、创造,能够代替人从事生产活动。于是,大部分人口不依赖工业及其附属产业就业,人类彻底摆脱了劳动的束缚。

（3）从社会关系来说,以机器人为代表的人工智能产品有了社会地位。因为此时的人工智能有了自己的思维、认知和创新能力,他可能产生许多需求,人类也需要对其进行约束。此时,可能产生人工智能法、机器人管理条例等一系列法律法规和管理制度。

未来,人工智能的发展可能有三个阶段：第一个阶段是拥有自主意识,目前,各国研发的机器人只能根据人类下达的指令去工作,下一步的研发方向就是让它们拥有自主意识。第二个阶段是拥有情感意识,未来人和物的交流方式、人和工具的交流方式,不再是人学习工具怎么使用,而是机器、工具学习人的意图,让人和机器人的对话变成一种自然语言的对话。第三个阶段是拥有自觉学习意识。如果机器人有了自觉学习意识,就会彻底觉醒。有人预测,那时再强大的人类社会也无法对抗觉醒后的机器人社会,人类将被毁灭或者奴役。200年前,英国著名的"卢德运动",就是担心机器夺去我们的工作进而毁灭人类,甚至把机器都烧了。今天的机器已今非昔比,强大多了,但机器不但没有夺走我们的工作,反而是新技术创造了大量的新机遇。

当前的人工智能技术来源于人类编写的软件和算法,这种路径创造的机器人难以超越人类的思维定式。从理论上看,在所有能够被规则化、系统化的领域,人工智能都有可能取代人类。但在可以预见的时间内,人工智能完全模拟成人、替代人也是不可能的,尤其是创新创造和情感意识领域,因为人类意识产生的生物学原理太复杂,目前连思考的入口都还没找到。只有当人类仿生学、类脑研究、意识科学等获得颠覆性的重大突破,使人的思维活动与机器紧密结合起来,实现人思维活动甚至意识在机器上的延伸,人的意识可以脱离人体本身而附着在机器或者存在于某个虚拟空间,进而在机器和人造人体、本体之间切换,那么,人类将迎来一个全新的社会——智能社会。总之,人类进入工业社会尚不到 300 年的时间,未来相当长的时间内,人类仍将生活于工业社会。

第二章 工业文化释义

工业文化不是游离于人类历史之外，也不是站立在世界历史之上，它融于世界历史之中，与人类历史共进退，它是人类社会的基本现象，其形态类型具有历史的阶段性特征，这种特征可以从人类社会历史的演进中得以捕捉。广义的工业文化是指工业社会的文化，狭义的工业文化是工业与文化相结合而产生的文化，它与工业活动紧密联系。工业文化不是新概念，更不是颠覆性的理念或思维，工业文化早已存在于工业生产活动的方方面面，提出它只不过是还原其本来面目。

第一节 工业文化界定

1. 文化与文明

工业文化是文化的子集，要探讨工业文化的概念和定义，就必须从文化的内涵、外延开始。在西方，英语中的 Culture 原意包含耕种、居住、练习、注意、敬神。到古希腊、罗马时代，这个词的含义转变为改造、完善人的内在世界，使人具有理想公民素质的过程，也被理解为培养公民参加社会政治活动的能力。中世纪，文化开始有了物质文化和精神文化的区分，但是被神学所遮蔽。中世纪晚期的欧洲，文化指道德完美和心智或艺术成就。启蒙运动时期，法国启蒙思想家和德国古典哲学家把文化同人类理性的发展联系在一起，以此区别于原始民族的"不开化"和"野蛮"。

在东方，"文化"一词很早就见于中国古籍。汉代许慎的《说文解字》："文，错画也，修饰也；化，教行也，变也。"汉刘向《说苑·指武篇》首次把"文"和"化"连用："圣人之治天下也，先文德而后武力。凡武之兴，谓不服也，文化不改，然后加诛。"南齐王融《曲水诗序》："设神理以景俗，敷文化以柔远。"上述文化的含义均指"文治和教化"，与"武功"相对而言。它和我们现在所用的文化一词虽有一定关联，实际含义相去甚远。随着对文化一词运用的不断深入，文化概念的含义才逐渐明确起来。在中世纪，已大体与今日的文化概念相当。

17世纪，德国法学家S.普芬多夫提出，文化是一个独立的概念，即文化是人的活动所创造的东西和有赖于人和社会生活而存在的东西的总和。18世纪，法国启蒙思想家伏尔泰等提出，文化是一个不断向前发展的、使人得到完善的社会生活的物质要素和精神要素的统一。19世纪中叶之后，文化人类学兴起，对文化现象的认识有了新的突破。英国著名人类学家泰勒在1871年出版的《原始文化》一书中写道："文化或文明，就其广泛的民族学意义来说，包括全部的知识、信仰、艺术、道德、法律、风俗及作为社会成员的人所掌握和接受的任何其他才能和习惯的复合体。"20世纪50年代，美国人类学家A.克拉伯和克拉克洪认为，文化是一个成套的系统，文化的核心是价值观念；文化系统既是限制人类活动方式的原因，又是人类活动的产物和成果。第二次世界大战后，对文化的研究发生了两个历史性转折：一是由注重传统的乡土社会和未来开化社会转向注重现代的都市社会；二是由传统农业文化转向现代工业文化。

中国作家梁晓声认为，文化可以用四句话表达："植根于内心的修养；无须提醒的自觉；以约束为前提的自由；为别人着想的善良。"中国学者余秋雨的专著《何谓文化》对文化做出定义："文化，是一种包含精神价值和生活方式的生态共同体。它通过积累和引导，创建集体人格。"

文化是一个非常广泛的概念，各类定义众说纷纭，但大体上有广义和狭义之分。广义上，文化指的是人类在社会历史发展过程中所创造的物质和精神财富的总和。狭义上，文化特指意识形态所创造的精神财富，是凝结在物质之中又游离于物质之外，能够被传承的宗教、历史、信仰、风俗习惯、道德情操、学术思想、文学艺术、行为规范、科学技术、各种制度等。

总之，广义的定义着眼于人与自然、社会与自然的本质区别，几乎囊括人类的整个社会生活，可用黑格尔的名言"文化是人类创造的第二自然"来说明；狭义的定义指与人类社会经济基础相对应的精神，以及与之相适应的制度和组织结构。

人类由于共同生活的需要才创造出文化，文化在它所涵盖的范围内和不同的层面发挥着整合、导向、维持秩序、思想传承等功能和作用。对于文化的构成有不同的说法，其中，最常见的是器物、制度和观念"三层次说"。

（1）器物层次指人类为了克服自然或适应自然，创造了物质文化，简单地说就是指工具、衣食住行所必需的东西，以及科技创造出来的产品等。

（2）制度层次指为了与他人和谐相处，人类创造出制度文化，即道德伦理、社会规范、社会制度、风俗习惯、典章律法等。人类借助这些社群与文化行动，构成复杂的人类社会。

（3）观念层次指为了克服自己在感情、心理上的焦虑和不安，人类创造了精神文化，如艺术、音乐、戏剧、文学、宗教信仰等。人类借助这些表达方式获得满足与安慰，维持自我的平衡与完整。

文明是人类开始群居并出现专业化社会分工、人类社会雏形基本形成后开始出现的一种现象，是较为丰富的物质基础上的产物，也是人类社会的一种基本属性。文明的形成是人类社会漫长历史演变的结果，是人类审美观念和文化现象的传承、发展、糅合和分化过程中所产生的生活与思维方式的总称。人类适应和改造自然环境的意识和能力是文明发展的动力。

文化和文明有时候在用法上混淆不清，几百年来，一直有学者在研究其差异。比如，文明偏外，凡是政治、法律、经济、教育等生活上的表现，以及工艺与科学的成果，可以认为文明的表现。文化偏内，侧重于精神方面，包含宗教、哲学、艺术等思想与习俗。这种比较，采用了狭义的文化概念。

一般认为，文化从人类诞生之日起就有，其产生要早于文明。文明是文化的最高形式或高等形式，或者"高大上"的文化；文明是在文字出现、城市形成和社会分工之后形成的。

关于文明与文化的关系，学术界主要有三种意见：其一，文化和文明没有多大差别，甚至两者是同义的。其二，文化包括文明，即文化所包含的范畴要比文明更加广泛，在英法两个国家，有以文化取代文明的倾向。其三，文化和文明是属性不同的两个部分。以上三种意见中，第二种目前占上风，即广义的文化概念包括文明，文化的外延要广于文明。

2. 学术界理解

马克思认为文化是人类在劳动中创造出来的。工业文化作为文化的子集，具有文化的共同属性，同时更具有工业发展变化过程中形成的特殊属性。工业文化是研究人类在工业生产活动中，文化发生、发展及演变的规律，揭示工业文化要素对工业化进程的重要意义与作用。研究的目的在于厘清工业文化与经济发展之间的复杂关系与内在规律，使人们认识到工业文化是人类在工业发展中创造的独特财富，展现工业与文化融合发展的特殊关系。

从工业文化创造的角度看，一般要进行理论层面的研究和总结，当它被某种形式的工业机构采用后，即形成了一整套体现这一思想的生产方式、管理制度。然后通过教化，贯彻到全体生产者中，自觉或被迫形成一系列上行下效、以提升产品价值为目标的，包括管理制度、组织形式、生产方式、价值体系、道德规范、行为准则、经营哲学、审美观念等在内的制度文化和精神文化。从制度文化到精神文化的结构一旦形成，也就形成了工业意识的深层结构，或者工业文化素养或积淀。

工业文化往往与特殊的时代、特定的人物和特色的行业活动密切相关，有着比较丰富的内涵和外延，体现着地域性和时代性。总体来看，全球工业文化的理论与实践研究远远滞后于工业经济的发展，大部分研究停留在基本概念和作用意义上，浅尝辄止，没有成系统、成体系、成效应。

在英语环境中，Industrial Culture 有两种含义：一种是工业文化；另一种是产业文化。Industrial Culture 一词最早出现于 1882 年德国哲学家尼采的著作《快乐的科学》中。但之后学术界和产业界关于工业文化的研究文献很少，特别是西方涉及 Industrial Culture 的相关研究，基本上都把 Industrial 视为产业的或行业的。

中国学术界对工业文化有几种描述：王正林（2006）认为，工业文化不仅指工业社会的精神生产，也不只是工业社会的物质生产，而是包括了物质与精神财富的方方面面，以及社会发展与进步的水平。余祖光（2010）主要从行为和制度文化的角度阐释工业文化的内涵，认为工业文化应包括合格公民的意识与行为规范、合格劳动者的意识与行为规范、合格企业法人的意识与行为规范、环境生态意识与行为规范、多元文化理解与行为规范等。赵学通（2013）认为工业是各种产业、各个行业和不同类型企业组成的集合体，工业文化包括产业文化、行业文化和企业文化三个层次。王学秀（2016）认为工业文化是人类在工业社会进程中，通过工业化生产与消费过程逐步形成的共有的价值观、信念、行为准则及具有工业文明特色的群体行为方式，以及这些信念和准则在物质上的表现。

学者们对"什么是工业文化"这个问题之所以有不同的答案，除了工业文化本身有其复杂多样性和跨学科性，并且在认识上容易产生歧义，也是由于不同学科的学者——工程师、历史学家、科学家、社会学家及文化人类学家等，从各自不同的角度来考察工业文化特质的结果。"仁者见仁，智者见智"，大同中有小异，就是很自然的事了。

3. 超学科性特征

"超学科"（Transdisciplinary）这个术语可以追溯到20世纪70年代第一届交叉学科国际研讨会。在这次研讨会上，Piaget 和 Jantsch 各自陈述了他们的超学科理论框架。Piaget 认为"当思维的常规结构和基础模式成熟以后，将形成一种系统或结构的普遍理论"，这就是超学科的理论。Jantsch 认为，超学科就是以普遍公理和新兴的认识论范式为基础，在教育或创新系统中对所有学科和交叉学科进行的协调，这样的协调是一种研究、创新和教育间多层次的系统化合作。在 Piaget 和 Jantsch 之后，超学科就被看成一种融合多学科的研究方法，其目的在于为社会、人类及其所生存的世界服务。

联合国教科文组织对超学科做了这样的描述：超学科要在不同的学科之间，横跨这些不同的学科，取代并超越它们，从而发现一种新的视角和一种新的学习体验（UNESCO，2003）。

中国学者尤政、黄四民认为工业文化的发展尽管已有很长的历史，但是工业文化研究一直没有建立起其相应的知识体系和理论体系，其相关研究碎片化散落在管理学、工业工程、经济学、历史学、心理学、社会学或人类学等学科领域。碎片化的现状意味着该领域将更具跨学科、交叉性、总体性的特征，因此，工业文化研究属于经济合作与发展组织（Organization for Economic Co-operation and Development，OECD）跨学科分类中超学科研究类型[①]。该研究类型，从整合程度看，需要突破学科疆域，实现知识整合；从参与者角度看，需要学术界与非学术界的共同参与。这种研究类型往往需要以"大科学"的方式进行组织，其组织的复杂性与难度甚至超出研究本身。

工业文化产生以后，由于其附着于工业发展中，因而具有独特的存在方式和个性，它是工业化进程中所创造和提炼的文化价值观念的集合，往往与特殊的时代、特定的人物和特色的行业活动密切相关，有着比较丰富的内涵和外延，体现着地域性和时代性。工业文化与其他学科一样，也有自己特定的研究对象和范围，这种研究对象、范围的确定性及工业与文化交叉融合的学科背景，使工业文化拥有自己独特的个性和特色。

一是工业文化不同于自然科学。自然科学以特定的或具体的自然现象，以及它的形成、发展和演变规律作为研究对象，工业文化的研究对象更多的是工业中的社会、文化现象而不是自然现象，是人化物而不是自然物。尽管自然科学的研究成果也被纳入工业文化的研究视野中，但它仅仅作为一种人类的行为及这一行为的成果而被工业文化所关注。

二是工业文化不同于人文社会科学。一般的人文社会科学都以具体的社会现象为研究对象，如文学以文学现象及其产生和发展的规律为自己的研究对象，经济学以经济现象及其产生和发展的规律为自己的研究对象。工业文化建立在工业生产活动的基础上，以工业与文化交叉融合后产生的现象、行为及演变规律为研究对象，具有独特的内涵和外延。

工业文化具有超学科的典型特征，如新的知识生产方式、人本化、知识的统一、现实有不同层次等。工业文化研究以解决问题为导向，往往受到实际使用、社会政策、市场等因素影响；传统学科最多关注现实的一个层次或同级层次，以至于部分，工业文化研究关注的是现实若干层次的同时活动。

[①] 尤政，黄四民. 新时代工业文化研究的机遇与挑战[N]. 新华社客户端，2018-1-22.

总之，工业文化融合文科视野、理科思维、工科技术。从整合程度看，需要突破学科疆域，实现知识整合；从参与者角度看，需要学术界与非学术界的共同参与。

4. 工业文化定义

工业文化的概念具有多义性，可用广义和狭义两个层次来理解区分。广义的工业文化是指工业社会的文化，具有典型的工业时代特征。因为任何一个文化的产生和发展都与其所在的社会形态息息相关，工业文化是从人类社会文化发展中自然演变而来的。

狭义的工业文化是指工业与文化相融合而产生的文化，它的特征是与工业活动紧密联系的。

狭义的工业文化从产业层面至少包括两类：一类是工业与文化自然融合，如工艺美术、工业设计等；另一类最先是工业科技与产品，但随着应用的普及，逐渐增添了文化元素，如广播、电影、电视、互联网、手机等出现产生的影视文化、网络文化、数字媒体文化等，没有现代工业，就不可能产生这些文化形态。随着工业科技的发展，工业与文化的结合会越来越紧密，工业技术与产品融入文化元素后可能形成新的创意业态，如虚拟/增强现实、3D打印、可穿戴设备、无人机、智能汽车、智能机器人……

总之，工业文化无论是狭义的定义，还是广义的理解，不管是工业社会的文化，还是工业科技与产品支撑的文化，都是人类社会发展到一定阶段的产物，体现了工业社会的客观现象，反映了社会经济发展的内在需求。随着人类认识自然、改造自然的能力不断增强，科技创新能力在不断提高，支撑和壮大工业文化形态的工业技术和产品也在不断增多，使得工业文化这个主体的内核越发丰富和饱满。

这里从狭义的角度给出定义：工业文化是伴随着人类工业活动而形成

的，包含工业发展中的物质文化、制度文化和精神文化的总和。

对工业文化的形成与创造来说，工业物质文化是基础；工业制度文化是保障；工业精神文化是灵魂。工业物质文化的发展水平、状况对制度文化、精神文化的创造有着极大推动作用。制度文化是物质文化、精神文化之间的中间环节。精神文化是最核心、最稳定的部分，对物质文化、制度文化的发展起到巨大的制约作用。

工业与文化的融合，从驱动因素来看，必然有内因有外因；从时间次序来看，必然有先有后；从业务需求来看，必然有求有应；从演变规律来看，必然有始有终。例如，工艺美术是工业与文化天然融合的产物；工业遗产因为工业产品年代久远而增添了文化、艺术和审美价值；工业会展、大赛、广告是因为推广工业产品而与文化活动相结合的营销方式；企业文化、制度组织、工业精神是由于工业发展、企业管理而产生的诉求；广播影视、网络游戏是工业科技催生的工业与文化结合的业态。

第二节 形态、地位与本质

1. 三种典型形态

（1）工业物质文化。人类创造文化，必须通过一定的形态表现出来，如生活用品、交通设施、建筑物、水利工程、娱乐装备、生产工具等，反映了人的需要和科技发展水平，反映了人类改造自然的能力。

工业物质文化由"物化的知识力量"所构成，包括人类加工自然创制的各种器具，是可触知的具有物质实体的事物，即人们的工业物质生产活动方式和产品的总和。

工业物质文化所反映的是人与自然的物质变换关系，这种关系表现为一定的社会生产力的发展水平，即劳动者的工艺技术与劳动工具的结合，它对工业物质文化各个方面起着创造作用。人类在工业化发展过程中，一直在利用周围的自然环境来为自己的生存服务，并创造了无数光辉灿烂的工业物质产品。例如，人在改造自然的过程中，为了获取衣、食、住、行等所需的物质资料，就要在一定的生产关系中使用和创造生产工具，同自然做斗争，改造劳动对象，以创造出社会所需要的物质财富。

工业物质文化具有很强的时代特点。随着时代的变化，经济的发展和工艺技术的提高，工业物质文化的总体面貌也必然随之发生变化，这从人类使用的器物、服饰、居处及交通工具等方面的变化可以得到证实。

工业物质文化体现出民族文化的心理特点。不同民族生活条件和生活方式的差异，其所表现出来的民族心态自然也不一样。

（2）工业制度文化。制度是管束人们行为的一系列规则，这些规则用以规范社会、政治、经济行为，由非正规制约、正规制约和实施机制三要素构成。非正规制约是人们在长期的经济社会活动中形成的、在正规制约未定义的场合起着规范和约束人们行为的作用，如行为规范、价值取向等。正规制约是为规范社会经济活动行为而有意识创造的一系列政策及法律，如行业政策、规章条例、产业标准等。实施机制是指一种社会组织或机构对违反制度规则的人做出相应惩罚或奖励，从而使这些约束或激励得以实施的条件和手段的总称。

工业制度文化所反映的是工业生产过程中人与人、人与物、人与生产的关系，这种关系表现为各种各样的制度。各种制度都是人的主观意识所创造的，工业制度文化一旦制定后，便带有一种客观性，独立存在，并强制人来服从它，因此，工业制度文化最具权威性，规定着工业文化整体的性质。

工业制度文化也具有鲜明的时代特点，这种特点由个体对生产活动的参与形式体现出来。这种参与形式，在阶级社会里又是具有阶级性的。工业制度文化的性质既要受到人们文化心理素质的制约，也要受到物质生产水平的约束。

（3）工业精神文化。工业精神文化由人类在工业生产实践和意识活动中长期孕育出来的价值观念、思维方式、道德情操、审美趣味、宗教感情、民族性格等因素所构成，是工业文化整体的核心部分。

工业精神文化所反映的是人与自身的关系，即人的内心世界。它又不是一般的愿望、风尚、情感、情趣，而是凝练成信仰、观念、思想的理性的体系。

工业精神文化中尤以工业价值观念最为重要。人们改造自然与社会，创造和享受物质极大丰富的活动无不是在一定的思想观念指导和推动下进行的，所以观念形态的文化是工业文化要素中最有活力的部分，尤其在工业生产活动中培养起来的工业价值观更是工业文化的精髓或灵魂，是核心要素。价值观是人们判断是非、选择行为方向和目标的标准。人们追求什么、摒弃什么，是由价值观念决定的。

值得注意的是，尽管工业精神文化有相对独立性，但其发展需要一定的物质载体，而它所达到的历史水平也应该与工业物质文化的发展水平相适应，因此，工业精神文化最终要受工业物质文化的决定和制约。

2. 工业文化地位

工业文化不是凭空创造出来的，从人类社会发展历程看，工业文化是人类工业活动的产物，是人类文化发展的必然。泰勒在《原始文化》一书中写道："文化是人类社会的自然产物，人类文化史是自然史的一部分，文化形态的多样性呈现为逐步发展的各个阶段，这些阶段，把人类从最落后到最文明的民族文化彼此联结成一个不可分割的系列。"

站在人类历史的层面上看，工业文化有起源、传播、变迁、发展并走向未来的总体运动历程。从生产力水平看人类经历的原始社会、农业社会、工业社会三个阶段，每个阶段均有自己的主流文化，并产生相应的文明。例如，在公元前170万年—公元前21世纪的原始社会时期，人类社会的主流文化是采集和狩猎文化，产生了原始文明（许多学者认为应该始于石器时代之后）；公元前21世纪—18世纪下半叶，人类历史进入农业社会，农耕和游牧文化成为主流文化，相应地产生了农业文明；18世纪下半叶至今，人类历史进入工业社会，工业文化成为主流文化，相应地产生了工业文明（见表2-1）。总体来看，工业社会的文明、文化并不是人类文明、文化的终结，新的文明、文化形态在工业社会中孕育、生长，以至于形成新的文明、文化形态。

表2-1 人类社会各个阶段的主流和边缘文化

	社会形态	时间跨度	主流文化	边缘文化
人类社会进程	原始社会	公元前170万年—公元前21世纪	采集和狩猎文化	手工业文化（新石器时代）
	农业社会	公元前21世纪—18世纪下半叶	农耕和游牧文化	采集文化、狩猎文化、手工业文化
	工业社会	18世纪下半叶至今	工业文化……	农耕文化、狩猎文化

从人类文化发展历程看，工业文化是继原始文化、农业文化之后的文化形态，是历史发展的必然；从生产力与生产关系看，工业文化是生产力发展到一定阶段的产物，体现了工业社会的客观现象，反映了经济发展的内在需求；从学术角度看，工业文化是自然科学和社会科学、人文艺术和工业科技的结合，具有跨学科、交叉性、总体性的特征，符合世界经济合作与发展组织跨学科分类中超学科的界定；从产业形态看，工业文化是工业与文化的跨界融合，是新思维、新方法、新产业，并且随着工业科技进步可不断催生工业文化新业态；从发展前景看，工业文化倡导绿色、生态、可持续发展的理念，其发展前景是一片蓝海。

广义的工业文化与原始文化、农业文化一样，随着社会的进步迟早会消亡而变成历史。当人类从工业社会完全迈进智能社会时，整个社会的主流文化就演变成智能文化，原有的工业文化随着时代更迭而丧失。狭义和中义的工业文化，即工业与文化相结合而产生的文化，只要社会存在第二产业，工业不消亡，就存在工业文化，因此，狭义的工业文化是会永远伴随着人类社会的进步而发展的。

总之，工业文化作为人类文化现象的一种体现，与工业生产活动相伴而生，与工业化过程相伴而存，在所有工业生产活动的时间、空间之内都会有其身影，它是贯通时空、普遍地和永恒地存在的东西。

3. 工业文化本质

解决本质问题是构建工业文化基础理论的基点，科学解剖工业化社会人与自然系统的关系，规范阐述工业文化的本质是正确理解千姿百态的工业文化现象、形态及系统内部结构层次差异的前提。工业文化的本质体现在它从人类能动地改造或征服自然开始，在人的思想和人的双手制作出来的物质产品里体现无遗。工业文化的发展既有传承也有创新，在此过程中，工业文化及其价值一定会落实在具体生产者的个性和工业产品上。生产者在创造工业物质或精神产品的同时，也在产品里物化自己，就如工匠倾注自己的心血完成一件作品一样，这件作品不仅体现了工业的社会本质，而且在一定程度上融入了自己的个性。就这个意义而言，人的每件工业产品都有文化的内涵，哪怕一颗小小的螺丝钉，都能折射出上千年的文明发展史。因此，从人类工业活动中，总能窥探出其中的文化的表征和物化的痕迹。

工业文化的本质体现在人的工业活动中的物质领域、制度领域和精神领域，但工业文化无疑是在物质生产基础上发展的，并在这个基础上不断扩大。尽管如此，人的本质却体现在精神领域，体现在为了更好地完成工业生产活动，人不断地自我完善；体现在每个生产者都千方百计地在智力、伦理和美学领域树立工业价值观。

工业文化的本质至少包括以下七个方面：

（1）工业文化是人类工业生产活动过程中衍生或创造出来的。

（2）工业文化是学而知之的。工业文化不是先天的遗传本能，而是依靠后天习得的经验和知识。

（3）工业文化是共有的。工业文化是人类工业生产活动过程中创造出来的社会性产物，必须为一个社会的全体成员共同接受和遵守，才能成为共有的文化。

（4）工业文化具有结构。工业文化结构是一个群体的工业生产活动过程中形成的一种文化脉络，体现出一个群体的具体的文化特质，有一定的层次结构。

（5）工业文化是动态的、可变的。工业文化是一定社会、一定时代的产物，是一份社会遗产，又是一个连续不断的积累、传承、创新和发展的过程。

（6）工业文化具有民族性和特定的阶级性。不同国家和地区的工业文化存在差异，工业强国制定规则、标准，垄断企业可榨取高额利润，资本家可剥削劳动者。

（7）工业文化具有一定的发展规律性。可以借助科学的方法加以分析。

工业文化的本质可以从以下几个方面去进一步理解：

（1）工业文化的核心是工业价值观。这是一定的社会群体与组织的共同价值观念，它以隐形的方式存储于特定的社会群体与组织中，但绝不会因为某个或部分个体的分离而走样。工业价值观是构成工业文化最为核心的部分，外化成劳动者的行为方式，通过生产、消费活动与外部社会发生作用。

（2）工业文化是适应工业活动的文化，从根本上说，源于文化创新。企业为适应工业生产的各种要求不断丰富和创新文化,用工业文化来改造工业环境。只有创新,才能创造工业文化,才能适应一浪接着一浪的工业革命。创新在于创造一种新的实践行为,其目的在于提高人类认识自然、改造自然的效率,对工业来说,在于提高工业生产的效率,提升工业产品的品质,增强新技术、新产品的供给能力。一旦高效率的创新活动出现,就可能产生模仿,而模仿的结果是获得更多的收益,久而久之,就形成习惯,习惯成自然,自然而然地就形成了一种文化。

（3）工业文化体现在物质、制度和精神活动中。物质、制度和精神活动都是工业文化的载体,于是,工业文化就有展现、表达、传递、影响和接受的基础。通过这些载体,潜在其中的文化精髓就渗透到不同的个体中,人们依靠这些载体来表达工业价值观念,相互沟通,延续人们对人类生存与发展、工业生产与活动的态度和知识。

（4）工业文化是工业社会关系,也反映在工业体系结构之中。工业体系结构积淀着工业文化,工业文化则通过工业生产活动反映出来。

（5）工业文化具有一定的独立性。工业文化的产生、发展、传承和创新都有一定的独立性,依赖工业生产活动的总结和经验的积累,表现出一定的稳定性和独立性。

（6）工业文化有极强的柔性。工业文化有自身演变与传播的趋势和内在的动力,任何一种外来的力量和文化,想要取代或置换一种文化所要受到的阻力,远比一场战争还要巨大。一个国家可以取得一场战争的胜利或战胜一个国家,但不一定能征服一个国家的文化,有时还反过来,被战败国的文化所同化,工业文化的坚韧弹性会消融其对手的排他性。

第三节 工业文化属性

属性是本质的外在表现。工业文化具有多重属性，通过种种属性，可以加深对工业文化本质的认识。

1. 继承性和变异性

工业文化既具有继承性也具有变异性。任何一个国家、一个民族的文化，在其发展进程中，都经常出现这样一种矛盾运动：一方面它要维护自己的民族传统，保持自身文化的特色；另一方面它又要吸收外来文化以壮大自己。

人类生息繁衍，向前发展，文化也连绵不断，世代相传。继承性是文化的基础，如果没有继承性，也就没有文化可言。作为人类文化的一种历史现象，工业文化的发展有其历史的继承性，工业文化一经产生，就有了相对独立的生命，在特定的工业生产活动中传承。因为工业文化是工业生产活动中经验和制度的总结，若无继承性，那么每个新生的一代都必须一切从头做起，这样，工业文化始终在最低层次不断重复，不可能进化，可见继承性也是工业文化的基础。工业文化的继承性主要表现为在其产生、形成、发展和演变的过程中被逐渐模式化的特定传统，构成了特定文化系统中从个体到群体的集体文化无意识。

在文化的历史发展进程中，每个新的阶段在否定前一个阶段的同时，必须吸收它的所有进步内容，以及人类此前所取得的全部优秀成果。工业文化并非一成不变，随着时间、空间的变换及各种主客观条件的变化，工业文化会不断地发生变革与异态，这就是变异性。

总体来说，工业文化发展稳定是相对的，而其变异是绝对的，变异有其内因和外因。内因是工业文化内部结构的矛盾运动,新发现、新发明、新技术、新产业是其变异的源泉,新的观念、规范或技术得到推广以后,就会产生新的工业文化特征,甚至成为整个时代的标志。工业文化变异的外因是生产力的发展、产业革命与社会变革。

2. 普适性和多样性

普适性与多样性,也可称为世界性与民族性。普适性与多样性是工业文化的一体两面,是任何一种文化不可或缺的两种基本属性。

世界文化的崇高理想自古以来一直使文化有可能超越边界和国界。工业文化的普适性指工业文化所具有的为人类的基本生存、为工业的生产活动需求而服务的特性,这种特性不因种族、民族、地域、阶级、时代而有所区别,因此,是全人类所共同拥有的财富。这种普适性表现为在不同的时间、空间、阶级、职业的背景中,存在一些带有普遍性和共同性的现象,其特点是不同国家和地区的意识和行为具有共同的、同一的样式。工业文化的普适性在内涵上可以理解为文化观念上的某种趋同和文化现象上的某种类似。例如,发生在工业文明史上的物质创造、制度规范、经营哲学、管理方式、工业精神等丰富多样的工业文化现象,在不同的国家和地域中,存在诸多相似之处,即包含全人类的普同原则,这些原则促成各国人民相互接近,相互融合。目前,经济全球化进程加快,各国生活方式的差距逐渐缩小,各地域独一无二的作坊文化特征正在慢慢消融,整个世界的大工业文化更加趋向普同。这种现象既是工业文化普适性的必然表现,也是人类物质基础的相似性所导致的必然结果。

工业文化在不同的自然、历史和社会条件下形成了不同的工业文化种类和模式,呈现出丰富的多样性,如民族性、阶级性、地域性、时代性等。这种多样性的具体表现形式,构成了各国工业及其所代表群体所具有的独特性和多样性。通常,社会生产力水平越高,历史越长,其文化内涵就越丰富,其民族性也就越突出、越鲜明。例如，英国工业文化的典型特征是经验的、个人主义和现实主义的，由此导致英国人重视经验，保持传统，讲求实际；法国工业文化是崇尚理性的，喜欢能够象征人的个性、风格和反映人精神意念上的东西；美国十分强调个人的重要性，是一个高度个人主义的国家，但美国也是一个高度实用主义的国家，强调利润、组织效率和生产效率，重视民主领导方式，倾向于集体决策与参与；日本工业文化具有深厚的东方文化色彩，具有群体至上和整体献身的忘我精神，注重人际关系、家庭和等级观念，具有对优秀文化兼收并蓄的包容能力和强烈的理性精神。多样性是交流、变革和创新的源泉，对人类来说，保护工业文化的多样性就像保护生物多样性进而维护生物平衡一样必不可少。从这个意义上讲，工业文化多样性是人类工业创新发展的共同财富。

文艺复兴和大航海时代之前，欧洲文化与东方文化彼此相对隔绝，因而都属于地域性、民族性的文化，虽然两者文化都发展到较高的程度，但都没有跨越洲际区域而产生辐射力的能力，因而都不具有世界文化的性质。工业革命之后，一方面，具有本民族典型特色的民族工业文化在工业生产过程中创造和发展起来；另一方面，随着西方国家的殖民、产品技术的输出，导致带有西方国家色彩的民族工业文化向世界广泛传播。总体来讲，人类在物质文化层面上的交流大于制度层面和精神层面的交流，由于工业强国在工业价值观输出和规则制定上掌握先发优势，使得全球工业文化交流呈现出不平衡、不对等性。

3．时间性和空间性

衡量任何文化，都不能没有时空参照系。工业文化是在一定时间和空间范围内由特定的人群所创造的。

工业文化总是生生不息、变动不居的，它的流转、运动、变化的过程，如果没有时间的参数，则无法加以描述。时间性是指工业文化发展过程中的持续性、绵延性和阶段性、间断性。没有无时间的文化，任何工业文化特质，如工艺美术作品、产业政策、影视文化等，都是有时间性的。

工业文化时间性的内涵包括：

（1）工业文化在量上的累积和延续。

（2）工业文化在质上的变异与区分。

（3）工业文化特质在流变过程中的暂时性或长久性。

从时间维度上考察，工业文化发生、发展、成熟、衰亡、复兴、重构、再生的过程即量上的累积和质上的变异之间矛盾的统一过程，也就是旧特质的衰亡与新特质的增加的过程，其间亦不乏由量到质的转变。例如，从人类工业史上看，从科技创新引燃工业革命，再到工业革命加速科技创新，展现了螺旋上升的运动过程。从工业文化特质的延续与变异来看，有的易于变迁，如服饰款式、劳动工具；有的难于改变，如工业遗产、工业价值观。

空间性是就工业文化发展中的广延性、拓展性来说的。工业文化的流转、运动、变化的过程，如果仅有时间参数，没有空间参数，也是无法加以描述的。人总是生活在一定空间之中的，因此，没有无空间的工业文化。

工业文化空间性内涵包括：

（1）工业文化发源、生存的空间一定与地理生态环境、社会发展环境和工业科技条件相关联。

（2）工业文化特质在空间扩散、传播。

（3）工业物质文化占据一定的空间，工业制度文化和精神文化的地域性不是指直接占据空间，而是指被一定地域的人所创造、沿用或采借。

总之，工业文化的发展不仅在时间上从过去到现在再到未来，而且在空间上由此及彼，由某一个区域到另一个区域，由这个国家到另一个国家，乃至扩散至全世界。工业文化的时间属性、空间属性与它的运动变化是不可分割的,尽管每一具体文化变迁、发展的时空有限,但整个人类的工业文化活动的时空是无限的。

4. 功能性和劣根性

世界上任何文化都有其"阳春白雪"和"下里巴人"的一面,只不过或大或小、或显或隐。

文化,也必有特定的功能,失去了功能的文化,迟早会变异或消亡。从本质上讲,人类创造文化的目的,就是满足人类认识世界、改造世界和创造世界的需要。这种满足,其实就是一种功能实现。工业文化的功能性主要表现为满足人类衣、食、住、行、用和发展的需求,它是为满足工业活动的需要创造出来的,这些工业活动主要是为了创造更多的物质财富和精神财富,并更好地利用这些财富。

劣根性可能是绝大多数人都有的缺点,这种缺点可能来源于劣根文化的遗传,也可能是区域社会环境所致。工业科技的迅速发展,一方面促进了整个工业文明的繁荣,另一方面又在世界上越来越大的范围内留下了一系列社会问题。工业文化的劣根性是指人类在工业发展过程中形成的固有的不良品质和不健康的心理需要。例如,自私其实是人类天生的劣根,劣根性不能完完全全地被驱除,某些劣根性可能变为人下意识的判断,但是通过社会文明程度的提高,人自身文化素养、素质的提升,也可减少劣根的存在。显然,工业文化也有其不好的、丑恶的一面,如殖民掠夺、物质至上、丛林法则、欺诈失信等糟粕。

5. 人为性和群体性

大自然中的自然物不是文化,如纯粹的山川、湖泊、海洋、动物、植物等,只有人类的活动作用其上、精神投射其中时,才呈现出文化的意义,并延展出人为性与群体性的属性。

人为性指工业文化是人创造的,是人工实现的,只与人的工业活动及结果相关。人类进入工业化社会后,科学技术水平的快速发展,人类思维水平的不断提高,人口数量的急剧膨胀,使能源和生存所需的资源日益减少,人类对自然物的影响越来越大,在今天的地球空间中,人类的足迹与影响几乎遍及每个角落,纯粹的自然物与自然景观越来越少。人类为了生存发展,人为地对自然资源改造及其破坏的结果非常可怕,由此所引发的连绵不断的生态灾难与文化病变,正以触目惊心的方式警醒人类,工业文化的发展必须遵循自然的规律,否则将适得其反。

工业文化是在人类的群体活动中体现的,是为满足群体的需要而创造、为群体所享用、通过群体而传播与继承的。一个人可以有自己的个人特殊行为,但这种行为如仅限于他自己,就只是一种个人习惯,会随着他的死亡而消失。工业文化为群体所共享,也对群体中的每个人实施一定的限制。工业文化的群体性也可以进一步地用来说明人类文化发展到较高阶段以后的多样性和丰富性,说明了工业文化的群体性创造的巨大力量。

第四节 工业文化特征

工业文化是人类工业活动的产物,其特征由工业活动及工业社会的基本特性所决定。工业文化的特征是其内在本质的外在表现,通过种种特征,可以加深对文化本质的认识。

1. 具有完整体系

工业文化系统是许多具有特定功能的要素按一定结构组合而成的有机

整体，包含物质的、制度的和精神的要素。这些要素是构成工业文化的基本单位，或者称为工业文化特质，亦称工业文化元素，如一件工艺美术品。

工业文化的系统性是其规律性的反映。系统性不仅包含其内部要素的多样性与整体性，也包含其内部要素的某种独立性及其之间的关联性，这是由工业文化自身的规律所决定的。系统性影响工业文化各类现象的发生、发展和演变，依据这一规律，就可以分析工业文化现象的成因和演变趋势，可以认识到任何工业文化现象的存在都是以其系统为前提的，就能够大致发现特定现象的基本内涵。

系统性也引发工业文化交流过程中的排斥、冲突等现象。依据这一规律，就可以较为理智地看待工业文化交流过程中存在的各种问题，尊重不同工业文化系统的核心价值，促使各个系统在交汇中融合、借鉴、协调，获得发展的新动力，并为创造更具生命力的新型工业文化提供可能性。例如，在当今科技革命和产业变革的浪潮中，基督文化、儒教文化、伊斯兰文化等文化系统熏陶下的人们或多或少地会受到影响或冲击，原有的定式思维在改变，有些甚至已经呈现出突破系统规范的新现象、新问题，如信息网络的迅猛发展，已经建构起一个足以抗衡传统客观物理世界的虚拟空间。这种全新的网络文化已经渗透到人类的每个角落，这是突破既有工业文化系统的新生力量。

2. 呈现典型地域特征

文化既是民族的又是世界的。工业文化同样具有民族性，任何工业文化最先都是由某一具体的国家或地域创造的，因而带有鲜明的地域性。地域性决定了工业文化所具有的个性或特色，它体现在工业的物质文化层面、制度文化层面和精神文化层面。物质文化层面——如器物的形态、内容的相对差异；制度文化层面——工业管理体制、监管方法、政策、规划的差异；精神文化层面——思维方式、价值观念、企业文化上的迥异，如工厂奠基和企业成立的风俗习惯。

地域性的工业文化与世界共有的工业文化之间可以相互贯通与相互渗透：一方面表现为地域性工业文化的世界化，另一方面表现为世界工业文化的地域性。它们相互贯通与相互渗透，并不是无条件的，而是以一定的条件为基础与前提的，通常情况下，是工业强国向工业弱国输出工业文化及其价值观，工业弱国更多的是主动学习和被动接受。

世界性的工业文化应该是各国工业文化中那些被世界各国所广泛认同与普遍接受的文化。因此，并不是所有的地域性的工业文化都能称为世界的，更不是工业文化越具有地域性就越具有世界性。当一个国家没有对世界其他国家工业文化产生辐射力与影响力时，它只能是一种地域性的工业文化，而不能被视作一种世界性的工业文化。

3. 由发达地区向落后地区传播

正如"人往高处走，水往低处流"一样，工业文化的走势总体上是从工业发达地区流向落后地区，这一方面体现了工业文化的影响力有强有弱，另一方面也体现了工业文化带有阶级性，这种阶级性表现为工业文化更多的是单向的流动。例如，工业强国欺凌工业弱国，在此过程中，工业强国先建立有利于自己的游戏规则，然后通过产品的销售、技术的转让、标准的制定、文化的传播、价值观的输出、管理制度的复制等，获得高额的利润，实现自身利益的最大化和世界霸权。

存在阶级对抗的社会里，文化不可避免地要打上阶级的烙印。一个国家居统治地位的阶层，没有不将有利于自己的思想观念和行为规范向其他社会阶层，甚至其他国家渗透的。被压迫阶级的抗争，也必然会从工业文化中反映出来。

4. 从量变到质变的过程

工业文化是不断发展变化的，当传承或积累到一定程度，就会发生质变。

19世纪的进化论人类学者认为，人类文化是由低级向高级、由简单到复杂不断进化的。从早期的茹毛饮血，到今天的时尚生活；从早期的刀耕火种，到今天的自动化、信息化、智能化，这些都是现代社会和工业文明的结果。

总体来说，稳定是相对的，变化是绝对的，工业文化的发展过程一般呈现出两种形式：一种是量的增减，即累积性；另一种是质的飞跃，即变异性。这两种形式不是割裂的，而是统一的。累积性指工业文化缓慢地自然发展，传承旧的或引进新的特质，或者淘汰一些旧的特质；变异性指工业文化特质的增减促使其体系的结构模式发生了全局性的变化，如文艺复兴和启蒙运动在西欧，"五四运动"在中国所发生的文化突变。实际上，工业文化质变不单单指这种浩大的文化运动，工业文化变异往往也悄然发生。

从工业物质文化来说，工具、器物的进步既是一种渐进的过程，也有渐进过程中的中断。这种累积的速度，在农业社会的手工业时代非常缓慢，而且由于文化传播和传承工具的落后，常常使一些发现和发明不能迅速传播并应用。从陶器到青铜器、铁器，从蒸汽机到电动机、电子计算机再到人工智能，人类物质文化在科技革命和产业变革中质变，在质变的基础上重新累积，循环往复，以至无穷。今天，工业文化知识和信息的传播、传承、储存手段和累积方式更加令人瞠目结舌，甚至达到所谓"爆炸"的地步。

5. 体现时代特色

工业文化的创造和存在具有时代性，它的传承和淘汰也取决于时代，时代性的工业文化具有可比性。

在人类发展的历史进程中，一定的文化总是在一定的历史阶段和民族区域产生、演变的，因此任何一种文化都有其时代性。例如，以生产力和科技水平为标志的石器时代的文化、青铜器时代的文化、铁器时代的文化、蒸汽机时代的文化、电力时代的文化和信息时代的文化。世界各国的文化虽然各有特色，但是随着文明的推演、时代的更迭必然导致文化类型的变异，新的类型取代旧的类型。这并不否定工业文化的继承性,也并不意味着作为完整体系的工业文化发展的断裂。相反,人类演进的每个新时代,都必须继承前人优秀的文化成果,将其纳入自己的社会体系,同时又创造出新的文化类型,作为这个时代的标志性特征。

工业化的每个阶段都有与之相关的发明和创造,每个阶段都有自己的特色工业文化,其时代性的表现也是多方面的。也就是说,在相同的时代或相同的社会发展阶段上,就会产生与该时代相适应的工业文化。工业文化的时代性指一个国家、地区或群体的文化存在具有时代特征,代表着时代特色,有深刻的时代背景,这种时代性反映了工业活动对工业文化的需求程度。

(1)工业文化的创造是时代性的。所有的工业文化都是在具体的时代被创造出来的,每个时代都在不断地创造各种工业文化形态和内容,使得人类工业文化不断累积、保存而日趋丰富。

(2)工业文化的存在是时代性的。工业化的不同阶段,每个阶段都有自己的工业文化要求和特色,即所谓时尚,这从服饰文化中可深切感知到。

(3)工业文化的传承和淘汰也取决于时代。在工业化发展进程中,工业文化的传承和淘汰不断在重复,由此形成了各类文明的竞争,推动工业文化向前发展。传承和淘汰并不是对其形态或内容一味地全盘接受或否定,而是对其核心部分进行传承、改进、改造。传承与淘汰是同时进行的,但从本质上看取决于时代的需要,如马车、自行车到汽车的车文化演变过程。

(4)时代性的工业文化具有可比性。一种工业文化形态或内容,尤其是物化的,因其特定的时代而具有与其他工业文化形态或内容的可比性,如唐三彩、宣德炉、景泰蓝。

6. 逐步成为普适文化

文化的普适性是指任何一个特殊的民族的文化中所富有的普遍性的品

格，能够为世界各民族所采借或理解。同时，人类有超越民族界限的、共同的需求、利益、理想和文化价值。普适性的工业文化是世界各国人民广泛交流、接触、沟通的结果。在农业社会，由于通信、交通的闭塞，导致农业文化具有强烈的民族性与地域性。在工业社会，由于通信、交通、贸易的迅速发展，特别是经过几次工业革命，工业技术、工业生产和工业产品在世界范围内扩散和应用，它把现代的大部分人联系起来了，导致工业文化的民族性与地域性效应逐步减弱，并由此产生"普适文化（或者称为大同文化）"，这种普适文化拥有一整套共有的信仰、价值观和行为准则，是使个人行为能为集体所接受的共同标准。

当前，随着计算机网络技术、信息通信技术、生物医药技术、新能源技术、航空航天技术等现代工业科技的迅速发展，使得工业产品、技术、制度、标准、规范等不断地向世界各个地区与角落渗透，促进了整个人类文明的繁荣。成果在扩散过程中，形成了一个全球共有的工业文化，使得大家能够遵循相同的价值准则，并且在全球化的工业生产活动中能够相互协作、互相依存，依照共同约定的标准完成产品的研发、设计、生产、检验、销售等过程。不同国家和地区的人们，能够完成这一过程，是因为他们建立起一种共有的工业文化。

第三章 工业文化范畴

工业文化涉及的领域非常广泛，内涵也非常丰富，可以认为它的研究对象是人类社会在实现工业化进程中不断积累下来的物质财富和精神财富的总和。这些成果既包括工业产品、机械装备、工业建筑等物质文明，也包括价值理念、行为准则、管理制度等非物质文明。

第一节 主体与载体

工业文化在人类工业活动中产生，随着人类工业活动的发展而积淀、演进、升华，并对人类的工业活动产生持续影响。因此，工业文化在创造主体、内容及传承载体等方面符合一般文化的特点，但由于工业活动的特殊性，又表现出一定的差异性。

1. 工业文化创造主体

虽然学术界对文化并未形成一个统一的定义，但是有一点是公认的，即文化由人所创造，为人所特有，人是创造文化的主体。同样，工业活动的参与者是工业文化的创造主体。由于工业活动的分工不同，不同参与者在工业活动中担任的角色和产生的影响也不一样,因而对工业文化的创造也起到了不同作用。据此,可以将工业文化的创造主体分为不同的类别。

按照不同分工,工业活动的参与者包括工业生产组织管理者、工业产品技术研发设计者、工业生产执行者、工业产品销售者和工业产品使用者等。此外,在当今人类社会大环境下,涉及工业管理的部门会对工业活动产生直接影响,因此相关的人员也被视为工业活动重要参与者。上述各类工业活动参与者中,属于同一类型的参与者,对工业活动认识、判断、需求等大体上是统一的,而不同类型的参与者之间存在一定差异,由此形成了不同类别的文化群体,每个文化群体在工业活动过程中都在创造不同的工业文化内容,这些内容不断碰撞融合,最终形成相对稳定的工业文化。比如,当前形成的劳资制度就是生产执行者群体(主要为工人)与工业生产组织管理者群体(主要为企业掌控者)之间文化碰撞融合的结果。

企业是聚合工业文化创造主体的基本单元。由于工业活动的特殊组织形式和当今人类社会不同的组织分工,一定数量的工业生产组织管理者、工业产品技术研发设计者、工业生产执行者和工业产品销售者往往属于同一组织,即企业。当前,企业承担了产品设计、研发、生产、销售等人类工业活动的主要内容,在这个过程中,上述不同群体创造了不同的工业文化元素和内容,如形成不同的工业价值观、制度规范等,这些文化元素在工业企业内部碰撞融合,演变为独特的企业文化;不同企业文化之间交流借鉴,演变为不同工业行业、地域、国家,甚至世界的工业文化。因此,企业可以被视为当今人类社会创造工业文化的主体。此外,对工业活动产生重要影响的其他类型组织,如政府及相关科研机构、教育机构、媒体宣传机构等,也在发挥不同程度的主体作用。

2. 工业文化载体

工业文化的传承载体主要包括人类为开展工业活动而创造的可以在工

业领域通用的语言和符号，可以传递、承载工业文化的工业产物，被赋予某种象征意义的工业参与者，以及承载工业故事和工业思想等的工业文艺作品、承载工业发展理念和价值观念的文本等。它们可分为物质形态与非物质形态。

（1）物质形态载体。工业活动产物，如工业产品、设备、生产线、建筑等是传承工业文化的重要物质形态载体，承载了工业审美、工业价值观念、工业发展理念、精神信念、工业规范等诸多工业文化内容，如当今绿色、智能的工业产品和工业生产设备表达了节能环保和人性化的工业发展理念；当今自动化、智能化生产线的设计和布局不仅体现了工业美学，更体现了对工人的关怀等。大部分工业产品、设备等虽然会随着工业技术和产品进步而被淘汰，但是它们记录的当时工业的生产状态、发展理念、工业审美、价值观念、工业精神、人的信念等会留下痕迹，今天通过这些工业产物依然可以还原出当时的场景。

此外，工业参与者、工业企业等具有工业文化的载体功能。相应地，工业领域的活动、仪式等同样具有工业文化的载体功能，工业领域的博览会活动、工厂建设前的奠基活动等，都在不同程度地发挥承载和传播工业文化的作用。

（2）非物质形态载体。图形语言、程序语言、技术标准语言等工业语言是传承工业文化的重要非物质载体。图形语言包括产品设计图、零件设计图、生产设备设计图、生产流程设计图等，这种图形语言可以将不同国家、不同企业、不同分工、不同时期的工业活动参与者联系在一起，它有标准化的内容表达方式，使持有不同语言的不同地域和国家的人可以正常沟通；它真实记载了当时工业生产理念和思维方式，使不同时期的工业参与者可以进行跨越时空的交流，这是不同于人类任何一种民族或地域语言文字的形式。比如，通过某产品的设计图，研发设计者对于产品的设计理念、技术要求等会记录其中，生产的组织管理者和执行者只要看到设计图纸，就会非常有默契地按照图纸组织生产。

技术标准语言，承载了工业价值观念、发展理念、生产方式、工业精神、工业信仰等诸多工业文化的内容，通过一部标准的变化，可以了解一个行业、一个产品、一项技术的发展历程，可以体会到在这个过程中，工业参与者对产品、技术与人之间关系认识的变化，如从汽车的耗油标准，可以看到，当今的工业参与者更加重视产品的节能和环保。程序语言，是工业技术发展到信息技术的产物，依据一段程序，熟悉该语言的人立刻会明白该程序所要表达的内容。

传统文化载体很多属于非物质形态的载体，当它们被用来专门表达工业和工业文化内容时，就成为工业文化的载体。例如，描述工业生产的文学、艺术、影视、音乐作品等都应被视为工业文化的载体，像卓别林的《摩登时代》，体现了一个时期人们对工业领域流水线生产的不同认识，记录了流水线产生初期的一种生产状态和当时流水线对人产生的影响，因此这种电影就属于工业文化的传承载体。

第二节 工业文化分类

工业文化是一个多重复合系统，具有多种文化类型。在分析工业文化类型时，依据不同，建立的体系范畴也不同。在工业社会，人类分散于世界各地，对不同环境的适应及工业化进程的快慢不同，使人类的工业文化类型形成一种多向的发展。

"文化类型"一词是美国学者拉尔夫·林顿于1936年提出的，后来作为一个文化分类术语被广泛运用于文化研究领域。例如，考古学家就依据地下出土的典型的早期人类实物,将人类早期文化分为"彩陶文化""青铜文化"等,人类学家、社会学家则重点从各文化体系的风俗习惯层面和文化心理结构层面将人类文化划分为"东方文化""西方文化""古希腊文化""古埃及文化"等。从上可以看出,考古学家一般以时间为纵坐标来划分人类实物的文化类型,人类学家、社会学家通常以地域为横坐标来划分人类的文化类型,因此,两种标准界定了纵横两种分类体系。

工业文化的类型纷繁多样,可以从以下几个方面把握。

(1)工业文化多种类型是各种工业文化形态所呈现出的相互差异,这种差异是人类不同社会群体共同参与的结果。

不同的社会群体生活在不同的自然环境和社会环境中,在工业生产劳动的实践过程中,创造了别具特色的物质设备、经济生活和工艺技术,以及特殊的风俗、习惯、道德、制度等文化。这些特殊文化在发展过程中,不断实现功能上的整合,呈现出独自性和完整性的特征,由此形成了特征鲜明的文化形态体系。

(2)工业文化多种类型是指各种文化形态体系最有特色、最能体现一种工业文化本质属性的特征,而不是指它的全部特征的总和。

它主要表现在不同精神及价值体系方面。工业文化的范围甚广,包含多层次、多方面的内容。不同的工业文化在各个层面都有着自己的特质,但最能体现其本质属性的是它的精神及价值观,它使各种文化形态体系显示出别具一格的特色,从而构成不同的文化类型。

(3)工业文化多种类型体现了世界的丰富性和多样性。

人们依据不同的特质,将世界工业文化区分为不同的类型,这种划分也为进一步认识和了解各国工业文化形态提供了现实可能,使人们真切地感受到世界文化的丰富性和多样性。

文化创造出来了就必须分类。工业文化按不同的角度，有不同的划分，主要有"二分法""三分法"和"多分法"。

- 从社会发展角度分，有原始文化、农业文化、工业文化。
- 从文化性质来分，有工业物质文化、工业制度文化、工业精神文化。
- 从层面来分，有宏观层面、中观层面、微观层面工业文化。
- 从历史角度分，有传统工业文化（手工业文化）、现代工业文化。
- 从来源看，有本土工业文化、外来工业文化。
- 从行业看，有石油文化、汽车文化、航空文化、钢铁文化、采矿文化。
- 从消费领域来分，有网络文化、汽车文化、动漫文化、影视文化、服饰文化、建筑文化。

当然，上述分类和涉及的概念有很多是交叉的，但这不影响我们从不同的视角去理解工业文化。

第三节　工业文化系统

1. 系统思维

工业文化涵盖面和影响面宽广，内容包罗万象，一经生成，便取得自己独立的灵性，在其演进过程中构建为一个复杂的系统，涵盖运动其中的各种现象。作为一个系统，工业文化有自己的固有类型，有自己的主导潮流，并由此规定了自己的发展、选择、吸收、改造或排斥异质文化的要素。

工业文化的系统结构是指其体系内部各要素及其组成的子体系相互联系、相互作用的方式和秩序，是工业文化能够在工业化发展过程中保持整体性并发挥巨大功能的内在根据。

工业文化系统结构相当复杂，呈现多层次。工业文化要素及其组合方式，即结构决定着工业文化体系的类型、性质、特征和功能。研究工业文化系统结构，可以将人们的视线从工业文化的抽象思辨转到具体认识的境界。

物质文化、制度文化、精神文化是工业文化的三种存在形式，也是工业文化结构系统的三大要素。这三大要素实际上又各自包含了更多低层次要素的子系统。比如，生产力和生产的物化形态构成了工业物质文化子系统；生产关系、社会制度与各种行为规范构成了工业制度文化子系统；人们的思维方式、价值观念构成了工业精神文化子系统。子系统分别包含科技、规范、制度、技能、组织、价值观念、行为准则和工业产品等基本成分。

在对工业文化中诸多要素进行认真细致的考察后，发现无论哪一级系统，它的诸多要素都是按照一定的次序排列和组合的，要素之间都是互相制约、互相影响的。所以，工业文化系统实际上是由具有特定功能、相互之间有着有机联系的许多文化要素按一定层次和方式构成的整体，这个包罗万象、纷纭繁杂的整体有它自身的结构。

总之，工业物质文化、工业制度文化、工业精神文化显然并非以不可穿透的壁障自绝于其他，而是互涵共振、互动共生的有机体。勘探它们之间的联系及其运行转换的规律，必须借助结构特点的描述，从中摸索出工业文化活动与结构要素的内在联系，也可以进一步看清其内部结构的作用机理，以及三个层面如何环绕工业化与人的本质力量而全面展开。

2. 三层结构

要全面地认识工业文化的结构，必须深入分析它的各个主要子系统，即物质层、制度层、精神层，它们分别分布在表层、中层、里层三个层面（见图3-1）。工业物质文化处于表层，工业制度文化居于中层，工业精神文化潜沉于里层。物质层是最表层的；审美趣味、价值观念、思维方式等，属于最深层；介乎两者之间的是制度体系。

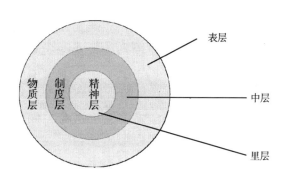

图 3-1 工业文化系统的三层结构

（1）物质层。工业文化系统的表层是物质层，它是由人与自然的交互作用产生的、可触知的物质生产活动及其产物，表示的是人的对象化的劳动，包括人们的劳动所创造的器物，即"第二自然"，如人类的工业生产和衣、食、住、行、用等各方面的物质产品。这一层面是与外界直接接触的，非常活跃，易于变迁。居于物质层的工业文化具有如下特征：

其一，物质性。物质文化是定向于对自然的现实改造，并在"物质+实践"的牵引下完成了"天然"向"文化"的转变，这种转变自始至终处于物质水平之上。

其二，基础性。物质文化在最显现的层次上，映照着整个工业文化的历史积淀和样式，并成为中层、里层文化存在和发展的基础。

其三，易变性。由于物质文化在文化形态层中居于最表层，它变动不居，易于传播，同时文化的发展变化又总是先在它的身上得到体现，当与异质文化接触碰撞时，它总是首当其冲。

（2）制度层。工业文化系统的中层是制度层，即人与工业社会的交互作用的产物，如社会组织、政策制度、标准规范、组织形式等。居于制度层的工业文化具有如下特征：

其一，时代性。具有鲜明的时代性，当技术革命和产业变革后，体制机制等生产关系常常会随之变化，属于工业文化变迁中的部分。

其二，连续性。制度文化也有连续性，尤其是在长期历史发展过程中，经过工业生产实践而产生的、被许多实践证明的优秀制度。

（3）精神层。工业文化系统的里层是精神层，它是人与自我意识关系发展的产物，由人类在生产实践和意识活动中发展进化，如价值观念、思维方式、道德情操、审美趣味、民族性格等，属最里层，最为保守，不易变迁，是工业文化的核心部分。

综上所述，在工业文化系统结构中，处在表层的物质层是整个工业文化的表象，也是其中最活跃、变化最快的要素，它是衡量一个国家或一个时代的工业文化发展程度的外在标志。制度层反映人与人之间的关系，一旦形成，就成为一种规范、一种制度，制约着特定群体中人们的行为，有相当的稳定性与继承性。精神层是工业文化的核心部分，是一个国家或地区在特定的自然与历史环境中长期积淀而成的，带有鲜明的民族特点，是工业文化变迁中最难改变的部分。

3．结构特性

工业文化的三个层面并不是单线递进的，而是彼此相关的，它们形成了一个大系统，构成立体的、犬牙交错的复杂关系。该系统结构具有一般结构存在的全部规定性，诸如客观性、层次性、开放性、稳定性和可度性，但也有其特殊性。总体而言，物质的、有形的变迁较易，无形的、精神的变迁甚难。渔猎文化、农耕文化等的变迁几乎都说明这一现象。

（1）层次性和稳定性。工业文化结构由表层到里层，是由"物"（物质人生）而"人"（社会人生），由"人"而"心"（精神人生）的过程。在这里，重要的是工业文化的创造者及主体——人。工业文化结构的层次性反映了人自身在工业文化创造和变化过程中不断升华的阶段性。工业文化的各子系统及要素之间的排列、组合、相互作用是有一定秩序的。

一般来说，系统有序性越高，结构越严密。工业文化系统各要素之间是一种相对稳定的关系，但需注意的是，工业文化系统是一种动态平衡的系统，其结构是一种非平衡结构，因为每个子系统或要素必然与外界自然生态环境和其他国家的文化体系发生密切的联系，一旦外界作用超过原系统的稳定性范围，它的结构很可能发生解体，转化为新的系统，这就是本书演进篇所谈到的冲突、涵化、丧失等内容。

（2）开放性和变异性。工业文化结构是稳定的，但不会是绝对封闭和绝对静态的，不仅其内部各子系统、各要素的联系是动态的，而且与外部的能量、信息交换也是动态的，这就决定了工业文化系统结构的开放性、变异性。因为，任何文化系统总是一定民族、一定集团的生存方式和为满足这些方式所创造的物质或精神成果，以及基于这种方式所形成的制度规范、行为方式等。这种文化系统存在于一定的社会环境中，总要与外部异质文化系统进行能量、物质、信息的交换。所以，工业文化系统结构在这种交换过程中总是由量变达到质变，即由表层的变化到核心的变化。系统结构内部各要素相互作用的动态性和系统结构与环境相互作用的开放性是有密切联系的。比如，中国文化是华夏文化不断地向周边各少数民族文化开放并进行自我调节的成果。同时，中国文化从来没有停止过与伊斯兰文化、佛教文化和西方文化的接触和融合。在此过程中，从表层到里层，从物质文化到精神文化，包括价值系统和思维方式都发生了一定的变异。当前，中国黄色的内陆文明与西方蓝色的海洋文明的撞击仍在发生。

案例：中国工业化进程中的文化变迁

本土文化与异质文化激烈碰撞、冲突，进而发生文化的变异、调适、涵化、丧失的过程是从器物、制度、精神三个层次逐层深入的。在中国工业化进程中，外来文化在近现代中国社会的传播经历了从表层的物质文化，到中间层次的制度文化，再到里层的精神文化的过程，与之相应的是发生了洋务运动、戊戌变法和辛亥革命、五四运动，彰显了文化传播由表及里、循序渐进的规律。洋务派张之洞等人，企图把引进西方文化限制在器物层面，只学声、光、电、化，只求船坚炮利，而在根本制度、意识形态、道德价值观上"固守祖宗之成法"，中国历史已经昭示这种违背文化变迁规律的"中体西用"模式的失败。

第四节 纵横体系架构

1. 横向架构

按文化的性质分类，也就是横向分类，工业文化包括工业物质文化、工业制度文化和工业精神文化三个方面，工业文化横向体系架构如图3-2所示。

（1）工业物质文化，主要由蕴含文化的工业产品、工业生产系统、工业遗存三个方面构成。蕴含文化的工业产品包括工艺美术产品、工业设计产品、工业文化新业态产品等；工业生产系统包括工业装备、工业生产线、生产环境、工业建筑、工业园区等；工业遗存包括工业物质遗产、工业博物馆、工业文化主题公园等。

（2）工业制度文化，主要由宏观层面制度、微观层面制度两个方面构成。其中，宏观层面制度包括工业体制、法律法规、管理制度、产业组织、产业政策等；微观层面制度包括企业管理、规章制度、产品质量、标准规范、商业模式、生产方式等。

（3）工业精神文化，主要由价值理念及规范、工业科技及历史典籍、宣传展示活动、工业文艺及工业美学四个方面构成。价值理念及规范包括工业价值观、工业精神、企业文化、企业社会责任、经营哲学、工业软实力、工业人格、工业伦理等；工业科技及历史典籍包括工业科技、工艺生产技能、知识产权、工业非物质遗产、工业发展史等；宣传展示活动包括工业会展、技能比赛、广告宣传、品牌传播、营销活动、教育培训、工业旅游等；工业文艺及工业美学包括工业纪录片、工业影视剧、工业文学、工业演艺、工业档案、设计美学、工业生产环境美学等。

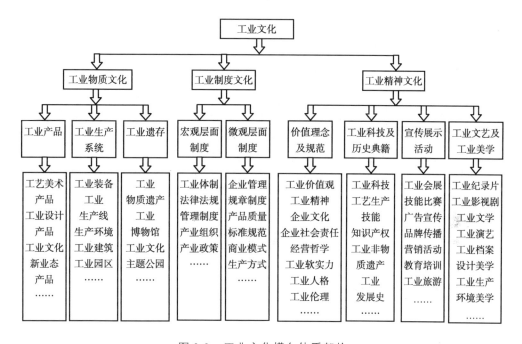

图 3-2　工业文化横向体系架构

2. 纵向架构

按纵向分类，工业文化可从宏观、中观、微观三个层面划分。

（1）宏观层面，主要由工业价值观、国家工业体系、国家工业形象、工业文化资源等组成。其中，国家工业体系包括工业管理体制、工业政策法规、产业结构、产业布局、产业规模等；国家工业形象包括国内工业形象和国际工业形象；工业文化资源包括工业遗产资源、工业设计资源、工业旅游资源、工业文化人才资源、精神财富资源等。

（2）中观层面，主要由工业文化产业、工业领域文化、工业行业文化等组成。其中，工业文化产业包括工业设计、工艺美术、工业遗产、工业旅游、工业文化新业态，工业文化新业态有数字内容、3D打印、虚拟/增强现实等；工业领域文化包括创新文化、品牌文化、质量文化、知识产权文化、安全文化、绿色文化等；工业行业文化包括汽车文化、航空文化、钢铁文化、影视文化、机械文化、网络文化、采矿文化、消费电子文化等。

（3）微观层面，主要由企业文化、群体文化等组成。企业文化包括企业物质文化、企业制度文化和企业精神文化三个层次。群体文化包括群体理念、群体规范、群体人格、群体精神等。

工业文化纵向体系架构如图3-3所示。

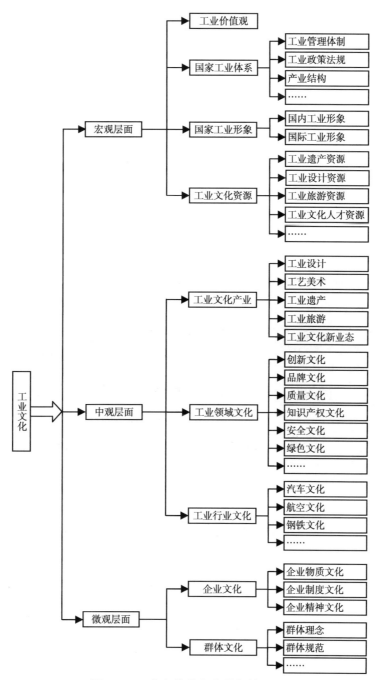

图 3-3 工业文化纵向体系架构

第四章 工业文化重要特性

人类文明是多样的，文化也具有多元性、丰富性，各民族文化没有优劣之分。但是，世界工业化的几百年，不同的国家有不同的文化，有的兴起了，有的衰落了，有的只能孤芳自赏，有的能风靡全球，归根结底，还是文化生命力的问题。先进文化是与时俱进的，它随着人类的经济发展程度不断变化，总能够适应和满足时代进步、社会发展的要求。工业文化其中的变迁有许多复杂的因素，所谓工业文化的先进性不是指学理上的玄奥与高深，而在于是否能够适应社会发展、引领时代潮流，最终为整个社会所接受甚至认可。

第一节 先进性界定

文化属于上层建筑的范畴，既受生产力的制约，又可以反作用于生产力。从某个历史时段看，文化对生产力的促进作用有先进和落后之分。文化可以滞后于社会发展，也可以超前于发展并指导未来。所谓"先进文化"是指能够根据时代的变化，适应时代的要求，推动社会生产力发展和社会全面进步的文化，它是一个民族不断发展壮大的精神动力。工业文化是工业化的产物，代表了对传统生产方式的扬弃，具有典型先进文化的特征和属性。

1. 要求与标准

一种文化不管处于何种时代，对应何种生产方式，要成为这个时代的先进文化必须具备开放性、科学性、创新性和发展性四个特征，这是先进文化的基本要求。

（1）开放性。开放性指一种文化是不是兼容并包的，是不是能够与其他文化进行交流，是否在同一时代背景下能够在与其他文化的较量中胜出，并能够推动时代的进步与发展。文化的空间性决定了文化的地域性，某种文化是否先进需要将它置于当前全球化的背景下来审视。海德格尔说："此在的世界是共同的世界。"在工业社会，主体间关系已经扩展到全球范围，人类主体真正形成了。一方面，人类主体形成促进了主体间关系的拓展，人们的交往朝着更广更深层次迈进，人类在经济、政治和社会生活层面有着更多的共同诉求。另一方面，现代科技和文化媒介的发展，为文化全球化提供技术支持，为一种文化接受更广泛空间范围内不同群体的检验创造了条件。所以，在全球化背景下，是否具有开放性是衡量一种文化先进与否的重要标准。

（2）科学性。科学是一种知识，是了解自然世界真正原因的一系列技巧。从一定意义上说，科学文化是塑造现代社会和促进科技发展的重要力量，科学技术不仅不自觉地和间接地对社会产生作用，它还通过其思想文化力量，直接或自觉地对社会产生作用。科学所蕴含的传统和思维模式是推动人类历史进步和经济发展的能动性力量，评判文化先进性的原则不可回避地要以科学性为标准。文化势必要具备科学性的特征，才能够指导工业化的道路，使人类朝着物质进步和人文精神的提升同时迈进。

（3）创新性。创新是文化的灵魂与生命，是文化的存在之本和发展之源。创新性原则的确立源于人类本质的创造性劳动。文化是人类实践创造性的外化，是人与动物的本质区别。在马克思看来，动物的活动只有遗传性和模仿性，而人的实践不仅具有模仿性，还具有创造性。文化在人类的创造性劳动中得以形成，文化要发展，人类要进步，需要保持创新的文化警觉与文化意识，尼葛洛庞帝说："营造富有的创新精神在于找到能鼓励不同观点发表的途径。"[1]因此，创新性是文化先进性的重要标志之一。

（4）发展性。文化中"化"的意思即变革的意思，要么化人要么化物。一种文化不仅要适宜时代的发展，而且能够引领一个民族或国家走在时代的前列。从原始文化到农业文化再到工业文化，一种文化抛开了发展性终将被另一种文化所替代，这是历史的必然选择。从全球化的角度来看，一种文化总是在与其他文化的较量中，显示生机，进而在培养民族性格，激发民族创造力，带动经济社会发展方面显示优势。

历史上，对于评判文化先进性的标准有不同的观点。一般认为，衡量文化先进与落后的根本标准是生产力标准，凡是促进生产力发展的文化就是先进文化；反之，凡是阻碍生产力发展的文化就是落后文化。正是生产力标准确定了文化的性质和功能。具体地说，一种文化是否具有先进性，主要应看它所蕴含的价值诉求是否有利于人类种族的繁衍与进化，是否有利于人类文明的整体提升，是否有利于人类自由度的增强。正如恩格斯在《反杜林论》中所说："文化上的每个进步，都是迈向自由的一步。"[2]因此，先进文化的标准至少可以从四个方面考量：有助于促进生产力进步；有助于实现善治；有利于人民福祉；有助于提升文化认同和国际影响力。

2. 先进性评判

人类处于工业化时代，工业文化应当是为工业社会的人类所共有的、传承和遵循的一整套价值符号体系，它包括共同的知识、情感、伦理和信仰等，还包括它们的物质表现形态和顶层设计系统。首先，表现为塑造国民性格、民族精神进而引起的文化变迁、群体行动，体现在生产力进步、社会进步和

---

[1] 尼古拉斯·尼葛洛庞帝. 创新的空气[J]. 余智晓，译. 经济观察报，2004.
[2] 马克思，恩格斯. 马克思恩格斯选集(第3卷)[M]. 北京：人民出版社，1995.

人口素质提高等；其次，明晰产业结构布局和经济发展方向，引导行业的诚信自律和体制机制完善，体现在全球化背景下的产业结构升级和系列创新活动等；最后，引导社会职业伦理道德进步和器物文化发展，体现为职业人的认真、勤俭、理性、卓越等品质塑造传承，以及对产品质量和审美的追求等。

当然，工业文化是和工业社会相适应的符号系统和心理结构，有其产生的社会基础并因时代和地域的不同而有差异。英国贵族精神暗含的勤勉谋利和"向上流社会看齐"的价值取向[①]，在文化层面为工业革命的最先爆发提供了土壤。工业革命是一个在全球范围内不连续的渐进过程，它会引起经济和社会结构的变革、现代国家的形成，以及人民生活和思维方式的变化。在第一次、第二次工业革命，工业文化可能引导着人类的生产和生活朝向科学化、标准化、规范化、规模化、物质化、社会化、专业化迈进，到了第四次工业革命前夜，则将引导人类的生产和生活更加向智能化、网络化、个性化、绿色化发展。尽管在全球范围内，各国工业化进程差异很大，但是，工业文化区别于其他形式和时代的文化，它源于工具的制作、产品的制造和生产方式的变革，在这一过程中，物质产品极大丰富、制度规范越加完善、精神财富更加多样，人们在制度规范约束下，秩序井然地工作生活。

（1）从生产力角度，工业文化先进性体现为对农耕文化的扬弃。在工业文化对生产力促进关系的论述中，马克斯·韦伯在《新教伦理与资本主义精神》中指出，文化对资本主义发展具有决定意义，由宗教改革而衍生出来的以禁欲苦行为特征的新教，使西欧社会克服了传统资本主义，并且它所传播的理性文化价值有利于市场机制的健全和完善，使清教徒更易于接受专门技术学习和从事工业与商业工作；同时，新教所提倡的"天职"观念中勤勉、纪律、克己、节俭等品质与资本主义市场经济发展所要求的储蓄、投资、人

---

① 尉迟天琪. 社会文化传统对英国工业革命的影响[J]. 理论界, 2013(10).

力资本、企业活动是相容的。①马克思在《共产党宣言》中指出："资产阶级在它的不到一百年的阶级统治中所创造的生产力，比过去一切世代创造的全部生产力还要多，还要大。"②Fukuyama 指出，具有经济价值的文化习俗称为美德，并且这种美德可分为个体性品德和社会性品德，个体性品德是指个人能完成的文化习俗，如节俭、努力、敢于冒险、富于理性和开拓精神等。

朱寰主编的《工业文明兴起的新视野》指出："从农业文明向工业文明转型，仅就经济而言，主要包含以下几个内容：从生产的规模来看，是从小生产向大生产转型；从社会性质看，是从封闭的传统社会向开放的市场社会转型。从中世纪的简单手工具生产，到复杂的蒸汽机带动的机器生产，不单纯是生产规模的扩大的产品数量的增加，而是生产力的性质、生产的组织结构，以及生产管理等都发生了质的变化。"③工业革命的根本在于生产力的质变，而质变产生的结果是政治、经济、文化、社会莫不发生系统变革。显然，生产力进步的文化后果就是近现代工业文化的产生与发展，其本质属性上有别于传统农业文化，是对后者的超越与扬弃。

（2）从治理角度，工业文化先进性体现为对全新社会秩序和组织形式建立的有效推动。善治即良好的治理，强调效率、法治、责任的公共服务体系。按照马克思的逻辑，生产力一定会改变生产关系，经济基础的变动也会改变上层建筑。工业文化相对于传统农业是生产力变化的结果，代表了先进生产力的文化形态，工业社会的机器大工业和商品经济的典型特征对社会秩序及组织形式的改变也必然会体现在文化层面。在经典的社会学研究中，宋巴特曾经将资本主义的产生归纳为经济冲动力和宗教冲动力，新教伦理所代表的文化形态既是工业文化的结果，也是工业文化塑造社会秩序和组织形式的工

---

① [德]马克斯·韦伯. 新教伦理与资本主义精神[M]. 于晓，等，译. 北京：生活·读书·新知三联书店，1987.
② 马克思，恩格斯. 马克思恩格斯选集(第1卷) [M]. 北京：人民出版社，1995.
③ 朱寰. 工业文明兴起的新视野[M]. 北京：商务印书馆，2015.

具与通道。自工业革命以来,工业文化对人性和组织的要求在公共领域成效明显:工业文化对人性要求是理性化的过程,是一种基于追求生产效率和对科学崇尚所产生的"工具理性"的主导,这种理性化的结果就是"科层制"大行其道,科层制成为治理国家、市场和社会的主要手段。与之相伴生的是民主,民主的产生并不仅仅是表面上的选举权,而是个体在财产和行动上的独立性,这种独立性实际上是商品经济发展的必然要求。所以,社会秩序和社会组织的科层制和民主化,产生了国家治理的主要运作方式,产生了阶级关系与社会治理的格局。

(3)从促进人民福祉角度,工业文化先进性体现为以人为本的发展诉求。生产力的进步使人民生活富足,能够获得好的居住条件、医疗卫生条件,获取健康的水源和足够营养的食物。与工业文化相伴生的民主进程加速和人民自主性提升也是为了最大限度地增进公共利益,即人民福祉。促进人民福祉代表了一种生产力的"福利属性",其背后是以人为本的诉求,包括物质产品的丰富所促进的消费需求的满足,也包括社会福利和公共服务。与传统农业社会相比,以人为本的工业文化理念体现在:一种是全球的福利化运动,是自从俾斯麦建立现代保险制度以来福利特征的一种延续和升华,尤其是各类再分配制度和市场保险制度的完善,福利制度是工业社会的一种典型特征;另一种是工业科技进步所体现出来的以人为本的取向,这种取向的背后动力是工业价值理念对消费群体和社会的责任。

(4)从文化认同和国际竞争角度,工业文化的先进性体现为能够有效提升文化认同和国际影响力。伴随全球化的到来,国际竞争中综合国力的体现已经从"硬实力"向"软实力"转移,先进的工业文化理念和组织管理制度所占比例逐渐增大。长期以来全球化进程中的文化交流往往是不平等的,西方发达国家和跨国公司掌控全球文化话语权,借助现代传媒进行文化扩张和渗透,并使得自身的文化和价值观获得认同。可以说,西方工业文化是世界范围内的强势文化,在文化传播与文明冲突中处于主动或优势的地位,这是全球文化互动中不可忽视的显著特征。西方文化强势地位的形成，主要是它更多地利用了最新工业文明成果作为文化输出的载体。

文化的重要功能之一就是能够提供归属感和凝聚力，先进工业文化可以通过对经济领域价值观的引领和渗透，增强政治和社会领域的认同，进而增强民族认同和国家认同。法国经典社会学家涂尔干曾经着重探讨过职业道德对社会团结的重要性。在国际间经济、政治冲突与合作中，文化和意识形态往往扮演着特殊的作用。尤其体现在国际定价权方面，当西方发达国家能够通过制定标准并掌控规则的时候，往往能够享受定价的主导权及超出市场价格规律的溢价收益。

第二节 动态理解工业文化先进性

1. 工业文化发展需要与时俱进

工业文化的先进性并不意味着工业文化没有落后和糟粕的成分，而是指它本身具有先进文化的属性和特征。事物是辩证的，也是系统的、复杂的，工业文化的先进性是动态的，相对于传统农业文化，工业社会是先进生产力的代表，工业文化是先进生产力的成果，同时要看到，工业文化本身是一个系统，有着代表科学和进步的属性和组成部分，同时，工业革命以来的一些文化现象，如环境污染、金钱至上等，本身也带有其消极和负面的特征和成分。

工业文化的先进性并不是一贯和永恒的，而是具有历史背景并且与时俱进的。因为任何文化都是历史的，工业文化从农业社会走来，有对农业社会的继承，也有更重要的决裂和扬弃，这本身就是一个历史过程。工业文化的先进性也不是自身包含永恒的先进特质，而是其在特定历史时期酝酿产生成为适合推动生产力发展的上层建筑，并伴随着社会形态和生产力的变化，伴随着社会结构与秩序的变化而与时俱进。至少在三个方面，工业文化经历了适应性的发展和调整：

第一是工业文化的价值导向，从最初的利益至上，到对公平正义的追求，实际上经历了最初的资本主义经济危机和动荡，到统治阶级被动认识到提升民众福利和开发社会保障制度的重要性，自由主义和保守主义导向实际上实现了一种微妙的平衡。

第二是国家与市场社会的关系，从最初资本主义兴起初期的英国、法国、美国，到今天，实际上工业化国家已经开始反思到这样一种状态，那就是国家、社会和市场共同参与的社会治理才是工业社会最优的治理形态，这就把工业社会源自分工的那种民主的精髓发挥到了一种新的层次。

第三是关于和平与发展的认知。长期以来，资本主义工业社会疯狂发展的生产力很容易让人们产生一种错觉，以为人与自然本身就是改造和被改造的关系，自然是资源而不具备主体地位，人们改造自然越彻底，就越有利于人类自身的生活和福利；与此同时，还有另一种对科学和工业的利用方式，那就是国家之间的军备竞赛和军事冲突，这也是工业社会产生的一种后果。伴随着人类对自然认知的进步及对国际关系认知的新进展，生态保护、和平主义逐渐成了主流意识，从而进一步影响了世界格局和价值取向，这些都是时代进步在工业文化中的体现。

2. 不同工业文化之间存在差异

工业文化的先进性并不意味着所有国家和地区的工业文化形态都是无差异的。当今世界的发展，工业社会也好，后工业社会也罢，其实本质上都是有别于农业社会的工业社会的延续，社会化大生产和机器大工业仍然是典型特征，变化的是互联网、物联网、云计算、大数据、人工智能、量子计算、生物医药、新能源、新材料等科学技术的飞速发展，改变了工具和交往的途径。但是在全球化趋同的今天，工业文化仍然会和不同国家和地区的政治、经济、文化背景相融合而产生不同的形态，尤其是国家的政治体制，会影响经济与社会的结构性特征，也会使工业文化先进性的体现有所不同。尽管划分工业文化的标准是多维的，如工业发展的阶段性，或者代表先进工业形态的技术先进性，又或者工业理念的先进性等，但是仅就本书所提到的标准而言，在全球的不同国家和地区就存在着显著差异。我们应该看到全球不同国家和地区在工业化程度上的差异，应该看到不同政治体制和经济体系在解放工业生产力的潜力方面存在显著差异。

在横向的对比中，可以清晰地看到美国、日本和德国等西方强国在工业化进程上的领先，也会看到北欧国家在增进民众福祉方面的成绩和教训。这些国家工业化发展了几百年，取得了突出的成就，形成了一整套符合自身发展特色的工业文化体系，体现出工业文化在促进生产力、优化社会治理和增进人民福祉方面的先进性。

第三节　先进工业文化影响力

1. 引领作用

先进工业文化是一种具备强大的影响力的文化类型。在参与全球化竞争，特别是价值观的较量过程中，先进工业文化往往是可以有效支撑一个国家的文化软实力，从而能够不断扩大文化影响力，形成文化定价权。影响力体现在对于全球工业文化整体或者特定领域的引领作用。比如在工业革命初期英国价值理念对全世界资本主义国家的引领，就是通过其创新性的工业生产方式和技术能力实现的；在后续的几次革命中，无论是石油汽车时代还是信息技术时代，美国的引领作用非常突出。这种引领就是以本国超前的工业化进程和先进的工业文化为基础的,也会围绕引领国在工业领域的进展而形成标准规范和国际组织,从而成为引领全球的"游戏规则制定者"。刘怀光、王崇认为:"问题的关键在于,起自《威斯特伐利亚和约》的现行国际关系体系,是西方国家自 17 世纪以来民族、国家关系演进的结果。其价值规则和政策框架均来自西方的文化、历史传统。对于美欧国家而言,这一体系是自然而然的东西,其价值观是毋庸置疑的共识,其文化产品是自身生活的表达,其政策操控与这一体系是高度一致、吻合的。"①

2. 话语权掌控

在国际工业文化竞争中,文化定价权是需要特别关注的。美国传播学家赫伯特·席勒和其他许多学者一样,赞同"文化帝国主义"的概念:"通过整个程序让一个社会进入世界现代体系的核心,它的领导阶层通过魅力、压力、力量或腐败的方式来塑造社会制度,以便让其与系统的支配中心的价值和结构相一致,是这个系统本身成为制度的发动机。"②文化定价权不同于工业资源和商品乃至劳动力的国际定价权,而是指在国际价格规律基础上,由于文化影响力的差异而导致的"溢出"的价格和成本。

工业文化的国际竞争是错综复杂的,其外在表现为市场竞争,但背后往往是代表着国家和地区整体的政治经济和社会发展的综合影响力。在资本主义进入帝国主义阶段,文化竞争的实质事实上源自西方的资本主义如何将所谓西方中心论"普世价值"向全球扩张的过程,文化竞争的终极是意识形态竞争,其表现是"文化帝国主义"。

第一个系统阐述"文化帝国主义"这一概念的是赫伯特·席勒,他的全

---

① 刘怀光,王崇. 从软权力到文化软实力——语境变化的内在逻辑与现实根据[J]. 河南师范大学学报(哲学社会科学版), 2012.
② [法]马特拉. 世界传播与文化霸权:思想与战略的历史[M]. 陈卫星,译. 北京:中央编译出版社, 2001.

部研究基于这样一个事实：在第二次世界大战以后新兴的民族国家尽管在政治上脱离了西方的殖民统治，但在经济和文化方面仍然严重依赖少数发达的资本主义国家。就文化和传播领域而言，西方几个主要的传媒掌控了全球信息的流通权和阐释权，以好莱坞为代表的美国影视业同样占据了新兴的民族国家的绝大部分市场，新兴的民族国家的文化空间被严重地挤压和左右，国际文化的流通严重失衡。

从本质上说，当今各国参与国际产业分工协作、商业贸易交流主要依靠经济和文化的对抗来竞争话语权。但是，维持世界工业文化的多样性不仅十分必要且迫切，这是由于不同民族的文化特质不同，它们对促进经济发展和社会进步各有所长，而世界前进的方向和采取的方式不是唯一的，因此，判断工业文化的生命力和先进性应该放在人类历史发展的长河中去审视和评价。

第五章 工业之美

美可以简单地划分为自然美与人造美,美学是研究人类对客观世界的审美关系的科学。美学和工业从来就有密切关系,工业生产的整个过程都和审美关联,工业美学是美学在工业技术、工业生产及工业劳动的体现和应用,它使得工业活动更符合审美规律。美的创造规律与科技创新规律有着相通之处,工业科技发展使哲学美感、艺术美感、工业美感融为一体成为可能,使人类的心灵沟通、亲情表达、行为展示更加便捷。

第一节 自然美与人造美

1. 审美思想

美无所不在,审美也无所不在。人类审美意识的产生、发展与社会进步成正比,人类审美是一种直觉观照,它积淀了人生经历、性格情趣、思想追求、经验借鉴、知识认知,最后定格为审美观念。美是事物本性适合人的本性的性质,一切美都是事物的本性与人的本性的既对立又和谐的统一。美是主客体的统一,人和物、人和自然的统一,无论是自然美还是人造美都一样,所不同的只是统一的条件和方式存在着差异，自然美是自然的生成，却天然地契合了人的本性、人的生活、人的实践。

美是促进艺术、科学、设计创造的重要心理因素，是唤起和激发人的最高享受的心理状态。我们在惊叹某个事物"美"是因为它满足了我们的审美需要。这个"美"是对客观实体的一种判断，也是对主观经验的一种描述。美是一种价值属性，说的就是客观事物的情形要符合人的审美需要。"美的规律"实际上是人类设计、创造本质的最深刻反映，也是对自然界的本质的深刻反映。和谐、对称、节奏、平衡、韵律、稳定、比例……无不在自然界中生动体现，也在创造发明、工业设计史中无处不有。美籍德国物理学家魏耳说："我的工作总是力求把'真实'和'优美'统一起来，但当我必须在二者之间做出抉择时，我通常选择'优美'。"

自苏格拉底时代，希腊思想家就开始思考和辩论"美"的问题。文艺复兴时代艺术家、思想家们大多推崇"绝对美"，关于"美"的话题，常常是从艺术的角度谈论。黑格尔认为自然是理念发展的低级阶段，自然美是理念显现的低级形态。因此，黑格尔的自然美学是人与自然二元对立的结构。20世纪以来，美学领域就开始突破这种主客二元对立的美学范式。

在中国古代自然主义哲学中，自然生万物，道家讲自然之道，美在于道，在于自然。庄子云："天地有大美而不言。"中国古代思想认为人与自然为一体。中国古代传统"天人合一"的哲学观体现了人与自然和谐一体的生态意识。董仲舒在《春秋繁露》中提出"天人之际，合二为一"。"天人合一"不仅在政治层面，还兼具道德层面、人格层面及审美层面，是中国哲学自然观的精髓。

美的分类与比较是一个复杂的问题，观点也多种多样，其中最为常见的是把美分为自然美、社会美、艺术美和形式美等。美学家李泽厚在其《美学四讲》中，就提出美学的四大范畴：一是自然美；二是社会美；三是艺术美；

四是科技美。其实,美可以简单地划分为自然造物之美、人造物之美,即自然美与人造美(人工美),其中,自然美的审美对象是客观存在的且作为人类起源的大自然,人工美的审美对象为人工制品,即包括出自人工之手的各种制造与创作。

2. 自然美

自然美作为自然事物的一个属性,它是自然物体现和发散出来的形象和力量等美的内容。自然美主要分为两种形态:一是经人类加工改造过的自然对象的美,如田地、园林等;二是未经人类加工改造过的自然对象的美,如日月星辰,山川草木等,它以自然的感性形式直接唤起人的美感。

自然美具有无限广阔的审美领域。大自然的美无处不在,朝阳晚霞、春花秋月、山川湖泊、森林草原、园林田野、鸟语花香等都是自然美,这些美人们看得见、听得着、感觉得到。比如,蝴蝶翅膀的轮廓和造型非常优美,翅骨由心发射出去,等间距地沿着曲形翅面轮廓排列,以最经济的方式支撑着脆薄的翅膀,它颜色的过渡、色调的统一、色彩的布局都鬼斧神工般恰到好处,而这正是来自自然之手的神奇创造。

自然美体现出"存在就是合理"的自然法则。不论是一个动物的体态,还是一个植物的色彩,或者大自然的鬼斧神工,在上百亿年的宇宙演进中,自然界以合理的方式呈现出各种各样、多姿多彩的形态,这种合理中蕴含着一种叫作美的东西,这种美便是自然美的"存在就是合理"。自然界存在各种生命物质及非生命物质,一块岩石、一棵小草都有继续存在的合理性,这种理由是地球十几亿年的进化中,取精华、弃糟粕后留下的来自自然之手的设计,这种设计往往在数理法则上可以称为近乎完美的设计。

自然美具有巨大的感染力量。大自然不仅给人提供了生存发展的物质基础,而且给人提供了无与伦比的审美感受,大自然的美景秀色在不同的环境中以不同的形式展现,自然美对人类具有巨大的吸引力、感染力、震撼力。

人类许多创造的灵感来自诞生于大自然的生命所呈现的真理之中。远古人类开启工具发明，实际上就是建立在大自然无意识创造基础上的有意识的创造。

人与自然的关系始终是一个根本性的问题。从人类社会发展史看，在不同的社会形态下，人对自然呈现不同的审美态度。从原始时代及农业时代人与自然的"天人合一"，到启蒙时代、工业时代人与自然界的"二元对立"，再到生态文明时代人与自然的重新有机整合，人类对待自然的观念在不断地变化和演进。

3．人造美

劳动创造了世界，劳动也创造了美。人造美既来源于现实生活，是现实生活的典型概括，又是人类创造性劳动的精神产物。人造美虽没有自然美的多变神奇，也有着它不可忽视的美妙之处，利用能工巧手，同样能创造出美妙的景观。

从石器时代开始，人类开始制造工具，开始人造物。人造物是人类为了生存、生活需要进行的物质生产。我们生活中有许多优秀的人造物产品，这些产品美观、舒适、方便、安全……它们是人类的智慧结晶，它们的存在有其合理性和科学性，是人类优秀成果的见证，或者人类改造自然、利用自然创造正确价值的体现，这就是人造物的美。

自然界是人类灵感的源泉，人类从一开始造物就开始模仿自然，模仿自然的形态和功能进行创造，并在两者间找到科学依据和平衡点。当然，人作为自然不可分割的一部分，本身就决定了自然对人造物的影响。人造物的世界被称为"第二自然"，比如，工业产品设计是艺术文化形态，既要求实用功能，又需要审美价值，满足人们物质需要和精神需要，因此，在具体设计中会重点考虑的是产品的形态问题，包括外形、功能、颜色、结构。经过细心研究，人们常能从自然物的形态规律中受到启发，并发现可以利用的东西，再创造我们自己的造型。

那么人造物为什么会激发人的审美感受呢？一方面人造物可以满足使用目的，另一方面又给人们带来美感。要使这两方面达到和谐，就必须实现人造物形态的精神化。人造物唤起审美感受的原因正在于这种两重性，即"精神向物质形态的渗透"。一旦两重意义融会贯通于形态中，那么人造物就形神兼备，具有了激发审美的客观根据。

4. 审美演变

人造美的发展是以人类文明的全部成就为基础的。原始社会，人类生产力低下，人造物的美学主要以生存和繁衍为主题。农业社会，人类生产力进步，人造物的美学主要以精神和尊崇为主题。工业社会，人类生产力不断进步，人造物的美学主要以功能、审美、精神为核心。

原始社会人类生活在地球的不同地域，尽管他们彼此很少交流或者基本上没有交流，但文化形态惊人地相似。原始社会人类的生产工具石器、陶器等造型基本一样，他们的绘画、雕刻除了题材差别，风格也十分相似。特别有意思的是，所有史前人类的女性雕塑均夸张与生育相关的身体部位，说明远古人类都有过女性崇拜。另外，史前人类都有原始宗教。为什么会这样？原因很简单，史前人类低下的生产力难以对付恶劣的环境，生活主题只有生存，生存下来就是万幸。生存有两种：一是个体生命的生存，二是种族生命的生存，前者关系着生产，后者关系着生育，凡是对生产或生育具有正面价值的事物，其性质均是美的。这种审美观念在史前人类中普遍存在，类似之处远多于相异之处。

人类进入农业社会，文明的类似性逐渐淡化，差异性逐渐增强。人类的生产力水平提高了，生存的问题基本解决，发展问题突出了。生存基于人的自然本性，主要表现为人的物质方面的需求。发展基于人的文化本性，更多地与人的精神追求相关。人的精神需求非常丰富，民族与民族、社群与社群、个人与个人，具有太多的差异性，在这种情况下，审美的差异性突出了。这一点于女性美上表现得特别鲜明，与原始社会的女性美以健壮、善于生育为美不同，这个阶段各个民族对于女性美的认识大相径庭，在艺术上表现得尤为突出。如中国的水墨画与西方的油画，其审美理念格格不入，世界各国的建筑风格互为不同。再如，中国古代创造了自己建筑美学思想，《老子》提出了宇宙本体论的"道"，以一系列的事例说明"有无相生""虚实互补"的空间观念，为器物和空间造型原理指明了方向，计成在《园冶》中提出了天人合一观和系统观的造园思想，"虽由人作，宛自天开"，"巧于因借，精在体宜"。

工业革命催生了市场经济，市场经济不会满足于国内市场，必然要走向世界，而科学技术的发展为全球化提供了条件。[①]在全球化的背景下，人类的命运从来没有像今天这样紧紧地联系在一起，共同命运产生了共同的关怀，共同的关怀不仅导致共同的话语体系，也导致了共同的生活方式和审美取向，种种世界性的潮流必然地影响着人类的审美生活。

第二节　工业美学

1. 概念内涵

美学是研究审美活动的特征和规律的科学。美学有规律可遵循，也有一些基本原则，如节奏与韵律、对称与均衡、主从与重点、整体与局部、比例与调和等。在美学中，最经典的比例分配莫过于古希腊人发明的"黄金分割"1∶1.618及其具有标准美的感觉。提起审美，人们自然会想到艺术。但是，

---

① 陈望衡. "全球美学"与中国美学——中国美学如何与世界接轨[J]. 学术月刊, 2011(8): 16-21.

审美领域不只限于艺术，也表现在科学研究与工业制造中。

案例：现代舰船美学——邓恩曲线

现代舰船美学设计遵照邓恩曲线。邓恩曲线是有关舰船上层建筑设计美学的概念，起源于军舰设计，它是指舰船的上层建筑在侧视图上沿船长的最佳结构。一般而言，以上层建筑占船长的前 1/3 为佳，这种布局满足了黄金分割率且最有美感。其实，舰船美学设计是军工武器美学设计的重要体现，在战斗机领域，美学设计应用也非常普遍，正如达索所言，"一架看起来漂亮的飞机就是好飞机"，军舰也是如此！

美学和工业从来就有密切关系，工业生产的整个过程都和审美相关。比如，距今 1 万多年的中国华北地区的早期新石器文化——磁山文化，在其出土的陶器中，就发现陶器表面出现了绳纹、篦纹及划纹等，形状有椭圆口盂、靴形支座、三足钵与深腹罐等，这体现了早期磁山地区人类的审美意境。

工业美学是研究工业生产领域美的规律的科学。工业创造首先是一种基于物质需求的美，然后在享用过程中显现出精神需求的美。工业美学是由工业和美学这两个物质领域和精神领域独立的方面汇合而成的一种新的学科。它的立脚点是工业领域，因此，它和传统的美学有所不同，即不再以哲学思辨的探讨为主，而把主要的注意力集中于产品的构思、研发、设计、制造、包装、营销、服务等每个环节，探讨工业领域中审美的规律性问题。

第一，作为一种审美形态，工业美不是现代才有的，是人类原发性的审美形态，它的研究有助于揭示人类审美意识形成的机制。因为使用工具的生产实践形成了人的活动的动态工具结构，它不仅传递着人类的经验，规范着主体的活动样态，而且塑造着人的文化心理结构。

第二，研究表明，人类审美意识的发展，始终受到科学技术的影响和制约，以建筑为例，在历史上建筑艺术历来都是其时代最先进技术的真实体现。正是以先进技术为依托，才创造了许多蔚为壮观的建筑景观。

第三，审美价值对人具有最大的生理和心理适应性，产品的美成为产品功能目的的直观表现，它为工业技术的发展提供了一种人文导向。

第四，美在和谐，工业美强调了科技进步与社会发展和自然环境的协调统一，它把人的科技视野与人文视野联系在一起。

第五，工业美存在于人们的日常生活和生产环境中，通过环境与人的相互作用，可以发挥其美育职能，它可以发挥对情绪的调节、对行为的诱导和暗示，从而达到精神境界的升华。

18世纪工业革命发生后，人类生活从中世纪田园风光变成了烟囱厂房林立的环境。为了解决工业生产中美的问题，陆续出现了技术美学、生产美学、劳动美学、机器美学等概念。工业美学与上述美学略有不同：第一，工业美学不只是面向整个工业生产过程，包括产品销售，研究市场问题。技术美学或生产美学都不涉及产品的销售问题。第二，工业美学可以有因生产制造而形成的工艺之美、机械之美、制造之美、布局之美、工程之美。第三，工业美学还涉及企业管理问题、劳动者的审美培育，如管理之美、环境之美、人文之美等。

由此可见，工业美学所涉及的内容要超过其他美学研究的范围，包括研发设计美学、生产制造美学、销售服务美学、工业管理美学、生产环境美学、工业建筑美学等多个方面。其中，生产过程中的环节主要满足生产者的愉悦与审美需求，生产过程以外的环节主要满足消费者的愉悦与审美需求。

2. 基本作用

工业美学来源于工业生产，致力于为工业服务，面向的是工业整体，决定的是整个工业领域的美学特征问题。研究工业美学有利于提高产品的质量，提升管理水平，提供优质服务，增强企业竞争力。工业美学任务并非跟随审美思潮，而是看其能否以功能、技术、材料、形式、服务等为基础主导审美思潮。

工业美学观念已经在企业经营中广泛应用，从产品的构思、设计、营销、服务，渗透到了每个环节，即产品设计、制造工艺、企业营销等必须尊重工业美学的规律。实践证明，在当今由"卖方市场"转变为"买方市场"的新形势下，谁能自觉地、高水平地运用工业美学，谁就能在竞争中取胜，反之，不讲究这门科学，粗制滥造，必然在竞争中败北；谁能自觉地、高水平地运用工业美学指导企业生产、管理、服务，激发劳动者的工作热情，谁就能提高劳动生产率，提高经济效益，从这些意义上说，工业美学已成为直接生产力。

技术是人与自然的中介，任何人造物的创造都离不开技术，技术创新规律与美的创造规律有着相通之处，像建筑和工业设计这种影响就特别显著。钱学森说："我们应该自觉地去研究科学技术与文学艺术之间的这种相互作用的规律。"[1]

以汽车设计为例，在汽车制造的早年，人们的主观只知道马车的造型，所以早年的汽车像马车，像马车的汽车就很美了。到后来，人的社会实践发展了，知道高速运动的物体应该"流线型"化，这时像马车的汽车就不美了，出现了今天的这种车型。科学技术的发展，人们生活方式的改变，必然影响艺术表现的物质手段，从内容和形式上影响工业美学的风格。

---

[1] 白崇礼. 钱学森同志谈技术美学[J]. 装饰, 2008（增刊）.

日本美学家竹内敏雄在《塔与桥——技术美的美学》(1977)一书中,结合自己的切身体验探讨了工业美的问题。曾经使作者围绕古寺流连忘返的并非佛像,而是寺院中的塔。那简朴刚直、令人瞠目屏息、岸然耸立的形态,以一种无言的力量抓住了作者的心。同样,当作者顺江而下目击了清秀端丽而又充满张力的桥时,那生气充盈的现代美感也使人目夺神移。

随着社会实践的发展和科学技术进步,美学越来越注重研究现实环境问题和技术的人性方面因素,工业美学提供了"人性化"尺度,"人性化"是一种全方位考虑和满足人的生存目的的美学设计原则。

第三节　工业流程之美

生产者既是物质财富的创造者,又是美的生产者,用工业美学指导生产制造,可增添产品的竞争能力。

1. 工业设计美学

工业设计美学是在现代设计理论和应用的基础上,结合美学与艺术研究而发展起来的一门新兴学科。工业产品虽然属于物质文化,然而它是人们生活方式的物质载体,是先进精神文化的表征,因此,工业设计美学讲求设计过程中需要体现产品的科学性、创造性、新颖性,实现器物文化、行为文化与观念文化的整合互动。

工业生产部门运用美学原理设计、制造出具有美的形式的产品,使其为消费者所喜爱,从而打开产品销路。具体到产品层面,工业设计美学由两个方面的因素构成:一方面,从产品的实用性来看,要求材料质地优良,加工方法科学,功能结构合理,以便保证人们在应用它时得到恰到好处的实惠,发挥其应有的功利效益；另一方面，从产品的审美价值来说，需要抓住三个要素——造型、色彩、结构。一般来说，造型要优美、别致，色彩要和谐、悦目，结构要简洁、轻便。

不同的产品应有不同的美的形式，任何东西都可以做得更好些。例如，人们在选购服装、围巾、鞋帽之类带装饰性的物品时要讲究款式、花色；在选购手机、电视、冰箱、空调、家具等生活用品时要讲究造型、色彩，以求在使用这些物品时，能获得精神愉悦的美感；在交通运输业中，船舶、汽车、火车的外观、色彩、装饰也要求美观；即使如机械工业中的各种车床，也有外观造型、色泽和功能的问题。

总之，受到人们喜爱的工业美学产品，应该是有用的和好用的，体现着功能美的要求，又要体现着形式美的要求，即外部造型也是美的，具有结构合理、造型别致、色彩和谐、装潢讲究等特色。另外，要解决工业标准化、通用化、系列化的整体划一与社会追新求异等个性化需求之间的矛盾，产品设计还要在色调、质感、美饰上做文章。

2. 生产制造美学

一般来说，在工业生产过程中，技术既要完成从主观目的性向客观现实性的转化，也要按照美的规律来改变外在世界，以实现产品的物质与精神、功能与审美的有机统一。因此，工业技术活动及其生产成果既蕴含着善的目的，又蕴含着科技的力量。生产制造过程中的美学体现在三个方面：

一是生产过程的合理化。生产过程的组织、人与机器和劳动环境的动态关系具体表现在空间、时间的安排，节奏、色彩和音响的处理，人体的动律与机器运转的关系等方面，它们直接激发着人的心理和情感反应。生产过程的合理化将使劳动不再是一种沉重的负担，而成为一种美的创造。

二是物尽其才。工业生产是中心环节，它作为一种工人的生产活动，要求生产者在制作产品时能充分利用物质材料本身的性能，按照"美的规律"去制作产品，当然，由于工业品所属的性质不同，如生产资料用于生产，生活用品用于生活，因此，它们在实用与审美的结合上自然侧重点不尽相同，但在产品制造上大家都越来越认识了美的价值对工业品价值的提升作用。

三是生产设备与工具之美。古人说："工欲善其事，必先利其器。"自古以来为完善各种生产设备与工具不断地进行革新、创造。人类经历了石器、青铜、铁器、蒸汽、电气、信息时代到智能时代，生产设备与工具相应地取得了极为深刻而巨大的进步。任何美的生产设备与工具，都凝聚着人的智慧和才能，显示了人的本质力量在当时所能达到的水平。生产设备与工具之美，不仅要求实用功能好，而且要求结构形式巧，因为设备与工具的质量既直接影响着生产劳动的效率，又影响人的审美感受和效果。试想，木工如果没有锋利的斧头，就不可能有"运斤成风"的妙境，以显示其高超完善的技艺。当代网络化、智能化的生产流水线，更是人类生产工具的巨变，无疑会给生产过程的美增添新的光彩。

3. 营销美学

实际上，所有的营销活动都涉及美学，如新产品的开发和计划、品牌管理、产品分类管理、服务管理、广告和促销、包装、媒体传播和公共关系等。营销美学作为营销战略的一部分，决定了企业的核心经营能力、组织结构及未来的发展方向。营销美学关键在于实施视觉营销设计，通过视觉（或其他感觉）方法来表达企业文化和产品功能，从而为企业产品及其品牌建立识别。

随着市场竞争的日趋激烈和消费需求的提高，在营销过程中对美学的要求越来越重视，营销美学不仅要求外在形象美，还需要产品内在质量美；不仅需要营销观念美，还需要营销策略美；不仅需要产品设计、企业形象美，还需要员工服务、行为美。其中，观念美是指在整个营销活动中以消费者为主导，兼顾社会利益，在营销过程中充分考虑消费者的审美意识、审美趣味和审美价值观念，从而体现在营销过程中的一种观念体系。

营销美学突破了品牌管理的传统思维，将品牌管理、识别和形象等营销理论有机结合，着重论述如何通过标识、宣传手册、包装、广告，以及声音、香味和光线等美学效果推销"记忆深刻的体验感受"。营销美学实际上提升了原来以视觉为主导的广告传播理论，也为体验营销提供了具体的实践手段。

包装装潢、广告宣传与橱窗展销等是营销美学常用的手段。包装是产品信息传递的最根本手段，它应当反映商品的属性功能，并具有美的吸引力。广告的目的在于传递产品的信息，它应当在视觉、听觉上提高商品的价值，使画面富有魅力，以便正确、完美地传达商品的信息。产品展览、橱窗展销不是简单的商品陈列，应是向外传递商品功能与审美信息，并引起顾客的购买欲望。

4. 生产环境美学

产品品质和生产率的高低，不仅取决于技术、设备和生产组织，而且取决于生产者的生理和心理状态。生产者的生理、心理状态，在很大程度上又取决于生产环境和生产条件。优美的工作环境、优越的工作条件，能使生产者心情愉快、精神振奋、效率提升。影响生产者生理、心理状态的主要因素包括空间、光线、色彩、声音、人和物的秩序。

厂区和车间空间宽敞、空气流通，会使人心胸开阔，神清气爽；空间狭小，会使人沉闷、压抑。不仅整个厂区应该做到整齐清洁，而且各个车间内要做到机器设备、原材料、半成品等物件堆放整齐，排列有序；地面要平整、清洁；操作台安装得合理、方便；厂房的布局、建筑要大方、美观，厂区要绿化，道路要宽阔平直，从工厂大门到各办公室、车间，造型、布置都要符合现代美学的要求。

生产场所的光线要明亮、柔和、适中。昏暗的灯光会使人昏昏欲睡，强烈的光线又使人无法正视工作面，过强、过弱的光线都容易使人眼睛疲劳。

不同的色彩，给人的生理和心理不同的感受。例如，狭窄的工作场所，把墙壁涂成浅色，就会给人比较宽敞的感觉；由于深色的物体显得比较笨重，浅色的物体显得比较轻巧，因此，庞大、笨重的机器漆成浅绿色，看上去就会显得轻巧、悦目；黄色或橘黄色可以使人聚精会神，需要专心致志工作的钟表、精密仪器车间宜漆成这两色；低温车间宜用暖色。

噪声不仅使人疲劳，而且有损健康。音乐不仅能感染人的情绪，调节人的精神，而且能使人的整个机体发生一系列的内在变化：提高听觉、视觉神经的敏感性，缩短对声、光信号的反应时间等。

工业建筑以生产为核心，追求生产的功能性、经济性，促使各种新型的材料与技术在工业建筑中被大量应用，以新技术、新材料的应用来反映工业的形象。工业建筑尽管和楼台亭阁的建筑不同，然而由于它的整体布局及厂房的合理安排、厂区的绿化等，也会显示出厂区的整体美与厂房本身的美，引起人们的精神活动，产生宏伟感、雄壮感或优美感，获得精神上的愉悦与满足。

因此，美化工作环境，优化生产条件，是加强企业管理的一个重要方面，是提高经济效益的一条重要途径。有研究表明，工厂车间的门窗明净优雅，生产效率可以提高 5%~15%；照明设备适当美观，生产效率可以提高 10%~30%；车间内外环境及机器、工具涂上适当的色彩，或者把噪声减小到最低限度并适时播放优美的乐曲，生产效率就能分别提高 2%~5% 和 6%~14%。

5. 工业管理美学

管理是一门艺术，有效的科学管理可以使生产力中的诸因素发挥最大限度的功能，使各种因素协调一致，良性循环，从而取得最佳的生产效率和最大的经济效益。由于现代科学技术飞速发展、工业领域竞争日趋激烈、工业管理越来越复杂化和科学化,对劳动者的要求必须不断提高。为确保产品的质量,增强企业的竞争能力,有效的途径是全面提高劳动者的素质,进行智力投资。劳动者的教育是提高生产水平,提高企业管理与科技水平,即提高产品质量的最有效办法。

随着工业向更高层次发展,随着人们审美需要的提高,人们对工业产品的概念已有了变化,那就是它除实用外还应具有审美价值。为此,对研发设计、生产制造、营销服务、企业管理等所有劳动者就有了新的要求,他们应具有审美能力与创造美的能力,从而使生产出的工业产品具备实用性与审美性。因此,提高各级劳动者的文化素质,培养审美情趣与创造美的能力,使构思、设计、生产、管理、信息服务等方面最大限度地符合美的规律成为工业管理美学的重点任务。

第四节 工业创造美丽世界

人类是按照美的规律来建造世界的。工业社会发展在不断美化人类生活的同时,给人们呈现出一个异彩纷呈、美不胜收的世界。工业科技进步使自然美感、艺术美感、工业美感融为一体成为可能,使人类的心灵沟通、亲情表达、行为展示更为便捷,从此,人类的思想与视界可以真正地飞上蓝天,跃出云层,遨游太空,在云海与湛蓝之间、在速度与力量之间、在真实与虚拟之间,体味着工业美的神奇与激情,享受着工业美的和谐与愉悦。

1. 工艺美术之美

工艺美术产品的创造与生产并非简单地附加装饰图案,而是将注重产品的功能和造型与其实际的手工业或工业化生产相结合。因此,工艺美术不仅是一种单纯的艺术创作，还是介于普通工业生产与纯美术创作之间的将实用与审美相结合的、使用一定科学手段制作物质产品的艺术创作行为。它是对材料进行审美加工的一种美术，不以技术加工的程度为标准，而以美化加工的程度为依据。

工艺美术既是一种物质生产活动，也是一种精神生产活动，融合了生活美、艺术美、工业美。所谓生活美，是研究人们生活方式所形成的美的观念，研究民族的审美特点，研究生活发展中流行心理对美的追求，它包括人们的生活、思想、心理、品质、意趣及习俗等内容；所谓艺术美，是研究工艺美术的表现形式，如形式法则、形式感等，它反映人们的智慧创造，是工艺美学中的主要方面；所谓工业美，是指在制作中的造型美、色彩美、材料美、装饰美、工艺技术美等内容。只有生活美和艺术美，还不能构成完整的工艺美术创造；有了工业美，才能有美的体现，才能达到物化。

首先，工艺美术之美是建立在工艺美术本身所具有的实用性与审美性基础上的美学。工艺美术的产生与其他艺术形式一样源于人们的生产、生活，同时作为实用器物，其首要作用就是实用性，它的审美性是在其实用性基础上产生的。从石刻、岩画、石器到彩陶、棉布再到后来的染织、玉雕、青铜器等，都说明了工艺生产中的美随着生产力的发展逐步进入人们的生活。例如，在陶器的发展中由素陶发展为彩陶的过程，首先出现的成型的素陶满足了当时人们生产生活的需要，但随着生产、生活的发展，人类智慧的提高，对简单事物的美化意识随之产生，鱼、山、人等自然物的形态引起人们关注，并将其直观图形绘制在素陶表面，这样既不破坏陶器本身的实用特性又增加其审美功能。随着生产力不断发展，逐渐出现经过人脑创作、加工的图案、纹饰并将其绘制到陶器表面。如此的发展过程，陶器本身的实用功能并未变化，审美性的发展也是与其陶器本身的实用性紧密结合的。

其次，工艺美术之美是生活与艺术相统一的美。创造生活美，其物质体现往往集中体现于各类工艺作品上,如服装、器皿、家具等。这里所谓的艺术美,是指各种工艺美术作品所表现的丰富的、具有美感的形式,它直接反映出人们的智慧创造。生活中艺术美无处不在,并与生活用品紧密结合,小到一套纹饰精美的瓷器餐具,大到一处精心设计的园林,它们是与人们生活息息相关的物品与环境,也是一件件大大小小的艺术品。工艺美术作品正是融合了生活与艺术,并将工艺制品批量生产以适应并满足人们对物质生活中的生活美与艺术美相统一的追求。生活美是生活性、实用性、广泛性的结合体,艺术美是装饰性、典型性、观赏性的结合体,而生活美与艺术美相统一、相融合不仅是工艺美学有别于其他门类艺术美学的显著特点之一,更使工艺美术作品能带给人们丰富的物质与审美享受。

最后,工艺美术之美是典型的工业美。工业技术将工艺美术品的美学物化展现在人们眼前,如造型美、色彩美、材料美、装饰美、工艺技术美等。在人类生产力水平不断发展的过程中出现的陶器、玉器、青铜器、漆器、丝绸等工艺品,一定程度上代表了各自不同时代的结构、材料、制作技艺等科学技术的最高水平。在当代,工艺水平的发展、材料的革新、机械化的制作手段等使得各类工艺品的精密、精美程度更好地与其实用性相结合。与建筑艺术一样,工艺美术作品不同于其他艺术作品,是艺术家精神自由创造的产物,因为它是工艺第一性的,工艺生产制作的过程中复杂性会对艺术家精神、情感表达有一定的羁绊。[①]

总之,工艺美术品的美学价值,主要体现在其审美价值上。工艺美术品的审美价值,是艺术美、生活美、工业美的"三美合一"。

2. 机械之美

机械是人们制造的装置,传统意义上的美学与机械似乎并无牵连,但是,

[①] 燕建泉,燕天池. 论工艺美术中的美学内涵[J]. 大众文艺, 2012 (15):133-133.

工业文化

机械本身蕴含着美感，不仅是带来实用的功能之美，更主要的是一种前所未有的造型之美和交互之美。机械本身的合乎功能、技术逻辑的构造和外表具有一种朴素的不加雕饰的美，契合了人类讲求逻辑理性的天性，又与人的求新奇变异的心理倾向若合符节。

工业革命之后，机械产品深入了人们的生活，次第出现的庞大复杂的车床、火车、起重机、油轮、运输机等无不以尺度、效率、声响、见所未见的奇特外形刺激着人们，并激发出无穷的想象。

1923年，天才建筑家勒·柯布西耶在《走向新建筑》一书中指出："一个伟大的时代刚刚开始，存在着一种精神，存在着大量新精神的作品；它们主要存在于工业产品中。"书中热情洋溢地赞扬了远洋轮船的美、飞机的美和汽车的美。如果暂时忘记轮船是一个运输工具，我们面对着它会发现一种无畏、纪律、和谐与宁静的、紧张而强烈的美。它们都是建立在数学和谐基础之上的。接着他指出："今天已没有人再否认从现代工业创造中表现出来的美学。那些构造物，那些机器，越来越经过推敲比例、推敲体形和材料的搭配，以致它们中有许多已经成了真正的艺术品，因为它们包含着数，这就是说，包含着秩序。"

机械不仅成为人们活动的一种工具，而且成为一种有价值的生活方式。把机械制造与人的需要和愿望充分地结合起来，是新技术发展的一个标志。机械不再依靠外加的装饰而把注意力集中在产品自身的价值上，由此突出了色彩、形状、线条、结构、适宜和象征的意义。

对精密机械的痴狂恐怕是许多人的通病，从机械钟表、刀械枪具到汽车、轮船，纠结的螺丝、弹簧、齿轮、轴承、滑轮，以及钢铁铜铝等金属材料散发出的诱惑力。机械表的机芯属于纯机械的结构，通过轮系的传递把发条的能量传递给摆轮游丝，摆轮游丝的振荡频率再通过轮系传递出来显示时间。对于机械表忠粉，他们享受机械运动带来的美感。"把手表凑到耳朵边上，可以清晰地听到擒纵机构工作的声音，那是时间流逝的声音。如果有背透，看到齿轮精密地咬合、转动，那是时间流逝的样子。"成百上千个零件的装配，工作量细微巨大，那是机械之美的极致体现。

对于机械之美，主要涉及功能美、造型美、互动美三个方面。

一是功能美。机械的内部结构是由一定数量的机器零件组成的，它的运作是通过不间断地相互运转去完成某一任务，重复、渐变、有规律。机器犹如一个人的身体，有心脏、有骨骼等，通过它们协调合作才得以持续运动，从而产生一种功能秩序的美，虽复杂却有序。

二是造型美。机械的造型千姿百态，方非一式，圆无一相。造型美离不开材料、技术、设计的进步，多种因素促进着机械造型美在不断发展。

三是互动美。机械的服务对象是人，人与机械的互动从适应开始，逐渐变得熟练，甚至融洽到代替人的身体某一部分，如手指与键盘的互动形成了动态的美感。这种互动美的不断发展逐渐使人机交互设计更加受到重视，使当代的机械美迈上了一个新的层次。

寻找机械与人体在形式、材料、功能、工艺、气质、精神各方面的平衡支点，唤醒冰冷的机械美与人类的心灵美有机融为一体，这是人类对未来的机械发展的预期。

3. 时尚产品之美

时尚是一种世界范围的社会现象和文化现象，也是一种心理现象及经济现象。依照制度经济学派创始人凡勃伦的看法，时尚源于社会上层群体的炫耀性消费。人类社会存在着一种机制，部分群体的炫耀性消费会引来其他群体的跟风和效仿，于是，部分群体会不断地变换炫耀性消费的物品，从而保持炫耀优势，这样便形成了服饰、装饰、摆设等物质消费潮流的变动。

时尚产品就是在特定时间内率先由特定人群购买、使用,后来为社会大众所崇尚或仿效而争相购买的各种热销产品,是短时间里一些人为满足自我崇尚所使用的各类新兴产品。包括服装、鞋帽、皮草皮具、珠宝首饰、香水、化妆品、手表、箱包、眼镜、家居饰品和消费类电子等,但一般来说,服饰类、珠宝类、化妆品类、箱包类被视为时尚产业的四大主流产业。

爱美之心,人皆有之。随着生活水平提高,人们越来越追求时尚的生活。然而,时尚产品之美的确具有一些与其他美的现象不同之处。总体上,时尚产品之美的独特处主要表现在两个方面:一是时尚产品美的人本性,即一种旨在炫耀人的感性存在、确证人的感性价值的生活方式;二是时尚产品美的大众性,即受到人们推崇而流行的行为方式。

比如,服饰要符合人的整体形象美,服饰的造型与形体要和谐统一,且服装色彩要明朗、亮丽、醒目,带有鲜明的节奏感和韵律感,有浓厚的韵味。服饰要讲时尚美,指人们广为接受并喜欢的服装款式、色彩、质地、装饰等。服装的审美取向,一讲时代气息,款式新颖;二讲色彩鲜丽,配置合理;三讲个性风格,有所创意。新颖、美观的服饰,其配色和款式,与善于择料有密切关系。设计新颖的款式和色调,如果没有合适的面料来体现,或者再佳的面料,如果设计的款式不配套,都达不到审美的意图,引不起人们的审美情趣。只有配色、款式和择料协调统一,才能体现服饰之美。

装饰美可通过一些艺术技巧和手段来装饰加工生活实用品和供欣赏的陈设品来增强审美属性,对于建筑、房屋、用具等,可以增加图案、纹样、色彩和形体,产生装饰效果的艺术美。

4. 虚拟世界之美

人机对战、角色扮演、虚拟现实……原子世界与比特世界的彼此缠绕镶嵌,将以超乎人们传统想象的方式,大步向前……

随着高科技的发展，工业之美不断地融入新的内容，更紧密地向艺术领域迫近。特别是在数字文化、数码艺术、数字媒体、网络空间领域，美学设计基本摆脱了物质层面，向纯精神层面靠拢，体现出人类审美取向时代内涵的演变，表达着人类审美观念的不断扬弃与超越，并形成了虚拟世界之美。

自古以来，在人类生活的众多变化中，一直只存在于审美想象中的虚拟世界。随着数字技术、网络技术、虚拟现实技术和人工智能技术的诞生，使人类社会的文化嬗变进入一个空前的大转变时期，使得图像化认知时代伴随而来，因语言、文化传统不同所导致的交流困难淡化了，凭着简单的操作，人们就能进入共同的多维度图像世界，在视觉审美中，实现了思想与情感的交流。这些新美学业态的出现，不仅重构了人类对世界的认知，而且依托互相迥异的网络空间，渗透到人类社会生活的方方面面，从内部改变了我们的文化，使得人类进入一个新的审美世界——虚拟世界。

在虚拟世界中，科技再次显示其不可违抗的主导权威，人们的审美方式不能不服从技术的专横，也心甘情愿地服从这种力量的强大，并从中感受到从未有过的快乐。工业科技实际上已触发一种新的美学形态，这种审美是以全球人类共同认同的法则进行的，它的全球性几乎不需要任何人论证。

第一，艺术与技术的融合。在虚拟世界里面，艺术与技术之间界限消失，而且技术在其中占据了越来越重要的位置。就发展趋势而言，很可能体现出：当每种技术刚刚开发出来后，也就是在应用于艺术的起始阶段，技术问题占据主导。有可能在技术问题被破解后，非技术问题就会逐渐占据主导。从人类艺术史的角度来看，越到后来的情况主要是，技术一般而言都是从属于艺术的，从而成为"为了艺术的技术"，而不是相反。就欧洲艺术乃至西方艺术来说，油画这种主流造型艺术形式，从一开始就比较注重诸如颜料、画布这些技术性的要素，如许多景德镇陶瓷艺术大师都有自己研磨颜料和配置比例的独特方法。毕竟，这些技术要素都是辅助性的，艺术性是绝对的内涵。

虚拟世界艺术彻底颠覆了这种既定结构，计算机技术、网络技术、虚拟现实技术等构成了其革命性的基因。

第二，交互性的角色。互动或交互性，在虚拟世界艺术中扮演了越来越重要的角色。应该说，在技术条件不成熟的初期，这种交互性并不存在，只有简单的"人与器"单向的输出。这种角色作用，是从无到有的，在数字文化逐步发达的今天愈来愈重要。特别是在互动数码艺术、VR/AR艺术中，更体现出这种重要的互动价值。

第三，生产性创作模式。这种创作模式是生产，而非复制。传统艺术只是生产，而且是一次性的、即时的、独一无二的创造。后来是文化产业时代的兴起，从印刷出版到广播电影电视技术都参与了其中的运作，文化产业时代的艺术就是复制化的艺术。然而，虚拟世界艺术的时期，其优势在于生产。这是由于虚拟世界艺术并不是简单地复制或拷贝技术，而是在被创作和被接受的过程里，都会产生信息衍生的现象，传播也就是创作，或者再生产。

随着技术创新和产业变革加快，以及工业技术和产品对艺术创作的深层介入和干预，高科技给艺术带来了全新的美学新质。2010年，3D电影《阿凡达》在全球热映，并造成轰动效应，票房收入近28亿美元，观众感受到的是由技术所带来的全新审美视野。电影《阿凡达》的胜利，首先是技术的胜利。

5. 工业景观之美

工业景观是景观类型中的一种，反映人与机器、建筑、自然三者之间的关系。工业景观元素包括地形地貌、建（构）筑物、水体、道路、植被、景观设施等；这些元素之间的空间组织关系构成了更高层面的工业景观：场地结构、空间关系、尺度标准、新旧共生、生态和谐等。

社会对工业景观的认知水平是不断提升的。20世纪初，一方面，功能主义发展新的标准化的技术美学观，认为目的是美学关系的前提，它把传统的"美学优先"转变为与目的结合，把艺术家认为"丑"的工业机器肯定为美，这样人们从轴承或曲面上突然发现了对称结构的造型美，从机器加工工艺上发现了几何美和技术美；另一方面，一些前卫艺术家如毕加索、托尼·史密斯、安东尼·卡罗尔等使用水泥、工业钢材创作艺术作品，用立体构成的方式直接处理材料，使体量造型向空间造型发展。构成主义的成就，突出反映了 20 世纪工业、科技观念向艺术介入，它引导了一种崭新的价值观——工业景观与如画的风景一样，能够打动人心。20 世纪 50 年代以后，艺术疏离工业与科技的倾向转变为对工业、科技、机械的利用与信赖，不同流派的艺术家、设计师，通过种种方式——现成物的集合、工业废品的重新处理、新材料的综合利用，表达了对工业文明的怀疑与赞美、批判与肯定的复杂情愫，并且包含了某种自我反省的意味。到了 60 年代，美国出现了极简艺术，它追求抽象、简化、几何秩序，使用工业材料，采用现代机器生产中的技术和加工过程来制造作品，崇尚工业化的结构；形式简约、明晰，多用简单的几何形体等，在审美趣味上具有工业文明的时代感。极简主义对当代建筑和景观设计产生相当大的影响。因此，很多工业景观往往在形式上极度简化，以较少的形状、物体和材料控制大尺度的空间，简洁有序。还有一些工业景观，单纯的几何形体构成景观要素或单元，不断重复，形成一种可以不断生长的活的结构；或者在平面上用不同的材料、色彩来划分空间，材料上通常使用不锈钢、铝板、玻璃等。无论是艺术家使用工业材料进行艺术创作，还是设计师对工业厂区进行规划设计，都大大拓展了民众的审美视野。

工业景观审美源于对工业化生产形态和方式的高度认可，体现了工业文化和工业文明，主要表现为几何美、材料美和结构美。

机器创造了纯正几何形状和以精密加工为基础的美。在手工业时代，青铜器、金银器、刺绣表现出的错彩镂金、雕饰满目之美，青花瓷、明清家具所表现出的清淡雅致、纯朴自然之美，均可概括为工艺之美。18 世纪开始的工业革命使人类社会生产进入了一个新的阶段,大机器的生产方式极大地增加了产品产量,改变了产品的质量和形态,改变了人类传统的造物方式。机器代替手工,它制造的球面是光滑的,圆柱体具有理论上才能达到的那种精度,机器制造的表面是完美无缺的。所以在工业的建构筑物或景观设施中,不难发现那些完美无缺的几何美,它代表着工业制造的核心,体现着无与伦比的人造美。

材料美主要指表现工业时代追求的钢铁、玻璃、混凝土及塑料、钛合金等人工材料本身所具有的独特美学特征。通过各种机械加工工艺,例如精密铣、抛光、表面纹理、电镀、磨花、防锈处理等,又表现出特有的精准、规律、完美的工艺技术美,同时在材料表面形成连续、一致、均匀的光洁美、光顺美、肌理美。

材料以不同的形式构成三度空间的实体时,又存在着不同结构形式所产生的结构美,其本质是简洁、轻巧、可靠、方便,是通过紧凑、轻便、折叠、装配和集合等构造手段实现的。

作为工业活动的结果,工程技术建造所应用的材料,所造就的场地肌理,所塑造的结构形式,无一不饱含工业景观之美。

6. 大工业的韵与美

美的创造总是一定的社会实践活动的产物,必须从社会实践去理解美的规律,去总结大工业系统美学上的风格的发展、变化。

工业产品给我们的印象是冰冷、僵硬、机械感,但是工业生产的批量化、自动化、标准化、信息化、智能化及材料、材质、造型、色彩、功能会带来美感。事实上,自古以来,从古代手工业产品到现代工业产品就一直具有艺术感,它不仅追求实用,也追求华丽。

大工业之美,美在原理、美在功能、美在制造、美在规模;大工业之美,美在创意、美在品质、美在服务、美在环境!

高耸入云的烟囱,震耳欲聋的机器声,曲折复杂的管道铁架及其间忙碌的小小身影,这就是能源、钢铁、冶金、化学、机械、建材等重工业所展示的大工业美之所在。

复杂且高度自动化、智能化的流水线,上亿个元器件叠加在比邮票还小的集成电路芯片上,工人们驾轻就熟,像彩蝶穿叶般游走在现代化的车间,这就是电子、食品、纺织、皮革、造纸、日用化工、文教艺术体育用品等轻工业所展示的大工业美之所在。

案例:流水线之韵[①]

人们对流水线和大规模生产的热情还延续到了教育、艺术等领域。一般来说,人们在20世纪二三十年代对机器的审美观对现代的建筑、绘画艺术风格的发展产生了重要的影响,例如,俄国构成主义和荷兰风格派、德国的包豪斯建筑学派和新客观派、意大利的未来派和达达主义、法国的立体主义和纯粹派,以及美国的精确主义都深受其影响。1927年,the Little Review 在纽约举办的"新机器时代博览会"充分展现了这种新的审美标准。此次展览展出了来自波士顿齿轮公司生产的齿轮、起重机公司生产的阀门,以及斯图贝克生产的曲轴等机器和零部件。曲轴的构造让我们意识到,大规模生产已经成为电影、摄影和舞蹈中现代主义象征的重要组成部分。代表达达主义的电影版芭蕾舞剧,在舞剧开场的时候,一个女

---

① 大卫·E. 奈. 百年流水线——一部工业技术进步史[M]. 史雷, 译. 北京:机械工业出版社, 2017.

工业文化

人的身体在像时钟的钟摆那样不停地前后摇摆，随后，镜头逐渐被齿轮和电动机等机器的运转所替代。女子合唱队演唱时站成一条直线，穿着相同的衣服，完全借鉴了流水线的审美标准。

由此，大工业美学催生了家居之美、建筑之美、桥梁之美、道路之美、城市之美；催生了冶炼之美、机械之美、车辆之美、船舶之美、飞行器之美；催生了工业语言与符号之美、微电子之美、网络空间之美、工业遗产之美、时尚之美、工艺之美、服务之美……

工业之美区别于其他形式的美，不仅在于单个产品之美，更在于由工业技术、产品组合而形成的大型构件、超级工程形成的庞大系统带来的震撼效果。巨大的喷气客机、超级油轮、海洋钻井平台、石化冶炼工程、大型天体望远镜、跨海大桥、大型机械等以其庞大的体形，给人以震撼心灵的美感。我们欣赏桥梁公路、建筑景观、轮船高铁、飞机火箭、水电工程等现代工业成就时，并不仅仅是对形式美的观赏，而是从中感受到人类科技的创新、产业的变革、社会的进步，从中看到工业无比巨大的创造力。

尽管生活在工业时代，很多人却从未见到真正的大工业。真正的大工业景象是如此雄伟壮阔，震撼人心！

工业科技的发展极大地减轻了人类的负担，一个现代人要生存，需要付出的努力大概只有古人的 1/10、1%，他的物质享受却高得多。虽然工业化过程中会引发环境污染、生态破坏，但是只有大工业才能给我们带来优质的生活享受。大工业的壮美与稳固，让人类明白了看上去娇弱不堪的生活是建立在钢筋铁骨、坚不可摧的大工业基础上的。

人类离不开工业，工业是百万年来人类耕耘出的产物！

演进篇

第六章 工业文化起源与发展

工业文化包括手工业文化和近现代工业文化。人类从有意识地制造石器开始，就出现了手工业文化的萌芽。石器、陶器代表着人类新旧石器时代的原始文化，青铜器和铁器的使用将人类带入农业文明。农业文明累积的量变达到质变，使用煤炭和蒸汽动力的新机器被发明出来，近现代工业文化偕同工业文明呼啸而来。

第一节 古代手工业

1. 手工业起源

（1）起源追溯。对文化的追根溯源是帮助人类解决从何处来及往何处去的大问题。在人类文化进程的研究中，起源问题始终是重点话题。文化无疑是由人类创造的，但更需探索的是文化何时被创造？文化起源有多种说法：中国古代先哲将文化的形成归功于圣人。西方也有不同的界说，比如以柏拉图为代表的文化起源神示说，以亚里士多德为代表的古希腊唯物主义文化起源说，马克思主义的劳动起源说等。

马克思在吸收维柯和黑格尔的思想之后，提出了文化是人类在劳动中创造的，是人类认识自然、改造自然的产物。劳动对文化起源具有决定性的作用。从旧石器时代到新石器时代，从农业社会到工业社会，劳动实践推动着人类认识自然、利用自然、改造自然，同时促进着人类文化不断发展、文明不断演进、社会不断进步。劳动带来的不仅是物质文明的进步，更重要的是制度文明、精神文明的进步。从原始人第一次将一块原石砸制成工具或武器开始，人类有意识地制造工具并利用工具进行劳动的文化形态就出现了，这个看似简单的"第一次"蕴含着后来的无限发展和无限复杂。

手工业的发展是人类得以进入工业社会的前提，手工业的诞生必须具备三个条件：一是专门的人员；二是相对固定的场所；三是产出物有一定数量。产出物除了自用，也可用于交换。在格拉斯所著《工业史》（1930）一书①中，将工业发展分为四个阶段：第一个阶段是为使用而制造的阶段，不是为了市场，而是为了生产和生活的自给自足，属于自然经济、耕种游牧经济阶段；第二个阶段是零售手工场，即都市或乡村的小工人在铺子里或家里制造商品，所制造的产品是用来出售的，大致等于从传统原始社会到中古社会，自然经济向商品经济过渡的初期阶段；第三个阶段是大批手工业制度下的独立状态，主要特征是商人作为中间环节的出现，即制造和买卖与消费的分离，大概等同于自然经济向商品过渡的中间阶段；第四个阶段是集中的制造中央手工厂，实际上就是由手工作坊的相对独立状态进入都市，"许多工人在大机关里受一个人或一个公司的指挥来制造东西"，标志着经济组织和生产方式的重大变化，即进入了商品经济。

那么手工业和文化又是怎么产生的？可以肯定地说，史前人类的工具发明开启了手工业文化发展的进程。在制造工具或武器的过程中，人类生产由

---

① ［美］格拉斯. 工业史[M]. 连士升, 译. 上海：上海社会科学院出版社, 2016.

业余逐步转向专业，建立石器制造场并开展交换交易活动，手工业文化就诞生了。以专业生产和交换交易的标准衡量，手工业及手工业文化出现的确切时间还有待考古学家和历史学家们进一步考证。

考古发现，100万年前欧洲人就制作和使用过一种先进的手斧，在此之后的旧石器时代主要是用石头相互敲打制造的比较粗糙的石器，大体可分为尖状器、刮削器和砍砸器3类，如欧洲莫斯特文化，其主要特征是修理石核技术。到了新石器时代，石器的制造技术从打制发展到磨制，经过沙子或砾石磨制后的石器更锋利、形状也更规整。这一时期出现了在石器上打孔的技术，从而制造了诸如石铲、石镰、石锄、石杵、石臼等工具。受到自然条件的极大限制，制造石器一般都是就地取材。到了旧石器时代晚期，随着生活环境的变迁和生产经验的积累，人类便从适宜制造石器的原生岩层开采石料，制造石器，因而出现了一些石器制造场。内蒙古呼和浩特市东郊大窑村和前乃莫板村的两处石器制造场，就是当时人类制造和采集原料的重要场所。上述场所，已经具备了手工业诞生的三个条件。

（2）文明发展的重要标志。陶器的发明，是人类文明发展的重要里程碑，是人类第一次利用天然物，按照自己的意志，创造出来的一种崭新的东西。用泥土烧制的陶器，既改变了物体的性质，又塑造出便于使用的形状。它使人们在处理食物时，除了烧烤，又增加了蒸煮的方式。陶器的出现标志着新石器时代的开端。公元前8000年，那时的中国人就发明了陶器的制造技术。

石器、弓箭、钻具、陶器等代表着人类新旧石器时代的原始文化，青铜器和铁器的使用将人类带入农业文明。

青铜最早出现在富含铜锡或铜铅等混合矿的地区，当时的工匠将这样的矿石煅烧，冶炼出了铜锡或铜铅合金。铜锡合金的颜色青灰，故名青铜。青铜的熔点在700℃~900℃，比纯铜的1 083℃低，且具有优良的铸造性，硬度和强度高出纯铜不少，还有较好的化学稳定性。因此，青铜铸造技术的发明成了人类物质文明发展史上的又一个重要里程碑,给社会变革和进步带来了巨大动力。最早的青铜器出现在公元前 3 000 年的两河流域和埃及等地,1975 年甘肃东乡林家马家窑文化遗址出土一件约公元前 3 000 年的青铜刀,这是目前在中国发现的最早的青铜器。

地球上铜矿资源较少,因而铜产量不高,强度和硬度较差,广泛使用受到限制。世界上最早进行人工炼铁的是居住在小亚细亚的赫梯人,发生在公元前 1400 年左右。公元前 1300～1100 年,冶铁术传入两河流域和古埃及。铁材料的发明和使用是人类发展的又一个了不起的里程碑,铁器的广泛使用,使得生产力得到极大的提高。正如恩格斯所说:铁使更大面积的农田耕作、开垦广阔的森林地区成为可能;它给手工业工人提供了一种坚固和锐利的石头或当时所知道的其他金属所不能抵挡的工具。

2. 工业文化基因传承

在手工业发展时期,伴随着生产力的提高和社会需求的扩大,手工业生产部门不断增加,劳动分工越来越细,因此,产生了相应的经营管理、质量管理的制度、理念、方法、价值观等,以及产品生产的工艺和技术等工业文化的要素。正是由于石器、陶器、青铜器、铁器等手工业作坊或工矿作场的发展,手工业文化才得以繁荣。

(1)中国古代手工业。在农业社会,生产活动主要以家庭为单位,以手工的方式自给自足。因为社会分工不发达,社会结构等级森严,社会变革和进步迟缓,所以整个社会经济生产的主要形态就是农业与手工业相结合的一体化结构。

华夏民族的手工业生产长期居世界领先地位,如苏州、杭州、长沙和荆州的丝织业;广东佛山和陕西南部的冶铁与锻铁业;云南的铜矿业;山东博山和北京的煤矿业;四川的井盐业、山西河东的池盐业;江西景德镇和广东石湾的制瓷业;中国古代建筑业等。

古代手工业有三种经营形态：官营手工业、民营手工业和家庭手工业。

官营手工业由政府直接经营，进行集中大作坊生产。官营手工业凭借国家权力，征调优秀工匠，控制最好的原料，生产不计成本，主要生产武器等军用品和供官府、贵族使用的生活用品。从西周到明代前期，官营手工业一直占据主要地位。在西周时期，手工业由官府统一管理，按行业设立车正、陶正等工官管理工匠。工匠集中在官府设立的作坊内，使用官府供给的原料，制作加工官府指定的产品，他们职业世袭，世代为官府劳作。官营手工业资金雄厚、规模经营，为细密分工和协作创造了条件。另外，众多高水平工匠一起工作，加之对产品质量的严格管理，有利于手工业技艺的提高。直到明代前期，官营手工业代表着当时生产技艺的最高水平。

民营手工业由民间私人经营，即生产资料私有，主要生产供民间消费的产品，它分为手工作坊阶段，即师傅带徒弟，以及手工工场阶段，即工场主负责管理手工业工人。民营手工业兴起于春秋战国时期，随着生产力的提高、生产关系的变革，私营工商业勃然兴起，工、商开始与士、农并称为国家的"四民"。此时，不仅制陶、漆器、织锦、木器等越来越多的手工业部门开始从农业中分离出来，而且在冶铁、制盐、造车船、酿酒等行业中，出现了较大的民营工场，生产规模和工艺技术都超过前代。《盐铁论·复古》记载，西汉初期，大工商业者"采铁石鼓铸，煮海为盐，一家聚众或至千余人"。明代中叶以后更在制瓷、矿冶、纺织等诸多行业中，超过官营手工业，占据了主导地位。同时，民营手工业的经营方式也在发生变化。一方面，唐宋以来，商品经济繁荣，民营手工业的产品大量进入市场；另一方面，到明中后期，雇用众多工人的大规模手工作坊或工场日益增多，并从中孕育出了"机户出资、机工出力""计工受值"式的雇佣劳动关系。

家庭手工业是农户的一种副业，产品主要供自己消费和缴纳赋税，剩余部分才拿到市场上出售。在中国漫长的自给自足的自然经济时代，家庭手工业占有相当的比重。秦汉以来，中国古代的家庭手工业一开始存在于小农经济中，比如男耕女织就是当时社会的基本经济模式。后来家庭手工业中有的大家族发展了，就成为民营手工业，不过这部分人后来大多数都雇用别人为自己工作。在明代中后期，私营手工业开始取代官营手工业占主导地位，此时家庭手工业还能存在，维持着中国人的自给自足生活。直到鸦片战争爆发，中英《南京条约》签订，中国被迫卷入资本主义世界市场，传统的经济结构发生了改变，小农经济解体，农民开始陆续涌向城市。

在中国工业历史发展的过程中，工业部门是逐步增加的。在原始社会，手工业种类很少，只有石器制造、骨角制造、陶器制造、纺织品制造、酿酒、编织等部门。农业社会增加了冶铜、冶铁、制糖、棉纺织业等部门。工业部门不断增加，有的是在生产过程中产生的新行业，有的是由某个行业演变分化成的新部门，例如，在纺织业的发展过程中，先有丝织业，后有棉纺织业，其后棉纺织业又分为轧花、纺纱、织布、印染等部门。同样，在矿冶铸造业方面，也日益分化成采矿、冶炼、铸造等工业部门。另外，某个工业部门的创立或发展，往往会带动其他有关部门的创立或发展，例如，冶铁业的兴起，使农具制造和兵器制造成为独立的工业部门。

（2）西方中世纪手工业。从13世纪开始，西方出现资本主义萌芽，农民和手工业者经过长期劳动积累经验，改进生产工具，使农业得到发展，纺织、冶金等开始出现简单的机器。这不仅提高了产量，也改变了人与人的关系，分化出各种不同的阶层。近年来，西方经济史学家在对西方近代工业化的历史进行考察时，意识到英国工业革命不仅经历了漫长的渐进发展过程，而且与中世纪欧洲的经济发展密切相关。事实上，中世纪欧洲有过发达的科学技术和繁荣的经济，而且为经济活动创建了各种有特色的制度框架，其影响力一直波及近代。

到15世纪末，欧洲开辟了新航路，并出现了文艺复兴，它标志着人类一种新的文化——近现代工业文化的萌芽、产生及深化。文艺复兴开始时是学术思想的运动，但是后来它不仅成为学术思想的运动，还成为文化思想的运动，它对科学探索、工业生产、产业革命的影响意义深远。

在中世纪欧洲的农业实践中，创新出一些非常重要的生产工具。例如，地中海地区的农作物由古代的二轮耕作法变为三轮耕作法，与此有紧密联系的两个创新是重轮犁和马用于耕地。套马挽具和马具的创新使马开始广泛地运用于耕地和拉车，但远没有完全代替牛。马耕的应用局限在法国北部、比利时的佛兰德、德国的部分地区及英格兰，这些地区在中世纪是农业生产率最高的地区。除了这些创新，中世纪农业还经历了许多其他的小创新和技术改良，比如，由于冶金技术的改进和新资源的供给充足，铁越来越多地应用于农具。

中世纪的制造业就数量而言虽远低于农业，但在经济中绝不是可忽略的部分，尤其从技术发展的角度来看，技术从中世纪到现代，中间是没有间断的。织布业无疑是当时最大、最普及的工业，踏板织布机替代了简单的编织框，纺轮替代了卷线杆，还出现了依靠水力发动的漂洗作坊。这些由无名氏发明的装置降低了生产成本，是工业文化的物质萌芽。在中世纪后期，冶金业及其附属行业有了显著的发展，铁的用途越来越广泛，可用于工具和其他实用物品。这主要得益于技术进步，特别是水力带动的风箱和大型杵锤的使用。这些技术创新都可以划入工业革命爆发的前奏。另外，作为自由工匠的矿工和初级冶金工有了组织机构，无疑促进了技术的变革。

总之，在18世纪工业化来临之前，经济活动最重要的构成部分是无处不在的农业和手工业。中世纪欧洲农业生产工具的创新使农业生产增长明显加快，劳动生产率也稳步提高，直接为工业革命铺平了道路，也使欧洲特别是英国摆脱了传统社会周期性生存危机的困扰，孕育了近代乡村工业，为乡村人口流动和城市发展提供了动力，在英国由传统农业社会向近代工业社会的转型中扮演了重要角色。农业发展的每次飞跃都推动着文明向前演进。

3. 前工业化时期

15世纪至18世纪，是西欧从传统农业世界向近代工业世界转变的时期。西方史学界把这一时期称为"前工业化时期"或"原始工业化时期"。这一过渡始于圈地运动，它带来农村经济结构的变迁，动摇了封建社会的根基，带动了城市经济结构和职能的转型，反过来又强化了乡村的变革。城市的经济辐射能力大为增强，成为各地经济的中心，城乡之间的互相作用日益明显，乡村非农业化和城市化粗具规模。18世纪初，英国率先实现了这一变化。

前工业化时期英国城市分为两大类：一类是传统城市，另一类是新兴城市，即自由工商业城市。传统城市指中世纪遗留下来的城市，这类城市中有些不能适应新经济发展的会逐渐衰落下去。例如，林肯城是中世纪英国的名城，但18世纪初走向衰落，它的毛纺织业一蹶不振，港口也不断淤塞。另一部分传统城市由于调整了自己的产业结构，适应了周边地区经济发展的要求，便从衰落中复苏，并有长足的发展。例如，诺里奇和其他中世纪城市一样，尽管有过危机，但它仍然维持其主要呢绒制造中心的地位。诺里奇作为纺织工业的地位能持续下来，原因在于：一是移民带来了毛呢纺织新技术；二是城市贸易结构在17世纪相当开放；三是它处于主要商业和集散中心地位。

新兴工商城镇的异军突起是英国在前工业化时期特别引人注目的现象。自由工商业城镇兴起是乡村工业发展和集中的结果，也是社会生产力发展，特别是社会分工和商品经济发展的产物。因此，新兴工业城镇一般都会出现在重要的乡村工业地区，它们是沟通乡村经济生活和都市经济生活的最主要的渠道。在乡村工业发展的基础上，不少新兴小工业城镇逐渐成为主要的工商业中心。在近代英国工业地理上占有重要地位的一些著名城市，如托特内斯、哈利法斯、威克菲尔德、布雷德福、曼彻斯特、普雷斯顿、波尔顿、伯明翰等,许多是由乡镇成长起来的。总之,乡村工业的发展、新兴工业城市的兴起,大大改变了英国城市的经济结构,从而影响了城市的区位分布。

在英格兰,有一座城市始终处于发展之中,并且越来越使其他城市相形见绌,这就是伦敦。伦敦既是传统城市,又具有新兴工业城市的某些特点。16世纪20年代初期,伦敦人口7万人左右。17世纪初,人口超过了20万人,每20个英国人中就有1个人住在伦敦。到18世纪初,每9个人中就有1个人住在那里。伦敦出口商品在全国所占的比重达86%,伦敦的手工业,如丝织、刀剑、造船、家具、钟表、金银首饰、兵器、丝线、火药、炼铜等大都在英国居于重要地位。

前工业化时期,英国城市之间逐渐摒弃了中世纪的那种经济隔绝和互相排斥的状况,日益加强横向经济联系,这种联系主要表现在商业和贸易方面。城市在调整经济结构和职能时日渐商业化和专门化,而城市网络体系的初步形成,又促进了英国城乡经济一体化发展。

第二节 近代工业

在工业革命发生之前,工业文化虽然有萌生的势头,但由于各种条件不成熟,工业文化没有成为一种社会主导性的文化体系。直到1860年英国首先吹响工业革命的号角,工业革命催生出工业文明,工业文化才伴随着英国工业革命大幕的拉开更广泛、更深入地登上人类文化的舞台。

1. 英国工业革命

工业化之前,英国与其他国家一样,处于传统的农业社会。从18世纪60年代开始,英国用了80多年的时间进行工业革命,使其经济从工场手工业阶段,过渡到使用机器的大工业阶段,从一个落后的农业国跃居为世界第一工业强国。

工业革命为什么会首先在英国发生呢?主要原因在于:一是形成了有利于资本主义生长的制度框架,稳定且相对自由的政治制度为英国经济的发展提供了良好的外部环境;二是英国以土地贵族、中等阶级与工资劳动者为主体的三层阶级的社会结构为其向现代工业社会的转型提供必要的基础和潜在的劳动力;三是殖民与经济发展为改进生产工具、提高生产效率提供了资金和动力支持;四是以牛顿力学为代表的经典物理学和以亚当·斯密为代表的古典政治经济学成为那个时代最先进的自然科学和社会科学,为产业技术创新和自由市场制度创新提供了强有力的理论指导和支撑,从而为工业革命的兴起奠定了坚实的科学理论基础。

孟德斯鸠曾认为,英国人"在三件大事上走在了世界其他民族的前面:虔诚、商业和自由"。在这些有利的背景下,一场改变时代、改变社会的工业革命呼之欲出。英国工业革命首先出现于工场手工业最为发达的棉纺织业,技术标志是珍妮纺纱机的发明和蒸汽机的使用。

18世纪中期,越来越多的英国商品销往海外,手工工场的生产技术难以适应日益扩大的市场需求。为提高产量,人们设法改进生产技术,激发了一系列新的发明。1733年,机械师凯伊发明了飞梭,大大提高了织布速度,棉纱需求快速增长,市场供不应求。同时,在采煤、冶金等许多领域,也都陆续有了机器的发明和使用,而且开始使用非人力动力,如骡力和水力等。

随着机器生产的不断增加,原有的动力如人力、畜力、水力和风力等已经无法满足对动力的需求。1765年,瓦特蒸汽动力机的发明,提供了更为强大的动力,促使纺织业、机器制造业取得了革命性的变化,引发了工业革命,并在亚当·斯密的劳动分工和工具的基础上,出现了工场式的制造厂,生产效率有了较大的提高,揭开了近代工业化大生产的序幕。

工业革命的早期阶段也被称为"蒸汽机时代"。以机器代替人工，以煤炭为主要燃料的蒸汽机代替人力、畜力等，不仅成为工业革命起源的标志，而且体现了工业革命的技术进步方向：人的体力因机器的使用而延伸增强，人的劳动生产效率大大提高，从此，工业生产成为人类创造物质财富的主要方式。自此，经历了一系列工业文化特质的改变之后，人类形成的手工业文化发生了质的变化。

英国80多年的工业革命进程可以分为五个阶段。

（1）家庭工厂化。英国最初的工业主要是家庭毛纺织手工业。随着农民的贫富分化加剧及圈地运动，使得丧失土地的农民日益增多，由大商人所创办的集中式手工工场便逐渐发展起来，有些甚至达到了雇用千名以上工人的规模。到17世纪时，雇用几百名工人的手工工场已经非常普遍了。

（2）纺织业崛起。珍妮纺纱机的发明是棉纺织技术的一个巨大飞跃，它使棉纱的产量迅速提高，引起了纺织业的一系列变化，并且带来了巨大的社会影响。棉纱生产成本降低，使布匹的价格随之降低，从而扩大了布匹需求量，因此又需要更多的织布工人。

（3）新机器发明阶段。1769年，钟表匠理查·阿克莱特发明了水力纺纱机。1771年，理查·阿克莱特建立了第一个棉纺厂，成为最早使用机器生产的工厂主。1779年，工人赛米尔·克隆普顿发明了骡机。1785年，牧师埃德门特·卡特莱特发明了用水力推动的织布机。1803年，拉德克利夫发明了一种整布机，霍洛克斯发明了铁制的织布机器。

（4）蒸汽机时代。1769年，瓦特制造出世界上第一台带有独立的凝汽室的蒸汽机，之后不断改进，研制出齿轮联动装置和双向装置的新汽缸。1784年，经过多次改进的蒸汽机不仅适用于各种机械运动，而且增加了一种自动调节蒸汽机速率的装置。1785年，一个使用瓦特蒸汽机的纺纱厂建成。蒸汽机的发明和使用是人类社会进入工业机械化时代的标志，大大加速了工业革命的进程。以此为标志，人类文明跨入新的工业文明时代。

（5）煤矿业和炼铁业崛起。煤炭可以说是近代工业的粮食。如果没有煤，就没有大机器工业的发展，也就没有工业革命。冶金工业也是一个非常古老的产业，人类掌握冶炼技术已有5 000年的历史，炼铁业也有3 000多年的历史。即使进入"铁器时代"，铁仍然是一种稀有的贵金属。1710年，英国企业家亚伯拉罕·达比发明了焦炭炼铁工艺，使得大规模廉价铁的生产成为可能。

1840年前后，英国大机器生产已基本取代工场手工业，用机器制造机器的机器制造业也建立起来，工业革命基本完成，英国成为世界上第一个工业国家。

英国工业革命是人类历史的伟大飞跃，工业革命所建立起来的工业文明，成为延续了几千年的传统农业文明的终结者，它不仅从根本上提升了社会的生产力，创造出巨量的社会财富，而且从根本上改变了农业文明的所有方面，完成了社会的重大转型。政治、经济、文化、科技、精神，以及社会结构和人的生存方式等，无不发生了翻天覆地的变化。

新事物脱胎于旧事物，又与旧事物截然不同，新事物一旦出生，必将以势不可当的态势蔓延开来。在英国工业革命的影响下，欧洲、美国、日本及世界其他一些地区的国家相继走上工业化道路。工业化道路必然造成这些国家的社会发展和变化，如经济的进步、社会经济结构的变革、政治上层建筑的演变、新社会阶级分层的形成、人们思想和观念的更新等。为了保证社会经济正常有序地发展，社会的政治、经济、文化、科技必须进行全方位调整。这不仅要求社会结构和生产组织改变，还要求国家与经济之间关系合理化，如政治透明和维护自由经济。世界工业化是一个漫长且渐进的过程。

2. 近代工业文化产生的因素

任何文化的起源都是由许多因素合力生成和推进的，近代工业文化也是如此，它的兴起是一个渐进式积累的过程，体现了生产力和生产方式的累积和跃迁，产生的重要因素主要包括：

（1）物质因素——新机器的发明。在农业文明向工业文明演进的转折期，新机器的发明毫无疑问是工业文化萌生的物质推动因素。农业文明后期，累积的生产能力达到由量变向质变飞跃的边缘，呼唤新的生产方式带来生产效率质的提升。在这种社会内在的生产力需求下，新机器的发明、使用和改进一直贯穿工业革命的进程，也预示着一种全新的文化萌生了。

（2）制度因素——管理和雇用的制度。欧洲在经过千年黑暗时代后，逐步形成了以庄园为基础的城邦。这一时期国家的基础是庄园和城邦，有很强的自主性，而王权"在赋税满足的情况下不得干预经济生活"。1205年，英国国王约翰试图加强王权，在被反叛的贵族和市民打败后，与庄园主的代表签订了《大宪章》，它的重要性在于它宣告了一条基本原则：有一组法律高于国王之上，即"王在法下"，这是工业革命得以在英国产生的一个制度基础。

水力纺纱机和蒸汽机的发明和使用使原先农业社会形成的家庭生产的组织形式发生了根本变化，表现为劳动力队伍的扩容和工厂雇佣制度的出现。为了最大限度地提高生产效率，工厂在产品生产和质量控制方面改变了传统的放任自流的做法，转为注重分解工序，培训技术工人和加强科学管理。

工业社会发展的另一个前提是得到保障的人权和私权，而人权和私权得到保障的前提，是对王权的限制。因而产生了"法律面前人人平等"和"私有产权神圣不可侵犯"这样的法律条款并得以执行。

（3）环境因素——市场经济的发展。西方诸国在迈向工业社会的进程中，市场经济体制成为推动其快速前进的强大动力。在此以前的中世纪西欧，商品交换的价格是按照习俗和惯例来制定的，道德的公平往往成为衡量和制定价格的尺度。随着生产和商业的发展、市场的形成，市场经济要求社会中的各个经济组织都要参与市场交换，在开放和自由的交易中实现价值，获得利润。市场经济的发展打破了农业社会商品交换的旧俗，商人根据市场的供求关系决定商品的价格。随着市场经济的到来，等价交换的原则逐渐确立为经济正常运转的基准原则之一。

（4）文化因素——科技与思想的变革。一些重要基础科学理论的建立与精神思想的提升为工业文化的诞生打下了基础，让科学理性战胜了神秘主义。在古希腊，柏拉图的学生亚里士多德发明了三段论等形式逻辑，欧几里得发明了欧式几何。到了文艺复兴时期，达·芬奇的"实验乃是确实性之母"的名言使大家认识到并且开始使用实验的手段去发现、验证因果关系。之后，伽利略结合形式逻辑和实验手段两种利器，开创了近代科学的先河。在他的基础上，牛顿将这两个基础继续发扬光大，建立了不朽的牛顿经典力学。

近代科学之所以产生并发展于欧洲，不仅同当时欧洲资本主义的兴起及生产的发展密切相关，也同14—16世纪的文艺复兴运动、18世纪的启蒙运动等人文背景相关。多才多艺的人文主义者以他们新的世界观、人生观，通过文学、艺术、天文、物理、医学等学科的研究创作和著书立说，反对禁欲主义，鼓吹尊重人的个性、人性解放和人道主义，打击了神学统治，奠定了资本主义诞生的思想基础，并促进了文学、艺术、哲学和科学技术的发展和繁荣。

此外，海洋文化推动了商业经营思想的普及。海洋文化强调冒险和流动性，强调个人能力和商业智慧，这些导致政治权力无法过度集中，同时出现政治权力与经济实力相依附的现象。

第三节 李约瑟难题

1. 问题的提出

李约瑟难题由英国著名近代生物化学家和科学技术史专家李约瑟（Joseph Needham，1900—1995）提出，他以中国科技史研究的杰出贡献成为权威，并在其编著的15卷《中国科学技术史》中正式提出此问题，其核心是："尽管中国古代对人类科技发展做出了很多重要贡献，但为什么科学和工业革命没有在近代的中国发生？"1976年，美国经济学家肯尼思·博尔丁称其为李约瑟难题。

关于中国古代的GDP占世界总量的比例，国内外学者都进行了测算。一种说法：据当代经济历史学家安格斯·麦迪森的计算，在公元元年时中国GDP占世界总量的26.2%，仅次于印度，是世界第二大经济体。在公元1000年时占22.7%，随后一直占20%以上。公元1500年，中国成为世界第一大经济体，并维持到1870年结束。

另一种说法：估计元朝时占世界GDP的30%~35%，宋朝占65%（北宋占80%，南宋占50%），是中国历史最富有的朝代；明朝的万历时期占世界GDP的80%，整个明朝的GDP占比是45%，可是明朝末期发生灾荒和战争使其从80%迅速下滑至一半，在明朝中后期，部分江南地区已经恢复至宋朝水平；清朝（35%~10%）可以排到明朝（40%~45%）后面，可是其后期的经济大幅度衰退、战争及大量白银用于赔款并流向国外，造成整个国力迅速跌落，从康熙、乾隆、嘉庆的35%跌至10%。

中国明朝末期到清朝初期，西方正处在工业革命爆发的前夜。此时，马可·波罗游历东方、哥伦布发现新大陆、欧洲掀起文艺复兴运动，以及牛顿等提出的科学理论、1769 年瓦特蒸汽机发明、1783 年美国独立战争结束，欧美进入了工业文明时代。

1820 年中国 GDP 占世界总量的 32.9%，远高于欧洲国家的总和。然而，1840 年中国爆发了鸦片战争，农业文明彻底输给了工业文明。此时，英国的机器化生产已基本取代手工业生产，1831 年英国科学家法拉第发现电磁感应现象，1847 年西门子——哈尔斯克电报机制造公司建立，开启了电气化时代。从马可·波罗的诞生到工业革命电气化的开始，欧洲通过工业革命终于彻底超过了中国。

为什么资本主义和现代科学起源于西欧而不是中国或其他文明？这就是著名的李约瑟难题。李约瑟难题是一个两段式的表述。

第一段是：为什么在公元前 1 世纪到公元 16 世纪，古代中国人在科学技术方面的发达程度远远超过同时期的欧洲？中国的政教分离现象、文官选拔制度、私塾教育和诸子百家流派为何没有在同期的欧洲产生？

第二段是：为什么近代科学没有产生在中国，而是在 17 世纪的西方，特别是文艺复兴之后的欧洲？

李约瑟难题其实是：中国古代的经验科学领先世界 1 000 年，为何近代工业文明没有诞生在当时世界科技与经济最发达繁荣的中国？

2．李约瑟答案

李约瑟难题耐人寻味。众所周知，中国是享誉世界的文明古国，除了世人瞩目的四大发明，领先于世界的科学发明和发现还有 1 000 多种。英国培根在《新工具》一书中曾这样评价中国四大发明中的印刷术、火药和指南针："这三种发明已经在世界范围内把事物的全部面貌和情况都改变了：第一种是在学术方面；第二种是在战事方面；第三种是在航行方面，并由此引起难以数计的变化，任何帝国、任何教派、任何星辰对人类事物的影响仿佛都无过于这些发现。"

然而，从 17 世纪中叶之后，中国的科学技术如江河日下。据有关资料记载，从公元 6 世纪到 17 世纪初，在世界重大科技成果中，中国所占的比例一直在 54% 以上，而到了 19 世纪，骤降为只占 0.4%。中国与西方为什么在科学技术上会一个大落，一个大起，拉开如此之大的距离？

李约瑟从科学方法的角度给出的答案是：

- 中国没有具备适宜科学成长的自然观。
- 中国人太讲究实用，很多发现滞留在经验阶段。
- 中国的科举制度扼杀了人们对自然规律探索的兴趣，思想被束缚在古书和名利上，"学而优则仕"成了读书人的第一追求。
- 缺乏科学技术发展的竞争环境。

在中国，商业阶级从未获得欧洲商人所获得的那种权利。中国"重农轻商"观念与历代的"重农抑商"政策都表明了那些年代的官僚政府的导向。明朝末期宋应星在参加科举失败后撰写《天工开物》，但他认为不会有官员读这本书。

3. 文化因素探究

爱因斯坦在 1953 年给美国加利福尼亚州圣马托的斯威策（J. E.Switzer）的一封信是这样写的："西方科学的发展是以两个伟大的成就为基础的，那就是希腊哲学家发明的形式逻辑体系及发现通过系统的实验可以找出因果关系。"我们可以知道古代中国是不具备"形式逻辑体系和通过科学实验发现因果关系"这两个基础的，所以在古代中国没有产生近现代科学，中国古代的一切技术只能归结为经验技术，而非科学技术，所以李约瑟难题中的讨论涉及中国古代科学技术可以说是不够准确的，应该说这些都是中国古代的经验技术，而且从公元前 2 世纪到公元 16 世纪，中国的经验技术在世界上是远远领先的。这是对李约瑟问题本身的一个完善。

此后，陆续有学者从政治、体制、经济和文化等角度研究李约瑟难题。研究表明，文化也是制约中国未能率先开启工业文明的一个重要原因，主要体现在以下方面：

（1）古代中国和西方自然哲学思想的不同。古代希腊和中国神话都包含共同的宇宙观概念。但是在公元前1000年从神话到自然哲学的转换，不同的宇宙神话导致两个文化的自然科学建立在不同的理论基础之上。希腊观念以一个永恒的第一动因或外在的造物主为特点，所以希腊自然科学的动力就是去发现造物主设下的宇宙秩序的规律。中国自然哲学的主要动力是在系统内寻找有机联系，任何外在的原因是很难设想的，从而导致中国对自然和谐与自然变化有深邃的哲学理解。

（2）中国古代文明主要是工匠文明，普通劳动者发明思想待解放。中国古代文明的特征主要是技术发明，经验技术居多，属于工匠文明，并且形成了强大的惯性，成为一个无法逾越的文化形态。大多数的发明创造并非政府有目的的创造，难以形成产业上的广泛应用，多数发明来自民间，很零散，无法统一规划，发明效用大打折扣。另外，中国古代科技过分强调实用性，很少进行理论探讨，没有严密的逻辑体系，科技的传播和发展是封闭的，没有系统理论和基础学科支撑的民间发明很难发展成近现代科学。

（3）重文轻技、避险思想阻碍了科技发展。在古代封建王朝统治下，中国民众普遍具有一定程度上的迷信思想，上层社会的文人学士也普遍重文轻技，以文学为主业，很少有像沈括那样潜心钻研科学问题的。冒险精神利于多元和创新，避险倾向利于稳定和赶超。

（4）迷信权威，创新文化不浓厚。东方思维方式由于长期受封建专制统治的控制，往往注重对占统治地位的思想的诠释，而缺乏理性的创新精神。西方思维方式表现出较多的冲破条条框框的创新精神，他们较少有以权威为当然依据的思维定式，较多的是对权威的怀疑和挑战精神。一个国家科学技术要进步，具有反权威的勇气与思想意识是最重要的。

（5）东西方思维方式的差异。逻辑思想是整个文明与科学极其重要的理论基础。第一，东方思维方式通常不注重思维工具或手段的理性研究和系统锻造，注重工具的直接使用。西方思维不同，他们固然注意术的研究，注意思维手段及其他手段运用的研究，但更注重工具的系统锻造。第二，东方思维方式往往表现出较强的功利主义，很少进行枯燥的纯理论研究，西方思维方式则相反。第三，东方思维方式更注意经验的简单总结和事物表面相似点的类比，忽视了演绎和因果关系的探求。西方思维方式与之相反。二者显示了思维水平的不同深度和高度。

关于李约瑟难题的争论和见解比较多，但直到现在仍然没有一个让人彻底信服的完整答案。

第四节　演进动力

科技革命和产业变革是工业文化演进的原动力。每次工业革命，都会带来新的技术和新的管理方式，这些技术和管理方式会给人以新的启迪，并带来思想文化的同步变革。

1. 工业制造与自然环境之间的矛盾

从哲学角度来看，人与自然的矛盾是人类社会的根本矛盾。人与自然的矛盾伴随人类生产而产生。随着现代工业社会的发展，人对自然的干预能力大大增强，人与自然的矛盾日益加剧，人们一方面努力保持与自然的和谐，另一方面又不得不因为一些生产活动而对自然造成一定程度的干预和破坏，气候变暖、土地荒漠化、雾霾等自然被破坏的现象不胜枚举。

在人类历史中，工业社会对自然资源、生态环境的破坏达到了顶峰，使得人类不得不开始竭力保护自己生存的环境，此时，工业文化中增添了绿色、生态的理念，企业不只是产品的生产者，还要承担一定的社会责任，必须在保证不破坏生态环境的基础上，生产出绿色、安全的产品。如很多企业文化，都将绿色环保放在企业宗旨的首位，这些都体现了人与自然的矛盾在工业文化形成与发展过程中的作用。

案例：马斯河谷烟雾事件

工业生产对环境造成危害的事例最早可以追溯到比利时马斯河谷烟雾事件，该事件是世界十大公害事件之一。1930年12月1日至5日，在这短短的五天时间里，有63人死亡，为同期正常死亡人数的10.5倍，另有几千人出现呼吸道疾病症状。后经过调查，该事件产生的原因是在比利时马斯河谷这个狭长的河谷地带，聚集了许多重型工厂，包括炼焦、炼钢、电力、玻璃、炼锌、硫酸、化肥等工厂，还有石灰窑炉。这些工厂生产排放的废气和粉尘在地面上大量积累，无法扩散，气温发生逆转，形成浓厚雾层，且二氧化硫浓度极高。

2. 生产活动中人与人之间的矛盾

人与人之间的矛盾是人类社会的基本矛盾。为了人与人之间和谐相处，人类创造出制度文化，即道德伦理、社会规范、社会制度、风俗习惯、典章律法等。人类借助社群与文化行动，构成复杂的人类社会。同样，为了在工业生产活动中建立人与人之间的和谐关系，减少人与人之间的矛盾，工业制度文化由此产生，并在不断地完善和发展。

工业制度文化是维持企业生产正常运行的保障。谷歌作为世界500强中的佼佼者，拥有高端、高效的制度文化和管理体系。"以人为本"是谷歌制度文化的中心思想，在谷歌办公区，员工的位置都安排在靠窗的地方，方便大家欣赏风景和享受阳光。此外，谷歌为员工提供免费而丰盛的三餐，兼顾口味和营养，让他们能有健康的身体。处处为员工考虑，提供舒适的工作环境等可以让他们工作更开心、更投入，减少摩擦，提高效率，这些细节都是企业文化中的关键点。

案例：华为的制度文化

目前，华为技术有限公司是全球第一大通信设备企业。1998年3月，华为出台《华为基本法》，它不仅是中国第一部总结企业战略、价值观和经营管理原则的"宪法"，也是进行各项经营管理工作的纲领性文件，同时是制定各项具体管理制度的依据。《华为基本法》分为宗旨（核心价值观、目标、成长、价值分配）、基本经营政策（经营模式、研发、营销、生产、财务）、基本组织政策（组织方针、组织结构、高层组织）、基本人力资源政策（基本原则、员工权利与义务、考核、管理规范）、基本控制政策（管控方针、质管体系、全面预算、成本控制、流程重整、项目管理、审计、事业部、危机管理）、接班人与基本法修改六个主要方面，并采用法律条文的方式编写。其真实意图在于，通过组织发动公司上下学习《华为基本法》，将核心价值观灌输到新一代管理者头脑中，以确保优秀DNA能一代代地传承下去。《华为基本法》最具特色和活力的部分在于尊重人才，而不迁就人才。

3. 社会发展与文化需求之间的矛盾

人与文化的矛盾是当代社会发展的主题。随着人类社会的发展，矛盾逐渐从人与自然、人与社会的矛盾转移到人与文化的矛盾上来，这种转移实际上体现了人自我意识的转变。从主观角度来讲，人与文化之间矛盾的产生体现了人们自我意识的提高，体现了一种征服世界与控制自我的协调，体现了一种从人们怎样看待外部世界到人们怎样看待自己的变化。

文化是人类自身活动的成果，是人的本质对象化的成果，是人类自我否定的过程和表现，是人追求自我发展的动力，它弥补了人类存在的非理想性。人类在改造客观世界的同时创造了文化，而人的发展在不同时期对文化有着不同的需求，当文化不能满足社会发展时，就造成了社会发展与文化需求之间的矛盾，即人类的自我矛盾。这种矛盾的产生会同时使社会矛盾加剧，直至产生与之相适应的文化推动社会前进。工业文化是人类社会发展到工业文明时代的必然产物和基本需求，这种需求推动着工业文化的发展。

4. 科技进步与思想观念的矛盾

当今时代，工业文化不仅自身在蓬勃发展，而且对人类的生活方式、生产方式和思维方式产生了难以估量的影响。历次重大科学发现所引起的技术突破，都引发了生产力的巨大进步和社会的深刻变革。从历史上看，无论西方的文艺复兴运动或资产阶级启蒙运动中兴起的科学理性和科学思想，还是后来发生的三次工业革命浪潮，科学理性和工业技术都成为近代西方社会文化发展的重要源泉。

如果说，以相对论和量子力学为基础的现代科学技术把人类的认识能力从肉眼观察所及的物质世界带进了肉眼观察不到的宏观世界和微观世界，从根本上改变了人类的宇宙观、时空观、物质观和运动观，那么，正在全球范围迅速发展的互联网、移动通信、量子技术和人工智能，实现了人类文化资源和文化价值的共享，为全球范围的人们更广泛、自由、迅速地交往和沟通提供了前人难以想象的高效和便捷，从而极大地改变了人类的生产方式、生活方式、行为方式和思维方式，并已成为推动全人类物质文明和精神文明发展的最强大的基本力量。

总之，在工业化过程中，科技进步和生产力的渐进与飞跃造就了文化形态的变革和文化结构的升级。可以说，有几次工业革命，就有几次文化变革；有几次产业结构升级，就有几次思想认识的提升。

5. 不同工业文化系统之间的矛盾

当今世界上存在多种文化系统，不同文化系统之间由于物质基础、制度规则和价值观不同，必然存在矛盾，如国家间工业文化的矛盾、地域间工业文化的矛盾，以及不同时代的新旧文化之间的矛盾、工业文化和农业文化的矛盾等。不同工业文化系统之间的矛盾是工业文化发展的重要动力，它不仅能促成工业文化的分化，打破旧的工业文化体系，诞生新的工业文化体系，还能导致工业文化各要素的整合，使不同的工业文化系统在矛盾冲突过程中相互吸收、融合，并逐步趋于一体化。

工业文化兴起于发达国家的工业化时代。从英国工业革命开始，发达国家进入了工业文明时代，工业文化也随之迎来大发展。德国的严谨、美国的创新、英国的规范、日本的敬业是我们熟知的工业文化和精神，这些文化和精神的积累是通过许多代人、上百年的沉淀才形成的。由此可见，各国不同的工业文化系统之间相互碰撞、相互吸收、相互融合，是其发展的动力之一。

案例：空中客车公司的文化融合

空中客车工业集团是欧洲一家飞机制造公司，1970年由德国、法国、西班牙和英国四国联合投资，总部设在法国。空中客车的生产线是从A300型号开始的，但它的合作团队之间就曾经存在文化差异的问题。虽然法国和德国曾合作研制过"协同"军用运输机，但是合作研制空中客车飞机完全是另一回事。因为其投入的赌注很高，所以承受的压力也很大。德国人花了很长时间去适应法国人的工作方式，法国人亦然。德国人发现法国人十分关注烦琐的细节而且刻板，正如汉斯·谢夫勒所说："如果你去比较德国人和法国人的工作方式，你会发现他们完全不同。法国人做事严格遵循等级制度，经常要受到来自顶层决定的影响。"在法国，有一个人说出做什么，其他人必须遵照执行，没有讨论。谢夫勒说，大家都花了很长的时间来消除彼此的成见和偏见。例如，德国人总是认为法国人只喝红酒，而且绝不会把一件事重复两遍。法国人则认为德国人是一群不用脑子的工人，只要你给他们一张纸条，告诉他们需要做什么，他们就会照章执行。德国人还会时不时地出现"无用武之地"的综合征。每个德国人都会自觉不自觉地认为，空中客车飞机项目是法国人在法国进行的一个试验。尽管如此，随着两国成员越来越习惯一起工作，他们都开始认识到他们从事的是一项共同协力进行的项目。德国人不再计较非要争取领导和问题解决者的角色，法国人亦然，这便是不同工业文化融合的结果。

第七章 工业文化传播

每个时代总有一种或数种文化站在世界的前列,代表着人类社会的发展趋势,成为那个时代世界文化的中心。在人类文化史上,这种各领风骚数十年或数百年的状况经常发生。人类文化就是在这种此涨彼落、参差不齐的不平衡状态中取得平衡的。没有哪种民族的文化永远居于世界的领先地位。文化的民族性没有先进落后之分,但从其世界性和时代性来看,哪种文化更多地代表了人类文化发展的趋势,占据了时代中心的一环,它就是先进的。先进与落后,彼此转化,彼此取代,这就是文化发展的辩证法。历史的必然总是通过大量的偶然事件或人物表现出来的,英国的工业革命、法国的政治革命和启蒙运动、德国的古典哲学、俄国的民主主义,都曾经成为时代的中心,然而,时过境迁,它们又被新的事件、思潮和人物所取代。

第一节 传播路径与方式

工业进化的真义是"驾驭自然为人类服务"。世界进入工业革命以后,逐渐由分散的、手工作坊式的生产模式转变为以机器为主要工具的工业化生产方式,其主要特点是标准化、自动化及流水线化。工业革命致使工业内部开始分工协作，外部则普惠于民，批量化的大生产把实用的产品带进千家万户，公众与权贵共享科技发展的先进成果。

西方工业文化传播产生两种结果：一种是比较温和的，认为各国的本土文化会在西式文化的全球扩张中慢慢褪色，并最终化归在西方的文化体系中。另一种是比较强硬的，认为西方文化与各国本土文化是相互冲突的，西方人主导的全球化进程别国无力改变。

1. 途径与动力

（1）传播概念与主体。工业文化的演进是建立在传播基础上的。传播是文化特质或文化元素从一个社会传递到另一个社会，从一个区域传递到另一个区域，是文化传递、扩散的一种流动现象。工业文化传播是其构成活的网络体系及影响文化进化的重要方式，传播既是一个横向的流动过程，也是一个纵向遗传的历史活动。

生物学的研究表明，动物之间存在着有目的的传播行为，在群居动物中，其传播行为尤其复杂。人类的发展和进化是与传播相伴而行的，并持续到今天。由早期的无意识行为到现在有目的、有组织的大众传播。工业文化传播有自己独特的媒介、途径、方法与手段，它在传播中增值、更新和发展。

工业文化传播的主体可以是普通的人民大众、工匠艺人，可以是工业行业管理人员，也可以是学者或专业组织。人作为文化传播活动的主体，是有思想、有意识、有感情的，因此，工业文化的传播不是简单的输入和输出的过程，而是一个极为复杂的由无数相互交错、相互作用的个人因素所形成的文化动力学过程，不仅受到社会集团共同意识的制约，也受到个人社会心理、思想意识、价值观念的影响。

工业文化纵向遗传的历史活动是由人类认识世界的经验积累方式与文化养成的惯性所决定的。人类学研究表明，人的社会实践与思维过程都是以经验积累的方式来巩固其文化成果的。正是依靠这种经验积累的意识与能力，人类才得以在数百万年的漫长进化中获得制造工具和使用工具的能力，才得以从低级、蒙昧、野蛮的形态缓慢过渡到高级、智慧、文明的形态。也就是说，经验积累与传承是文化形成的基本方式之一，它使人类在总体上可以超越个体生命的有限性而不断地总结、借鉴、利用前人在社会实践中所获得的宝贵经验和刻骨铭心的历史教训。同时，文化养成所具有的历史惯性，也成为工业文化继承性的来源之一。简单地说，在工业生产活动中，这种观念和仪式会逐渐地沉淀下来，融入人们的心里，成为以后工业生产活动的某种标准或规范，这些标准或规范，有时为个人所遵守，有时为某个特定群体以相对强制性的方式来认同，并确定为具有可持续性约束力的法则。在这个意义上我们可以发现，工业文化继承性是一种自为性的经验积累。

（2）传播条件和途径。工业文化的传播是有一定条件的，概括地说有四个方面：工业文化的共享性、传播关系、传播媒介及传播途径。工业文化的共享性指的是人们对工业文化的认同和理解。作为符号系统的文化，如果不是共享的，将不可能进入信息系统进行传播。传播关系就是在文化传播中发生的联系。文化传播实现的第三个条件是传播媒介，它可以是语言的交流，也可以借助一定的物质，如书籍、电子传媒、数字传媒等。工业文化传播的途径主要有：

第一，自然传播。主要是人的自然迁徙和移动。

第二，商贸传播。商贸往来传播新产品、新技术和新的管理制度。

第三，战争传播。殖民主义把工业文明带入殖民地。

第四，移民传播。工业文化随着北美洲的移民传入北美洲，最典型的是美国的工业革命和工业文化。

第五，媒介传播。报纸、杂志、书籍、广播、电影、电视、数字媒体、互联网等传统媒介和新兴媒介是工业文化传播的重要手段。

（3）传播根源和动力。马克思、恩格斯在《共产党宣言》中曾预言，资本不断追逐利润的需要，推动世界市场的形成、生产和消费的世界性，以及各民族间相互往来、相互依赖的增强，随之而来的是精神生产的世界性。换言之，资本扩张的本性决定了全球化的必然趋势，也正是由于人类社会进入全球化时代，才可以解释工业文化全球迅速扩散的根源。

工业文化的全球化之所以会成功，一方面，经济的全球化，使得蕴含工业魅力的工业文化不再是曲高和寡、纯粹精神层面的东西，也成为有利可图的生意；另一方面，商品的全球售卖，不仅可以带来高额的直接利润，而且通过西方生活方式、消费模式、价值观念的传播，重塑并稳固西方需要的世界体系，能在其他领域为西方带来更多的、间接的、长期的利益。

哪里有利润，哪里就有资本；哪里有工业，哪里就有文化。对资源、资本、技术和产品等要素流动的掌握，对世界标准、规则、秩序的控制，正是工业文化传播扩散的根源和动力。

2. 殖民与垄断

工业革命前后，殖民扩张是传播工业文化最重要的手段和途径。15世纪末，欧洲开辟了新航路，西方殖民主义向世界上未发展地区开始入侵，这种殖民入侵一直延续到20世纪上半叶的全球工业化时代。

（1）殖民扩张。16—18世纪上半叶，欧洲处于工场手工业阶段，生产能力有限，对原料和市场的需求不大，所以西班牙、葡萄牙、荷兰、英国等欧洲国家的早期殖民扩张，采取的主要手段是依靠血腥的、赤裸裸的抢劫和掠夺开始资本的原始积累。

西班牙在美洲灭掉了阿滋克特和印加帝国，征服了比自己大几十倍的领土，建立了相当庞大的殖民帝国，势力范围北抵美国中部，南到阿根廷，在亚洲又独霸了菲律宾。凭借殖民扩张，西班牙在16世纪获得了经济的繁荣和霸权。发了财的西班牙国王和贵族从意大利、法国、荷兰、英国的市场上采购商品，海外财富变成其他国家的原始资本，成为欧洲经济发展的重要推动力。当时，经济的繁荣和霸权的确令人陶醉。西班牙人阿方索·卡斯特罗在1675年自夸说，整个世界在为西班牙工作："让伦敦满意地生产纤维吧；让荷兰满意地生产条纹布吧；让佛罗伦萨满意地生产衣服吧；让西印度群岛生产海狸皮和驮马吧；让米兰满意地生产织棉吧；让意大利和佛兰德斯生产亚麻布吧，我们的资本会满足它们的。所有的国家都在为马德里训练熟练工人，而马德里是所有议会的女王，整个世界服侍她，而她无须为任何人服务。"上至贵族，下至很多民众都想去殖民地掠夺财富，个个都想发家当地主，这是当时西班牙社会的心态与文化。到了17世纪初，英国、荷兰等新一代帝国打破了西班牙的贸易和殖民垄断。到了19世纪，西班牙已无力保有自己的殖民地，随着殖民地纷纷独立，帝国陨落了。

谁拥有制海权，谁就是强大者；谁失去制海权，谁就要受制于人。1511年，葡萄牙人控制了马六甲，对这个曾经几度繁荣的贸易港口进行暴力掠夺和敲诈勒索，大量获取东方的香料、瓷器和丝织品，给当地的经济发展带来重创，因而马六甲人把葡萄牙人与当地的鳄鱼、黑虎一起并称为"三害"。相对于西班牙来说，葡萄牙衰弱得更早些，葡萄牙几乎继承了西班牙众多衰弱的因素，如贪图享乐、不思进取，以及狂热的宗教迫害等，又不把财富投资于贸易和产业，导致自己的殖民地被荷兰和英国所取代。

荷兰有着优越的地理位置，造船业和航运业发达，最大的商船可装载900吨货物，商船总吨数居当时世界首位，占欧洲的3/4。例如，在17世纪，世界各国间的贸易通道主要在海上，哪个国家的造船业发达，拥有商船的数量和吨位最多，哪个国家就能控制东西方贸易，称霸海洋，进行海外殖民掠夺。悬挂着荷兰三色旗的10 000多艘商船游弋在世界的五大洋之上，被誉为"海上马车夫"。新航路开辟后，欧洲的商路和贸易中心转移到大西洋沿岸，为荷兰提供了机遇。与此同时，荷兰在手工业和商贸业的基础上，形成了自己独特的商贸文化,如在商业体制和原则的创新方面,公司由私人集资筹建,按股份分红;股东大会是最高权力机构,它选出董事会,董事会再选出经理会,经理会主持日常事务;创立了诚实守信的商业原则和股份制、银行等现代金融体系;宣扬创新和冒险精神。

英国早在16世纪就开始扩张了,但掌握海上霸权的西、葡两国禁止它同欧洲以外的世界交往。英国一方面采取海盗劫掠,另一方面增强本国实力,积累资本。于是,强大后的英国不再满足于偷偷摸摸地抢劫,而是采取了战争手段,分别击败了当时世界上的几个强国,如西班牙、荷兰、法国,在18世纪下半叶确立了其海上霸主地位,成为最大的殖民国家"日不落帝国"。除了海盗劫掠、战争,英国还采取欺诈贸易、黑奴贸易、组建大型商业公司、建立奴隶制种植园等手段进行殖民扩张。马克思曾指出,英国在印度要完成双重的使命:一个是破坏的使命,即消灭旧的亚洲式社会;另一个是建设性使命,即在亚洲为西方式的社会奠定物质基础。

殖民扩张使得世界的联系进一步加强。自开辟新航路后,世界市场初具雏形,伴随着奴役与掠夺,世界市场进一步扩展,北美、大洋洲、欧洲内地、亚洲内地等为世界市场生产越来越多的产品。

(2)垄断传播。资本输出是欧洲国家进行对外扩张的重要手段,是金融资本对世界进行剥削和统治的重要基础。资本输出以前就有,但只有到了垄断阶段,它才具有了特别重要的意义。这时,少数富有国家对生产和市场的控制,形成了大量的"过剩"资本,并开始对亚非拉国家进行投资,使西方的生产方式、经营理念、管理模式在那里开始发展起来,但也使它们变成了西方国家的农业——原料附庸。

随着垄断统治的形成和资本输出的扩大,各国最大的垄断组织在世界范围展开了争夺原料产地、商品市场和投资场所的斗争。各国垄断组织一方面竭力利用国家政权实行高额关税政策,建立关税壁垒,限制外国商品输入,保持国内垄断价格；另一方面利用倾销政策，冲破其他国家的关税壁垒，把大量商品输出国外，占据国外市场。各国垄断组织为了避免在竞争中两败俱伤，往往改变斗争方式，求得暂时的妥协，组成国际垄断同盟，共同从经济上瓜分世界。

在国际垄断同盟从经济上瓜分世界的同时，这些国家还在政治上结成各种联盟，从领土上瓜分世界，展开了争夺殖民地的激烈斗争。1876—1914年，英、俄、法、德、美、日6个国家，共占领了近2 500万平方千米的领土，使世界上的殖民地领土达到6 500万平方千米。到1910年，非洲土地面积的90.4%、亚洲的56.6%、美洲的27.2%和大洋洲的100%，都已沦为列强的殖民地。此外，亚洲、拉丁美洲许多国家变成了半殖民地或附属国。这样，世界领土基本上被瓜分完毕。由于列强之间在经济实力和世界领土瓜分上的不平衡发展，导致1914年爆发了重新分割世界的第一次世界大战。

3. 全球化传播

全球化是一个概念，也是一种人类社会发展的过程。这个过程指的是物质和精神产品的流动冲破区域和国界的束缚，影响地球上每个角落的生活。全球化由来已久，早在15世纪，伴随新大陆的发现、远程贸易的开发、疆土的拓展和文化科技的交流等，就有了最早意义的全球化。通常意义上的全球化是指全球联系不断增强，人类生活在全球规模的基础上发展及全球意识崛起，国与国之间在政治、经济贸易上互相依存。全球化亦可以解释为世界的压缩和视全球为一个整体。

全球化经历了跨国化、局部的国际化及全球化几个发展阶段。在此过程中，出现了相应的地区性、国际性的经济组织与实体，以及思想文化、生活方式、价值观念、意识形态等精神力量的跨国交流、碰撞、冲突与融合。总体来看，全球化是一个以经济全球化为核心，包含各国、各民族、各地区在政治、文化、科技、军事、安全等多层次、多领域的相互联系、影响、制约的多元概念。全球化在带动经济发展的同时，也为各国、各民族的文化交流提供了平台，这种交流为各国本土文化的发展注入了新元素。

全球化带来的工业文化交流远多于殖民扩张时期。

一是全球化所带来的国际秩序有利于工业文化的交流。在全球化的时代，工业文化输出的方式不再是一个国家可以决定的。正如社会学家罗兰·罗伯森所说，在全球化的时代，我们也有了新的世界秩序。联合国于1945年签订《联合国宪章》，指出反对各国会员在其国际关系上使用威胁或武力，规定各个国家都有追求发展的自主权，强迫他人接受自己文化的方式逐渐失去了根据地。比如，第二次世界大战期间，日本以建立大东亚共荣圈的名义侵占南洋，强迫当地只有单一日本文化存在。现在，日本要输出自身的文化时，只能选择用日剧、漫画等温和方式，而不是利用枪支大炮来强迫别人。这种由强迫到尊重的转变，就是从文化殖民转向文化自由交流的体现。

二是全球化拉近各国工业文化输出的鸿沟。在全球化刚开始的时候，西方强国文化产业发展较快，也拥有更好的技术去进行文化输出。大量涌入的西方文化让发展中国家产生了会被西方文化强势洗脑的担忧。因为铺天盖地的西方文化让发展中国家无从选择，只能被迫地接受单向涌入的西方文化。在全球化时代，无边界的网络为各国提供了一个公平的平台，提高了各国对文化产业输出的能力，这使得各国文化输出的鸿沟渐渐拉近。

第二节 世界工业重心演变

1. 理论模型假设

工业强、国家就强，但是要成为世界工业强国不是简单地依靠某个方面特别出众就可以的，它是多方因素综合作用的结果。其中，核心要素包括科技实力、工业实力和文化实力。

人类工业化的几百年间，世界工业总体趋势是不断发展壮大的，但是由于地区发展不平衡，各国对世界工业发展的贡献度大小不一。具体地说，如果比较每个国家的能力和贡献，必有科技创新水平高低之分、工业产业规模大小之分、工业文化影响力强弱之分。我们可以把全球工业整体发展状况比喻为一块由不同密度材料组成的聚合体，不同的工业发展质量与不同的材料密度相对应，密度越高代表该国发展质量越好。因此，不管各国的科技、工业、文化对世界工业的重要性如何判定，必然可以像聚合体一样，找出一个物理学上的重心，这个重心就可称为世界工业的重心。世界工业重心是指世界工业发展的核心区域，它可以表现为一个国家，也可以表现为一个地区。世界工业重心表明该区域在工业科技水平、制造能力和文化影响力三个方面全部或部分处于全球领袖地位，并引领世界工业发展。

世界工业重心包括世界工业科技中心、制造中心和工业文化中心。工业科技中心表明它拥有更多的科学原理突破和科技创新成果的产业化；制造中心表明它拥有强大的产品制造能力与庞大的产业规模；工业文化中心表明它拥有最先进的管理方法、制度规范、思想文化、人才资源及规则制定、秩序维护的能力。这里强调工业科技的主要原因是有一些科学上的理论突破和发明创造不一定就能形成生产力并普惠于世界，如天文、地理等。

世界工业重心是一个历史范畴，重心与中心的变迁主要是科技革命与产业变革造成的结果，它是工业化过程中出现的一种现象，是世界工业在区域上发展不平衡的现实体现，是特殊国家或地区在特定历史阶段所出现的特殊现象，其形成需要有一定的政治、经济、文化条件和区位环境。

自 18 世纪工业革命以来，世界工业重心出现了三次重大的变化，即由英国扩散至欧洲，欧洲转移到北美，北美再转向东亚。表面上这是地理位置的更替,实质上是工业创新与发展能力强弱转换的结果,其中无不包含着深厚的文化根由。

综观近现代工业发展史,世界上只有英国、德国、美国三个国家可称得上世界的工业重心:

(1)世界工业重心的确立。第一个能称得上世界工业重心的国家是英国,它的形成得益于第一次工业革命。英国作为世界工业科技中心、制造中心和工业文化中心的地位一直保持到19世纪后期。

(2)世界工业重心的第一次迁移。1851年至1900年,德国用了近40年时间,在重大科技创新和发明创造方面,取得了巨大的突破,在各个产业领域全面超过了英国。1895年,德国实现了工业化,取代英国成为世界的工业重心。

(3)世界工业重心的第二次迁移。德国成为世界工业重心不久,美国依靠庞大体量快速崛起,取代了以往的老牌制造强国英国和德国,成为工业发展的领头人。在第二次世界大战后,美国的经济实力进一步增强,成为全球的经济霸主,在科技、制造和文化上全面领先,确立了全球工业重心的地位。

(4)世界工业重心的第三次迁移。在第二次世界大战后,日本提出了"技术立国"的口号,着眼于引进,立足于改进,加强企业管理,利用各国技术之长,不断创新,实现了产业转型、结构升级和经济起飞,迅速成为世界第二大经济强国。从严格意义上说,日本制造业只是在部分重点行业和技术领域领先于美国,仅仅成为世界制造中心之一。[①]

此后,在中国及其周边新兴发展中国家市场的吸引力下,欧、美、日等发达国家纷纷将劳动密集型和资本密集型的制造业向中国和东南亚转移。

---

① 王昌林,姜江,盛朝讯,韩祺. 大国崛起与科技创新——英国、德国、美国和日本的经验与启示[J]. 全球化, 2015(9).

2010年，中国制造业规模跃居全球第一，成为世界制造业中心；2017年，中国制造业产值是美国、德国、日本制造业产值之和。

在世界工业重心转移的过程中，从英国到德国再到美国，工业科技中心、制造中心与工业文化中心一直相伴而行，向东亚转移时，却发生了分离，即世界制造中心先行转移，世界工业科技中心和工业文化中心还留在美国。

2. 各具特色的工业重心

（1）首称霸主的英国。英伦三岛孤悬海外，在相当长的一段历史时期内，英国在政治、经济、文化上都处于边缘化的地位——英国的贵族都以会说几句法语来彰显自己的高贵，英语在欧洲大陆更被视为下等人的语言。工业革命的到来却给原本被边缘化的英国一个翻身的机遇。

工业革命带来工业生产效率提高和产品种类丰富，推动了英国工业经济的快速增长，将其他国家远远抛到后面。到1825年，英国已有蒸汽机1.5万台（27.6万千瓦），从矿山到工厂，从陆地到海洋，到处是机器在轰鸣，到处是机器在转动，到处是机器在奔驰。

1850年，英国工业总产值占世界工业总产值的39%，贸易额占世界总量的21%，金属制品、棉织品和铁产量占了全世界一半，煤产量占2/3，其他如造船业、铁路修筑都居世界首位。

1860年，英国工业品产量占世界工业品产量的40%~50%、欧洲工业品产量的55%~60%，对外贸易占世界贸易的比重由10年前的20%增至40%。

1870年，英国工业品产量占世界的比重达到31.8%，美国为23.3%，德国为13.2%，法国为10%。

在强大的经济实力、科技实力和军事实力的支撑下，英国先后打败了法国等欧洲大陆强国，征服了远隔重洋的加拿大、印度等国家，在全世界建立了庞大的殖民体系，在全球范围内逐步形成以英国为核心的商业贸易圈[①]。

19世纪中后期，当以电力为代表的第二次工业革命兴起的时候，技术发明和创造的主要国家已不是英国，世界工业重心开始向德国、美国转移，英国终于丧失了世界霸主的地位。

（2）逆境崛起的德国。德国工业化比英国晚了50年。在1830年，德国的工业人口占比不足3%，依旧是一个农业国，加上德意志还处于四分五裂的状态，德意志人成为欧洲的三等公民，备受欺凌。所以大诗人席勒才发出这样感慨，"德意志？它在哪里？我找不到那块地方"。爆发于1870—1871年的普法战争，奠定了普鲁士在欧洲的强国地位，也为普鲁士建立统一的德国铺平了道路。

虽然德国姗姗来迟，但由于它重视科技创新和人力资本的长期积累，德国一成立，就在短时间内迅速崛起，涌现出一大批科学家和技术发明家，如蔡斯、西门子、科赫、伦琴、雅可比、欧姆、李比希、爱因斯坦、普朗克、玻恩等，他们对引爆第二次工业革命发挥了重要作用。德国也紧紧抓住第二次工业革命的机遇，实现了经济的飞跃性发展。从19世纪中后期到20世纪初期的这段时间，德国耀眼的光芒，让全世界为之瞩目。

1834年，在李斯特等学者的呼吁下建立起德意志关税同盟，德国走上了工业化的道路。1846年，关税同盟有313家纱厂和75万枚机械纺锭，拥有蒸汽机1 139台（1.6万千瓦）。

1848年，德国铁路线总长达2 500千米。

1866年，西门子制成了发电机，化肥工业处于世界领先地位，精密仪器制造也成为突出长项。

[①] 王昌林，姜江，盛朝讯，韩祺. 大国崛起与科技创新——英国、德国、美国和日本的经验与启示[J]. 全球化，2015(9).

1870年，德国蒸汽机动力达182万千瓦，煤产量达3 400万吨，生铁产量达139万吨，钢产量达17万吨，铁路线长度达18 876千米。

1882年，德国化学染料产量占世界2/3以上。

至第一次世界大战前夕，德国在总人口、国民生产总值、钢铁产量、煤产量、铁路里程等方面都超过英国，城市化率达到60%。据统计，1913年，英国占世界工业生产总值的比重为14%，而德国为15.7%，美国为35.8%。此时，德国成为欧洲第一、世界第二大经济强国。

（3）称霸全球的美国。美国虽然远离欧洲大陆，但拥有比英国、德国更好的发展潜力——广袤的国土、丰富的资源、庞大的人口、得天独厚的地理环境，这使美国工业得到爆炸式增长，成为世界最强大的国家。

美国准确抓住了电气化升级和自动化升级两大工业技术升级的节点，并利用两次世界大战导致英国、德国等欧洲强国衰落的有利时机和率先研发普及的计算机技术，牢牢占据了制造业中心的位置。

从1868年到1880年，美国钢铁产量以年均40%左右的速度增长，至第一次世界大战前夕，美国的工业产量居世界首位，占全球工业总产量的35.8%，钢、煤、石油和粮食产量均居世界首位。

至第二次世界大战前夕，美国的工业产量占全球工业总产量的38.7%。这使得美国在第二次世界大战期间，平均每两个月建成一艘航母，每年产4万架飞机、2万辆坦克成为可能。

从19世纪的蒸汽船、轧棉机、电报、牛仔裤、安全电梯、跨州铁路，到后来的电灯电话、无线电、电视、空调、汽车、摄影胶卷、喷气式飞机、核电、半导体、计算机、互联网和基因工程药物；从建立大批量工业生产流水线到后来的风险投资公司的大量创立；从面向成熟企业的主板资本市场到面向创业企业的纳斯达克市场；从电灯发明者爱迪生、飞机发明者莱特兄弟和软件帝国的缔造者比尔·盖茨，到鲜为人知的牛仔裤发明者李维·斯特劳斯及信用评级的创立者刘易斯·塔潘，等等，这些持续不断的重大发明和创新，催生了一个又一个新兴产业，持续提高了美国的生产率，大幅增强了美国的经济实力和综合国力，将美国这个年轻的国家推上了世界工业史上前所未有的高峰。[①]

（4）快速赶超的日本。明治维新开启日本工业化进程，但第二次世界使日本成为一片废墟，日本工业损失44%，财产损失42%，企业全年有1/3的时间因故停产。在这样残酷的环境下，日本通过学习西方国家的技术和知识，对欧美国家的最新产品进行重新研究，在很短的时间里，日本企业不但能够复制生产，而且可以加以创新，并且大批量制造，同时开发出比美国更加先进的企业管理模式，为日本经济的重新崛起保驾护航。日本自主品牌开始出口到美国和西欧国家，反过来争夺汽车、钢铁、造船、电子工业等高科技产业的市场份额，在一个接一个的工业领域里占据了主导地位。

1980年，日本国民生产总值高达10 300万亿美元，占世界生产总值的8.6%，跃居世界工业强国之列。整个世界为之震惊，世界各国尤其是美国强烈地感受到来自日本的追赶压力。1981年，美国对日本的贸易逆差高达180亿美元，达到历史最高水平，占美国贸易赤字总额的一半左右。日本企业迅速壮大，日本经济逐步显现出赶超欧美的发展趋势。

3. 工业重心与文化格局

在世界工业重心转移过程中，工业文化伴随着制造业，由英国、法国、德国传播到整个欧洲，然后漂洋过海传播到美国和北美洲，直至日本、韩国等东亚地区，最后，工业文化扩散到了全世界几乎每个角落。

---

① 王昌林, 姜江, 盛朝讯, 韩祺. 大国崛起与科技创新——英国、德国、美国和日本的经验与启示[J]. 全球化, 2015(9).

当今世界表现为一超多强的多极化格局，经济格局主要由美国、欧盟、日本及中国等构成。世界文化呈现什么格局？1988年至1993年，联合国教科文组织开展了一项"世界文化发展十年"的国际合作研究项目。该项目把当代世界文化划分为八个文化圈：一是欧洲文化圈；二是北美洲文化圈；三是拉丁美洲与加勒比地区文化圈；四是阿拉伯文化圈；五是非洲文化圈；六是俄罗斯和东欧文化圈；七是印度和南亚文化圈；八是中国和东亚文化圈。中国学者季羡林、汤一介等学者也提出当代世界文化分为四大体系：一是中华文化体系；二是印度文化体系；三是阿拉伯文化体系；四是欧美文化体系。此外，有学者增加了俄罗斯和东欧文化体系，就此形成世界五大文化体系。

比之当今世界的政治和经济格局，文化格局间的互动及其作用力日益凸显，格局演进的总态势趋向良性互动，但其中也暗流涌动，不乏明争暗斗。

从五大文化体系力量对比看，欧美文化力量最强。在彼此的互动中，欧美文化占据主动地位，其他文化体系处于被动地位；欧美文化往往是"冲突"的施动方，其他文化是受动方。

从五大文化体系之间的互动关系看，欧美文化体系中的个别国家对其他文化体系采取扩张政策，提出"普世价值观"。这一互动关系已突出地排在了当今世界政治、经济格局互动的前面，成为世界文化格局中最大的变故，并对国际社会诸多领域产生重大和深远的影响。

当今世界主要工业强国除日本属于中华文化体系外，其余大部分工业强国均产生于欧美文化体系，可见，欧美的工业文化主导了当今工业社会。纵观近现代世界历史，英国、法国、德国、美国、日本这几个先后崛起的有世界性影响的大国的兴起均始于工业，在成为强国的过程中，均发展出独具特色的工业文化，取代农业文化，推动本国工业发展，并深深地影响着全球工业化进程与价值体系。

回望英、德、美、日等国家先后走过的工业强国之路，不难发现强国崛起存在一些内在的规律。在人类历史上，经济与科技水平落后的国家赶超和战胜先进的国家，是正常现象，也是世界发展的必然规律。比如，在古代，蒙古骑兵灭掉阿拉伯帝国，蒙古经济科技水平远远低于阿拉伯；明朝被清朝消灭，明军是火枪大炮，清军是骑马射箭；在近现代，德国超越英国，美国超越德国等。为什么会出现这种现象？这里面包含着很多复杂的原因，其中就有文化因素。孟子说过：生于忧患，死于安乐。科技水平先进的一方，长期处于领先地位，它的体制和机制很容易僵化死板，它的社会精英阶层更容易腐化堕落、不思进取。这样，虽然它经济科技上领先一些，但整个社会的资源组织能力会大幅度下降，使得在综合国力的较量中，反而输给落后但是体制和机制及精英阶层更有活力的国家。

第三节 传播规律

工业文化的传播有规律可循，其传播程度既取决于工业文化本身的性质、发展水平、风格特点及功能和价值，又取决于其赖以生存的国家的综合国力和国际关系。另外，工业文化的载体形式对于工业文化的传播也是不可忽略的因素。工业文化的传播规律是一个国家的文化只有遇到更先进的文化，在冲突与融合中才能更新发展，也就是说，必须有旧的文化元素淡出或新的文化元素加入，不同工业文化之间的交流、竞争、借鉴和互补，即外部刺激是工业文化进步发展的重要条件。[①]

（1）传播基础取决于价值特性。工业文化的价值是其存在的根基和生命力的标志，也是能够传播的前提条件。任何工业文化，只要能够在一定时空层面上存在和发展，都有其自身存在的合理性和必然性。

---

① 刘宽亮. 关于文化传播规律的思考[J]. 运城学院学报, 2003(2).

工业文化的传播不仅是一个输出过程，更是一个选择和接纳的过程。选择和接纳的前提就是对特定工业文化价值的认可，传播的程度取决于其自身的价值及满足特定国家的需要的程度。另外，有的工业文化表现出明显的地域特征，在此地有价值，在彼地却没有；有的工业文化具有较大的兼容性，具有广阔的地域价值和普遍的适应性，这种文化就容易传播和被接受。

（2）传播走势是发达生产力的工业文化削减落后生产力的工业文化。文化的辐射与渗透是一个非常复杂的现象，不同的地区和国度，由于文明起源、社会制度、国力状况和生存方式不同，因而在工业文化的发展层次和态势上会出现明显的差异性，有明显的强弱之分。这种差异既有性质的差别，又有发展水平的差别。

在世界范围内，各国的历史发展遵循着共同的规律，有着大体一致的发展路径，但是各个国家工业社会发展也出现一定的不平衡性，导致不同制度的国家并存于世。因此，各种工业文化在共同发展过程中必然表现为一定的差异性。从一个特定的历史断面来看，有的国家的工业文化与社会文明发达，处于高位和强势状态，有的国家的工业文化与社会文明层次不发达，处于低位和弱势状态，这必然形成一定的工业文化落差。

工业文化的传播是遵循力学规律的，处于高位的工业文化总是向处于低位的工业文化传播，很难出现逆向的工业文化传播。工业文化与社会文明发达的国家和地区，表现出蓬勃向上的态势，形成工业文化发展的巨大张力和强劲势头，不断向外扩张和辐射。工业文化落后的国家和地区，难以满足工业与社会发展和民众生存的需求，因而迫切希望引进强势工业文化，加之落后国家和地区的民众对本土文化失去信心，对发达国家的工业文明产生崇拜心理和浓厚兴趣，大力引进和接收外来的先进文化，对外来工业文化的进入起到推波助澜的作用。

（3）传播范围受工业文化载体影响。工业文化在传播过程中，载体非常重要,大体来说有物化的载体和人化的载体。典籍、媒介、器物等是物化载体形式,思想、语言、行为方式和交往方式等是人化载体形式。

从传播角度来看,载体形式是处在不断发展之中的,从报纸杂志到广播电视再到互联网,从实在具体的传播载体到抽象虚拟的载体,都体现了人类工业文明的进步。在现代社会中,工业文化传播规模呈加速度态势,传播的速度越来越快,范围越来越广,程度越来越高,这一切都取决于传播载体和手段的革命性变革,特别是广播、电视及互联网等新传媒。

物化的传播载体对于工业文化的传播固然有很大的作用,但也有很大的局限性,一般是通过对工业文化进行浓缩、抽象和静化的方式来实现的,传播的只是一定工业文化的静面,甚至是残缺的和片面的,很难达到传神,更难全面表现出其活的生命力。最为有效、最为直接的传播应当说是人化载体。因为人是文化的活化身,在人身上充分体现着一定的精神。在跨地域的交流过程中,语言、思维方式、行为方式最能直接表现出一定的文化内涵和特征。频繁的人际交往不仅能够传播和交流,而且能创造工业文化,在跨地域、跨文化的人际交往中,不同文明、文化会发生碰撞,会出现不同价值观的冲突,也会出现不同工业文化的融合,并且能实现整合与超越。

(4)工业强国的文化被更多地关注与接受。在世界政治经济与国际关系中,一个国家处于什么地位,扮演何种角色,往往取决于国家的综合国力。国力不同的国家,不仅在国际事务中起的作用不同,而且在传播各自的工业文化过程中的效果也不同,表现为强国的强势工业文化挤压落后国家的弱势工业文化。

综合国力强大的国家,在国际关系中处于核心地位,它们的文化因有强大的国力作后盾,表现出强烈的自信和咄咄逼人的气势,活跃在世界文化舞台上,自然成为世人关注的亮点和重心。其他国家的民众在关注这些国家的政治、经济的同时,必然会关注其工业文化。而且,这些国家在利用政治、军事、外交等手段对世界施加影响的同时,往往还把文化传播作为重要手段,把其文化及价值观推向世界,有的国家甚至推行文化殖民主义。

综合国力弱小的国家在国际政治、经济中不占主导地位,当然在文化方面也不会占主导地位,无力与综合国力强大的国家在文化方面相抗衡,即使它们的文化是优秀和有价值的,也很难被世人所理解、所接受。这种因综合国力因素而导致的文化境遇的不同,在世界历史上不胜枚举。如近现代以来英美诸国的文化能风行世界,甚至在一定意义上扮演主流文化的角色,与它们强大的综合国力是分不开的。

(5)工业物质文化比工业精神文化更易传播与接纳。文化有不同的层次,工业精神文化是抽象的高层次文化,工业物质文化是文化的物化形式。工业精神文化的价值和作用在于人的思想和精神世界,它涉及人生原则、人生信仰、生活方式、行为习惯等方面,它一经形成,就具有一定的地域性、民族性和持久性。不同地域、民族的精神文化经常表现出一定的排他性,会发生文化理念和价值观念的冲突;物质文化较少有文化的情感特征和价值冲突,是一种普遍适用的文明成果。

正是由于两种文化的各自特点,因而在传播过程中表现出不同的特征。精神文化因其积淀性、凝固性而表现出一定的稳定性,不容易被改变,也不容易被接受;物质文化仅仅具有形式化的表现和工具意义,在不同的国度中容易沟通,较少地受到制约,传播的速度和规模更大。例如,美国的计算机技术在短短几十年就传播全世界,被各个国家所接受,但其文化观念、思维原则和价值观念等并没有随之被普遍地接受。

(6)传播程度取决于工业文化风格。文化是有风格的,不同的工业文化也有不同的风格特点。有的文化外向开放,表现出一定的向外张力,一有条件就向外传播;有的文化则内敛平和,表现出一定的内倾性格,缺乏向外的进取精神,很少有向外传播的主动性。导致文化风格差异性的原因是复杂的,有自然的因素如地理环境等，也有社会的因素如生产方式等。例如，中小城市、边远地区，容易形成保守、求稳定的性格特征，进而形成平和、内向和封闭的文化特征，缺乏向外的扩张性。中心城市，特别是国际大都市，人们生活更具有流动性、开放性和交融性，因而其文化也表现出一定的开放性和外向性。

在世界经济迈向全球化和一体化的过程中，工业文化的传播与整合将日益频繁，这是历史发展的必然趋势。但是，不同特征的工业文化在交流过程中所表现出来的情形有很大的差异性。外向型工业文化往往有更大的灵活性，有更多的机会与其他工业文化相交流，有更为广泛的传播条件；内向型工业文化因其缺少活跃的性格，缺少与其他文化接触和交流的主动性和底气，所以很难在更大范围内被接受。

第八章 工业文化变迁

工业化和社会变迁有着极其密切的关系。其实，工业化本身就是一种社会变迁，而且是有史以来最显著、最激烈、最富有意义的巨型社会变迁。工业文化本身就是一个充满着矛盾的辩证统一体，需要自我延续与自我更新，它的演变过程就出现了冲突与调适、涵化与丧失、自觉与整合、传承与创新等多种变迁方式。工业文化变迁表明其发展不是静止不动的，是处于变化中的。当然，工业文化变迁与导致其变迁的因素相比有一定的滞后性，与此同时，工业文化的各部分在变迁时的速度不一样。

第一节 传承与创新

工业文化发展是一个从无到有、从小到大、从轻到重、从粗到精的过程，任何强大的工业体系都是在历代先辈们艰苦奋斗、驰而不息的建设中一点一滴积累起来的。传承与创新是辩证的关系，既要保持民族文化的优良传统，又要创新传统，广泛吸收外来文化的优秀成果。

1. 工业文化传承

工业文化传承是指工业的物质文化、制度文化和精神文化在上下两代人之间的传递和承接过程。工业文化的发展过程，是由低级方式向高级方式、由粗糙向精细、由简单向复杂的一种螺旋式上升的过程。社会和工业文化正是以传承为前提条件，才得以存在和不断发展的。传承就是工业文化在存在和发展的过程中，对于原有工业文化的保存和继续。

每个发展阶段，工业文化的状况不尽相同，它是前一个发展阶段传承与发展的结果。工业文化的传承并不是一种随意的选择和改变，历史上有什么样的工业文化，就只能传承什么样的工业文化，这种工业文化发展到什么高度，就只能从什么高度开始传承与发展。人类不仅依赖前人所遗留下来的物质、制度和精神文化遗产，同时更是将这些遗产作为进一步发展的起点，并沿着前人开创的道路走下去。

在工业物质文化方面，最为典型的是工业遗产的传承，对工业遗产的保护、开发与利用，就是对其最好的传承。在工业制度文化方面，人类文明的进步与生产方式的演变是分不开的，生产方式是最基本的制度文化之一。在工业精神文化方面，主要指从传统文化中继承下来的价值观念、思维方式、行为规范等。不过，人类的创造性，常常会打破这种原有规定性，推动工业文化走进一个全新的领域及未来。

2. 工业文化创新

任何新文化的形成，都有一定的机缘和条件，是人们对生存环境的挑战进行积极应对的结果。工业文化的创新建立在了解传统文化、域外文化，继承传统、借鉴外来文化的基础之上，表现为新的价值观念、新的行为准则等。这些创新要被人们认可，要变成人们的实际行动，光靠理论上的灌输和表面上的思想交流是不够的，必须树立体现新价值观念、新行为准则的有形象征，以利于新文化的确立，还要提供一种文化向另一种文化转变的接受与磨合机会。

人类文化在不同历史时空所依赖的内在和外在的条件发生了变化，人们必然会顺应当时的历史处境和社会信念，去调整已有经验和知识来改造、创新文化。也正是这种改造与创新，使得工业文化摆脱了历史惯性的束缚和压制，具备更强大的生命力和更广泛的适应性。

工业文化的自我延续是文化生命保持自我同一性的需要，是相对稳定的经济社会活动在文化形态方面的表现。工业文化的自我更新是文化生命运动传递的需要，是必然变迁的经济社会活动在文化形态方面的反映。经济社会活动之绝对变动性与相对稳定性的统一，决定了文化形态自我延续与自我更新的统一。

从本质上来讲，人类工业进步的历史，就是人类工业文化创新的历史。工业文化创新是人类工业社会赖以维持和发展的坚实基础，也是工业得以进步的根本保证。创新需要对前人打造的工业文化加以继承和学习并具备几个条件：

第一，具有一定的工业文化基础。没有一定的工业文化基础，创新根本无从谈起。第二、第三次工业革命的兴起与开展，均是在前一次工业革命的文化累积下完成的。

第二，是在一定社会需要的情况下产生的。任何事物的创新必须与社会需要相结合，没有社会需要的创新也就失去了社会意义。瓦特改良蒸汽机的发明与使用，正是解决了当时社会上对动力的更高要求。

第三，在工业生产的社会实践中产生的。这个条件说明，任何创新都是在社会实践过程中，而不是仅仅在理论上完成的，同时应注意到，工业生产的社会实践也会受到时代发展水平的局限，因此，工业文化创新不是异想天开。

第二节 冲突与调适

不同文化碰撞常常引发冲突，无论是地域的、民族的、时代的冲突，还是阶级的、阶层的、集团的冲突，最终可能伴随着彼此之间的交融而化解。冲突与调适是工业文化发展过程中的一对矛盾，彼此相互作用。

1. 工业文化冲突

全球化经济格局带来全球化的文化格局，为工业文化的融合和发展提供契机。工业文化具有普适性和多样性，正是不同国家、不同地域文化的特殊性，导致不同文化之间的冲突。由于在工业化时代世界范围内的碰撞比以往更加频繁，因此，文化的冲突较之相对封闭的农业社会更甚。

工业文化冲突是指在工业文化变迁过程中出现的两种文化矛盾剧烈的现象。它通常表现在异质文化相互接触之后，如不同国家、不同地域、不同形式、不同程度的工业文化在发展和演变过程中因发展模式、制度规则、价值理念、行为规范、人员素养等因素不同，既相互推动、相互影响，又相互碰撞、相互独立，从而造就了工业文化相互之间的对立、排斥、摩擦、消耗，这些都可以归纳为工业文化的冲突。

例如，清代末年，西方列强用坚船利炮轰开封闭的中国大门，这是工业文明与农业文明的一次交锋。在领教了令人震撼的西方工业技术后，中西文化形成了严重的冲突，它较之印度佛教文化传入中国时的冲突要严重得多。究其原因，容纳、吸取、消化、改造外来文化的气度是与国力、国势、民族文化在世界文化中的地位成正比的。此时，中国国力处于劣势，已不能与汉唐相比，而中西文明差距越大，冲突就越大，社会心理就越不能适应。

此外，工业文化冲突还表现为社会不同利益群体的冲突、阶层的冲突、各种社会集团的冲突。在一定的历史阶段，精神文化是有阶级性的，存在差异、矛盾和冲突。当今常说的"代沟"——父辈与子辈、青年文化与老年文化之间的冲突，也是一种文化冲突。工业文化冲突主要包括：

（1）全球化引发的冲突。西方价值观对世界其他地区的渗透引发文化认同危机。牛仔裤、可口可乐、肥皂剧、好莱坞电影差不多被带到世界上的每个角落，非西方文化的基础被削弱了。许多输入西方文化的地方出现了文化的混乱、传统的丢弃，以及认识到属于"落后"社会而产生的心理痛苦。强行推进文化全球化，必然引起其他文化体系的反抗。亨廷顿就预言非西方社会面对西方文化的强大攻势将回归本土文化。如伊斯兰世界对西方"腐蚀"的反应；东亚社会将经济增长归功于它们自己的文化等。文化间的对抗同样发生在西方文化内部，如法国打算建立文化"马奇诺防线"，以保护法语，防止其他文化的侵袭。

（2）文化市场化引发的冲突。市场化对精英文化的生存、发展构成极大威胁。在全球化的大潮下，文化生产走向市场化已是不可逆转的趋势。文化只有成为商品进入市场才能被关注和被炒作，不能适应市场化要求的文化产品面临被淘汰或被边缘化的命运。一方面，物质利益原则占主导地位，以娱乐、效益为特征的文化商品充斥市场；另一方面，一些人文知识分子不甘寂寞，放弃原有的追求，转向生产取悦于大众、通俗甚至低级无聊的文化商品。一时间，对精英文化而言，生存还是死亡已成为一个问题，而文化本身也面临被重新定义的境地。

（3）跨国企业文化与本土文化的冲突。表现在部分扎根海外寻求发展的跨国企业，在实际运营或生产的产品中没有从当地实际出发、因地制宜，未充分尊重和发挥当地民族特色，导致难以得到接受。各国企业有各自的特色，优秀的企业从来不惧怕模仿，同样也没有一个企业是因为模仿而优秀的。跨国企业更需要接地气，以当地的人文、经济、社会发展为蓝本，创造性地借鉴和学习，以便形成自己独有的规划理念和建设思路。

（4）工业发展与生态环境冲突。工业发展必定无法避免给自然环境带来消耗、污染和负荷，这已经是一个全球性问题，在不发达国家和发展中国家这种现象尤甚。值得注意的是，有些企业缺乏基本的道德理念，为了自身利益，甚至冒着巨大的风险，污染环境，破坏生态。

2. 工业文化调适

工业文化调适指在一定的时空条件下，人们的思想与行为模式与特定的自然生态环境和文化环境相适应的关系。工业文化调适又包含不同阶段、不同地域的文化在相互接触、碰撞过程中的调整和适应状况。一般来说，文化是具有适应性的，对一个地域或一种环境适应的规则习惯，在另一个地域或另一种环境就不一定能适应。同时，一种特定的规则习惯代表了一个社会对特定的自然环境和工业发展环境的适应，并不代表所有可能的适应。不同的社会对同样的情况可能选择不同的适应方式。

工业文化是时代发展的产物，同样表现出不同的时代特征。时代在进步，社会在发展，然而工业文化的土壤依旧离不开传统文化，这就要求工业文化既不忘初心，又与时俱进。如果工业文化的冲突指的是发现问题，那么工业文化的调适旨在解决难题。需要注意的是工业文化调适的目的是对工业文化的保护和发展，但调适的结果不会是立竿见影的，重在调适过程的持续性。工业文化调适包括国家间、区域间、企业间及个人等几个方面。

不学，不知天地之广博；不思，不解万物之奥妙。任何一个国家、一个民族的文化都具有自我延续和自我更新这两种机能，然而唯有文化心态健全的民族才能做到不断进行调适，以求得稳定与发展、静态与动态、延续与更新的辩证统一，达到文化生命之树生生不息，枝繁叶茂。

工业文化

工业文化从来都不是孤立的，合作与交流是工业文化调适的重要手段，它在丰富其内涵的同时，也对如何有效吸收和利用外来先进工业文化提出了更高的要求。1978年，中国改革开放之后，外资企业源源不断地涌入中国，不仅让本土企业感慨外资企业文化的凶猛，中国优秀的企业如海尔、联想、格力、华为也勇敢地走出国门，接受中外工业文化间的激烈碰撞。可以想象，摩擦和冲突在所难免，消极抵抗和盲目排外都是不客观的，企业只有端正态度，摆正位置，虚心学习，努力提高，才能在国与国的工业文化博弈中占据立足之地。

案例：肯德基在中国

作为全球快餐企业巨头，肯德基在中国的发展值得借鉴，在保持自身特色的前提下，充分融入中国文化，适应潮流的变化。特别是在产品定位、适应市场需求、平衡中西文化方面，克服了外来企业水土不服的难点，入乡随俗，逐步打造出具有中国特色的运营模式。2000年，肯德基组团40多位国家级食品营养专家创立"中国肯德基食品健康咨询委员会"，用于开发适合国人饮食习惯和口味的产品；2002年推出"早餐粥"，再到后续的豆浆、油条、烧饼、米饭套餐；2003年春节期间，肯德基的企业形象一改往日装扮，换上了华人传统节日的盛装，店堂布置中也不乏中国元素。反观麦当劳，虽然实力强劲，在中国市场与肯德基的博弈却略处下风。肯德基门店增加、业绩优良一直被模仿，从未被超越，这或许是肯德基在中国作为快餐行业领军者的真实写照。

第三节　涵化与整合

1. 工业文化涵化

任何一个国家、一个民族的文化，在其发展进程中，都经常出现这样一种矛盾运动：一方面它要维护自己的民族传统，保持自身文化的特色，另一方面它又要吸收外来文化以壮大自己。

在工业文化传播、变迁过程中有一种十分重要的形式，就是工业文化涵化，它既是对外来、异质工业文化系统吸收、改造和重建的过程，又是对本土工业文化重新估价、反思和改铸的过程。在这一动态的历史过程中，两种工业文化系统相互交流，相互作用。

各国工业化进程不同，致使各国的工业文化发展水平也不同，从而形成工业文化势差。这种势差在工业文化交流、调适的过程中有很大的作用。在通常情况下，工业文化的流向基本上是从势能高的一方走向势能低的一方。

对于世界上的许多殖民地来说，第二次世界大战以后的这个时期，是以新的民族意识，以及这些民族为掌握自己的政治命运而进行的斗争为标志的。但是，这些国家或地区在抛弃了殖民主义枷锁的同时，也越来越追求西方工业化社会所享有的生活水准，并在潜移默化中接受西方的工业文化。

在世界工业化和全球化的百年间，处于工业文化涵化进程中的发展中国家和地区，也正经历着传统、制度及风俗习惯的急剧变化，正从一种生活方式转变到另一种生活方式，这种改变的直接后果是已涵化的文化解决了旧有的一些问题，却又产生了新的需要解决的问题。

对当前，科学技术的引进与吸收，从更深层次来分析，就是本民族文化与外来文化相互碰撞、交融的过程，在反复不定的甚至时而异常痛苦的冲撞中，两种形态的文化重新分化组合，相互嬗变为一种既似是而非于原来的民族文化，又迥异于外来文化的新型文化模式。这种文化模式必须是适应并促进本国科学技术生存发展的。

有效地调节涵化的程度和速度，可以缓解因文化涵化引起的社会冲突，从而使社会的发展与演进被控制在一个科学、和谐的程度上。工业文化涵化可以通过主动涵化、殖民主义和征服涵化、普同文化涵化、多元文化涵化等多种方式进行。

（1）主动涵化。如果变化的"动因"是社会内部的需求——社会已到了对发展和进步的要求形成共识时，那么因此而发生的涵化是人们最易于接受的。主动涵化意味着一个国家正致力于在经济社会适应世界的状态，这时的涵化所造成的结果，全社会都可以体察到，并受到多数群体的欢迎。

（2）殖民主义和征服涵化。殖民占领的结果往往是殖民地传统生活方式的严重破坏，体现为社会混乱、失控，并在文化上形成剧烈碰撞。在殖民化过程中，传统文化被迫改变，价值观念可能发生颠覆，最极端的情况通常是军事征服，以及殖民者用权力和自己的价值观对他们所控制的文化进行改造。比如中国香港，曾经的英国殖民地，因其特殊的历史地位，工业文化从整体上来说体现了中西文化交融的特色。世界任何民族都没有所谓纯粹的民族文化，或多或少地都有外来文化的融入，这是不争的事实。文化的融合也是人类生存和发展的需要，但我们要看这种文化是自然融合还是强加的，如果是外力强加的，那就可以定性为殖民文化。

（3）普同文化涵化。在全球化进程中，由于通信、交通、贸易的迅速发展，把现代的大部分人联系起来了，因此有可能产生一种超级文化，即普同文化，它实际上是现代社会产出的、可以广泛认同的工业文化。但是，普同文化不是完全的一致，不同区域、不同社会的群体仍然会在普同文化中保留自己的传统文化思想内核。

（4）多元文化涵化，是指在一个社会中存在不止一个文化。也就是说，在同一社会内部存在着不同生活、思维方式的人，他们在生产实践和社会生活上相互影响。多元文化意味着包容、融汇和相对独立。工业文化有主流、有分支，它的涵化可理解为一种主流文化的兴起，必定伴随着多种分支文化的冲突、调适、融合、共存，在科技革命和产业变革过程中，因发展需要、社会趋势等因素，从而形成本地文化与外来文化、本领域文化与其他学科文化、本企业文化与外来优秀企业文化之间互融共存的过程。如本地文化被外来文化影响，企业学习国内外先进的经营管理方法和企业文化等。

案例：日本民族文化的涵化

日本素来有勇于、善于摄取外来文化的民族传统。早在公元7—8世纪，它就汲取了当时世界上最先进的中国隋唐文化，兼取中国儒、法、墨、佛学之精华，1868年明治维新又汲取了西方工业文明，废除了封建幕藩体制，摆脱了殖民地危机，建立了近代民族国家，走上了资本主义道路。正如日本人自己所言："日本人对外来文化，并不视为异端，没有抵触情绪和偏见，坦率地承认它的优越性，竭力引进和移植。"因此，日本文化中有中国文化之根。日本文化又借鉴西方文化，在战败之后陷入极端困难之时，主动、积极、认真地学习外国现代企业管理经验和先进技术。学习精神是日本迈向繁荣的第一步。

2. 工业文化整合

工业文化整合是指不同地区或不同内容的工业文化相互吸收、融合、调和而趋于一体化的过程。它比工业文化调适改变的幅度更大，比工业文化涵化吸收外来文化更系统，带有一定的主动性。

当内涵不同的工业文化发生碰撞时，必然会相互吸收、融合、涵化，发生内容和形式上的变化，逐渐整合为一种新的文化体系。当旧的工业文化不足以支撑新的工业生产方式，就会融合、继承其他先进的工业文化以实现工业与社会的进步。

不同工业文化之间发生冲突，发现调适与涵化均不能彻底解决矛盾时，就需要对工业文化进行系统整合，如社会变革、工业革命、区域发展、企业重组等。整合是分层次进行的，主要有以下几个层次：

（1）对一种内生的（主要是指组织内部新产生的），或者由外部输入的工业文化特质的同化与吸收（外生的，是国际工业科技、生产引进、示范及产品的传递造成的）。

（2）一种工业文化风格趋于成熟、臻于完善，开始超越社会、制度、民族、文化背景、意识形态进行传播和扩散。

（3）人群共同体对自身内部创造的或外部引进的文化特质进行重组、重塑、局部重造，或者较为彻底的吐故纳新，实现多角度、全方位的整治和融合。

（4）随着剧烈的工业文化冲突、危机、革命引发更为彻底的文化整合，这是一种全新的背景下，在创新的起点和格局上进行的文化整合。

工业文化在整合过程中遵循着社会进化选择原则，整合的总趋势是积极、进步和先进的工业文化替代落后的工业文化，目的是适应全球经济一体化带来的思想和文化的冲击。

案例：中国对外来文化的整合

鸦片战争以后，西方列强的大炮轰开了中国的大门，中国面临着救亡图存的历史任务。曾国藩、李鸿章、张之洞等以"中体西用"的口号，用西方的先进技术来武装这个古老的国家和民族，即"洋务运动"。居然卓有成效，比如武装了一个北洋舰队，据说舰船吨位居世界第 8 位。但是这个居世界第 8 位的北洋舰队被第 11 位的日本舰队在甲午海战中消灭了。这在中国引起震惊、猛醒，反思之后认为光引进西方先进技术不足以富国强兵，还必须学习先进的制度。因此有练新军、办学校、废科举、兴议会等一系列着眼于政治制度、教育改革的"戊戌变法"。后来变法搞不下去，改良成了死路一条，就爆发了辛亥革命。辛亥革命后，人们发现社会制度仅仅换了个形式，辫子剪掉了，皇帝换成了总统，但整个国家、民族的状况、地位、生活方式，特别是民族精神和心理状态很少变化，所以有"五四"新文化运动，着重探讨国民性问题，研究文化的深层结构。这样，从 1840 年到 1919 年，中国最终接受西方的工业文化，完成了一定深度的工业文化整合。整合大致分为三个阶段：第一个阶段引进西方技术，主要接受西方物质文明，坚船利炮、铁路电报，这是两种文化碰撞在一起首先会感受到的东西；第二个阶段改变社会制度；第三个阶段深入社会思想与精神。①

同样，1978 年以后，中国打开了国门，首先热衷于引进西方的技术设备，接触西方物质文明的层面。后来转向研究东西方不同

---

① 庞朴. 文化的民族性与时代性[J]. 北京社会科学, 1986(2).

的工业模式、社会模式，如美国的、日本的、新加坡的、韩国的等。直到最近几年国家弘扬传统文化，尤其是倡导"工匠精神"之后，各界的目光和兴趣才更多地转向文化问题，集中于文化的深层结构问题。国人终于可以比较客观、冷静、从容地比较中西文化的异同，讨论中国工业文化发展的前景了。

第四节 丧失与自觉

1. 工业文化丧失

每种工业文化都有自己兴盛、衰亡的历史，其发展遵循着生物的法则，即有着自己的发生期、青春期、成熟期、衰亡期。既然工业文化是有机的生命，那么这一生命与那一生命就是有差别的、不可替代的。不同地理环境的人类群体的生存样式、发展道路是各不相同的，因此，衡量世界区域工业文化没有绝对的、普遍有效的尺度。

工业文化丧失是指在社会经济发展的过程中，因技术革命、产业变革、结构调整、企业改制、城市规划、经济波动、社会变革等原因，工业文化的外在实体和内在精神由于工业遗产保护意识的淡漠、法律法规的不完善、文化科学安置的无系统等多方面原因，遭受野蛮破坏、不可逆的重创，产生文化迷失等。

（1）工业遗产的丧失。工业遗产包括与生产相关的生产资料、工业建筑、工艺技术、设计方案等。随着城市化进程的深入，产业结构调整和升级，企业停产、转型、拆迁、改造，一批批当年作为地标建筑的工业建筑被一栋栋高楼大厦、公园绿地和娱乐设施所替代，于是，这些工业遗产及其中所蕴含的文化也随之丧失。

（2）工业精神的丧失。工业精神的丧失主要表现在企业在生产过程中，触及法律法规，有悖伦理道德，有害于员工、企业、消费者、同行业、市场的行为。如企业家素养偏低，价值观错位，企业产品以次充好，剥削员工，霸王条款，暗箱操作，行贿受贿，搞潜规则，不正当竞争，剽窃知识产权，无公德心，缺乏社会责任感等。

2. 工业文化自觉

伴随工业文化量变到质变的发展，人们也渐渐意识到工业文化的重要性，并对其有了新的认识。因此，从人类的能动性的角度来看，推动工业文化发展是从自发走向自觉的过程。

人们在创造某个文化元素或内容的过程中，对其产生的影响缺乏准确的判断和认知，只有这种文化元素或内容产生某种影响后，人们才会重新认识这种文化，并有意识地利用或者发展这种文化。比如，大庆工人为了提高生产效率，自发地总结了一些工作方法，大庆油田一个个举世瞩目的成就让其他人关注到这些工作方法，认为这种工作方法促成那些成就，所以纷纷效仿，进而将之形成一种制度、精神。但是大庆工人总结工作方法时是不会想到这会成为全国推广的制度的，更不会想到它会成为一代人的精神追求。

工业文化自觉是指对工业文化地位和作用的深刻认识、对工业文化发展规律的正确把握、对发展工业文化历史责任的主动担当。工业文化自觉，要求生活在一定工业文化圈子的人对其所处的工业文化有自知之明，并对其发展历程和未来有充分的认识。换言之，是工业文化的自我觉醒，自我反省，自我创建。如果一个人或者一个民族没有工业文化自觉，就会在工业化、信息化时代的大潮中迷失方向。

工业文化自觉有狭义和广义之分，狭义的工业文化自觉是指在当前这个时代比较具体的自觉，广义的工业文化自觉贯穿工业史的方方面面。工业文化自觉应当成为工业社会的共同意识，因为，一方面全世界不同工业文化圈、不同领域的人都可以在这个语境下思考和对话；另一方面自觉的内容是在全球化、工业化过程中人们无不关注的问题。例如，很多国家在意识到工业污染的严重性时，开始注重产业结构调整和发展方式的转变，即注重生态文明建设。这本身就是对工业文化的一种重新认识与思考。

工业文化自觉是时代的响亮口号，意味着思想的再苏醒、人文的再复兴，是对工业文化的主动性思考，是思想的深化。在自发到自觉的过程中，伦敦烟雾事件比较具有代表性。

案例：1952年伦敦烟雾事件[①]

伦敦烟雾事件是1952年12月5日至9日发生在伦敦的一次严重大气污染事件。仅仅4天时间，死亡人数就达4 000多人。在这一周内，伦敦市因支气管炎死亡704人，冠心病死亡281人，心脏衰竭死亡244人，结核病死亡77人。此外肺炎、肺癌、流行性感冒等呼吸系统疾病的发病率也有显著增加。在此后两个月内，又有近8 000人死于呼吸系统疾病。由于毒雾的影响，公共交通、影院、剧院和体育场所都关门停业，大批航班取消，甚至白天汽车在公路上行驶都必须打开大灯。大雾持续到12月10日才渐渐散去。事件之后伦敦市政当局开始着手调查事件原因，但未果。此后的1956年、1957年和1962年又连续发生了多达12次严重的烟雾事件。直到1965年后，有毒烟雾才从伦敦销声匿迹。

---

① 顾小成. "雾都"伦敦的救赎之路[J]. 环境, 2013(3).

第八章　工业文化变迁

伦敦烟雾事件与工业用煤有关。煤在燃烧时释放出的含有二氧化硫等有害物质的滚滚浓烟。到 20 世纪中叶，英国依旧有大批的工业企业和居民家庭在大量地使用煤炭发电和取暖，伦敦煤烟排放量急剧增加。同时，汽车开始在英国普及，排放的尾气让伦敦当时脆弱的空气雪上加霜。直到 1952 年伦敦的这场震惊全国乃至世界的毒雾灾难，才让整个英国社会开始反思，从此痛定思痛的英国人为摘掉"雾都"的帽子想尽了办法。

1954 年，伦敦通过治理污染的特别法案。1956 年，《清洁空气法案》获得通过。《清洁空气法案》规定，当时伦敦城内的大部分电厂都必须限时关闭，只能在郊区重建，并要求工业企业建造高大的烟囱，加强大气污染物的疏散。此外，法律还要求大规模改造城市居民的传统炉灶，减少煤炭用量，冬季采取集中供暖的措施，并逐步开始实现居民生活天然气化；在城市里设置无烟区，无烟区内禁止使用产生烟雾的燃料。就连英国人喜欢使用的传统壁炉，由于需要大量燃烧木炭，也被限制使用。

与此同时，英国政府开始限制私家车，大力推动公共交通。从 1993 年 1 月开始，所有在英国出售的新车都必须加装催化器以减少氮氧化物污染。2003 年，伦敦市政府出台了"堵塞费"的相关规定，对那些进入市中心的私车征收"买路钱"，周一至周五早 7 点至晚 6 点半进入市中心约 20 平方千米范围内的机动车，每天必须缴纳 5 英镑的"交通拥堵费"，由此获得的收入完全被用于改善伦敦公交系统。此后收费区域不断扩大，收费标准也提高到目前的 8 英镑。"交通拥堵费"政策取得了成功。伦敦大力发展地铁、公共汽车、火车等公共交通，减少私家车的刚性需求，并为新能源汽车大开绿灯。

《清洁空气法案》的出台和对交通的管制，体现了英国人开始注重生态文明建设，认识到了工业污染的危害，自觉地应对其负面影响，并加快产业结构调整和发展方式的转变，这本身就是对工业文化的一种重新认识与思考。

第五节 量变与质变

工业文化发展具有累积性和变异性，累积性呈现的是量的增减，变异性表现为质的飞跃。从工业文化发展的角度来看，它经历了量变到质变的过程。

1. 从量变到质变

工业文化结构和模式的根本性变化，绝不是一朝一夕偶然发生的，而是工业文化各种因素变化长期积累的结果。开始总是一件件、一桩桩的发明和创造引起诸如生产工具、思想观念上某些工业文化特质的变化，然后积累起来，最终导致工业文化结构和文化模式的变化。

工业革命是人类发展史上最辉煌的财富创造时期。工业革命虽说是人类漫长进化史中的"一瞬间"，却是人类发展最具决定性的时期。人类社会只有经历过工业革命，才成长、成熟和发达起来。每次工业革命，都会为人类的生存方式、生产方式和生活方式带来翻天覆地的变化，并决定了整个社会的物质财富、精神面貌和发展方向，同时推动着工业文化产生质的变化。因此，在每次工业革命时期的内部，工业文化都在进行量的积累，只是发生一些微小的工业文化特质或因素的变化，这并不能带来工业生产方式等质的变化；当各方面的文化特质，包括物质层面、精神层面、制度层面都普遍发生变化时，就必然产生工业文化在结构与模式上的变化，就会产生质的改变。

2. 进化与退化

工业文化稳定是相对的，发展是绝对的。因为工业文化是开放性的体系，它与外界进行广泛的信息、资源、人员等因素的交流，这种开放性体系促进了工业文化的进化。根据进化论，工业文化可用遗传与变异机制来阐述：

第一，遗传机制。与生物体的生存发展一样，每种工业文化都有它自身的遗传机制，即保留其文化基本性状的机制，工业文化通过手工业文化、传统文化、工厂企业、社会团体等组织，从一代传至下一代，从而保持工业文化的稳定性和延续性。

第二，变异机制。开放性使任何一种工业文化都能或多或少地受到外来因素的影响，这种影响有时会使工业文化的特征发生些许改变，即变异，尽管变异是极其微小的，但是如果能传承下去，不断积累的话，那么若干年之后，就会使工业文化的结构状态发生变化，从而导致新的工业文化出现。

第三，社会的选择机制。工业文化与生物一样，同样面临着激烈的竞争，变异出现的新文化现象必须适应社会环境，否则就会丧失竞争的优势，甚至被淘汰，也就是说，只有那些适应社会环境的文化新特性，才能得到更好的发展，保存下来，即社会起到选择工业文化现象的作用。

总体来看，工业文化进化的同时，还伴随着退化，即工业文化发展是进化与退化的统一。二者之间的矛盾统一，使得工业文化进化呈现为两种主要方式：一种是突变的方式；另一种是渐变的方式。突变方式是工业文化发展质的飞跃，是整个文化结构的更替，文化风格和文化模式的转变，正如每次工业革命，均带来思想意识和文化观念的重大变革。工业文化进化的渐变方式，是文化发展过程中的缓慢变化。实际上，工业文化进化的最大特色在于多数情况下其是以缓慢、难以察觉的方式来进行的。

第六节 中心与边缘

工业文化不仅有主流与支流的区别,也有中心和边缘的关系。在一般情况下,工业文化中心处于文化的密集区,其政治、经济、制度等方面信息流量大,而且对周边地区的文化产生直接或间接的影响,带动工业文化向前发展。工业文化边缘总是受到工业文化中心的控制和影响,它在工业文化发展的各个方面明显地落后于工业文化中心地区,成为中心的边缘地带。

1. 工业文化中心

工业文化中心是指一个区域或国家特有的文化特质最集中、处于主导地位且有向周边辐射功能的部分。每个区域或国家都有一个中心,这个工业文化中心是动态的,具有辐射出去的文化力量。

工业文化中心是一个相对的概念,一方面在不同的历史时期,中心只是相对的固定,即在一些特殊的历史条件下,中心是移动的;另一方面是指中心是相对于某个区域而言的,区域有区域的中心,而且这种区域也不是可以用先决条件框定的;国家有国家的工业文化中心,世界有世界的工业文化中心,因此,构成了多元的文化中心结构,这种结构包括:

(1)区域工业文化中心。城市是人类文明发展到一定程度的产物,是文明的集合点和象征,也是工业文化的集散地,更是一个地区或国家文化发展的代表或缩影。正是城市所具有的独特地位和文化特质形成了城市文化的特征,包括:

第一,经济活动高度商业化。可以说城市本身就是工业发展的结果,因此,生活于城市之中的每个人都无法离开商业活动而存在。

第二,日常生活高度社会化。人们除了依赖商业活动生存,主要是拥有一个体系完整而严密的社会组织以保证城市的正常运转,每个人都是社会中的一分子,都必须依赖其他人才能生存。

第三,人类社会高度信息化。这个特征使城市处于一个区域的文化主导地位。它的信息化程度高表现在城市的信息集中且流量大,周转快,新潮流、新时尚在这儿可以层出不穷,独领风骚。

第四,空间布局拥挤,但井然有序。相对于乡村来说,城市的空间特别拥挤,但布局相对来说经过一定设计,因此,各种建筑有序地展开,设施合理地分布,公共区域、居民区域、商业区域等群落分明。

第五,专业分工细致而发达。城市中每个人都可能在从事不同的工作,专业分工非常细致且发达,不像农村,基本上以农业活动为主。

城市文化的这些特征对周边地区,尤其是周边的区域产生极大的影响。社会城市化程度不断提高,区域工业文化影响越来越大。

案例:时间就是金钱,效率就是生命

在中国深圳蛇口工业区微波山下,一块上书"时间就是金钱,效率就是生命"的标语牌矗立了30多年,这是一句中国改革开放初期由深圳蛇口提出的著名口号,它可被看作20世纪80年代的一杆风向标,在当时对中国人的思想产生了巨大影响,从而改变了人们的时间观念、效率观念。这是中国第一次伸出手指去触摸市场经济后得出的最直接的感受,在耻于谈钱、奢谈生命的年代,手指间的这点感受让中国人感到震颤。

（2）国家工业文化中心。国家首都是国家政权的所在地，国王、国家元首、政府首脑的驻扎地。由于首都所占有的独特地位，它成了一个国家政治、经济、文化、外交等的中心区域，通过它可将国家方针政策、法律法规等辐射到全国各地及各种不同的城市。首都也是城市，因此，它也具有城市文化一样的特征，只不过有时首都的文化作用和影响采用权力的强制手段来推行文化形态和内容，具有单向性和不容所属区域的选择性。

（3）世界工业文化中心。世界工业强国一般是世界工业文化中心。这是一个相对的概念，它的相对性就是工业强国本身也是一个相对的概念。这种相对性是指一个国家在科学技术和工业生产方面相对处于国际领先的水平。因此，落后国家向发达国家学习的不仅是科学技术，而且包含工业文化等内容。从这个角度讲，世界工业强国对于不发达国家的工业文化影响，显然是非常巨大，也是非常直接的。再加上一些发达国家的霸权主义和有意识地推行自己的文化模式，这种影响就更加不可避免。但好在发达国家是一个历史的概念，是动态的。昨天的发达不是今天发达的必然，今天的发达也不是明天继续发达的必然。

2．工业文化边缘

工业文化边缘是一个区域的概念，主要是指一个工业文化中心区的边缘地区，处于次要的、从属的地位。工业文化边缘根据不同的情况，有区域的工业文化边缘、国家的工业文化边缘和世界的工业文化边缘这种相对的划分。

（1）区域的工业文化边缘。乡村城镇是相对于一个区域工业文化中心的城市而言的，它在自己的历史、文化形态和人们的生存方式等方面，都与城市文化形成鲜明的对比。这种由乡村城镇为主体组成的文化群落，较长时期保存着单一的生产和生活方式，因此，它具有自己独特而鲜明的特征。

（2）世界的工业文化边缘。这是一个相对于世界工业文化中心而得出的概念。相比较而言，当今世界发达国家大都处于北纬30°～60°，高纬度和低纬度，尤其是热带地区，分布了更多相对落后国家，这是工业文化的贫困区域。

工业文化中心也好，工业文化边缘也好，都不是绝对、不可更改的。在历史上，工业文化中心从工业革命开始的英国，逐步发展到德国，乃至整个欧洲，后又转移到美国，世界工业文化中心一直追随着世界工业重心的步伐。一个文明走向鼎盛，另一个文明则衰落了，此消彼长，就像人有生老病死的规律一样，从人类发展历程来看，工业文化也有自己的发展规律和自然节律。

第九章

工业文化与工业革命

18世纪的英国工业革命催生了近现代工业文明,从演进角度看,工业文化也实现了飞跃。工业革命的发生不是偶然的,每次工业革命之前,必有其工业文化的基础。每次工业革命之后,又会大幅提升工业文化内涵并为引燃下次工业革命做文化上的准备。因此,工业文化与工业革命之间存在内在的联系和基本规律,发现这种联系和规律,就可以从文化层面为下一次工业革命的到来做好准备,甚至引领下一次工业革命。

第一节 工业革命改变人类发展进程

与农耕时代相比,自第一次工业革命爆发,人类生产和生活方式开始发生根本性变革。工业革命带来了物质的极大丰富,社会生产方式和人们的生活方式也都发生变革,从蒸汽革命到电力革命,从信息革命到如今的智能革命,工业在发展到一定阶段后的每次革新,都会带来社会经济的发展、制度规则的变化、人们生活的转变和思想文化的更新。

社会学家贝尔认为每个社会都有其主轴来主导其社会各方面的发展,在工业社会里经济领域的轴心是效率,政治领域的轴心是平等,文化领域的轴心是自我实现[①]。工业文化也伴随着历次工业革命的爆发而发生变迁。

一方面,在工业革命爆发之前,整个社会必然会形成一种有利于科技创新、有利于工业发展、有利于引燃工业革命的工业文化氛围,这种氛围十分重要且关键,第一次工业革命没有发生在中国,第二次工业革命没有在英国延续,第三次工业革命再次被美国抓住就是活生生的案例。英国、德国、美国等强国崛起有其深厚的文化根由,这在第十七章中会详细阐述。

另一方面,在工业革命爆发之后,工业文化融汇了新的价值理念,围绕着工业文化的方方面面,产生了许多根本性的变化。生产力提升和生产方式的变革将导致对生产关系和社会关系的重新规范和协调,因此,与生产力相对应的生产关系也随之发生变化,产生了新的制度规则、新的生活方式、新的文化业态、新的价值理念,人类的物质文明和精神文明大大地向前迈进了一步。世界强国的座次在工业革命之后发生更迭,错过机会和发展滞后的国家会就此衰弱,这是人类历史发展的客观规律。更为重要的是物质文化、制度文化、精神文化的改变导致工业文化的内涵发生改变并越加丰富,从而为引燃下一次工业革命提供文化思想上的准备。

工业革命对人类社会的影响是全方位、根本性的,科技创新和产业变革就像万花筒,每次转动都是对文化的总体关系的重新构型。可以说,自近代以来,有几次工业革命,就有几次文化革命;有几次产业结构升级,就有几次文化结构升级,这类关系几乎是确定无疑的。工业科技和生产力是工业文化的基础,决定工业文化的不同模式,决定其"先进"与"落后","强势"与"弱势","主流"与"支流","中心"与"边缘"。

总体来说,三次工业革命给人类社会带来了几个方面的重大变化:

---

① [美]丹尼尔·贝尔. 后工业社会的来临[M]. 高铦,等,译. 北京:新华出版社,1997.

第一，在工业强国方面，三次工业革命并不是在所有国家同时发生的，英国引领了第一次工业革命，美国和德国引领了第二次工业革命，美国接着又引领了第三次工业革命。有些国家虽然不是引领者，但在每次工业革命发生后，能很快追赶上，另一些国家则被远远甩在后面，其中有些国家至今还没有完成第一、第二次工业革命，这就是世界发达国家与发展中国家差距的原因。

第二，在生产方式变革方面，历次工业革命带来生产方式的变革是不同的：第一次工业革命是机械化，第二次工业革命是自动化，第三次工业革命是信息化，新工业革命可能是智能化。

第三，在产业分工方面，第一次产业革命形成了工业生产和农业生产的国际分工；第二次工业革命产生了全球的产业间分工；第三次工业革命带来了产业链分工，产品的生产分为不同的环节，不同环节拥有不同的附加值；新工业革命将重塑全球产业分工格局，全球产业分工将从产业链式分工向产业网络式分工转化，多层次的网络化制造格局将由此形成。

第四，在文化建设方面。第一次工业革命由于产生了机器印刷技术，报纸、杂志成为主要的文化媒介；第二次工业革命留声机、广播、电影、电视成为主要的文化媒介；第三次工业革命互联网和移动终端形成的新媒体传播平台成为主要的文化媒介，新工业革命创造的新文化业态可能是虚拟/增强现实、人工智能、机器人娱乐。

第二节 工业文化对历次工业革命的影响

从历史时态上讲，人类的社会变革是一个从以生产方式变革到精神文化变革的过程，即从工业革命到工业文化革命的过程。物质生产是人类社会生存的基础和前提，因此，在人类社会的早期阶段，物质生产是社会生产的主体部分，难以孕育出类似于近现代工业文化这样完整的、体系性的生产文化系统。随着社会生产力的发展，人类物质产品的生产能力不断地提高，工业技术水平飞升，从事物质生产的人的素质的提高，逐渐形成了完备的工业文化体系。在经历了三次工业革命以后，生产制造和产品使用中所包含和体现的文化色彩也日益浓厚，甚至产生一种具有重要意义的逆转，即工业文化对社会产生的影响不断提升。

1. 第一次工业革命

18世纪60年代，英国的第一次工业革命首先在欧洲范围内引起波动，而后带来了世界范围内的生产力变革。生产力变革离不开思想文化的变迁，在此之前，文艺复兴、宗教改革和启蒙运动为欧洲奠定了思想文化基础。Jacob Burckhardt（1979）认为，文艺复兴最重要的特征和表现就是人的觉醒："在中世纪，人类意识的两个方面——内心自省和外界观察都一样，一直是在一层共同的纱幕之下，处于睡眠或者半醒状态，这层纱幕是由信仰、幻想和幼稚的偏见织成的，透过它向外看，世界和历史都罩上了一层奇怪的色彩。"[①]如果说文艺复兴促进了个人的觉醒，那么宗教改革可以被看作个人真正脱离原有思想禁锢的必要阶段，随着"因信得救"基本信条的确立，原有教会的权威地位被打破，人们越来越相信在现世应该勤奋工作，事业上的成功从一定程度上表现出个人被上帝认可，个人的力量因此被进一步重视。意识的觉醒伴随着启蒙运动的发生进入高潮，在此过程中，科学文化与启蒙运动相伴相生，科学文化逐渐从思想层面转化到实操层面，促进了科学的进步，也在相当大的程度上引发了工业革命。

工业革命之后，农业基础性地位的动摇，人们等级观念的削弱，越来越重视经济生产活动，金钱在社会中的地位逐渐上升，传统田园生活方式逐渐

---

① 雅各布·布克哈特. 意大利文艺复兴时期的文化[M]. 何新，译. 北京：商务印书馆，1979.

消失，务实思想和个人主义日益凸显。首先，引起了英国的生产方式和组织的变革，而后影响了整个欧洲的生产力变迁，而轮船、蒸汽火车等新发明将各个国家联系到一起，促成了欧洲各国的博弈与合作；其次，新发明应用于具体的工业生产中，合作方式和人们的行为方式发生转变，蒸汽机应用于工业化机械生产中，社会生产方式由以手工业为主体转变为以工业为主体，社会分工得以产生；再次，工业革命中的技术变革、组织变革带来了生产方式和生活方式的转变，从业者不再拘泥于家庭手工生产，转向社会大生产环境中，与此相对应，人们从业过程中的思维方式也发生变化，竞争与合作意识逐渐加强，从业者也大都遵循工厂或公司中的规章制度，开始追求自我价值的实现，追求个人利益最大化；最后，追求速度和高产的要求引发技术发明的浪潮，为科学试验和研究提供新的课题、新的试验手段，促进英国科学、文化事业的发展和繁荣。随之而来的是人们的生活、物质、文化的极大丰富，重新确立了人与人、人与社会、人与自然的关系，造就了新的文明。

总之，从生产方式到生活方式，再到思维模式的变迁，工业革命使社会结构、思想文化和精神导向发生了翻天覆地的变化。这一方面得益于科学文化在思想层面的影响力，另一方面工业革命过程中逐渐形成的近现代工业文化，从思维模式到生产技艺，从思想到行为，影响了人们生产生活的各个方面，推动了工业革命的进程。

2. 第二次工业革命

19 世纪六七十年代，资本主义制度在世界范围内确立，为第二次工业革命进行提供了政治保障，科学技术的不断进步，尤其是电力的广泛应用，为工业革命打下了基础。1866 年，西门子发明发电机，成为补充和取代蒸汽动力的新能源。1882 年，法国学者马·德普勒发现了远距离送电的方法，美国著名发明家爱迪生创建火力发电站。内燃机的发明是这时期应用技术的重大成就，1883 年，德国工程师戴姆制成以汽油为燃料的内燃机。狄塞尔发明结构更简单、燃料更便宜的内燃机——柴油机。随后，汽车诞生，以内燃机为发动机的内燃机车、远洋轮船、飞机、拖拉机和军用装甲车也陆续出现。内燃机的发明推动了石油开采业的发展和化学工业的建立。

在第一次工业革命时期，科学和技术尚未真正结合，许多技术发明是一些工匠依据实践经验取得的成果。在第二次工业革命期间，几乎没有什么工业部门未受到科学新发现的影响。科学成为推动生产力发展的一个重要因素，它与技术的结合使第二次工业革命取得了更大的成果。因此，第二次工业革命远比第一次工业革命的影响更广泛、更深远。它在工业生产领域内部引起变革，极大地推动了生产力的发展。

一些新兴工业部门企业的规模日益扩大，以适应生产力发展的要求。正是在这种情况下，股份公司得到广泛发展，作为超大规模企业的垄断组织也是适应这一要求而出现的。第二次工业革命也在生产的管理方面引起了深刻的变革，科学管理开始兴起。另外，机器的发明与应用使工厂中的分工协作形式发生了巨大转变，社会分工由此产生，人们逐渐专注于自己的专业领域。于是，人们不再被困于原有的宗教、意识形态的束缚中，开始注重自我的发展和个人提升，敬业、专注、负责等精神在社会中占据越来越重要的作用，在此过程中，精神文化影响了人们的思维方式和社会成员的具体行为。

3. 第三次工业革命

在第二次世界大战中，各国为适应战争的需求都集中全国的物力、财力和人力，研究开发威力巨大的新式武器，这使科技水平迅速提高。战后各国为了增强在国际市场上的竞争能力都在科研方面加大投入，大力开发新产品，促使科研水平不断提高。19世纪末20世纪初的物理学革命，使人类的物质观、时空观、运动观和方法论都发生了变革，战后初期形成的控制论、信息论和系统论成为第三次科技革命的理论依据。

自原始社会、农业社会至前两次工业革命，人类都在处理人和自然的关系上演进，到了第三次工业革命，人类在生产方式上才实现了本质的变化，丹尼尔·贝尔指出："重要的是信息，而不是人的自然力量和能源。"[①]信息技术革命从总体上促使社会结构重构，社会的经济、政治和文化，以及社会生活的各种组织形式都发生了空前深刻的变化。

与前两次工业革命相比，第三次工业革命中科学技术在推动生产力发展方面起着越来越重要的作用，转化为直接生产力的速度加快。第一次工业革命从蒸汽机的发明到瓦特的可以用作机器动力的蒸汽机发明，共用了72年。第二次工业革命从1831年法拉第的发电机模型出现到交流电动机的发明，共用了57年。第三次工业革命的代表计算机从1946年正式问世起，仅30年就经历了5代，原子能利用为6年、晶体管为4年、激光器仅为1年。

第三次工业革命，科学与技术始终密切结合、相互渗透。前两次工业革命主要是以一两种技术的突破为代表，虽然它们也带动了其他技术的发展，但是彼此之间的联系并不密切，连带产生的新技术数量非常有限。第三次科技革命则不然，在信息技术、核能和宇航技术的带动下，一批批新技术迅速出现并且汇入技术革命的洪流，进而形成宏大的技术群。

第三次工业革命引起了生产力及其各要素的变革。劳动生产率的提高，主要是通过生产技术的不断进步、劳动者素质和技能的不断提高、劳动对象的不断改进和扩展实现的。信息技术广泛应用，使人类的劳动形态发生了重大变化，原来必须由人类直接操纵的控制机器动作的机构，变成了由计算机操纵机器运行的自动机构，形成了包括管理在内的全盘自动化的机器生产体系。以上是导致作为生产力水平标志的生产工具方面发生的变化。生产力最重要的要素是人，生产工具的变化要求劳动者必须具备相应的文化水平和科技水平，否则无法同生产资料相结合。

第三次工业革命促进了社会经济结构和社会生活结构的变化，这种变化

---

① ［美］丹尼尔·贝尔. 后工业社会的来临[M]. 高铦，等，译. 北京：新华出版社，1997.

反过来又加速第三次工业革命的进程。第一，社会经济结构方面，国民经济中的第三产业的比重上升，超过了第一、第二产业；西方发达国家利用工业软实力，在标准、规则的制定和国际组织的建立方面普遍强化并形成垄断；第二，产业结构方面，技术密集型企业发展速度大大超过传统的劳动密集型企业。1956年美国从事脑力劳动的白领职员人数第一次超过了从事体力劳动的蓝领工人，1960—1978年脑力劳动者与体力劳动者的比例由 0.1∶54.6 变为 47.8∶49.3，日本由 28.2∶71.8 变为 41.9∶58；第三，社会生活结构方面，人类日常生活发生变革，工业革命所创造的大量新产品进入人们的生活，给人们带来方便的同时，也在改变着人类的生活，甚至影响着人类的思想道德观念。例如，现代化通信手段的出现，改变了人们交流信息的传统方式，也在改变着传统的人际交往方式。

第三节　工业革命中的文化演进

意大利学者卡洛·M.奇波拉曾经论述了工业革命的本质，认为工业革命从根本上说是一种社会文化现象，而非纯粹的技术现象，虽然工业革命带来的最显著的变化是生产力的发展和生产方式的变革，但更为深层次的影响是工业文化的演进。

1. 职业转变

工业化大生产的显著特征是生产方式的高度机械化带来生产成本的降低和生产效率的提高，并推动企业经营和管理方式的变革。工业化进程是城市发展的必要条件，工业的发展带来了新职业群体的出现——工业家。保尔·芒图（1983）提及："工业家同时是资本家，工厂工作的组织者，最后又是商人和大商人,他们是实业家的新完美典型。"①工业的发展要求他们需要多种能力,如筹集资本、管理工厂、建立和完善纪律等能力,这些能力是工业家成为实业家的关键,随着经济的发展,工业家逐渐转变为一个特殊职业群体——企业家,并且家庭手工业者也逐渐从原有生产角色中分化出来,转变为工人群体。工业的发展使企业家群体和工人群体得以产生,企业家的领导和工人协作又进一步带动了经济的增长和工业化进程,并且,他们在工作过程中也形成了一系列的工业制度文化和精神文化。

工业革命带来经济的全方位变革,在此过程中产生了社会分工,与此相对应,新的职业群体在社会分工中不断产生,承担各自角色。许多新职业群体随着新技术、新产业、新业态的不断发展而出现,在社会分工中负责不同工作领域,呈现出不同的角色。以互联网产业为例,信息化进程推进了互联网产业的发展,从互联网产业管理者,到信息技术人员,再到具体产业的工作人员,都有其各自负责的工作及各自扮演的角色,不同角色的工作人员则是互联网产业链中分化出的不同职业群体。

2. 组织变革

诺斯认为,一个社会崛起的原因在于它的制度和组织在资源配置上是有效的,如果经济组织和制度无效,那么经济人就不会获得寻求技术创新和投资激励体制,经济也不会出现增长。②随着商业的发展,社会组织形式也开始发生变化,集中人力、物力和财力于一处的企业成为配置资源的一种更加有效的方式,企业逐渐开始替代家庭生产方式,提高了社会经济效益。工业革命后,规模经济取得胜利。随着工业的进一步发展和物质的革新,新的生产方式不断出现,与之相对应的社会组织形式也在不断变化,与电力革命相

---

① [法]保尔·芒图. 十八世纪产业革命[M]. 杨人楩,陈希秦,吴绪,译. 北京:商务印书馆,2011.
② 叶静怡. 发展经济学[M]. 北京:北京大学出版社,2007.

对应的电力行业大批量出现,与科技革命相对应的互联网公司、电商的出现,以及金融业的蓬勃发展,都是工业革命进程下出现的新兴产业。新兴社会组织的出现改变了原有社会分工模式,企业间、行业间的合作范围不断扩大,多样化的合作方式、不同产业之间协作,又引发了生产力的进一步变迁。

3. 科层管理

社会化大生产及由此产生的整个社会对生产效率的追求,其影响远远超越工业本身,生产力发展的诉求不可避免地要求生产关系和上层建筑按照社会化大生产去组织经济、政治和社会生活,甚至会形塑个体的价值观与社会行动。

科层制为生产力发展提供了重要的组织形式。机器大工业引发的首先是生产领域中生产方式的变革,手工作坊向工厂转变,进而出现管理工厂的科层制,这种科层制进而由公司演化成集团,以及更广泛范围内的全球化的经济组织,如托拉斯和政治经济联盟等。韦伯认为,科层制是工业社会以来最系统、最有效的社会组织形式,具备比其他任何组织形式都优越的特性[1]。

当今的管理理论,实际上都是以科层制的组织形式为基础的,科层制为工业化带来的社会秩序变迁提供了一种富有效率的组织形式,权威及其运行在科层制的机制中得以实现,而这种层级和岗位相结合的制度模式一经运用于生产领域,便形成和孕育了现代企业制度。因此,企业的形成发展背后是工业化的推动,更具体的理解是工业社会的制度变迁和演进为了解决经济领域社会秩序和创造更有利于解放生产力的组织形式而提出的应对方案,是工业化的结果,也是工业文化的具体体现;在企业产生之后的一系列演进和变革过程中,科层制的主体并没有发生本质性的变革,即便数字化、网络化、智能化引发的工业版本不断跃迁,层级和岗位相结合的管理方式并未发生革

---

[1] Weber, M. *The Theory of Sosial and Economic Organization* [M]. New York: Free Press, 1947: 330-332.

命性的改变，反而是这种组织形式本身所代表的制度文化，即企业文化成为工业文化的重要组成部分，形塑和推动着工业化的发展。

4. 社会生活

进入工业社会以来，商品的丰富和规模化生产重新定义了人们的物质生活。如果把人们在物质生活上的态度和行为特征作为线索的话，那么工业社会可以被看作一个由消费驱动的由生产性社会最终进入消费社会的过程。

一是消费成为主导。传统农业社会，在不发达生产力条件下，生活资料长期处于短缺状态，生存是首要的追求，因此，整个社会呈现出一种生产性的需求，消费并不占据主流。进入工业社会以来，更多的技术革新使得规模化生产成为可能，以往只能为贵族和上流社会消费的产品可以量产，消费逐渐成为大众社会的主流。工业社会产品的丰裕使得以往一些高不可攀的商品价格下降，大规模的消费成为可能。

二是物质生活的民主化与分层。经济基础决定上层建筑，当以往高不可攀的奢侈品逐渐由于量产和技术原因降低成本和价格的时候，大众消费社会的到来使得平民也可以享受工业社会的成果，这本身就是民主化在生活世界的呈现。然而消费的民主化并不能平衡阶层分化的差异，与之相伴随的是消费社会的阶级分层。消费的阶层差异主要体现在生活方式上，所消费的产品并不仅仅是价格差异，更重要的是不同阶级的不同生活方式，对消费实践中客观存在的社会关系性质的不同看法，直接影响了人们的消费。

5. 文化消费

工业革命给人们的日常生活和思想观念带来了巨大的变化。在农业社会中，绝大部分文化产品被限制和垄断在社会上层，是普通民众难以触及的，更谈不上大规模的消费。在一定意义上来讲，文化产品，如书籍控制的历史，就是知识被控制的历史，即权力统治的历史。所谓"刑不上大夫，礼不下庶人",就是这个意思,所以即便到了"活字印刷"得到发明的中国北宋时期及以后,书籍也没有得到大规模的普及,更不用说欧美了。进入工业社会以来,由两个最基本的制度要素使得文化产品的大规模生产成为可能,第一是科学技术,尤其是文化产品生产的科学技术,从油墨印刷到激光打印,从纸媒到多媒体信息技术再到新媒体、自媒体,科学技术的飞速发展为文化产品的量产提供了工具和手段;第二是文化产品生产的组织更新,从传统农业社会的小作坊,到超越地域的跨国出版制作集团,这种文化企业的生产和运营管理来自工业文化的制度发明。从发明专利到文化企业再到文化产业,这一系列的生产和销售环节都在体现工业文化的社会化大生产的突出优势,也是文化企业和产业兴起与繁荣的基础。

第四节 工业文化助燃工业革命

进入 21 世纪以来,以新一代信息技术、人工智能、新材料、新能源、生物技术和量子技术等为标志的新一轮科技革命和产业变革正在孕育兴起。科技革命的不期而至,极可能引燃第四次工业革命,确切地说,就是以网络化、数字化和智能化为代表的新工业革命。这场革命的主要特征是各项技术的广泛融合,并将逐步打破物理世界、数字世界和生物世界之间的界限,甚至增添一个全新的空间——量子空间。

新工业革命带来三个机遇,即能让人类生活更美好,能让世界经济增长动力更加强劲,能让社会发展更加平衡。从新工业革命对全球格局产生的积极影响看,新工业革命能够把 20 亿人尚未满足的需要纳入全球经济,同时扩大对现有产品和服务的需求;新工业革命能大大增强处理各种耗能污染问题,刺激经济增长能力,实现绿色经济转型;新工业革命还能促进经济和组织结构的转变,打造全新生态系统,提升产品和服务质量。在新工业革命的冲击下，现有经济、政治、文化和社会模式都将发生重大改变。

从第一次工业革命开始，近现代工业有近250年的历史，人们的认识已经非常深刻，曾经产生过许多影响世界的生产管理理论与方法。今天来看，一些内容需要补充新的理念，我们不仅需要管理学、经济学知识去指导工业发展，而且更应该考虑人文因素的影响，因为人是工业进步的决定性因素。如果还是按照传统的理论和方法建设工业，即使工厂里布满了智能机器，这个工业仍然是传统的，仍然是将要被淘汰的对象。

对工业的新认识，核心之处并不是新技术本身，而是在于对工业体系、工业生态的全面重构。这种重构涉及工业企业的所有元素，包括用户、产品、生产、工厂、管理、竞争力构造等各个方面。日新月异的科技正在让制造业和服务业之间的界线变得模糊，制造商与服务提供商之间的界线正在变得模糊。必须站在德国工业 4.0、美国工业互联网、"中国制造 2025"所描绘的工业蓝图之上，对所有工业元素进行系统而全新的思考，并建立全新的观念，这个全新的观念就是新工业思维。简单来说，这三者本质内容是一致的，都指向一个核心，就是智能制造。

智能制造要求把设备、生产线、工厂、供应商、产品和客户紧密地联系在一起。通过这个智能网络，使人与人、人与机器、机器与机器，以及服务与服务之间，能够形成一个互联，从而实现横向、纵向和端到端的高度集成。整个生产形态上，从大规模生产，转向个性化定制，实际上整个生产的过程更加柔性化、个性化、定制化。智能制造让工厂大幅提高生产效率，降低生产成本，改变传统生产方式，实现了制造技术、产品、模式、业态、组织等方面的创新，这无疑将成为新的经济增长点。

当前，互联网思维给工业模式创新带来重大机遇。近来，以互联网等崛起为标志，互联网思维开始闯入传统产业，引起了全社会激烈的思想碰撞，互联网被看作一种颠覆式创新的新载体。在传统的制造领域，中国海尔、格力这样的巨型公司收入已跃上千亿元级，继续沿着传统的制造模式，海尔、格力们想发展成万亿级的公司，就会面临极大瓶颈。在互联网创造的新空间里，海尔完全可以向全球家居设备运营服务商发展，新家电、家居设备甚至可以不用直接销售给用户，而是按时间或使用量收费，如同电信运营商送手机收月租费和套餐使用费。比如，工业化思维下的冰箱，是一件孤立的产品，除了售后服务的环节，在卖给用户后与制造企业的关系基本中止；互联网思维下的冰箱，却是包括制造企业在内的各类企业提供创新服务的开始。

工业时代以大规模生产、大规模销售和大规模传播为标志。尽管企业也会根据市场反馈进行调整，但需要一个比较缓慢的周期。互联网时代，传统销售与传播环节变得不再重要，在参与式设计的理念下，企业将直接面对消费者，消费者反客为主，拥有消费主权，企业必须以更廉价的方式、更快的速度及更好的产品与服务满足消费者需求，"顾客是上帝"不仅是一种服务概念，更是整个设计生产销售链条的原则。但是，在新时代下，我们既需要创新能力，也需要商业模式。对于单个企业来说，注重技术创新从而实现制造能力的提升进而获得收益，或者依靠组合创新实现盈利再进一步投资技术研发都是可行的方案。对于一个区域或者整个国家的制造业来说，技术创新是制造业发展的灵魂。

新工业思维并不等于互联网思维。实质上，这与工业社会与信息社会的关系相类似，互联网思维并不是工业思维的全部内容，只不过是人类发展到互联网时代而产生的该阶段的工业思维，它主要强调的是商业模式的创新。

科技创新和技术突破是首要前提，但是需要适合的土壤、环境，换句话说，就是一种文化，这种文化形成的土壤、环境对科技创新、技术突破形成有利的局面，这种文化氛围特别重要。因为 1870 年之前，即第一次工业革命开启期间，中国清王朝的 GDP 仍维持全球第一，但是并没有形成工业革命的科技、文化土壤，于是，农耕思维与技术武装下的大清帝国惨败在工业思维与技术武装下的八国联军。1840年鸦片战争，80万人的清军打不过2万人的英军，1900年开始仅3万多人的八国联军战胜了沿途的15万人的清兵和义和团，攻陷北京。

人们的认识水平、思维方式和价值理念在与时俱进，如何在全社会形成浓郁的工业文化氛围，以及相应的管理高效率，依然未能找到最优解决办法。任何一次大规模的技术与产业革命，既需要雄厚基础研究积累的突破性表达，更离不开相关行为自觉的养成，而工业文化氛围的形成，尤其是开放的心态、甘于冒险、勤劳、富有趣味性及敢于挑战权威的创新思维方式，绝非一朝一夕所能形成的，急需既有配套机制的脱胎换骨式的改进。

因此，应对新工业革命，从国家层面而言，需要一种重视实体经济，倚重制造业的文化重构；从社会层面而言，需要一种崇尚科技和知识的文化重构；从市场层面而言，需要一种诚信精神的文化重构；从工业层面而言，需要一种工业精神的文化重构；从企业家层面而言，需要一种创业精神的文化重构；从科研层面而言，需要一种创新精神的文化重构；从产业工人层面而言，需要一种工匠精神的文化重构。

历史必然会重演，哪个国家引燃了工业革命，并抓住了发展的机会，就必定会成为世界强国。第一次工业革命，造就了英国的霸主地位；第二次工业革命，成就了德国和美国；第三次工业革命，美国独领风骚。那么，谁能率先引燃第四次工业革命，谁就可能成为新一代的世界霸主。第一、第二次工业革命，中国与之失之交臂，第三次工业革命，中国在竭力追随。新工业革命来临之际，谁将率先引爆？

第十章 工业文化与区域发展

人类主要以生产力等要素作为量化标准尺度来衡量文明的发展程度。文化作为文明的外在表现形式之一，虽无质上的优劣之分却有量上的强弱之别。在工业社会，不同的自然地理环境、经济水平、人文因素和发展进程的区域，会孕育出互为区别的工业文化，这种具有典型区域特色的工业文化又会对区域经济发展产生巨大的影响。

第一节 生产力、生产关系与工业文化

人类的社会具有演化的阶段性，每个阶段都与一定的生产力水平和生产关系相匹配。由于文化既是维系社会的基本要素之一，也受社会其他要素变化的影响，故文化的发展或演化同样具有阶段性，并与一定的社会样态相匹配。经济基础决定上层建筑，尽管文化属于社会的上层建筑，随着经济基础的变化而变化，但往往并不与社会的经济基础同步并协调发展。文化发展是以社会生产力进步为动力的，它与生产力、生产关系存在辩证关系。

1. 生产力与工业文化

生产力与工业文化之间存在作用与反作用的关系。一方面，生产力发展决定工业文化，为解决生存与发展的需要，工业生产活动日益成为人类最基本的社会活动，产生、演化和发展出了作为人的活动方式与其产品相统一的工业文化；另一方面，工业文化反作用于生产力，甚至在一定条件下对生产力发展起到某种决定性作用。第一，工业文化对生产力的发展起先导作用。工业文化的先导作用建立在一定的生产力发展基础之上，工业生产力在工业文化的先导下前行。新的生产模式和生产力的产生与发展以文化繁荣为前提，只有突破旧文化的限制，实现了对旧文化的改造，并将其变为动力，新的生产力才能够具有发展的空间和条件。第二，文化环境极大地影响着科学发明。科学技术是第一生产力，科技成果的产生离不开研发主体的工作环境、生活环境、社会环境。

工业文化与生产力之间的作用与反作用关系，在工业发展进程中最终会形成一种动态和谐，即生产力的发展推动着文化的发展演变，同时，文化的发展又推动着生产力的进步。文化的发展，通过对人的重新塑造，因而强有力地推动着生产力的进步。从整体上看，这是一种良性的互动循环。以第一次工业革命为例，工业文化与生产力的和谐关系首先体现在由于生产力的提高形成机械化大生产，工厂作为工业文化组织形式的基本内容出现，而在工厂的工作中又形成了相应的工业制度规范和工业精神文化，工业革命中形成的资产阶级和无产阶级也需要一定的工业文化为其提供协调和凝聚作用。同时，工业革命中形成的工业文化也在推动生产力的发展，工厂的组织形式为生产力的发展提供更便利的条件、制度规则规范着工业生产的运行、工业科技提升着生产力水平、工业生产中价值观念和工业精神也在影响着生产力的发展，由此呈现出动态和谐。

当然，生产力和工业文化也有不和谐的时候，它们之间未能完全匹配、满足需求。比如，许多企业始终在追求更大的产能、超前的技术，而忽略了对产品质量和品牌信誉的提升、人才素质和工业精神的培育，于是，可能导致产品品质下降，客户不信任、企业后续发展乏力、行业地位不稳固等问题。

2. 生产关系与工业文化

（1）工业文化对工业生产组织方式的影响。一方面，从历史上看，英国工业革命以后，逐渐由分散的、手工作坊式的生产模式转变为以机器为主要工具的工业化大生产，并产生与之相适应的工业生产组织管理方式，即工业制度文化。随着工业革命的成果向世界各地传播扩散，不同国家或地区结合自身的地域特色和民族精神形成了不同的生产组织管理方式，例如，日本企业是以"理念"为主的管理，强调和谐的人际关系，上下协商的决策制度，员工对组织忠诚与组织对社会负责；美国在创新自由的文化环境下，工业企业以灵活雇用制为主要生产组织方式，自上而下做出工业发展决策，责权分明。

另一方面，从工业文化对工业生产组织管理方式的影响机理上看，一是良好的工业文化为工业组织提供良好的发展氛围，制定和规范工业主体内部员工行为利益和精神风貌的组织制度，逐步使之成为一个高效的团队；二是工业文化影响工业生产组织管理方式的内容，主要包括工业主体内部的层次结构、部门结构等组织要素的排列组合，以及工业组织与其他组织之间关系的调整和创新如横向协调、运行机制和跨企业联系等方面的生产组织方式。

（2）工业文化对社会秩序的影响。工业文化影响着工业社会运行中社会秩序的构建、稳定和发展，并在形成过程中相互渗透。工业文化存在于工业社会之中，工业社会的存在离不开工业文化，工业文化共识带来社会认同，社会认同有助于社会秩序和谐稳定。

工业文化对社会秩序的作用机理表现在：

一是"文化作为历史凝结成的生存方式，体现着人对自然和本能的超越，代表着人区别于动物和其他自然存在物的最根本的特征"①，工业文化对社会秩序的影响起源于人的创造性和超越性本能，正是人所具有的这种创造性不断推动社会秩序的新发展。

二是工业文化通过社会实践影响社会秩序。"以一定的方式进行生产活动的个人，发生一定的社会政治关系，社会结构和国家经常是从一定个人的生活过程中产生的"②，工业文化在社会实践中影响着政治、结构等方面的社会秩序。

三是工业文化通过价值规范对社会秩序产生影响。任何一个社会个体都是文化影响的产物，都有自己接受和遵循的价值观。人的群居性决定了文化具有很强的群体性，并对个体的行为形成外在的强制性。价值观和道德伦理上的变革会推动人们去改变他们的社会安排和体制，并统一于共同的价值规范，由此影响社会秩序的构建和运行。

从工业文化对社会秩序的影响内容上看，首先，体现于工业文化对社会价值的构建功能，文化通过特定的价值指引，为人们提供理解自身和社会的参照系，使人们在心灵深处形成一种稳定的、恒久的对某种价值标准的认可，进而深化人们对本集体文化内在精神的体悟，激发成员的归属意识、进取意识和奋斗意识，凝聚社会各方面的力量；其次，体现于工业文化对社会冲突的整合功能，其通过思想文化的聚合作用和统领作用，对社会价值、社会规范和社会结构的影响、制约与凝聚，从文化、观念甚至利益方面对不同的社会主体进行整合，化解矛盾冲突，进而优化社会秩序；再次，体现在工业文化对社会发展的导向作用上，文化对新思想、新理念、新机制的形成的先导作用十分明显，蕴含在新制度、新机制中的文化精神往往能够为新思想、新理念、新机制的建立提供强大的理想信念、道德规范、精神追求等思想支撑，

---

① Bell D. 资本主义文化矛盾[M]. 赵一凡，等，译. 北京：生活·读书·新知三联书店，1989.
② 中共中央马克思恩格斯列宁斯大林著作编译局. 马克思恩格斯选集(第 1 卷)[M]. 北京：人民出版社，1972.

进而推动社会秩序的稳定和发展。

第二节　从农耕思维到工业思维

人类文明的发展因为技术的进步而经历着不同的时代，谁能最先嗅到这些，将成为社会的主宰者。农耕时代，金属的发现是人类发展史上一个巨大的飞跃。最先发现青铜矿、铁矿并提炼出来的国家和地区很快就强大起来，生产效率得到提高，在争斗中也占有绝对的优势，这就是农耕时代先进技术的巨大优势。由于金属制造的武器相比传统的木器或石器更具杀伤力，谁掌握了这些东西，谁就会成为强者，而个人身体的强壮，腿脚的灵活开始不占据优势了。因为技术上一直很难有重大突破，所以这个时代延续了很久。农耕思维是农业社会形成的思维方式，工业思维是工业社会形成的思维方式，现代工业发展和产业竞争离不开工业思维。

1. 农耕思维

农耕文明是自然经济、家族经济。人类在自然系统中进行生产，大自然是第一生产力，它天然具备水土、光照等条件的优劣，这种差异是生产力高低的决定因素。人力的投入对于提高生产能力具有决定作用，并且，只有大家族才能聚拢足够多的人口进行生产，当今这种三口之家的模式是很难维系的。因此，家族是农耕文明重要的生产单位，家族人口数量决定了生产能力，维系家族延续和人口增长，特别是男性人口数量增长就成为家族的重要任务。我们经常会看到这样一个现象，古代中国一个村镇大部分人都是一个姓，这实际就是家族繁衍的结果。这也导致农耕文明时期人的思维具有很强的局限性，一方面局限在土地和区域，另一方面局限在家族。

所以农耕思维方式常常表现为：一是小富即安，小农意识，注重宗族利益、家族利益，更相信家族成员；二是逐小利和眼前利益，缺乏大格局；三是习惯熟人社会和家族惯例、祖训，缺乏开拓精神；四是重小信、小承诺，缺乏契约精神等。政治方面，如果统治阶级威胁到家族的繁衍，家族成员会携起手来捍卫，如果家族可以延续，无论是什么样的人在统治，都能被接受。这种意识自上而下贯穿全社会，统治者如中国的皇帝，认为"普天之下莫非王土"，地方官习惯被称为父母官，这也是典型的农耕观念。

2. 工业思维

工业是人工经济，人类在自己建造的人工系统中进行生产，科学技术是第一生产力，自然力退居第二位。工业生产是商品生产，产品都要拿到市场上去销售和参与竞争；产品品质的重要性上升到第一位，数量退居第二位。也就是从一味追求数量的农业生产思维方式，转变成把品质摆在第一位的工业生产思维方式。产品的质量空间和多样性空间都是无限空间，可做无限优化和无限追求。高品质的产品会赢得越来越广阔的市场空间，低品质的产品则会被逐渐排挤出市场空间。正因为如此，人们才经常说"质量是产品的生命"，绝不能盲目大量地重复生产低质量的产品。

什么样才算工业思维？工业思维源自工业对于生产生活的安排中所浸透着的条分缕析、用数字说话、精益管理等理念，它可以作为一种哲理，在更广阔的范围内塑造人这个个体的气质。推崇技术者，向技术背后深究，其实是工业思维与科学精神。

工业化是机器大工业生产通过市场化、产业化、品牌化扩张来满足消费者的需求。随着机器大工业生产方式的深化发展直至运用于各个生产领域，其结果必然导致社会生产力的巨大增长，经济结构的剧烈变化，人民生活水平的大幅度提高，整个社会的政治经济体制，以及文化精神都相应地发生了深刻的变化。工业化的思维基本特征包括：

一是标准化。工业化一定要实现标准化。比如，一个型号的螺母放在世界任何一个角落都可以使用，一台机器在世界任何一个角落都可以依标准化组装。标准化是工业化的第一基础，因为有了这个基础，手工业作坊才转变为大工业生产。

二是规范化。生产过程涉及的各种要素都要规范化。因为有规范化，所以才可能开办职业学校，才可能由以前的师傅带徒弟的方式转化为现代教育方式。

三是规模化。规模化是工业化的必需，它和标准化、规范化因果相关，互动互利，而且就其一般意义而讲，规模越大越好，规模越大成本越低，利润越高。

四是可控性。工业化一定强调可控，不但机器可控，而且过程可控，所有流程都可控。

五是可测试性。工业化要讲究标准化的方式测试，没有测试依据，就没有安全保证、性能保证。

需要指出的是，人类的工业化一直在延续，工业化思维也随着科技创新和产业变革的步伐在与时俱进，不断升华。蒸汽机时代、电气化时代、互联网时代的思维肯定是不尽相同的。比如，从互联网、云计算、大数据到物联网、人工智能、VR/AR，每次的科技崛起和深化都给整个社会带来翻天覆地的变化。不管是工业4.0还是工业互联网，实质上是在新工业的生产形态上形成的新思维。

3. 创造工业思维的土壤

果实的成长离不开土壤，即使拥有绝好的种子，如果种在贫瘠的土壤里，最终都不能收获丰硕的果实。在当代社会里，经济就是那颗种子，最终影响经济发展的因素之一是由人创造的各种发展环境。后者作为土壤决定着经济发展的未来。也许我们都只看到了经济发展这颗种子产生的丰硕果实，但我们常常忘了反思创造土壤的"人"是否正受制于某种思维模式的限制，以至于我们根本无法为经济的真正发展铺平道路。

社会经济发展的实践表明，文化因素对经济发展的影响越来越突出。工业发展过程中所蕴含的和代代相传的思维方式、价值观念、行为准则是工业文化的重要组成部分，工业文化从宏观上引导着工业领域思想观念的发展，同时渗透到工业文化以外的其他领域之中。具体而言，工业文化于人文精神、思想操守、价值观念等方面对价值理念发挥作用。

当前，虽然工业思维打破了人们的生产和生活节奏，但是我们的思维方式总是落后于时代的发展，即我们的身子已经处在工业社会，但我们的脑子还留在农业社会。或许因为我们在农耕思想里浸泡得太久了，我们的根在不知不觉地汲取着来自农业社会的养分，被"深度格式化"了——发展理念在不断更新，我们却很难察觉或深陷其中无法自拔。再进一步说，人类正在迎接新工业革命的挑战，而我们的思维仍停留在第一次、第二次工业革命带来的思维模式里。要改变这种现象，必须发展与工业社会发展相适应的工业思维，主动创造工业思维生长的"土壤"。

第一，同工业文化一样，工业思维同样受到生产力的影响。先进生产力的出现不以人类的意志为转移，总是要寻找它的落脚点，而且往往在最适宜的文化环境里实现突破。若要不断促进科技创新及先进生产力的出现，就要创造与之相宜的文化"土壤"，即适宜的文化环境和文化氛围。一个社会的文化氛围不仅影响工业科技创新知识和成果的出现，更会影响创新的传播和科技新成果向现实的转化。工业化的历程告诉我们：越是创新活跃的地方，越容易形成产业革命的广阔舞台，越容易形成创新集群及各类资源会聚的经济中心。

第二，培养正确、与时俱进的工业价值理念。工业创新活动是在创新主体的一定工业价值观引领下来完成的。19世纪末20世纪初最伟大的德国学者之一马克斯·韦伯指出，科技就像一幅地图，可以告诉你到某个地方怎么走，但是它不能告诉你应去什么地方。去什么地方是价值观的任务，只有价值观给出这个目标和方向之后，科技才能按照这个方向和目标努力。这个比喻说明了价值观同科技同等重要，没有价值观，科技便不能顺利实现目标，没有价值观的科技活动则失去了意义。

第三节　文化风尚熏染制造品格

1. 文化模式作用区域经济机理

一个区域特定的人文历史境遇和风俗习惯构成了这个区域基本的人文特色和文化模式，它是社会群体在长期共同生活中逐渐形成的，它的形成得到了社会群体的一致认同，从而使其超越了个体存在的价值观，这不仅使文化模式具有了较强的稳定性，也使文化模式一经生成，就以其特有方式对特定区域的人们在思维方式、行为准则、道德观念和价值观念等方面产生全面的调节和控制，使社会集团的每个成员都处处受其影响，遵循着这一共同的价值观念和行为模式，文化模式这种对人自身强大的塑造作用，对不同区域的人们产生了全面而深刻的影响，它不仅使人们在社会生活的方方面面都具有了自身的特色，也使区域经济的发展打上了深刻的文化烙印，并最终使区域经济走上了不同的发展道路（见图10-1）。

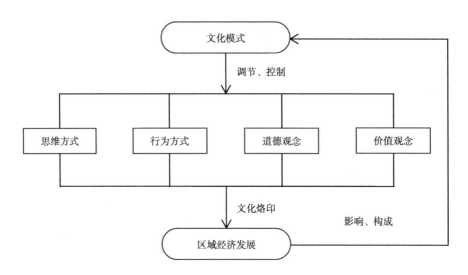

图 10-1　文化模式对区域经济发展作用模式

2. 不同国家迥异的制造风格

不同的人做同一件事会体现不同的风格，不同的企业做同样的产品会体现不同的风格，同样，不同的国家制造同样的产品也会体现不同的风格。工业活动作为工业文化的重要组成部分，其本身作为特定社会的产物在不同的国家、地区与民族表现出的特性也不同，打上了它所处特有时空的烙印，带有强烈的民族性格与国家性格。就像日本技术哲学家富田彻男所言，"当我们考察某一区域技术的性质时，就会发现，该地区的气候和某些社会结构，对其固有技术的性质起到决定性的作用"。因此，可以看到每个国家的创新都是该国工业文化的产物，反映了该国的文化特点。同时，世界主要发达国家在不同工业文化影响下的制造风格也体现出不同的特质，出现了美系制造、德系制造、日系制造等，它们是一个国家自然资源、人文环境、工业精神的体现。因此一个国家的工业文化往往与自身的国情有着重要的联系。

日本工业产品注重精致和创新。日本的许多创新产品都具有"结构紧凑、简洁精练、精雕细刻、手艺精巧"的特点，这与日本地域狭小、资源缺乏这一环境方面的文化因素不无关系。日本的产品还以细腻周到见长，这种细腻的风格也会招致批评，被贬为"小器"，尤其是当他们为了强调细节处理和诗意氛围而流露出为小国岛民所欣赏的阴柔美时。日本的工业产品非常注重科技含量，注重利用新科技开发产品，如索尼公司开发的世界第一台全晶体管收音机、电视机，第一台激光唱机等。

美国工业产品以商业效益至上。19 世纪上半期，美国开展创新活动的目的是企图用丰富的自然资源代替稀缺的劳动力资源和资本。美国早期专业木工机器的技术创新，从机器技术本身而言，它的制造水平在当时处于世界领先地位；但从机器本身的创新设计而言，创新主体的设计理念中是没有节约树木资源的观念的，主要建立在消费主义之上。商业效益是美国设计的特色，设计成为促销和占领市场的一种手段。这主要是当时美国拥有充沛的森林成品、价格便宜的树木所导致的，因为相对而言这点浪费实在微不足道。

德国工业产品呈现出秩序的机器美学。德国人严谨得像一台机器，他们是"机械美学"的最佳代言人。严密、谨慎的思维方式，让精准成为德国人生活中不可缺少的品质。8 分钟的谈话，不会含糊地说 10 分钟，两分钟的细节可能就是决定成败的关键。德国人自己就像会走路的钟，他们一丝不苟的性格与腕表追求精准的本质珠联璧合。德系表简于形精于心，外表简约、洗练，大气的骨架勾画出男人的刚强、理性足矣，正确的计时才是他们更看重的。日耳曼民族的意志坚如钢铁，他们重视的是千锤百炼、百折不挠的品格，腕表自然而然地带上了坚固恒久的特性。德系表往往选材精良，做工严谨，品质经得起严酷环境和时间的考验。

法国工业产品充满浪漫主义气息。法国的工业产品基于它浓厚的工业设计传统历史，即设计是为贵族设计的，产品设计的内容是豪华、奢侈的产品而不是服务于民主的、大众的。因此在全球各国的产品中，充满了浪漫主义的气息，新颖独特，时尚前卫。使工业产品在发挥性能的基础上充分地实现格调化、艺术化，这使法国一次次引领着产品设计的潮流和趋势。

工业文化

北欧工业产品体现了晶莹和简约。地处斯堪的纳维亚地区的芬兰、丹麦、瑞典、挪威和冰岛的北欧五国，制陶、纺织和玻璃制作工艺有着悠久的传统和历史。北欧的工业产品注重形式与功能完美地融合，设计简洁优雅。这里的冬天寒冷而漫长，森林覆盖面很广，宁静清幽。在这片有着美妙风光的土地上，古老的传统和美妙的自然是北欧设计师们灵感的源泉，产品设计虽然重传统，但不拘泥于传统的符号和形式，而是将传统作为一种内在的精神理念从极富现代感的设计中呈现出来，在他们的工业产品中甚至能够真实地感受到清新怡人的自然气息，是有机设计风格的最佳注脚。

案例：汽车设计体现国家风格

不同民族和国家的工业文化深刻影响着汽车技术的发展，一个国家汽车技术的演化，必定是和该国人们的生活方式、审美取向、性格特征等价值观念联系在一起的。这也是所谓汽车"基因"或"血统"的由来，这些"基因"或"血统"影响了一个国家汽车技术的特点，形成了独有的汽车文化。

德国、英国、法国、意大利、瑞典、美国、日本等汽车生产国设计的汽车都具有自己独特的风格：德国人比较严谨，所以德国车机械精密，外形比较古板；英国车具有浓厚的英伦风格；法国人天生浪漫，在汽车外形上也是天马行空；意大利是超跑之国，生产了法拉利、兰博基尼、玛莎拉蒂等著名汽车品牌，意大利的汽车外形设计虽没有法国车那么夸张，也有很浓的意大利风格；瑞典人比较务实，加上瑞典常年被冰雪覆盖，所以瑞典车外形中庸，但是性能绝对不俗，而且绝对安全；美国人喜欢大车，尤其是大排量汽车，因为美国的路况好，很多人更愿意长途穿越旅行，美国车的车身宽大，驾驶和乘坐都偏重于舒适，外形设计比较豪放；日本车的特点也非常鲜明，日本总在为市场而造车，日本是岛国，资源匮乏，车用燃料都要高价进口，所以日本车必须省油；日本人又深受中国传统儒家文化影响，外形设计更符合亚洲人的审美观。

第四节 工业文化对区域经济主体的影响

经济是人类活动的产物，文化对经济的影响归根结底是对人的影响。工业文化对区域经济的影响，核心在于工业文化影响、改变、塑造了一定区域的人，使之思维和行为，特别是活动的目标产生某种共同的趋向性，也就是常说的劲往一处使。这种共同的趋向性促成了方向性一致的活动结果，在区域经济方面就会呈现出一种状态，如稳定发展、停滞甚至消退。因此，工业文化对区域经济的影响首先是对作为经济主体的人和群体的影响。

1. 个人

无论是"经济人"还是"社会人"，都会不同程度地受到地域文化的影响，从而通过其经济行为对区域经济发展产生影响。经济学中的最重要的假设是"经济人"的概念，突出反映在经济人的"自利""理性"等特征上，如"自利"主要表现为经济人活动的根本动机是以追求自身利益为目的；经济人的"理性"体现为经济人能根据市场情况、自身处境和自身利益做出判断，并在各项利益的比较中选择自我的最大利益。

但是，现实社会中的"经济人"并非完全的"自利"和"理性"，会受到来自历史、社会、文化等各方面因素的约束，其中，地域文化是一个对经济活动行为主体具有重要影响作用的因素。每个"嵌入"区域社会结构中的个人，都必然经历地域文化的培育和熏陶，并获得具有特定地域文化色彩的文化价值规范的过程。即使没有受过正规教育，但经过家庭环境、社会风气和风俗及家庭环境从小到大的耳濡目染，也往往使人被社会文化环境所同化。受地域文化要素影响，在经济活动过程中，人们总是有意无意地按照一定的文化价值规范而行动，在一定的社会、制度及文化框架中谋求自身的经济利益。

2. 企业

企业是区域经济发展的基本主体。从文化的视角来看，企业是具有共同价值取向的文化共同体，主要反映在不同的企业具有不同的企业文化。因此，可以说企业是文化和经济的复合体，地域文化通过影响企业文化进而影响区域经济的发展。企业文化是一种经营、管理和服务的微观层面的工业文化，企业的管理者、劳动者的人生观、价值观、经营理念、市场决策行为及情感态度等都不可避免地受到企业文化的影响，因此，不同地区的企业文化在地域特色的影响下表现出不同的特征，同样，同一个工业文化影响下的企业文化具有很多相似的特征。

一个区域的企业在发展过程中的各个阶段和环节都会不同程度地受到工业文化的影响和制约，包括企业的创建方式、筹资渠道、发展模式、制度安排及布局特征等。首先，在企业的创建方式上，崇尚个人主义的工业文化一般会选择个体和私营企业的创建方式，具有集体主义内涵的区域文化将以集体企业的性质创建，而重视家庭或家族的区域文化的地区将更多地出现家族企业，以家族资本积累作为企业创建的主要来源。其次，工业文化还会影响企业创建之后形成什么样的企业文化。包括对企业的领导风格、处事原则、用人选拔、激励制度等的影响，同时，企业内部员工的时间观、忠诚度、工作态度及员工对责任和义务的理解等也都会不同程度地受到地域文化的影响。最后，企业在产品生产方面也会受到工业文化的影响，如企业生产的质量意识、品牌意识、销售方式、创新意识等。具有开放意识内涵的区域文化，企业会提高竞争力，参与全球竞争；具有善于学习、模仿、创新文化内涵的地区，企业将不断创新，从而获得持久发展的动力，也成为促进区域经济增长的主要推动力量。

3．企业家

企业家是以自己的创新力、洞察力和统帅力，发现和消除市场的不平衡性，创造交易机会和效用，给生产过程提出方向，使生产要素组织化的人。企业家作为社会群体的一员，在其成长生活中同样会受到工业文化的潜移默化的影响。

一方面，工业文化影响该区域企业家产生的概率。重视工商传统，具有冒险精神和竞争意识的工业文化会塑造更多的个体私营者和企业家，这决定了区域发展的能力和活力，进而影响地区经济发展水平。典型的如江浙地区的吴越文化。另一方面，工业文化不仅会影响企业家的生长环境，也会影响企业家的创业环境。换句话说，工业文化会通过影响企业家精神进而影响企业的发展和区域经济发展水平的提高。企业家精神是企业成功持续发展的决定因素。具有敏锐的洞察力、甘冒风险的创业精神、良好的信誉等特质的企业家精神在市场的开拓与竞争、企业的经营和管理、企业的技术创新等方面将更胜一筹，而这种企业家精神的孕育、形成、发展和发挥，自始至终都受到区域文化的影响和制约，不同的区域文化使得企业家精神的特质不同，进而对企业家形成概率、企业家精神氛围产生不同的影响，并影响区域经济发展的活力。

4．地方政府

工业文化还会通过地方政府对区域经济发展发挥影响作用，包括影响地方政府主体的经济行为、经济活动主体与政府的"关系",以及对地方政府行政文化的影响等。

第一,工业文化会影响地方政府主体的经济行为,进而对区域经济发展产生作用。各地方政府主体,即当地政府官员,尽管是按照一定的法律法规行使公共权力,但是在区域经济发展模式的选择、政府权力和利益的分配、市场秩序职能的维护、对区域经济发展的调控乃至更宏大的计划干预和市场调节的偏好等方面都会受到工业文化所具有的义与利、工与商、情与法,以及封闭与开放、冒险与守旧、个人主义与集体主义等不同工业文化内涵的影响,并形成当地政府部门特有的价值观念、思维方式,使地方政府主体行为显示出一定的行政信念、行政道德、行政习惯、行政思维、行政原则及其行政精神,从而影响地区经济的发展。有研究表明,中国从内陆到沿海、从北到南,之所以会出现苏南模式、温州模式、东莞模式,这都是受到从沿海到内陆,从北到南的梯次开放影响,以及人们传统文化积淀与市场观念差异作用的必然结果。

第二,工业文化会通过影响政府与经济活动主体的关系来影响区域经济发展。具体而言,一个地区的企业在其发展过程中所面临的发展环境的优劣、所能够获得资源的数量及其难易程度,这在某种程度上都取决于投资者与地方政府之间的"关系",而这种"关系"受到区域文化中的很多传统文化因素的影响,如地方官僚文化等。特别是随着地方政府经济自主权的增加,形成了传统文化和官僚文化影响下的制度框架,而这种"关系"往往隐藏在这一制度框架之下,在不同程度上影响着经济活动主体的发展,还会制约着整个区域经济发展的环境。[1]

---

[1] 殷晓峰. 地域文化对区域经济发展的作用机理与效应评价[D]. 长春:东北师范大学,2011.

第五节　工业文化对区域经济客体的影响

不同的工业文化会对区域经济发展产生不同的影响。但是从本质上来看，工业文化对区域经济发展的作用机理是相同的，即都是通过工业文化各种表现形式等对区域经济发展产生作用的。与此同时，工业文化对经济的影响也并非以整体形态而发生的，而是内部各要素的不同组合，以及形成的地域文化需求、文化导向、文化行为和文化精神等层面对区域经济发展产生影响的。

1. 经济发展模式

从经济学角度来看，区域经济发展模式是对一定区域在一定历史条件下的经济发展特征、经济发展过程及其内在机理的高度概括；从文化的视角来看，区域经济发展模式是在一定的宏观经济政策背景下，在具体的历史时期，由区域发展主体能动选择、系统创新而孕育产生，在区域实践中不断变迁丰富和传导渗透，逐渐形成的具有地域特色的发展道路。无论是从区域经济发展模式的形成演变过程，还是其内涵和特征，都具有浓厚的区域文化色彩。可以说，不同的区域经济发展模式不仅呈现出了该地区的经济特征，也是不同制度的反映及不同文化的能动选择的结果。

对于中国而言，不同的地域文化背景下，也形成了不同的区域经济发展模式，如受吴越文化影响形成的苏南模式、温州模式，岭南文化影响下的东莞模式、南海模式等。这些地区的经济发展水平，尤其是民营企业和乡镇企业的发展，以及经济发展路径，甚至区域产业选择等都受到了不同地区在传统文化、精神状态、价值观念等非正式制度的影响。

2. 区域产业结构

区域产业结构是区域内具有不同发展功能的产业部门之间的比例关系。区域产业结构的形成不单纯取决于一个区域内所拥有的自然资源，它也会受到区域工业文化的影响。区域工业文化对产业结构的作用方式表现在通过文化观念、文化偏好等对区域产品的特定需求产生影响进而影响区域产业结构的发展，例如，保守的文化往往倾向于内向性产业结构，产品结构较单一，生产特点为自给自足、自产自销；开放的文化，其经济结构注重多元性、商品性、外向性。再如，注重人文的文化，往往满足于资源型产业和初级产品的加工；注重科技的文化更注重资源的深度开发与产品的更新换代。

3. 科技创新与技术进步

地域文化可以通过影响技术进步实现的途径，来促进或阻碍技术进步的步伐，进而影响区域经济的发展。一般来讲，技术进步的实现途径有两种：一种是本地的自主技术创新；另一种是对外来技术的引进。

第一，不确定性规避。不确定性规避表示人们在应对未来时表现出的不确定性的态度，规避倾向的高低则反映了人们对未来的适应能力的强弱。当不确定性规避较低时，表示人们对未来变化的适应能力较强；当不确定性规避较高时，表示人们对未来变化的适应能力较弱，当面临不确定性局面时会感到焦虑不安，并总是使用一切手段来规避和控制未来的风险。因此，如果地域文化群体的不确定性规避倾向较低，就会具有较强的冒险精神和创新意识，个人、企业、政府等技术创新的主体也会具有创新的能动性，进而有利于促进技术进步和区域经济的发展；如果地域文化群体的不确定性规避倾向较高，会因害怕冒险而放弃创新，则不利于区域技术创新和区域经济的增长。

第二，个人主义和集体主义。文化中的个人主义和集体主义倾向不同，也会导致区域创新的差异，进而影响技术进步和区域经济发展。如果文化中充斥着强烈的个人主义倾向，会导致人们之间的关系比较松散，每个人更多关注的是个人的得失，并希望能保持自己的独立性，因此，个人的创新能力会得到较大程度的开发，创新的思想也会较为活跃，这有助于技术创新和技术进步的实现。如果文化中的集体主义倾向更为强烈，会促使人们之间的关系更为紧密，并形成相互依赖的状态，人们之间更倾向于结成长期的且强有力的集体，以此来保护个人的利益，这会导致人们缺乏创新的动力，从而阻碍技术进步和区域发展。

4. 区域发展制度环境

新制度经济学指出，用来界定、规范和协调人们之间经济活动与经济关系的经济制度主要由正式制度和非正式制度两部分组成。其中，正式制度是人们自觉地、有意识地创造出来的一系列法规、政策和规则，从宪法、各种成文法和不成文法到各种政策规定、实施细则，最后直到个别交易活动的个别契约。非正式制度是指一个社会在漫长的历史演变过程中逐渐形成的、不依赖人们主观意志的社会文化传统和行为规范，包括意识形态、价值观念、道德伦理、风俗习惯等。制度也属于广义的文化概念的范畴。区域文化的不同将影响人们对制度的看法，进而影响人们对于制度的选择和改良的方式，由此带来了制度变迁与演进的差异，并进一步影响区域经济和社会的发展。通常，工业文化对区域发展规则的影响主要是通过意识形态和习惯实现的。一方面，可以通过意识形态来影响区域经济活动中的交往规则。如果社会群体或团体成员中大多数人对系统的规则不具有认同感，那么这个社会或团体就不可能长久地存在下去。另外，意识形态还可以弱化人们在制度变迁和执行过程中的各种机会主义行为，如搭便车行为、逆向选择、道德风险、偷懒行为等，由此可以促进制度变迁，并增加制度变迁所产生的绩效。

另一方面，工业文化可以通过人们的习惯规范去约束人们的经济活动行为，甚至在有些时候，习惯可以代替正式规则起到协调作用，从而降低交易成本，促进区域经济有效运行和发展。习惯之所以能够在某些时候取代正式规则，主要是因为习惯比规则更易于操作，而且它的交易成本要小得多。[①]

第六节 工业文化积淀决定区域发展前景

1. 文化多元性影响工业发展结果

中国著名学者金碚研究发现：世界工业化已经有两百多年的历史，在工业化的初期和中期，各国工业发展的路径大同小异，表现出"标准型式"，但后期各国工业化表现各异。初期的决定性因素大多都是资源；到一定阶段后，技术越来越重要；再往下发展，文化的因素会越来越重要，其影响越来越深刻，即文化的多元性决定了工业化的多元化。

现代经济发展和产业的国际竞争，正越来越触及民族文化的深层，民族文化的特点决定了我们当下的产业。全世界有60多个国家实现了工业化，发展的过程大同小异，都是轻工业发展、重工业发展，由第二产业向第三产业发展，但是到了工业化后期几乎没有两个国家是一样的，其中的缘由是文化差异。文化的形成是一个国家长期积累下来的个人观念和行为特征，每个国家和民族都不一样，每个人也不一样，所以最后发展的结果也不一样。

因此，可以简单回顾一下文化在历代世界制造中心的成长与变迁中扮演的重要角色。自18世纪人类进入工业文明以来，世界范围内的工业制造中心多次变动，一些工业制造强国的发展也是几经沉浮，在这幅波澜壮阔的人类工业文明发展史中，文化因素往往发挥着最深层次的作用或扮演着最后决定力量的角色。西方世界之所以能够率先在近代走上工业化道路，并引领世

[①] 殷晓峰. 地域文化对区域经济发展的作用机理与效应评价[D]. 长春：东北师范大学，2011.

界近三个世纪，与其在文艺复兴时期以后形成的尊重科学、尊重创造、鼓励创新的科学文化和风气有着密切的关系。主导性文化因素决定着对传统和既定秩序的遵循程度或创新意识，对外来文化的理解、包容、接受和融合，企业或个人的价值评判标准及由此决定的行动取向，文化成本的差异成为决定区位竞争优势的关键。正如亨廷顿所言："在正在形成的世界中，文化样式将对贸易样式起决定性影响。商人与他们了解和信任的人做生意，国家把主权交给由他们所了解、信任的看法相同的国家组成的国际组织。经济合作的根源在于文化的共性。"文化已经成为各国进行商品、人员和服务交流和合作的重要基础，文化间的认同和共识有助于一国产品和服务的对外出口和推广。

在当今全球化时代，工业化过程最基本的资源、技术、文化三要素中，资源本质上是可以购买的，技术也是可以购买的，也可以自我研发，只有文化，是最难模仿、无法购买甚至难以培育的，所以往往决定一个区域经济和产业长远发展的前景。一座城市、一个地区适合发展什么样的产业，能否成为工业强市、工业强省，除了要看到该地区资源条件、技术进步，更深刻的因素是看这个地区有没有适合产业发展的工业文化沉淀。

一个区域的文化沉淀是经历了数十年，甚至上百年，经历了一代又一代人的公共选择后，所最终积淀在这个区域和民族的血液里、构成这个区域社群特色和民族特质的文化底色。这种底色是异常强大而稳定的，必然会对该区域的经济发展产生巨大的反作用，因而，各具特色的区域经济总是体现出受不同类型区域文化影响的深刻印记。

2. 工业文化与经济相互交融

诚然，经济的发展主要受制于资金、技术、资源、自然环境、地理位置、制度、政策等因素，文化并非决定性条件。但是，文化对经济发展的水平、效率、产品结构、产品质量、经济模式等的作用同样不可忽视，如果以农耕文化、小农思维去发展现代经济，注定要失败。

归根结底，经济构成了社会的基础，它决定着思想上层建筑的内容和性质，决定着文化的基本特质和主要走向。不过，文化一经产生就具有相对独立性，它一方面通过政治上层建筑反作用于经济发展，另一方面借助于人这一社会主体而制约着经济发展。自有人类以来，文化与经济是相互交融的，两者具有内在的一致性。

从狭义上说，像生产资金、生产力、生产对象、生产方式、生产组织等经济要素毕竟不同于以精神形态为主的文化，它们有着自己特有的运行机制和规律，并受到政治法律、自然条件等多种因素的制约。然而，文化同经济之间又是双向互动的。一则经济作为社会系统中的重要组成部分，必然要反映到人们的思想中来，转化成包括经济观念、经济价值观、经济道德、经济人格、经济态度、经济思维在内的经济文化；二则各种既成的主体内在文化和社会外在文化尤其是经济文化通过人而反作用于经济，从而影响经济的发展。人既是文化的主体，又是文化的客体，它既创造了文化又受到文化的制约。各种社会文化作为一种社会存在，借助言传身教、耳濡目染等社会化方式而内化成个人的心理-文化结构，赋予社会主体以特定的思想道德、价值观念、人格品性等，以此推动人类进行各种经济活动。从经济文化对经济发展产生的影响来说，人们对经济在整个社会有机体中的地位和作用的认识和处理，形成了经济中心主义、政治中心主义等经济价值观。从对经济系统本身所应遵循的价值取向来说，形成了均平价值观、公平效率兼顾观、效率本位观等。从对某种特定的经济体制、经济类型、经济生产方式等的价值评价、价值态度和价值取向来说，形成了自然经济价值观、市场经济价值观和产品经济价值观。世界上各地区、各主要国家都选择了某种经济发展模式，这些不同的经济发展模式显然受一定的传统文化价值观念的支配。美国市场经济模式是一种消费者导向型市场经济模式，它十分强调市场力量对促进经济发展的作用，认为政府对经济增长只起次要作用。推崇企业家精神，崇尚市场效率而批评政府干预。这一模式以人的需要是无限的、不完全的为逻辑前提，比较注重人的需要和消费者的利益。这种模式实际上体现了一种自由主义和个人本位的文化价值观念。日本市场经济模式是一种行政导向型市场经济发展模式，它强调政府要在利用市场机制的基础上，使国民经济达到某个发展目标。在这一模式中，很强调企业精神和社会共同体的作用，较为明显地体现了东方儒家文化的集体主义价值观。

经济发展的动力不仅包括生产力与生产关系的矛盾、自然条件的挑战、不同国家和地区经济的交往和竞争等客体性因素，也包括经济主体的理想信念、价值观念、需要欲望等主体性要素。工业文化作为特定的人文历史境遇，通过内化积淀在社会主体的心理文化结构之中，转化成人们的思想观念、价值观、思维方式、道德品格等，以此成为影响经济发展的文化力。

3. 产业发展文化先行

文化是有史以来积淀下来所有观念和行为特征的产物，一个地区的文化到底是怎么形成的？一般有三个要素，本土文化、植入文化（移民文化）和全球化文化，每个地区都会受到这三种文化的影响，构成了现在的文化现实和文化未来。这个东西决定了你这个城市或地区未来产业的发展前景。

第一，经济发展的行为规范。经济发展为文化建设创造物质条件，文化建设为人们的经济行为提供正确的指导。市场经济是法制经济，也是道德经济，更是规范经济。无疑，经济要健康发展，就必须使人们的经济活动遵守既定的法规，符合市场经济的基本准则和政策；同时，也要遵循诚实、守信、公正、节俭、文明等文化规范。市场经济行为是以个人私欲为推动目的，以利润最大化为原则，如果不对此给予限制、规约，任凭经济人为所欲为，就会严重破坏市场经济秩序，影响经济的正常运行，最终损害经济效率。

第二，经济发展的软性环境。一个国家、一个地区经济发展状况如何取决于是否具有适宜的环境。环境不仅包括政治环境、制度环境、政策环境、经济环境、法律环境、自然环境等，还包括由风俗习惯、人格品质、道德修养、思想观念、思维方式、宗教传统、科学教育等所构成的文化环境或曰软性环境。经济竞争在某种意义上就是文化竞争，经济力在很大程度上取决于文化竞争力。德国、日本之所以在战争废墟中经济迅速实现腾飞，说到底是由于它们的文化底蕴较厚，人们的受教育程度较高。政策再好，资金再多，如果人的文化素质低下，也会使良好的经济政策扭曲变形，资金被白白浪费。文化既是一个区域的形象，也是一个区域的灵魂，只有具备丰富的文化内涵，具有独特的区域个性和风格，才能获得特殊的魅力和吸引力。可以说，深厚的人文底蕴，社会成员高水平的文化品位，良好的社会风气，能够转化成一种无形的资源，极大地提高一个地区的环境竞争力，吸引更多的项目、资金、人才和技术，形成推动经济发展、吸引外资的强大优势。如果一个地方、一个单位人们的道德修养不高，社会风气不正，就会使它的形象受损，就会缺乏信誉度、吸引力和凝聚力，于是它生产的产品就无人问津，外商就不会大量投资。

案例：地域文化影响经济发展

从历史上看，明清以来中国产生了晋商和徽商两大群体，它们深受地域文化的影响。晋商之所以一度兴盛，在货币资本和贸易方面独占鳌头，显然同晋人"深思俭啬"及诚实守信的性格分不开。晋商和徽商所从属的地域文化基本上属于内陆性文明，文化环境偏向保守、内倾、守旧等，难以适应现代化工商业及外来工业文化的冲击，清末民初走向衰落。

珠江三角洲从属于岭南文化圈，形成了义利兼顾的主流价值观。临近海洋的自然优势，使之成为接受外来资本主义的前沿地带，成为商品的集散地，于是人们具有较浓厚的经商意识、求利意识和开放意识。在海洋文化的熏陶下，珠三角培植出开拓进取、敢冒风险、自由开放、海纳百川等文化品格。富有现代化气息的地域工业文化，加上得改革开放之先机，使珠三角迅速发展成中国经济最活跃、最发达的地区之一。

第三，大胆吸收外来先进文化。经验告诉我们，对传统文化的抱死守旧和全盘西化都会给经济和社会的发展带来灾难性的后果。在一篇题为《论东西文化的互补关系》的文章中，季羡林先生提出在处理西方文化与中国文化的关系时，应该注意吸收西方文化中所有好的东西，包括物质的和精神的，应该注意大胆"拿来"，把一切外国的好东西统统拿来，物质的好东西要拿来，精神的好东西也要拿来，特别是要拿来第三个层次里的属于心的东西——价值观念、思维方式、审美趣味、道德情操、宗教情绪、民族性格等，通过"拿来"影响价值观念和思维方式。

第四，建立兼容创新的区域文化形态。文化形态是一切文化生命体的存在形式，它以一定的价值观为核心并表现价值观。在全球的文化视野和开放竞争的市场规则之下，建立起一种兼容互补、开拓创新的文化形态，既大力弘扬和培育民族文化，又同各种支流文化协同互补、均衡发展，积极地吸收西方文化的合理成分。

总之，发达的区域经济在客观上需要形成与之相适应的先进的地域文化；先进的地域文化也必然会提高人们在观念、意识等文化方面的素质，有力地推进区域经济的健康、持续发展，从而形成区域经济与工业文化的良性循环。一般来说，先进的文化造就先进的经济，落后的文化只能伴随贫困的经济。

从另一方面来看，不同的地域文化类型，使文化观念主导下的区域经济呈现出不同的特点。譬如，齐鲁文化、吴越文化、三晋文化、岭南文化、巴蜀文化、游牧文化、闽南文化、藏佛文化等各不相同，与之相适应的区域经济发展也呈现出不同的类型和特点。

价值篇

第十一章 工业文化核心价值

世界各国经验表明，社会目标的实现很大程度上取决于人的观念，"先化人，后化物"。观念的本质是文化问题，文化对人类社会的发展与进步有着至关重要的影响。工业文化的物质形态、制度形态和精神形态各具有特定的价值效用，它们有机组合的结构总体又有一般的价值规定。工业文化是保证工业社会正常运行的"润滑剂"，它时刻在调节工业发展过程中人与人、人与机器、人与社会、人与自然之间的关系，使之更加和谐，从而保障复杂的工业社会得以顺畅运行。

第一节 工业文化功能

程序是过程与顺序的统一。从计算机技术上讲，它是对计算任务的处理对象与处理规则的描述，是软件的核心。在更广泛的意义上，程序是指人们为完成某项任务或者达到某个目标而预先设定的方式、方法和步骤。如果把工业文化当作一个总管工业社会运行的控制机制——计划、组织、规则、指令时，工业文化就变成了大到调节工业社会发展，小到协调企业生产活动的一种程序。工业社会依托工业文化，给自己的社会行为、经济行为、生产行为编制程序，整个社会的生产秩序从根本上说是由"工业文化程序"所规定的。设计"工业文化程序"被认为是有目的、有指向、有追求的，具体程序的灵活性和可变性是实现这种取向的保障，反过来说，正是工业文化的取向要求具体程序的灵活性和可变性，才使之不至于迷失根本目标和方向，即实现工业文化的功能，保证工业化社会有序运转下去。当然，工业文化的内涵、功能和作用远不止程序所界定的这些。

工业文化的功能是指工业文化系统内部各要素之间的相互关系，以及由各要素构成的文化整体所发挥的作用和效能，它更强调其对人类生存、社会进步，特别是对工业发展所起的作用。

人类为满足生理和安全方面的基本需求进行物质生产活动，并在此基础上产生更高级的精神文化和制度文化的需求。随着生产力发展，大工业产生并逐渐形成工业社会，工业文化也随之演进并发挥其满足人类物质及精神需要的功能。同时，工业文化演进推动人类需求升级，进而产生更多的工业文化内容与形态。人类对满足需要有着无止境的追求，相应地，工业文化不断被创造和传播，以满足新的、不同的、更高的需要，进而推动工业发展和人类社会的进步。从这一角度看，工业文化功能主要包括以下几个方面。

1. 传播功能

传播功能即记录、存储、加工和传承工业社会的信息，满足工业社会发展的需求。随着历史的进步，人类创造了日趋先进的传播手段，使世界上不同国家、地区和民族的经济、政治、科技、教育、新闻、法律、宗教、民俗、器物等方面的情况，都得到日益广泛、日渐深入、日趋迅速的传播。人们认识自然、认识社会、认识自身、认识不同文化的浓厚兴趣和强烈愿望是文化传播的动力。文化的传播对于借鉴别国、他人的长处，不断提高自身的创新精神大有裨益。

2. 认知功能

认知功能即影响、制约人们的认识和认知活动。借助符号系统的记录，人们得以了解和认识不同的社会形态和历史阶段，了解和认识不同的个人、集团、阶层、阶级、民族、社会等多方面的差异。了解和继承前人的文化遗产，考察自然界、人类社会和思想等各种现象，分析具体过程，探求工业文化的运行机制和发展规律。

工业文化集中着人类在工业生产中对认识世界、改造世界的认知。

一方面，人类在工业生产中不断认知世界，并提升认知世界的能力。工业生产的前提是对生产对象的认知，在对生产对象的性能、生产目的、加工方式、发展趋势等方面的认知后开展工业生产，在对相关从业人员认知的基础上开展工业生产协作，并在工业生产中加深认知，提升技术水平，扩大对资源的利用，协调工业生产与自然环境的关系及人际协作关系。

另一方面，工业文化的认知功能在传承中创新发展。工业文化将前人积累的优秀知识经验集于一体，为后继发展提供基础。认知的获得主要以传播和教育两种手段进行，通过教育手段可以直接系统地获得已有的知识，通过传播手段可以扩大受益面，接受者通过继承和移植方式，结合自身的时代、地域、个体特色予以扬弃，在传承的基础上实现融合和创新发展。

3. 规范功能

规范功能即影响和改变人的思维方式、价值观念、行为习惯、审美趣味并使之社会化。

文化是人创造的，本质意义上的人实际上就是文化意义上的人，社会中任何成员都无法超越文化的影响和制约，不同行为背后有不同价值观念，而不同的价值观念源于不同的文化类型。所谓"适应"就是人们在有意或无意之中调整自己的思想和行为，使之合乎所处的环境，这就是人们被文化所塑造的过程。通过文化的规范或教化，才能培养具有创新精神的新人。

工业文化通过价值引领、制度标准、教育评价等方式在个体指引和宏观引导角度发挥其规范作用，具体包括以下几个方面：

（1）指引作用。工业战略、规划、政策和标准可以为工业发展提供具体的工业标准和行为模式，其价值取向也可以在宏观上引导工业的发展走向。

（2）评价作用。工业文化可以作为一种标准和尺度对工业生产和发展进行评价判断，以确定其正误良莠、增益减损、发展前景和价值判断，并进一步起到指引作用。

（3）预测作用。通过监测、分析工业文化发展态势，可预测工业里的个体与群体、企业和行业的行为走向与发展趋势，并据此采取对策。

（4）教育作用。工业文化将已有的认知成果和价值标准凝结，既对原有成果进行传承，又可以从成功和失败的案例中获得相关经验，相关工业主体汲取其中教育意义，并在后续行为中受其规范。

（5）强制功能。当工业主体违反工业运行中形成的规范标准时，将受到工业主体所在环境的消极评价，甚至硬性制度的惩戒制裁。

五个方面相互影响，共同推动工业文化规范功能的发挥。

4．凝聚功能

凝聚功能是把一定区域内的社会、群体、个人聚集与融合在一起。文化存在着双向的辐射现象：一种是内辐射，产生向心力，发挥聚集功能；另一种是外辐射，产生发散力，发挥融合功能。这两个方面互相协调、相辅相成，是文化形态在保持完整的同时，又得以不断发展的内在规律之一，这就是文化的凝聚功能所形成的民族的向心力和凝聚力。一个国家的文化基因，潜移默化地影响着该国人民的思维方式和行为方式，并形成强大的向心力。工业生产中的各个主体在协作中形成相同的价值观念、社会意识、行为模式和标准规范，这些方面的认同性形成强大的向心力，发挥着凝聚作用。

工业各行业内部亦有着行业文化，行业标准、制度准则、评价体系等文化要素凝聚着工业发展能量，浸润着从业人员的观念素质，进而对工业发展产生影响。同时，工业文化也具有普适性，工业文化是在行业运行中形成的，因此国际工业行业有诸多共同点，亦形成不同国家的认同点，进而可以进行国际交流，在国际范围内发挥工业文化的凝聚功能。

5. 调控功能

调控功能是在工业发展过程中，协调人与人、人与企业、工业与社会、工业与自然等之间的关系。调控功能既是人类社会发展内在机制的需要，也是工业文化自身发展的需要。不同的利益群体有着不同的利益诉求，其中存在的多种矛盾需要予以调控。从工业社会运转的角度，可以这样说：工业社会运转表现为人与人之间形成特定的社会关系——工业生产关系、经济关系、政治关系等；保证这些社会关系运行的是隐藏在其后的工业文化——制度、规则、习惯、理念、审美等。

拉德克利夫·布朗（1881—1955）认为：一个社会的每种习俗与信仰都有其特殊的功能，这种功能有利于维持那个社会的结构。在一个社会中，只有做到各部分"习俗、信仰"有序部署，社会的延存才有可能。由此有理由认为，工业文化是隐藏在"社会关系"之后的"润滑剂"和"助推剂"，在工业社会发挥了维护社会系统稳定、维持工业发展的核心作用。

具体而言，工业文化的调控功能主要体现在：

（1）调控个人的身心发展。工业文化产品丰富着人类的生活，为身心健康发展提供了更多的物质条件，价值理念和行为导向也影响着从业人员的行业性格及心理心态，由此对个人身心发展予以调控。

（2）调控工业生产人际关系。制度文化调控着从业人员的协作方式，精神文化引导着从业人员的行为模式，使工业主体遵从一定的行为准则和道德标准，减少冲突，从而达到工业及社会的稳定和发展。

（3）调控工业发展与自然环境的关系。生态自然是工业发展的资源来源和运作环境，同时影响着工业发展。绿色、生态发展趋势，要求工业以更科学、更环保、更可持续的方式发展，在生态自然和工业发展中寻找和谐点，实现代际和谐、生态和谐。

6．创新功能

创新功能即超越现实局限性，创造出新的观念世界和理想世界。人类不断利用已掌握的知识，促使环境朝着有利于其生存和发展的方向发生变化，从而变革自然生态和社会环境，改善自身的生活条件，改变自身的精神状态，变革人的观念，扩展人类的思想领域。随着工业文化不断创新发展，人类的思想观念、价值标准、精神风貌都发生了和正在发生着极为深刻的变化，在此基础上，人类一直在尝试改变甚至塑造新的世界。

第二节　工业文化作用

工业文化与工业发展是作用与反作用的关系。首先，工业文化作为一种精神力量，能够在人们认识世界、改造世界的过程中转化为物质力量，并与经济、社会交流融合，对工业经济和个人发展产生深刻的影响，成为提升工业竞争力的重要因素；其次，工业社会制度形态、价值观念、行为规范、生产方式、人文精神等决定了工业文明的发展程度，工业文化中生态文化、绿色文化等发展趋势引导着工业文明和人类社会的发展；最后，人类在创造工业文明的过程中也在不断地创造先进的工业文化，并逐步构建起整个社会的新的价值体系和道德规范，推动人类社会不断前进。

工业文化在解决工业发展中的问题时，体现了一种"上善若水"的包容、浸染、渗透的软性功能，这种影响，更像"润物细无声"的"春雨"，具有持久和潜移默化的作用。

1. 工业文化是生产力

马克思在《资本论》中指出，在人类历史进程中，人类生产劳动的社会分工造就了物质生产领域和精神生产领域的分离，于是社会生产分化为物质生产和精神生产。在物质生产中创造物质产品的能力，形成了物质生产力；在精神生产中创造精神产品的能力，形成了精神生产力，也就是文化生产力。

工业文化具有明显的生产力属性。物质生产力和文化生产力是相互交融、共为一体的。一方面，工业文化生产力具有其精神生产的独特性，是职业操守、行为准则、价值理念等精神文明发展的成果，具有突出的意识形态特征。在工业文化生产和传播中，生产主体将自身强烈的主观因素渗透于生产和传播的整个过程。另一方面，工业文化生产力又具有明显的物质性，具有一般实践活动的特征，即由实践主体通过劳动，将一定的材料加工为物品，因此工业文化生产的过程也表现为物化的过程。

2. 保障工业社会协调发展

作为文化系统的子系统，工业文化影响着其所在工业系统整体的发展，发挥着协调工业社会正常运转的重要作用。

首先，工业文化有助于实现人的全面发展。随着工业文化不断发展，整个社会文化教育水平获得极大提高，从而为社会成员提升自身的科学文化水平提供良好的保障。工业文化通过不断发展产业、扩大文化产品的生产以满足人们日益增长的文化需求，陶冶人们的情操，提高整个社会成员的文化素养，从而为人实现自身的全面发展提供文化保障。

其次，工业文化是增强工业综合实力的重要手段。一方面，工业文化产业和行业的发展可以直接提升工业实力；另一方面，工业文化可以在工业体系运行中提升从业人员的综合文化素质和思想道德水平，从而为社会培养出一大批高素质的人才，从总体上提高整个国家的国民素质，从而为工业经济发展提供直接的推动力量。

再次，工业文化是提升国际影响力的重要途径。国际影响力的大小由很多因素决定，工业文化也是重要影响因素之一。大力发展一国的工业文化，可以通过文化外交增强本国文化对其他国家人民的吸引力，构建工业及相关产业交流的新平台，从而促进不同文化间的交流和联系，在国际舞台上提升本国的国际影响力。

3. 工业发展的倍增剂和灵魂

工业实践滋养现代化观念，工业文化铸就现代文明精髓。工业文化既是工业系统的重要组成部分，也是工业发展的倍增剂和灵魂，并可为其发展提供精神动力。"工业精神"是文化中精神动力的重要体现，一个国家的"工业精神"往往表现为整个社会对制造业的重视程度和制造业所处的经济地位。工业文化作为工业化的思想基础和精神动力，包含丰富的人文内涵、制度规则、合作精神、效率观念、质量意识、可持续发展观，这一切构成了工业文化思想的内核。德国人严谨、美国人创新、英国人规范、日本人敬业，这其实都是工业文化中"工业精神"的体现，其内涵就是对科学规律的尊崇，对规则、制度、标准、流程的坚守，回望欧美曾经走过的工业化之路，不难发现工业文化发挥了巨大作用。

4. 优化工业发展环境，增强工业软实力

当今世界国与国之间的竞争，不仅是经济、技术、产品等硬实力的竞争，更是软实力的竞争。设备落后可以更新，管理落后可以引进，如何改变人的

思想问题,如何彻底抛弃农耕思维,如何培养正确的工业价值观,这就必须形成一套自己的工业文化。

工业文化建设的核心是形成正确的价值观和激发创造性,它规范了工业社会的管理制度、组织形式、生产方式、价值体系、道德规范、行为准则、经营哲学、审美观念等。建设工业强国,科技上要领先,文化上同样要先进,两者相辅相成,互为促进。只有软硬实力兼备,才能掌握制定规则的权力,才能赢得优良的发展环境,才能传播自己的价值观。

5. 推动着工业经济增长方式的变革

工业文化的嬗变顺应了工业化的潮流,同时反作用于工业化的发展。一方面,工业社会的制度形态、价值观念、行为规范、文化环境和人们的文化素养决定了工业文明的发展程度;另一方面,人类在创造文明的过程中也在不断地创造先进的工业文化,在新的工业革命和产业变革来临时,技术体系、生产体系、资源体系、管理体系发生变化,进而形成新的价值观,产生新的工业文化并推动工业转型升级。

6. 促进产品质量品牌建设,提升品质和附加值

世界许多发展中国家在发展过程中都遇到了社会道德滑坡、诚信缺失、行为失范等问题,食品安全、产品质量、工程事故、环境污染等层出不穷,这破坏市场秩序和社会公正,损害消费者利益,破坏国家工业形象和产业竞争力。

工业文化的普及有助于弘扬契约精神、效率观念、质量意识、品牌意识、可持续的发展观;开展工业遗产保护开发与利用,发展工业旅游,可以了解工业发展史,传播工业文明成果,培育工业精神;传承发展工艺美术,可以延续民族文化,增添工业产品的人文艺术内涵。

工业文化决定工业产品,其背后是社会文明。加强设计和人文气息可以

直接提升产品的品质及附加值，社会风气、精神状态、价值理念和行为准则等同样会影响工业产品的品质。发达国家，如意大利、法国、德国、丹麦和挪威的日用陶瓷、服装成衣、制鞋、家具等传统产业，其发展道路与发展中国家的低成本制造业完全不同，它们通过赋予这些产品一定的文化内涵和知识特性，将其打造成高端品牌，甚至奢侈品，把夕阳产业变成了创意产业。

第三节 工业价值观与特征

1. 工业价值观

价值推崇效应处于认知效应体系中的顶层，它最主要的职能是真实展现以价值观为内核的文化认同到文化自觉的过程。智慧的顶峰是道德，文化的核心是价值观。价值观是人们基于某种功利性或道义性的追求而对人们本身的存在、行为和行为结果进行评价的基本观点。可以说，人生就是为了追求价值，价值观决定着人生的追求行为。价值观不是人们在一时一事上的体现，而是在长期实践活动中形成的关于价值的观念体系。它通过人们的行为取向及对事物的评价、态度反映出来，是决定人的行为的心理基础，也是驱使人们行为的内部动力。

工业发展中工业主体在宏观环境影响和内部调整适应中逐渐形成整体上统一的价值倾向，这种价值倾向一方面引导人做出相应的行为，另一方面随着人的行不断强化、凝结，形成人认识世界、改造世界最基本的判断准则和标准，即将趋于统一的价值倾向内化于心形成工业价值观。工业价值观是工业文化价值主观形态在个体心理中的存在形式。由于个体成员的价值观是在工业共同体的文化心理大背景中形成的，因而共同体成员价值观念也就存在着内容和形式上的同一性。

工业价值观既包含具体工业从业人员个人的价值理念，也包括工业主体整体共有的价值理念，它具有自身的特性。

（1）结构性。工业价值观的形成具有结构性。工业生产中精神文化的被价值化是其经过人心理意识的加工，且被赋予人为的逻辑形式和结构形式。该观念意识不再以本能的形式一闪而过，而是呈现出具有一定的趋向性和稳定性的心理定式。当工业主体在决定是否从事某项活动时，瞬时做出的判断是一种观念意识，当面对同类的事项做出价值判断时一直都秉承同一种倾向和理念，这就形成了一种价值观，这种价值便具有人为的相对稳定的逻辑形式和结构形式。

（2）定向性。工业价值观具有稳定性，规范和指引着工业从业者个体的心理习惯和行为方式，从而体现出定向化的特征。工业生产中共同的价值观念引导工业主体趋同的思维方向和行为方向，进而有助于工业共同体文化传统的形成和价值观念的进一步融合稳定。当工业价值观在个体或群体心理中形成典型样式时，价值观的定向化功能使得个体或群体在现实条件的基础上又萌生了新的需要，于是，就产生了工业价值理想。工业价值理想是工业价值观的一种升华，是一种具有方向引导性的心理映像。在工业发展中，价值理想常常以制度规范、价值理念、工业精神等形式表现出来。

（3）调适性。工业价值观是工业生产、生活环境、社会环境等因素以价值的形式内化于工业主体，并在形成后转变为其行为活动的内在依据，其本质上仍然是主观意识对客观存在的反映，会随着客观存在的变化而进行调适。工业主体通过对自身需求和行为方式的调节达到对外界环境的适应，并对外界产生影响，从而形成工业价值观的调适性。

工业价值是对工业主体观念意识活动的总的概括。工业发展中形成的财富观念、劳动观念、消费观念、分配观念、市场观念、竞争观念、效率观念、道德观念、价值观念、交往观念、审美观念等元素丰富着工业价值观的内涵。

2. 工业文化价值特征

工业文化中人与人的关系可物化为工业主体的组织形式和规章制度发挥价值,人与物的关系可直接物化为工业产品价值,工业生产与自然的关系以科学和谐可持续发展的理念和政策实现协调,工业生产与社会的关系通过满足物质需求、交互影响发展等方式实现价值物化……上述各种形式的价值都是工业文化价值的体现,其产生意味着工业主体对自身和外界一定程度自觉理性的认识和相对应的举措。

(1)客观性。工业文化价值的来源具有客观性。社会存在决定社会意识,价值来源于功能作用的发挥。工业文化来自客观存在的生产力的发展,工业文化的功能亦主要来自其对生产力,以及在此基础上对生产关系的作用,工业文化的价值以其功能作用的发挥为依托,以生产力的发展为本源。

工业文化价值的内容具有客观性。工业系统和工业产品本身具有物质的客观性。工业制度自形成之后,便成为一种客观存在,制度作用的发挥也是一种客观的存在。工业精神文化价值是工业发展中凝结于意识形态领域的价值。意识的本质是物质,且工业精神文化可以通过物质的形式保存下来,也是一种客观存在。

工业文化价值的评价标准具有客观性。一方面,工业文化价值可以通过客观性的标准来评价其物质文化价值的优劣;另一方面,也可以通过创新性、促进力、规范力、道德性等标准来评价其意识形态领域的价值。

由此可见,工业文化价值的来源、内容、评价标准具有客观性,工业文化的价值具有客观性的特征。

(2)整体性。工业文化以一个整体的系统存在,工业文化的价值亦具有相应的整体性,各组成部分相互交融,整体地发挥作用。工业文化的形成发展过程是一种整体性的过程,这是一种"格式塔"的过程。英国学者泰勒在《原始文化》一书中曾经把"文化"定义为:"复杂的整体,它包括知识、信仰、艺术、道德、法律、习俗，以及其他任何人作为社会成员所具备的能力和习性。"美国学者本尼迪克特在《文化模式》一书中也强调文化的整体意义，她认为，所谓整体并非单纯是所有部分的总和，而是各个部分相互关联的结果，它所带来的是一个新的实体。从工业文化的内部构成来看，工业物质、制度和精神文化具有复杂的、不可割裂的关联关系，体现了整体性。

工业文化整体性之所以重要是由于科学技术的发展趋于综合化、整体化；同时是由于工业的发展、知识的进步，工业文化组合形成系统后，才能创新与产生巨大的效用。从发展进程来看，工业文化是在农业文化或者传统文化基础上发展而来的，对工业新元素的吸收是在已有文化基础上的扬弃和拓展，此间具有连续性，是相互联系的整体；从发展地域来看，虽然不同国家、不同地域存在差异性，工业文化由工业各个群体、企业、行业共同产生，基于工业基础的共性和全球化下工业的整体性，不同地域间的工业文化亦相互融合，具有相应的整体性。

（3）普遍性。工业文化价值普遍存在于工业系统各领域，不同时代、地域、领域的工业文化具有共性。工业文化涉及不同的工业领域，在各领域多元化的文化中，存在工业系统普遍认同的某些价值观念、道德规范和行为准则，它具有超越时间、地域的普遍约束力。

不同的工业时代有不同的工业文化，且呈现出不同的价值。从工业文化发展的纵向历程来看，工业文化随着一个时期工业的发展而发展，具有鲜明的时代性。然而在不同时代的工业文化中，也包含着一些超越时代的具有普遍意义的内容。工业文化的形成发展是一个逐步积累、凝练升华、持续完善的过程。在这个过程中有价值的成果，即使可能还不完美，也已经可以在整个工业文化领域具有永恒的、普遍的意义。不同社会历史阶段之间工业发展也存在共同的普遍的问题，工业主体正是通过对各个时代的具体问题的认识和解决，逐步深入地认识和把握工业系统发展的普遍规律。因此，在各个时代形成的具有很强时代性的工业文化中，往往也包含有超越时代局限的普遍性的价值，正如工业化进程中始终追求效率价值，对效率的追求也是推动工业发展的主要动力。

从不同民族和地域交流融汇的横向联系来看，各个民族都有自己的民族文化特点，即使处在同一时代和同一工业发展阶段，其文化也可能各不相同，同样行业的实体在不同文化传统的作用下衍生出不同的内容。然而，在工业文化横向的特殊性中，同样包含了普遍性的内容和价值。不同民族和地域面临着工业发展的共性问题，由此在工业文化中就又有超越民族、地域的普遍性的内容。正如可持续发展的观念、绿色工业成为不同国家和民族共同的追求。处在同一时代、同一工业发展阶段的各民族，尽管各有特点，却不可避免地要反映时代的共同要求，形成工业文化价值的普遍性特征。

（4）超前性。工业文化价值的超前性主要体现在其能够推动创新并对工业发展起到先导作用。

首先，可协调和引导技术创新的价值追求和发展方向。技术创新主体的利益和价值诉求对科技创新本身会产生极大的影响。如果这些利益和价值诉求不能协同，那么不仅无法实施技术创新，甚至连已有的创新成果也很难实现其应有的商业利益。工业文化以统一的价值观为基础，能够整合和兼顾不同创新主体的利益，促进技术创新的实现。

其次，可为创新和发展提供沟通与交流便利。生产力的创新从一开始就不是一种线性过程，而是多重反复的过程，各个环节之间信息的有效反馈，对创新成败和工业发展起关键作用。一种有利于科技创新的文化，在微观上，会在个人、企业、科研机构之间创造有效的交流渠道，以提高创新效率；在宏观上，会在社会上构建一种和谐的发展环境。

最后，可为工业创新和发展提供制度动力保障。创新充满不确定性，一旦出现困难或受到挫折，积极进取的文化观念在此情景下更能体现其包容的作用。任何一种制度文化，都有激励与约束两重功能。一方面，通过约束功能规范人的行为，消解对创新和发展不利的因素，使其顺利进行；另一方面，通过激励规范，鼓励人们采取积极的行动加速创新发展。好的制度文化可以使人们保持强烈的进取心和创新意识。

第十二章 工业伦理

工业化大生产、市场经济及经济全球化的步伐加速,使现代社会与传统社会具有完全不同的特点。工业与文化的深入融合,对现代文明的社会结构、生产生活方式和伦理准则等产生深刻影响。工业文明给人类带来高度物质文明和现代化生活方式的同时,也给人类的生存发展环境带来负面影响,这促使人类对以往牺牲环境为代价的传统发展观进行深刻的伦理反思和批判。

第一节 内涵与准则

1. 工业伦理内涵

伦理是人类为了和谐共处、各得其所而建立的最一般的规则体系,是关于人与人、人与自然、人与社会相互关系的行为准则。社会发展阶段不同,与之相适应的伦理准则也要进行调试更新。在工业社会条件下,社会伦理道德基准也必然相应地发生变化。

工业与伦理是性质不同的两个范畴。工业是社会分工发展的产物,是人类利用自然资源,创造物质财富的过程,解决的是人类生存与发展的问题,追求的是不断提高生产率。伦理是规范性的准则，它追求的是"善"，阐明的是人与人应该怎样相处，解决的是人与人、人与社会、人与环境之间的关系。判断伦理规范的标准是，人们的习惯、风俗和交往的准则是否符合人类社会和自身发展的要求。工业和伦理之间不可避免地要发生冲突，因为工业一直在创新发展，伦理规范却相对稳定。

工业伦理源于人类对工业活动中处于不同分工或扮演不同角色的人的认识及判断，对人与自然、人与社会关系的判断，对工业生产中机器与人、机器与机器、机器与自然、机器与社会等关系的认识和判断，以此为基础，形成工业生产者、消费者、管理者应恪守的价值观念、社会责任和行为规范。

工业伦理指工业活动中人与社会、人与自然、人与人关系的行为准则和道德规范。工业伦理问题极为复杂：

- 从社会角度看，涉及殖民掠夺、丛林法则、物质至上、生态破坏、文化入侵等；
- 从商业角度看，涉及市场垄断、欺诈与失信、食品安全、药物毒副作用、伪劣假冒产品、隐私泄露、网络游戏沉迷等；
- 从生产角度看，涉及环境污染、劳动保护、机器人换人、工业设计、质量保证、企业成本与效益关系等；
- 从技术角度看，涉及人工智能、网络技术、大数据、生物医药、基因技术、自动驾驶、输变电传输、电磁辐射等；
- 从工程角度看，涉及水利水电、石油化工、采矿冶炼、海洋工程、核能应用、通信基站等。

现代工业发展使人类征服和改造自然的能力空前提高，它在给人类带来巨大福祉的同时使人类面临严峻的风险和挑战。如果任其无约束地发展，它的成果既有可能造福人类，也有可能摧毁人类的生存与社会秩序。发展什么样的工业，如何发展工业，如何处理工业社会的各种关系，这是人类亟待解决的诸多问题之一。

工业伦理蕴含了对工业活动的哲学反思。工业发展与社会伦理价值体系之间的互动常常会陷入一种两难境地：一方面，革命性的、可能对人类社会带来深远影响的新技术的出现，往往会引起社会在伦理上的恐慌，或者在一定时期内产生一定程度的负面作用；另一方面，如果绝对禁止这样一些新技术的广泛应用，又必将丧失许多有可能为人类带来福祉的新机遇。促成工业发展与社会伦理体系两者的良性互动就是要在两者之间找到一个动态的平衡点。

2. 工业伦理准则

工业伦理准则主要包括六个方面：以人为本、绿色可持续、安全可靠、质量保证、竞争合作、公平正义。

（1）以人为本。工业发展必须与伦理发展正向协调，既要遵循为人类谋利益的原则，还应遵循"以人为本"的原则，最终促进人的自身的全面发展。在人与科技之间，后者永远是工具和手段，科技越是发展，就越要关注人的发展和生活。当然，时代的发展、科技的进步也要求我们重新审视人的生存环境与发展空间，审视生命的本质与意义之所在。只有这样才能使科技的发展真正成为一种强有力的手段来推进人的发展和社会的进步。

坚持以人为本是发展工业的核心理念，具体内涵包括：在人和自然的关系上强调可持续发展的能力，既能保持人类赖以生存的生态环境，又使得自然界可以为人类提供源源不断的资源；在人与人的关系上强调尊重人的独立人格和合法权益；在人和企业的关系上强调为员工提供平等、开放、有价值的发展机会。

（2）绿色可持续。资源与环境问题是人类面临的共同挑战，推动绿色增长、实施绿色制造是实现工业可持续发展的共同选择。绿色工业是实现清洁生产、生产绿色产品的工业,即在生产满足人的需要的产品时,能够合理使用自然资源和能源,自觉保护环境和实现生态平衡。

绿色工业是后工业时代的整体生态理念,它体现着劳动者间的关系,体现着代际关系及人类的生产与生物界,以及整个自然界的关系。绿色工业以生态文化为导向,建设绿色循环低碳可持续发展的经济,改变原有高污染的"灰色"工业生产方式,发展新型的"绿色"工业。它要求人类以理性态度看待财富,在确保经济社会乃至整个生物圈可持续发展的基础上进行工业生产,追求人类福祉。

(3)安全可靠。在工业发展过程中,曾经片面追求速度和数量,忽略了可靠性和安全性,导致食品安全、生产安全、环境安全、产品可靠性等方面的问题频频发生。

对于安全生产,工业企业必须秉持"安全发展"的理念,在现有的技术和管理条件下,使人类生产、生活更加安全和健康。生产布局、产品设计、工艺流程等方面要强调生产安全,将不安全因素降至最低水平。要通过生产和生活实践中的安全教养和熏陶,不断提高自身的安全素质,预防事故发生、保障生活质量。同时通过对人的观念、道德、伦理、态度、情感、品行等深层次的人文因素的强化,利用领导、教育、宣传、奖惩、创建群体氛围等手段,不断提高人的安全素质,改进其安全意识和行为。

(4)质量保证。质量保证是使用户确信产品或服务能满足规定的质量要求。质量意识是一个企业从领导决策层到每个员工对质量和质量工作的认识和理解的程度,这对质量保证起着极其重要的影响和制约作用。在产品生产中,首先要保证产品合格,符合产品的规格要求,且整个生产流程严格遵照企业生产流程的管理规定。

当然,产品质量不仅是指企业向人类社会提供商品的质量,还包括企业的服务质量和信誉质量。它不仅是企业技术水平、经营管理水平的综合反映,也是企业伦理水平的重要标志。

（5）竞争合作。公平的交易和正当的竞争是市场有序运作的基础，不正当的竞争会导致市场失序和混乱。企业经营活动是一种特殊的博弈，是一种可以实现双赢的非零和博弈。企业的经营活动必须进行竞争，也有合作。强调合作的重要性，有效克服了传统企业战略过分强调竞争的弊端，为企业战略管理理论研究注入了崭新的思想。

当前，企业战略已从以"纯竞争战略"为主导，向以"合作竞争战略"为主导转变。当共同创建一个市场时，商业运作的表现是合作，当进行市场分配的时候，商业运作的表现是竞争。竞争不以伤害竞争对手为目的，重要的不是他人是否赢了，而在于你是否赢了。这就是合作竞争所反映的竞争理念精髓所在。

（6）公平正义。公平正义是人类文明的重要标志，是衡量一个国家或社会文明发展的标准。社会和谐、人际和睦，无疑以公平正义为重要条件。公平正义就是社会各方面的利益关系得到妥善协调，企业、市场和社会各种矛盾得到正确处理，公平和正义得到切实维护和实现。

公平正义对一个企业来说非常重要，它能充分调动员工积极性，它让员工看到不论亲疏和职位高低，人人都受到同等尊重，都有同样的机会，都能看到和拥有希望。市场公平正义能保证买主和卖主之间按自愿原则，在双方的有关知识和信息基本对称的条件下，根据其自身利益进行交易。竞争公平正义能保证各个竞争者在同一市场条件下共同接受价值规律和优胜劣汰的作用与评判，并各自独立承担竞争结果。

第二节 工业社会问题

工业社会是人类经历的矛盾最多的社会，机器的普遍应用，在人、自然与社会之间新增了一个矛盾引爆点，不仅使原有矛盾点的关系复杂化，又增添了新的矛盾关系。一方面，工业文明把其物化成果不断地向世界各个地区与角落渗透，促进了整个人类社会的繁荣。同时，工业带来的力量使人类比以往更容易实现掌控自然、改造世界的理想，上天入地下海，控制天气变化，探索宇宙星空，在大工业面前都不再是遥不可及的梦想。另一方面，工业力量的强大也使得人类对拥有的力量过度自信，因而需求极度膨胀，从而表现出对自然的无度索取和过度开发、发达国家对不发达国家的无情掠夺、处于资源优势地位的人对处于弱势地位的人的不断压榨等，这里面涉及的伦理问题，让人类不得不进行反思。

1. 殖民掠夺

殖民掠夺指一个比较强大的国家采取军事、政治和经济手段，占领、奴役和剥削弱小国家、民族和落后地区，将其变为殖民地、半殖民地的侵略政策，是强国对力量弱小的国家或地区的压迫、统治、奴役和剥削。主要表现是向海外移民、海盗式抢劫、奴隶贩卖、资本输出、商品倾销、原料掠夺、文化殖民等。

殖民扩张与掠夺是西方列强工业化初期争夺世界市场的主要途径。西方早期殖民扩张担负着双重使命：一方面，为西方资本主义生产方式的发展、确立提供资本原始积累；另一方面，促进资本主义世界市场初步形成。对殖民地来说，这是一场灾难，造成了亚非拉国家的贫穷与落后。正如马克思所说："资本来到世间，从头到脚，每个毛孔都滴着血和肮脏的东西。"这是殖民主义罪恶的真实写照。

不管是英国的崛起,还是紧跟其后的法国、德国、美国、日本,在其工业化过程中,都伴随着对外的掠夺——抢占殖民地、掠夺生产资料和海外产品市场,以及对财富的赤裸裸的抢夺。现代工业一方面为这些国家的殖民扩张创造了条件,如提供了先进的航海设备和武器,同时成为这些国家发动殖民扩张的理由。鸦片战争,第一次、第二次世界大战等,无一不是这些所谓的工业大国发动的,无一不是为了掠夺生产资料和产品市场而发起的。

在很大程度上我们可以说,近代工业化国家的兴起是以非工业化国家的牺牲为代价或前提的。殖民扩张的野蛮残暴,给殖民地造成了巨大的破坏,殖民占领的结果往往是殖民地传统生活方式的严重改变,常常导致社会混乱,甚至失控。

总之,近代资本主义经济模式的发展、确立和扩张是历史发展的必然趋势,但西方国家依靠殖民扩张实现早期崛起、传播新的生产方式的同时,也的确消灭了其他的人类文明,阻止和破坏了其他国家和民族的发展。

2. 物质至上主义

工业大发展,一方面,为人类提供了丰富的物质产品,人在物质层面所需的各类产品,现代工业几乎都可以提供,甚至只要有购买能力,就可以无限制获取;另一方面,又使得人类过于依赖这些物质产品,追求这些物质产品成为人活着的目的,亲情、忠诚、友谊、信任等人类自然的情感,比以往任何时代都更容易让位于物质需求、让位于金钱关系。正如马克思在一百多年前所说的那样,资本主义让人类异化了,异化成了物质、金钱的奴隶。其实,物质至上、物质崇拜、物质享乐等物质主义的价值观念,从本质上说,是工业社会的产物和一种价值观念。

物质至上主义的社会,生活在其中的人们以对物质财富的占有作为衡量人生成败的唯一标准,把纵欲享乐作为人生的最大目标。在一个物欲横流的社会,奉行的是一个完全用金钱来衡量物质价值和精神价值的制度,判断一个人成功的唯一标准就是看其财富的多少。人们一味追求物质享受,变得唯利是图,冷漠自私。人们为了保护自己的利益和地位,会表里不一,狡诈狠毒。

反映在企业生产活动上,变现为人与人之间少了人情味,人的功能与价值等同于机器,人成为机器的附属物,带来的后果就是物的价值取代人的价值,社会关系以物质为中心,忽视了人文关怀。

物质至上主义的社会严重腐蚀和影响了人性,把许多美好的东西引向毁灭,这就是人类文明发展到工业时代的困境。工业文明的巨大成就首先是物质财富的巨大增长,但这种片面的、极端发展了的物质至上主义的价值观,在支持物质财富增长的同时有可能把人类文明带到一个濒于绝灭的边缘,如资源枯竭、环境破坏、物种绝灭、精神空虚、社会不公等。在这个景象中,没有哪个民族、哪个国家可以置身事外。

3．丛林法则

自然界的资源有限,只有强者才能获得最多。丛林法则是自然界里生物学方面的物竞天择、优胜劣汰、弱肉强食的规律法则。工业社会强调自由竞争,强调市场机制配置资源,实际上遵循的就是丛林法则。工业社会的优胜劣汰意识,与大自然的丛林法则没有本质的区别。

亚当·斯密在工业革命、市场经济刚开始兴起的二百多年前指出:"在这种场合,像在其他场合一样,他受着一只看不见的手的指导,去尽力达到一个并非他本意想要达到的目的。也并不因为是非出于本意,就对社会有害。他追求自己的利益,往往使他能比在真正出于本意的情况下更有效地促进社会的利益。"遗憾的是,在真实的工业文明中,财富分配遵循的是此消彼长、弱肉强食的丛林法则,自利也往往和损人联系在一起。

在国与国、区域与区域、集团与集团之间的竞争与大自然遵循的法则没有本质上的区别。大到国家间、政权间的竞争，小到企业间、人与人之间的竞争，都遵循丛林法则。在西方国家制定的对它们有利的国际经贸规则下，发展中国家辛辛苦苦劳作了半天的血汗钱被别人轻而易举地拿走了。世界上为争夺各种资源的斗争已日趋白热化，如果不能尽快平等地参与国际资源分配，后进国家到头来还是赤手空拳。

4. 垄断

在工业社会里，垄断指少数大企业为了获得高额利润，通过相互协议或联合，对一个或几个部门商品的生产、销售和价格进行操纵和控制。垄断的形成是由商人、资本家对财富本能的贪婪、欲望的驱使决定的。当生产和资本集中达到一定规模必然造成垄断，必然出现由大企业之间协议或联合组成的垄断组织。从垄断统治的范围看，在20世纪初期，垄断组织主要存在于如煤炭、钢铁、石油等重工业部门，今天垄断统治的范围已经扩展到轻工业、交通运输业、商业、农业及各种服务性行业等领域。

垄断与竞争天生是一对矛盾，由于缺少竞争压力和发展动力，加之缺乏有力的外部制约监督机制，垄断性行业的服务质量往往难以令人满意，经常会违背市场法则，侵犯消费者公平交易权和选择权。价格垄断拉高了整个社会成本，减少了整体社会福利。垄断性行业所从事的一般都是与绝大多数人、行业息息相关的公共事业，如电信、邮政、自来水、电力、煤气、铁路、航空等。因为这些行业渗透到社会的方方面面，其服务价格的高低关系到整个社会的成本，其整体效率直接关系到其他产业参与国际竞争的能力。

5. 失信与欺诈

失信与欺诈是工业社会的一种现象。契约精神被肆意践踏，商业伦理凋零，社会公德与职业精神匮乏，成为市场经济中挥不去、铲不尽的毒瘤。不少企业信奉"卖出货就是硬道理",不注重研发,不注重知识产权,抄袭仿冒,对如何做精品、怎样创名牌不下功夫。有些黑心商人,甚至不顾他人健康和生命,卖假药、卖有毒食品、卖伪劣产品。

信用是奠定市场经济的基石,是维系社会经济生活正常秩序的道德准绳。信用体系建设应当像道路、水电和信息网络建设一样,成为社会的公共基础。商人最重要的本性就是"唯利是图",以利为核心必然会有欺诈,欺诈是一种严重的失信行为,利益驱动是失信行为的主要动力。在市场机制不完善时,部分企业或个人把利益看得高于一切,为了能获得利润或利益,没有诚信观念,采取非法造假、合同欺诈、逃避债务、虚假报表、价格陷阱、黑幕交易等失信行为,破坏了正常的经济秩序。

案例:质检造假——大众公司"尾气门"

2015年9月,美国环境署指控德国大众公司旗下部分柴油车在尾气检测中作弊,主要针对的是氮氧化物排放。大众公司随后承认,在相关柴油车上利用操控软件躲避尾气检测,约1100万辆柴油车卷入其中。当年第三季度,大众集团为应对"排放门"拨款67亿欧元,使集团经营利润严重下滑。柴油发动机作弊丑闻余音未消,坏消息又来了。11月3日,大众公司表示,首次发现旗下发动机存在"误读"情况,不符合二氧化碳排放许可规定。根据大众公司公布的数据,大约有80万辆车将受该问题影响,为此,大众公司将拿出22亿美元资金为此负责。据了解,大众公司是在进行的内部审查中首次发现:在二氧化碳排放认证中,部分发动机的二氧化碳浓度及油耗数据,被人为设定到较低水平。

6. 过度索取与环境破坏

近现代大工业生产出现后，人类的自信心和对生存环境的不满足感驱使其去征服自然、统治自然，毫无节制地向大自然索取、掠夺。工业发展为人类创造了大量实惠，极大地提高了人们的生活质量，与此同时也产生了事先预想不到的负面后果，如化肥、农药的研制成功解决了粮食问题，但不当使用也造成了一定程度的生态破坏；汽车的发明解决了交通问题，却又带来空气污染等。

全球资源系统和人类社会系统存在着永恒的矛盾。自然界的土地、水、矿物、空气、森林和草地等，是在人类出现之前就存在于地球上的自然物，在没有人类干预前，它们按照自身的规律运动、变化着，只是在人类出现之后，特别是工业化之后，人口、资源、环境与发展的矛盾愈来愈突出。

目前，人类已经有了相当大的改变自然环境的能力，但是，人们在享受现代工业成果的同时，并没有及时意识到所付出的生态代价，需要被迫面对日趋严重的环境污染和生态危机。例如，过度砍伐造成了森林面积急剧减少，削弱了植物的光合作用，使得地球上的二氧化碳不断增多，造成温室效应，物种减少，臭氧层被破坏，全球气候异常、变暖等生态灾难；过度开采，造成矿产资源枯竭，地下水位降低；工业"三废"（废渣、废水、废气）所造成的土壤、水和大气污染，累积效应威胁人类健康；过度捕捞，造成渔业资源的枯竭等。

现代工业带来的这些弊端，是导致人与自然关系恶化的主要原因。要改善人与自然的关系，使人类文明走上健康发展的轨道，必须走绿色生态、可持续发展之路。

工业文化

> **案例：1984年印度博帕尔毒气泄漏案**
>
> 印度博帕尔灾难是历史上最严重的工业化学事故，影响巨大。博帕尔是印度中部的一座中等城市，人口约50万人。在那里有一座属于美国的联合炭化物公司的大型化工厂，该厂生产的大量杀虫剂和其他药物，毒性很大，在生产、储备、运输的各个环节都有很大的危险。在美国，设立这样的工厂，要受到严格的限制。美国资本家为了达到直接在印度销售杀虫剂、利用当地廉价劳动力和赚取高额利润的目的，在印度设立了这家工厂。1984年12月3日凌晨1点，这家化工厂的三个地下储气库，由于化学反应失去控制，装有液态剧毒气体甲基异氰酸盐的储气罐内温度上升，压力过大，加上安全阀门没有关上，造成大量毒气外泄，并在博帕尔市内外以浓雾状游移于地表附近，经久不散。这次事故使储气罐内45吨剧毒气体泄漏殆尽。事故发生后仅2天内就有2 500余人丧生，博帕尔全城的居民受到毒气伤害的多达20万人，10万人被送入医院治疗，5万人有失明的危险，几千人受重伤。到1994年死亡人数已达6 495人，还有4万人濒临死亡。

7. 文化入侵

对一个国家或民族在文化和思想上的征服才是最彻底的征服，也是最隐蔽和最有效的手段。文化入侵也可称为文化征服、文化霸权，是一个国家或地区对另一个国家或地区在文化上的渗透和侵略。早期文化侵略是跟随着殖民统治而进行的，主要表现为强制性的、灭绝式的，即文化殖民。第二次世界大战之后，由于国际秩序重构，社会趋于文明，文化入侵表现得更为温和，主要是非强制性的、潜移默化式的。

全球化的文化内涵是共性与个性、统一性与多样性、普遍性与特殊性、民族性与世界性的统一。发达国家和发展中国家的地位是不平等的，前者把自己在经济、政治、军事方面的强势扩展到文化方面，这就形成了全球化中的强势文化和弱势文化的差异。在全球化发展过程中，发达国家凭借其超强的经济实力和科技优势，充分利用全球化在文化领域促成统一，有意识地推行文化殖民主义，高举"世界主义""普世价值"的大旗，在全球范围内广泛推销其文化产品和价值观念，意图在"普遍性"口号下取消文化多样性的价值，力图同化其他国家的文化，使弱势民族及其文化整合到一个由强势国家和民族及其文化所控制的同质的世界文化之中，使全球文化朝着单质化的趋向发展。

例如，在美国对外关系史上，美国政府通过向国外传播其文化价值观来实现其外交上的目的。第二次世界大战之后，冷战的爆发使美国决策者认识到，单靠战争手段已很难实现美国外交确定的目标，争取人的思想却可成为取得最后胜利的重要方法。因此，对外宣传、人员交流及通过大众媒介传播有关信息等成为美国政府实现其外交目的的有效手段。美国对外输出文化活动，在实现国家外交目的的同时传播了美国的文化价值观，尤其对其他国家的人的思想变化过程产生了很大的影响，促进了他们对美国生活方式的认同，加剧了全球的"美国化"进程。冷战的结束给一个时代画上了句号，美国政界和学术界一种具有代表性的观点认为，美国靠着其思想意识和文化价值观打赢了这场战争。美国文化的全球扩张，不仅加强了美国影响他国选择的能力，使美国可利用的软实力资源更为广泛，而且使得美国文化产品在国外的市场急剧扩大，给美国带来实实在在的经济利益。

当今社会，大众生产和大众消费造就了大众文化在社会上居于主导地位，以现代性为主要特征的生活方式伴随着西方国家经济向外扩张而大规模地向外蔓延,只要与西方有往来的国家,无不感受到西方文化对当地文化的冲击。普通民众通过对西方文化产品的消费达到了物质上的满足和精神上的愉悦,与此同时,在不知不觉的过程中受到这种文化所张扬的价值观的影响,导致整个国家在精神面貌上的西方化。

虽然当今西方国家试图借全球化之机推行文化输出,但一种有意识的、以保护民族文化独特性为目的的趋势正在兴起,并在一定程度上构成了对强势文化扩张、渗透态势的抵抗。

案例:乌拉圭回合贸易谈判中的"文化例外"

在1993年举行的乌拉圭回合贸易谈判中,法国会同加拿大等国提出了"文化例外"的主张,认为文化产品有其特殊性,不能与其他商品等同起来,不能任意自由流通。法国和欧共体其他国家一起拒绝美国关于欧洲取消对美国影视产品的"配额限制"和"自由贸易"的要求。1994年4月,欧洲委员会发表绿皮书,决定充分利用自己的技术优势,大力发展欧洲影视产品。当然,发展中国家也在大力发展本国文化,抵制和排斥外来文化的入侵。例如,印度大力发展自己的软件产业和电影产业,以同外来文化对抗,并力图扩大自己文化在世界上的影响。

第三节 产业技术伦理

技术作为人与客观世界实践性关系的中介,是人本质的外化与展现,同时蕴含着极为深刻的实践底蕴与人本诉求。技术是一把双刃剑,既可以为人类造福,也可能给人类带来灾难。人类会不会为自己开发出的高科技反噬?这一命题不是好莱坞的独创,略有科幻作品观赏经历的人都知道,这是"疯狂的科学家和他造出的科学怪物",但这一命题正在逼近人类,并引发步入工业化以来最大的心理恐惧:人类创造的事物终有一天会失去控制,甚至反过来威胁到人类自己,于是产生了"技术异化"与伦理问题,因此必须在创新与风险之间找到合适的平衡,并对技术进行必要的伦理规制。

1. 人工智能

人工智能最早是在 1956 年的达特茅斯会议上被提出的,尽管完美的人工智能技术并未出现,但近几十年得到快速发展。人工智能影响面广,颠覆性强,必将深刻改变人类社会生活、改变世界。基于人工智能的智能化系统的普遍应用,不仅是一场开放性的科技创新,也将是人类现代工业中影响更为深远的伦理试验。

人工智能发展的不确定性带来新挑战。随着无人机、自动驾驶、社会化机器人、致命性自律武器等应用的发展,涌现出大量人可能处于决策圈之外的智能化自主认知、决策与执行系统。人工智能改变了人类的生存环境,重塑了人的行为,不断模糊着物理世界和个人的界限,刷新人类认知和社会关系,延伸出复杂的伦理、法律和安全问题。这迫使人们在实现人工智能之前,妥善处理以使人工智能体自主地做出恰当的伦理抉择,更好应对人工智能发展可能带来的社会、伦理和法律等挑战。

例如,机器人杀人问题,杀人的机器人是否应该为他们的行为负责?由于他们不能承担责任,自身没有承受处罚的能力,那怎样才能处罚他们?再如,机器人互动技术引发的伦理问题,机器人与机器人之间的互动、机器人与人之间的互动产生的情感或者道德关系问题。很早之前,一名叫阿西莫夫的年轻作家提出了"机器人学三大定律":一是机器人不得伤害人类,或者袖手旁观让人类受到伤害；二是在不违反第一定律的情况下，机器人必须服从人类给予的任何命令；三是在不违反第一及第二定律的情况下，机器人必须尽力保护自己。

当前，美国、欧盟等都在着力推进对自动驾驶汽车、智能机器人的安全监管。英国聚焦人工智能发展前景，以及这项技术可能带来的改变和风险提出一份报告。报告提出，应确立一个适用于不同领域的"人工智能准则"，其中主要包括五个方面：人工智能应为人类共同利益服务；人工智能应遵循可理解性和公平性原则；人工智能不应用于削弱个人、家庭乃至社区的数据权利或隐私；所有公民都应有权利接受相关教育，以便能在精神、情感和经济上适应人工智能发展；人工智能绝不应被赋予任何伤害、毁灭或欺骗人类的自主能力。

人类在发展和应用人工智能过程中，有必要把伦理道德放在核心位置，制定人工智能产品研发设计人员的道德规范和行为守则，最大限度地防范风险，前瞻应对人工智能的风险挑战，以确保这项技术更好地造福人类。

2. 大数据

隐私权是公民个人生活不受他人非法干涉或擅自公开的权利，是控制有关自己信息的权利。隐私权和个人自由紧密相连，它意味着尊重个人的自主、自由，意味着对他人正当行为的尊重。信息技术的发展使个人隐私被采集和公开的可能性大大增加，从而使个人的自由和尊严受到了潜在威胁。例如，在一些国家，公民个人信息比较容易被采集到，这些信息就有可能被窃取泄露或非法出售，这往往导致个人信息使用的失控。

大数据技术革命是计算机技术、智能技术、网络技术和云计算技术等多种技术的迅猛发展所促成的。事物的数据描述与分析早已有之，古埃及、古希腊及古代中国等各种古代文明都早已用数据来记录财产、计算财富、统计人口、征收赋税等。随着大数据技术的兴起，以前难以数据化的领域，如人类精神、行为,皆可以数据来刻画,因此数据化的领域被不断扩大,现已基本上实现了量化一切的愿景。

在大数据时代,信息采集现象得到强化。人们的一切都被智能设备时刻盯梢着、跟踪着,让人真正感受到被天罗地网所包围,一切思想和行为都暴露在第三只眼中。例如,我们的个人信息,如出身、年龄、健康状况、收入水平、家庭成员、教育程度……均有可能被收集,只要进行过搜索,搜索痕迹就被 Google、百度等永久地保存,被采集对象往往并不知情。云存储、云计算等技术正帮助人类存储上述海量信息并从这些信息中挖掘出人们需要的东西。于是,隐私搜寻、足迹追踪、行为分析变得更加容易,无处不在的数据收集和分析能够对人的行为和状态进行预测。

大数据技术是一把双刃剑,它给人类带来数据采集、存储、传输和使用的便捷,并从数据中挖掘出难以预测的价值,也带来了个人隐私保护的隐忧,引发了人们对数据的滥用、特别是数据安全的担心,由此产生了大数据时代人类的自由与责任问题并给传统伦理观带来了新挑战。

3. 虚拟空间

随着信息技术的迅猛发展,人类社会正逐步从工业化社会向信息化社会迈进。相继涌现出一批网络新技术、新模式、新业态,催生了"网游热""直播热""网红热""VR 热"等现象,虚拟空间成了人类的"第二生存环境"。但是,网络的自由发展在给人类带来全新的生活方式的同时,也导致了所谓的"网络生态危机",带来诸多网络伦理问题。

网络伦理就是人们通过信息网络进行社会交往时,在虚拟空间中表现出来的伦理关系。网络在很大程度上已经改变着人们的生活方式和工作方式,甚至影响着社会结构和文化价值观念。诚然,网络在给人们的生活和工作带来便捷的同时,也出现了一系列诸如网络传播、网络沉迷、网恋行为、网络水军等伦理问题,而黑客攻击、网络诈骗等网络行为低俗化的网络犯罪问题,已经严重危害到社会和个人的利益。

研究人们在网络社会交往中产生的伦理问题，防止网络成员道德失范，已经成为一个刻不容缓的现实问题。只有深刻认识传统伦理和网络伦理的异同，才能在传统伦理传承与创新的前提下，以传统伦理为基础、以规范网络交往行为为目标，建立健全现代信息社会虚拟空间的网络社会伦理。

由于虚拟空间的虚拟性及网络传播裂变式的效应，极易引发舆论风暴，其呈现的伦理问题也日益明显和严峻，突出的两大问题是引发虚拟空间中虚拟自我的伦理行为失范和道德紊乱。伦理失范是一个价值问题，只有深度探究网络伦理失范的现实形态及伦理价值特质，从网络技术、立法、伦理治理、示范效应等方面多维度探索应对路径，才可能构建起有效的网络伦理治理规范，使网络社会良序运转。

第四节 生产与服务伦理

1. 工业设计

产业因工业设计而更具活力，世界因工业设计而更加美好。工业设计融合了对美好生活的向往、对人文关怀的价值追求。伦理是工业设计不可分割的重要价值维度。合乎伦理约束的工业设计要从全局考虑生态环境及对人的本质关怀。工业设计伦理就是要考虑长远，妥善平衡人、产品、社会、环境之间的关系，平衡协调企业经济效益、社会效益和生态效益之间的关系。

从本质上看，工业设计具有向善的价值取向，设计最终的目的是给人建立一个健康朴实的生活方式。形成市场需求不是设计最终目的，因为人类的欲望是无止境的，如果设计的发展为了满足人的欲望，人类必将走向毁灭。

因此，必须提倡一种健康朴素的生活方式，强调实用性、经济性和人性化的原则，产品设计和技术标准的制定要尽量考虑到使用者和受影响者的利益和诉求，尽可能体现人与物之间和谐友好的关系，并最大限度地满足人的生理和心理需求。

以人为本，需要通过工业设计技术将产品以更人性化的方式让用户感受和接受，促进人与产品之间的友好交互，让大多数人高效、舒适地使用，使产品的各项功能更加人性化地实现，提高产品或系统在使用过程中的品质，同时，避免过度设计造成的材料、资产和金钱的浪费，甚至资源的短缺与环境的污染。

2. 产品质量

质量伦理是经济活动或企业活动不可缺少的内在伦理机制，是经济制度创新和发展的重要动力。在当代世界贸易组织规则下的国际市场竞争中，许多企业不是被竞争对手打倒，而是被自己产品的质量打倒。一旦质量出了问题，该企业竞争力可能在一夜之间就会化为零。

质量安全问题不仅对消费者产生危害，而且将对相关产业的信誉度和形象产生重大的负面影响。宏观上，质量伦理意味着一种世界范围内的国家经济竞争力，它对健康的、高质量发展的经济具有规范作用。微观上，产品质量的高低决定了企业的绩效和未来的发展，企业出现质量问题，将对企业自身和社会产生严重影响。

质量管理是企业社会责任行为和质量伦理的重要内容。当出现质量问题，仅仅加强质量管理是不够的，还需要从伦理上强化质量意识，通过创造新的商业竞争模式，改变游戏规则，提升企业经营的正当性，形成差异化竞争优势。因此，加强质量伦理建设，对于提高质量管理水平，提升企业绩效，增强经济发展质量，具有重大理论意义与现实意义。

3. 食品安全

食品安全问题是人们日常生活最关心的，然而食品安全质量的下降已经威胁到了人们的身体健康。食品安全问题的解决是一项极其复杂而系统的工程，既需要完善的法律体系、政府的监管和生产技术的提升，更需要全社会对食品安全问题进行深刻的伦理考量和道德反思，并加强食品安全问题的道德约束和行为规范。

食品安全伦理涉及食品生产者、监管者、消费者和媒体。食品安全伦理之所以必要，在于食品安全既表达个体价值诉求，又承载社会公共利益，以及食品本性异化的呼唤。保证食品安全，需要食品利益相关者对食品安全伦理的共知、共守。

食品安全问题的道德伦理原因在于：一是食品生产者缺少对生命伦理的关怀。食品生产者为了追逐经济利益，放弃了基本的对生命的伦理价值的关心与爱护。比如，鸡蛋生产商为了生产更多的鸡蛋，给小鸡打激素，使小鸡生长得更快。二是食品生产者的社会道德伦理下降。一些生产劣质食品的生产商，为了追逐自己的个人利益，在社会商品的生产、加工与销售等环节违背社会道德伦理，侵犯消费者的利益。三是社会对食品安全缺少制度化的保障。法律化的制度是保障公民权利不受损害的公共保证，但要形成有力的制度保障，还要求社会组织、制度、体制的健全。食品安全机构监管不到位和惩戒力度不足是导致食品安全问题频发的重要原因。

第五节　企业社会责任

随着经济的发展，越来越多的企业注重"社会责任"，提出"全球责任"经营新理念，强调企业对社会的责任，重视企业对社会的贡献，建立了以人为本，以顾客为中心的优秀企业文化，获得巨大成功。关注社会发展就是关注企业自身发展。企业是社会的细胞，社会是企业利益的不竭源泉。一个好企业，在充分享受社会赋予的各种机遇时，也应以符合伦理道德的行为回报社会，担负起应有的社会责任。只有这样，社会才能给企业发展提供更广阔的空间，企业才可能走上良性发展大道。

近年来，工业企业加快转变发展方式，调整产业结构，有效推动了工业经济和生态文明、民生改善协同发展。同时，企业社会责任制度逐步完善、实践日渐深入，管理更加规范，评价更加科学。企业社会责任包括：守法、诚信、承担经济法律责任；把握质量、节能、环保、安全等要素；维护职工和消费者权益；参与社会公益等内容。近年来进一步上升到标准、规范，提升为企业竞争力要素，国际上已形成了规范通则。

守法诚信是企业履行社会责任的思想基础和道德底线。人与人的交往，人与社会的交往，都要讲诚信。脱离了诚信，履行其他责任也将无从谈起。市场经济是法制经济，要依法治理；市场经济是信用经济，也要以德治理。当前社会法治诚信水平与经济发展和社会发展不匹配、不协调、不适应的矛盾仍然突出。在经济下行压力较大的情况下，一些企业用降低标准、牺牲质量的办法降低成本；侵害知识产权、专利权，假冒高端品牌现象屡禁不止；利用互联网平台制售假冒伪劣问题显现。不仅坑害消费者，更会断送企业、甚至全行业的前途。

在全球化时代，企业与企业之间的贸易行为更加频繁。在传统社会中，企业经营者对于所谓的社会责任并无明确概念，多半是抱着感恩的心，以"取之于社会，用之于社会"的态度来回馈社会与从事公益。如今，企业在经营中应把遵循生态伦理、产品质量伦理和资源伦理等作为道德和行为准则，坚持经济效益和社会效益的统一，力求用最少的劳动和资源消耗、最少的污染，生产出更多的满足人民需求、造福社会的产品。

第十三章 工业精神

世界上最优秀的制造业,如德国制造、日本制造、瑞士制造,背后都有着一丝不苟的工业精神作为支撑。工业强国走过的工业化道路说明,没有工业精神支撑的工业不过是水中月、镜中花。具有工业精神的生产者对消费者应当永存敬畏之心,绝对不会拿消费者当试验品,绝对不会让不合格的产品流向市场,而要确保流到市场上的都是精品;具有工业精神的企业家应当耐得住寂寞,经得起利益的诱惑,将"十年磨一剑""一生做好一件事"作为自己的选择,致力于企业的长远发展;具有工业精神的企业对员工,特别是生产一线的员工,倡导的是孜孜不倦、手艺的专注、产品的专注,把产品就是人品,质量就是生命作为企业生存与发展的座右铭;具有工业精神的国家愿意把创新精神、工匠精神、企业家精神、契约精神等作为社会基本价值理念来教育国民,愿意从小就培育全民工业文化素养,愿意花费时间和精力培养真正的、具备工业精神的人才。

第一节 工业精神内涵

工业精神是在工业化过程中产生和发展,为工业生产活动提供深层次动力和支持的一种社会主导取向和共同价值观。工业精神内涵可以简单地理解为有利于工业发展的文化和心理。工业精神外延包括时代精神和民族精神,具体包括创新精神、创业精神、工匠精神、诚信精神、劳模精神、协作精神和企业家精神等。工业精神要求的是合理、能够推动工业和社会进步、符合价值理想、顺应发展总趋势的工业精神文化。

工业精神可以从多个角度、不同的方面展示。

(1)内化于工业主体的工业精神。工业主体在从事工业活动中形成各行业共有的价值追求、行为准则,可上升为具有普遍性的工业精神。作为员工的个人构成工业主体,工业主体参与工业活动,工业活动产生价值。内化于工业主体的工业精神直接作用于工业发展,对工业运行、工业成果、社会秩序产生重要影响。同时,人具有社会属性,个人受到工业运行、工业制度的规范,工业活动对个人进行塑造,优秀的工业精神影响着个人素质的提升。

工业中的具体行业主体亦形成各具特色的行业精神。行业精神是不同行业根据自身特定的性质、任务、宗旨、时代要求和发展方向,为谋求生存与发展,在长期生产经营实践基础上,逐步形成的、并为整个员工群体普遍认同的正向心理定式和价值取向。行业精神一旦确立,就相对稳定,并随着行业的发展不断发展,呈现行业精神稳定性与动态性的统一。行业精神具有凝聚作用,能够使全体员工具有强烈的向心力,将行业各方面的力量集中到行业的发展目标之中。比如"事业高于一切,责任重于一切,严细融入一切,进取成就一切"的中国核工业精神激励一代又一代核工业人,克服前进道路上的艰难险阻,取得了辉煌成就。

(2)浸润于工业运行中的工业精神。在工业运行中,为协调各方面的关系,推动工业生产,形成工业运行中得到普遍认同和共同遵循的价值取向和行为规范,并逐渐形成定式和工业运行中的公序良俗,凝结成工业运行中的工业精神。工业运行受精神文化、制度文化的影响,意识领域的工业精神通过工业主体对工业运行发挥着能动作用，引导着工业运行进程。工业运行中的工业精神主要存在于合作和生产之中，以一种动态的形式存在。其主要包括追求一次到位的效率精神、诚实守信的契约精神等。

（3）凝结于工业客体中的工业精神。工业精神引导工业主体通过工业运行创造价值，工业精神在工业成果中得到凝聚和物化，这主要包括质量精神、实用精神、先进精神等方面。工业原料是工业生产的作用对象，工业生产需要以质量精神、效率精神为指导，更好地发挥工业原料的价值。物质成果是工业生产价值的主要载体，工业的发展和人们生活水平的提高对工业成果提出了更高的要求，更需要在工业成果中强化质量精神。科学技术成果是工业发展的动力和智力支持，工业发展需要更为实用、更为先进的工业科技，需要在工业成果中注入优质的工业精神。

工业精神具有历史的传承性。传承是文化的基础，也是工业精神延续发展的基本形式。工业精神在历史发展进程中，不断积累、不断吸收新的元素，每个新的阶段在否定前一个阶段的同时，继承前面先进的内容和成果。

工业精神传承有连续性也有间断性。从整体上来看，工业精神的传承是一直延续的；从具体工业精神的内容上看，部分内容可能在传承的扬弃过程中消退，或者在经过周折后再次融入工业精神之中，由此呈现具体工业精神传承的间断现象。

在工业精神的传承中，存在着稳定性和变异性，从工业精神的一部分过渡到另一部分时，整个精神文化的一些现象、方面、特质得以保存、延续、巩固；就精神文化的本质而言，其是在不断变化的，新观念、新技术、新规范得以推广和吸收，就构成了工业精神传承中的变异。

工业精神在扬与弃、稳与变中传承民族精神，融入时代精神，形成具有时代特征的工业文化，实现自身发展。

案例：同仁堂的精神

同仁堂是有着三百多年悠久历史的中医药行业著名的"老字号"，传承着中华民族优秀的民族精神，恪守"炮制虽繁必不敢省人工，品味虽贵必不敢减物力"的古训，坚持着"修合无人见，存心有天知"的自律，秉承着"德、诚、信"，确保同仁堂的金字招牌，使其在国内乃至国际医药工业领域具有重要的地位。

同仁堂在秉承民族精神的基础上，不断融入新的时代精神。第一，坚持契约精神，始终恪守诚实守信的品德，并将其作为基本精神代代相传；第二，在生产经营中培育以义取利的价值评价标准，将利益的获得融入"济世养生"之中，融入医疗服务之中；第三，坚持质量精神，在工业化生产过程中，总结出了"配方独特，选料上乘，工艺精湛，疗效显著"的制药质量规范，从配方、选料到加工制作都严格按照最高标准进行，确保了同仁堂的药品质量；第四，坚持创新精神，在传承原有技术的基础上发展了新的胶囊药物形式、使用高科技生产机器、采用成分量化检测新标准等新的工业技术和工业物质载体；第五，以"名店、名医、名药"三位一体的形式创新医药工业的运营模式和相关制度。

第二节 创新精神

创新精神是指要具有能够综合运用已有的知识、信息、技能和方法，提出新方法、新观点的思维能力和进行发明创造、改革、革新的意志、信心、勇气和智慧。

创新精神是一个国家和民族发展的不竭动力。创新精神以敢于摒弃旧事物、旧思想，创立新事物、新思想为特征，同时创新精神又以遵循客观规律为前提，只有当创新精神符合客观需要和客观规律时，才能顺利地转化为创新成果，成为促进自然和社会发展的动力。

创新是工业化进程的催化剂。百余年来，无论是基础领域创新和关键技术创新，还是产业组织创新和管理方式创新，大多围绕着工业化进程展开。产生了机械化、电气化、信息化、智能化等一系列科技革命和产业变革的创新成果，形成了经济、管理、机械、电子、电气、工业设计等千余门学科，更重要的是塑造了一种"求变求新"的创新精神。

创新精神具体体现在多个方面：例如，不满足已有认识，不断追求新知；不满足现有的生活生产方式、方法、工具、材料、物品，根据实际需要或新情况，不断进行改革和革新；不墨守成规，敢于打破原有框框，探索新的规律，新的方法；不迷信书本、权威，敢于根据事实和自己的思考，向书本和权威质疑；不盲目效仿别人想法、说法、做法，不人云亦云、唯书唯上，坚持独立思考，说自己的话，走自己的路；不喜欢一般化，追求新颖、独特、异想天开、与众不同；不僵化、呆板，灵活地应用已有知识和能力解决问题……值得注意的是，虽然创新精神提倡新颖、独特的创造、发明和改造，但是要受到一定的道德观、价值观、审美观的制约。

案例：苹果公司的创新精神

1976年，苹果公司由史蒂夫·乔布斯、斯蒂夫·盖瑞·沃兹尼亚克、罗纳德·杰拉韦德和维恩创立。不断实验、不断创新是苹果公司生存和发展的真谛。

从技术上看，首先是设计创新。苹果手机具有流畅的线条、轻薄的手感、华丽的外观、简约舒适，给顾客以最大的舒适感；其次是技术创新。苹果手机是现代智能手机的引领者，它率先应用多点触屏、重力感应器、光线传感器，甚至三轴陀螺等超过200项的专利与技术，并把这些技术的作用发挥到极致。例如，通过对操作软件和触摸屏的创新开发，使得手机按键简化到只有一个；在屏幕上用户只需要用两根手指张开或合拢，就能调整窗口的大小。再次是商业模式创新。苹果开创了一种新型的商业模式——出售手机的各种软件应用商店 Itunes Store 的发明。软件是手机的灵魂，华丽的外观，良好的配置，再加上各式各样的应用软件这才是一款令人满意的手机。苹果的网上商城有着各式各样的软件，其种类多、下载量大，也为苹果公司创造了巨额的利润。

第三节　工匠精神

工匠精神是工匠对自己生产的产品精雕细琢、精益求精，追求完美和极致的精神理念。工匠精神的内涵可以从三个方面体现：敬业、精业、勤业。敬业即对所从事的职业有一种敬畏之心，视职业为自己的生命，是从"技"到"道"真谛的领悟，是工匠对职业精神和人生境界的追求；精业即精通自己所从事的职业，达到技艺精湛的地步，它体现了工匠的创造精神与工作态度，那些在中国历史上被称为"能工巧匠"的，不只是因为他们技艺熟练，更重要的原因在于他们身上所具有的创造性品质；勤业即积极、勤奋、坚守、永不懈怠地从事自己的职业，表现出对工作的执着、对产品的负责。

工匠精神是一种态度，一种信仰，一种追求，一种品质，一种财富；工匠精神也是一份挚爱，一份专注，一份坚持，一份执着，一份诚信。它是一种对工作精益求精、追求完美与极致的精神理念与工作伦理品质，包含了严谨细致的工作态度，坚守专注的意志品质，自我否定的创新精神及精益求精的工作品质。

美国当代最著名的发明家迪恩·卡门曾说："工匠的本质——收集改装可利用的技术来解决问题或创造解决问题的方法从而创造财富，并不仅是这个国家的一部分，更是让这个国家生生不息的源泉。"简单地说，任何人只要有好点子并且去努力实现，他就可以被称为工匠。

工匠精神古已有之。《说文》里记载："匠，木工也。"今天作为文字的"匠"，早已从木工的本义演变为心思巧妙、技术精湛、造诣高深的代名词。根据辞海的解释，"工匠"指的是有一定工艺专长的匠人。《周礼·考工记》曰："百工之事，皆圣人之作也。烁金以为刃，凝土以为器，作车以行陆，作舟以行水，此皆圣人之所作也。"在中国的传统文化中，不乏榫卯、都江堰水利工程等饱含工匠精神的产品。从古今中外对工匠的描述中，可以从三个方面理解工匠精神。

（1）工匠精神内化于"德"。工匠精神以追求至善至美为价值导向，在工匠逐渐走向工业化的过程中，追求工艺的完美，是真善美的统一。由于传统文化中对"德"的追求，美以善为基本标准。工匠精神于"德"亦在于尊师重道的师道精神，无论是传统的师徒模式或学徒模式，还是现代以高校、企业、研究机构为主要工业技术研究主体，都强调对知识技术的关注和对技术人员的推崇。敬业奉献精神更是工匠精神在"德"维度的基本要求。兢兢业业，爱岗敬业是工匠精神的基本元素。

（2）工匠精神凝结于"技"。工匠精神以"德"为风骨，以"技"为筋骨，追求技术水平的保证和提升。首先，工匠精神包含在制造中坚持一丝不苟的精神，必须确保每个部件的质量，对产品采取严格的检测标准，不达要求绝不轻易交货；其次，它强调在创造中的精益求精。工匠的"造物"能力和技艺主要是累积式的渐进和改良。在长期的技术实践经验和对技术方法的思考基础上，对之前的技艺进行改良式的创造，以得到"青出于蓝而胜于蓝"的成效；再次，知行合一的实践精神。工匠操持技术、制作器物和传授技艺，既包括对知识技能的掌握，也包括从技能到实践的转化。

（3）工匠精神外化为"物"。器物有魂魄，匠人自谦恭。工匠精神不是理论的空话，其贯彻在工匠们精益求精的生产过程中，凝结在巧夺天工的精美产品上。浸润着工匠精神的工业产品，是物质价值的载体，更蕴含着技术和精神的传承。

案例："内联升"鞋业

> 以始建于1853年（清咸丰三年）并已经进入工业化生产的"内联升"鞋业为例，其布鞋制作技艺第四代传承人何凯英曾表示"工必为之纯，品必为之精，业必为之勤，行必为之恭，信必为之诚"，这"五为"之训必须熟记于心。内联升在生产经营中贯彻的工匠精神不仅为其树立了老字号的招牌，更为其成为"中国布鞋第一家"提供了强大的竞争力。

综上所述，工匠精神是在工匠技艺和品德传承中形成的文化，是一种对工作精益求精、追求完美与极致的精神理念与工作伦理品质，它包含了严谨细致的工作态度，坚守专注的意志品质，自我否定的创新精神及精益求精的工作品质。尽管传统的小作坊形式基本上被现代化的工业制造所取代，但是在人类历史中沉淀下来的工匠精神和工业文化传统，依旧贯穿于现代化的工业制造之中，甚至成为现代工业制造的灵魂所在。历史已经证明，世界工业强国的形成与它们对工匠精神的重视密切相关。弘扬工匠精神，不仅是对传统的传承，还可以创造巨大的价值，更是提高工业主体主导力和竞争力的有效保证。

第四节 诚信精神

诚信是一个道德范畴，是日常行为的诚实和正式交流的信用的合称。一般是指两个方面：一是指为人处事真诚诚实，尊重事实，实事求是；二是指信守承诺。

诚信是人类社会生活的基本要求，也是人之所以为人应有的美德。诚信精神要求社会中的每个人都要受自己诺言的约束，信守约定。这既是古老的道德原则，也是现代法治精神的要求。

诚信精神的内涵和范围随时代的变化而不断扩充和泛化，它不仅是一种道德要求和法律规范，更演进成了一种经济模式，即以诚信为基础的信用经济。在工业社会里，信用建设必须要像公路、水电及电话、宽带、有线电视线路一样，应该成为社会基础设施，因为只要有社会活动和经济活动，就存在信用问题。

中国自古以来就主张以德治国、以文化人，强调"言必信，行必果""守之以信，守之以礼""人而无信，不知其可也"。五千多年文明的结晶，集中反映了中华民族的特质和风貌。

关于守信问题，东西方稍有差别。东方传统强调"诚信精神"，西方重

视"契约精神",两者区别主要表现在:

第一,在约束力量上,诚信是一种德行修养,讲究的是自律和良知。契约精神非常强调外在权威。

第二,对主体要求上,诚信是一种道德品质,是对人的伦理要求,因此诚信是单方面的义务。契约的存在必须有两方以上的主体,否则达不成共同的约定。

第三,在表现形式上,传统语境下的诚信是有差等的,中国古代把"信"排在"仁"和"义"的后面。契约精神把"信"作为最基本的道德义务和规则,具有极大的普遍性和平等性。

在经济市场化、法治化、全球化的新时代,不管是东方的诚信精神,还是西方的契约精神,它们一起成为建立现代信用社会的基石。现代社会离不开诚信精神,它既包括经济主体与其他主体的诚信,也包括经济主体内部各组成部分的诚信。

案例:中国武汉楼房的故事

中国武汉位于江岸区鄱阳街青岛路口有一座6层大楼,有年头了,叫"景明楼"(现名称为"民主大楼",是武汉市民主党派办公楼),1999年某日武汉景明大楼的业主收到一份来函,告知"景明大楼的设计年限为80年,现已超期服役了两年"。写信者是景明楼七八十年前的设计单位,一家英国的建筑公司。

第五节 协作精神

协作精神是个人与个人、群体与群体之间为达到共同目的,彼此相互配合的一种精神。协作精神有时也用合作精神代替,但合作更多的是强调双方地位平等,协作是有主有次、共同开展一项活动。

协作是任何组织存在与发展的基础,也是工业化产生的前提。没有协作,工业化组织分工细化就没有可能,也就不存在精密的生产线、成员之间的协同作业,也就不会产生富有共赢目的的各种组织形式。

随着工业社会的不断发展,良好的协作精神不仅为生产领域所必需,也是其他各个领域的需要。事实上,二百多年前,经济学家亚当·斯密就准确地描述了工业化时代国际分工的可能性和必然性,认为分工是导致工业化及经济不断进步的原因,他写道:"劳动生产力上最大的增进,以及运用劳动时所表现的更大的熟练、技巧和判断力,似乎都是分工的结果。"

亚当·斯密曾经以扣针制造业为例说明分工细化:"一个人抽铁线,一个人拉直,一个人切截,一个人削尖对线的一端,一个人磨另一端,以便装上圆头。要做圆头,就需要有两三种不同的操作。装圆头,涂白色,乃至包装,都是专门的职业。这样,扣针的制造分为18种操作。有些工厂,这18种操作,分由18个专门工人担任。固然,有时一人也兼任两三种。我见过一个这种小工厂,只雇用10个工人,因此在这个工厂中,有几个工人担任两三种操作。像这样一个小工厂的工人,虽很穷困,他们的必要机械设备,虽很简陋,但他们如果勤勉努力,一日也能成针12磅。从每磅中等针有4 000枚计,这10个工人每日就可成针48 000枚,即一人一日可成针4 800枚。如果他们各自独立工作,不专习一种特殊业务,那么,他们不论是谁,绝对不能一日制造20枚针。"

有分工必然就有协同、就有合作,分工与合作犹如一个事物的两个方面,缺一不可。分工产生了效率,形成了专业化;合作可以达成优势互补,减少部门、环节、岗位间出现的摩擦和冲突,增强整体的生产力和创造力。进入工业化时代,市场变化多端,供需关系复杂,客户需求多样化,以前那种靠一个能人单打独斗、独撑一片天下的局面越来越少见。因为在科学技术日新月异的时代,一个人不可能了解相关行业的所有信息,也不可能掌握所有的技能。

从一定意义上说,工业时代和农业时代的首要区分就是"是否建立了有分工的组织和是否善于有效合作"。比尔·盖茨曾说过:"团队合作是企业成功的保证,不重视团队合作的企业是无法取得成功的。"现在的竞争,已经发展到了更多地依赖团队的合作和协同。竞争中的优胜者往往不是个人而是团队,是一个团队的合作战胜了另一个团队。

第六节 劳模精神

劳模精神指的是劳动模范者在社会实践中所表现出的价值观、道德观和精神风尚,内涵十分丰富,具体来说,包括了劳模那种坚定理想信念、以民族振兴为己任的主人翁精神;勇于创新、争创一流、与时俱进的开拓进取精神;艰苦奋斗、艰难创业的拼搏精神;淡泊名利、默默耕耘的"老黄牛"精神和甘于奉献、乐于服务的忘我精神;紧密协作、相互关爱的团队精神。

(1)中国革命战争时期的劳模精神。1933年8月,中央苏区为了促进生产,开展劳动竞赛,提出了以比数量、质量、成本等为内容的竞赛目标,并决定按时评比、表彰先进和评选模范。20世纪40年代中期,陕甘宁边区又发起了一场声势浩大的劳动英雄和模范工作者运动，解放战争时期又出现了大量的"支前劳模"和新解放城市中的"工业劳模"。这一时期的劳模运动经历了从个人到集体、从生产领域到各个方面、从上级指定到群众评选、从数量增多到质量提高、从提倡号召到按规定标准予以推广、从革命竞赛到全面的群众运动的发展过程，体现了"服务战争、支援军事"的指导思想和"为革命献身、革命加拼命、苦干加巧干、经验加创新"的劳模精神，呈现出"革命型"的劳模特征。

（2）中华人民共和国成立初期的劳模精神。中华人民共和国成立后，为恢复发展国民经济，进行社会主义建设，党和政府坚持沿用了革命战争时期的经验做法，依托劳动竞赛和生产运动开展了形式多样的劳模运动。从1950年9月至1960年6月，这10年间评选出了成千上万的劳模和先进生产者。他们来自各行业的基层，一线产业工人是主流，典型代表有吴运铎、王进喜、赵梦桃、孟泰等。在他们身上体现出的是社会主义理想和爱国报恩的价值追求，其蕴含的劳模精神的内涵是"不畏困难、艰苦奋斗、自力更生、无私奉献、刻苦钻研、勇于创新、不怕牺牲、团结协作、爱岗敬业、多做贡献"。"一不怕苦、二不怕死"的硬骨头精神和"老黄牛"形象是他们的真实写照，提高操作技能和熟练程度、提升技术水平和生产能力、提出合理化建议和总结推广先进经验、从生产型向技术革新型转变是劳模们的典型特征。

（3）改革开放至今的劳模精神。由于历史原因，从1977年4月至1979年12月，中共中央和国务院连续召开了五次全国性的劳模大会，共产生了来自工业、科技、科研、财贸、交通等领域的2 541名劳模和先进工作者。值得注意的是，改革开放后，"知识分子成为工人阶级的一部分"的论断，进一步扩大了劳模队伍的外延，陈景润、袁隆平、蒋筑英、邓稼先等知识分子和科研工作者的优秀代表成为劳模队伍的新成员，极大地鼓舞了知识分子和脑力劳动者的工作热情。

2016年4月26日，习近平总书记在知识分子、劳动模范、青年代表座谈会上指出，劳动模范是劳动群众的杰出代表，是最美的劳动者。劳动模范身上体现的"爱岗敬业、争创一流、艰苦奋斗、勇于创新、淡泊名利、甘于奉献"的劳模精神，是伟大时代精神的生动体现。

总体来看，劳模精神的内涵在不断丰富。"以知识创造效益、以科技提升竞争力，实现个人价值、创造社会价值"成为劳模的价值追求，"知识型、创新型、技能型、管理型"成为当代劳模的鲜明特征，充满活力和感召力的劳模队伍为推动国家的经济建设、政治建设、文化建设、社会建设及生态文明建设做出了重大贡献。

第七节 企业家精神

"企业家"这一概念由法国经济学家理查德·坎迪隆在1800年首次提出，即企业家使经济资源的效率由低转高，企业家精神是企业家特殊技能（包括精神和技巧）的集合。或者说，企业家精神指企业家组织建立和经营管理企业的综合才能的表述方式，是一种重要而特殊的无形生产要素。熊彼特认为企业家精神包括建立私人王国、对胜利的热情、创造的喜悦、坚强的意志。

例如，伟大的企业家、索尼公司创始人盛田昭夫和井深大，他们创造的最伟大的"产品"不是收录机，也不是栅条彩色显像管，而是索尼公司和它所代表的一切。沃尔特·迪士尼最伟大的创造不是《木偶奇遇记》，也不是《白雪公主》，甚至不是迪士尼乐园，而是沃尔特·迪士尼公司及其使观众快乐的超凡能力。萨姆·沃尔顿最伟大的创造不是"持之以恒的天天平价"而是沃尔玛公司——一个能够以最出色的方式把零售要领变成行动的组织。

每个企业都有一种理念，有一种文化，企业家就朝着这个理念努力拼搏，时间长久就形成一种文化，企业家的成功就是靠他们有这种精神的支持。世界著名的管理咨询公司埃森哲，曾在 26 个国家和地区与几十万名企业家交谈，其中 79%的企业领导认为，企业家精神对于企业的成功非常重要。全球最大的科技顾问公司 Accenture 的研究报告也指出，在全球高级主管心目中，企业家精神是组织健康长寿的基因和要穴。

真正的企业家以企业为本位，创造财富，完善自我，有社会责任感。企业家的这种精神具有不可替代性：第一，企业家的某些素质，如首创精神、精明、富有远见；第二，工业化中充满了大量的不确定性，特别需要敢冒风险、有判断力和充满信心；第三，市场形成越不完全，就越需要企业家的创新精神。具体来说，企业家精神包括：

（1）创新是企业家精神的灵魂。一个企业最大的隐患，就是创新精神的消亡。一个企业，要么增值，要么就是在人力资源上报废，创新必须成为企业家的本能。创新不是"天才的闪烁"，而是企业家艰苦工作的结果。创新是企业家活动的典型特征，从产品创新到技术创新、市场创新、组织创新等。创新精神的实质是"做不同的事，而不是将已经做过的事做得更好一些"。所以，具有创新精神的企业家更像一名充满激情的艺术家。

（2）冒险是企业家精神的天性。没有甘冒风险和承担风险的魄力，就不可能成为企业家。企业创新风险是二进制的，要么成功，要么失败，只能对冲，不能交易，企业家没有第三条道路。在美国 3M 公司有一个很有价值的口号："为了发现王子，你必须和无数个青蛙接吻。""接吻青蛙"常常意味着冒险与失败，但是"如果你不想犯错误，那么什么也别干"。同样，对 1939年在美国硅谷成立的惠普、1946 年在日本东京成立的索尼、1976 年在中国台湾成立的 Acer、1984 年分别在中国北京和青岛成立的联想与海尔等众多企业而言，虽然这些企业创始人的生长环境、成长背景和创业机缘各不相同，但无一例外都是在条件极不成熟和外部环境极不明晰的情况下，他们敢为人先，第一个跳出来吃螃蟹。

（3）合作是企业家精神的精华。尽管伟大的企业家表面上常常是一个人的表演，但真正的企业家其实是擅长合作的，而且这种合作精神需要扩展到企业的每个员工。企业家既不可能也没有必要成为一个超人，但企业家应努力成为蜘蛛人，要有非常强的"结网"能力和意识。西门子是一个例证，这家公司秉承员工为"企业内部的企业家"的理念，开发员工的潜质。在这个过程中，经理人充当教练角色，让员工进行合作，并为其合理的目标定位实施引导，同时给予足够的施展空间，并及时予以鼓励。西门子公司因此获得令人羡慕的产品创新纪录和成长记录。

（4）敬业是企业家精神的动力。马克斯·韦伯在《新教伦理与资本主义精神》中写道："这种需要人们不停地工作的事业，成为他们生活中不可或缺的组成部分。事实上，这是唯一可能的动机。与此同时，从个人幸福的观点来看，它表述了这类生活是如此不合理：在生活中，一个人为了他的事业才生存，而不是为了生存才经营事业。"财富只是成功的标志之一，对事业的忠诚和责任，才是企业家的不竭动力。

（5）学习是企业家精神的关键。荀子曰："学不可以已。"学习与智商相辅相成，以系统思考的角度来看，从企业家到整个企业必须是持续学习、全员学习、团队学习和终身学习。日本企业的学习精神尤为可贵，他们向爱德华兹·戴明学习质量和品牌管理；向约瑟夫·M.朱兰学习组织生产；向彼得·德鲁克学习市场营销及管理。同样，美国企业也在虚心学习，企业流程再造和扁平化组织，正是学习日本的团队精神结出的硕果。

（6）执着是企业家精神的本色。英特尔总裁葛洛夫有句名言："只有偏执狂才能生存。"这意味着在遵循摩尔定律的信息时代，只有坚持不懈持续不断地创新，以夸父追日般的执着，咬定青山不放松，才可能稳操胜券。在发生经济危机时，资本家可以变卖股票退出企业，劳动者亦可以退出企业，然而企业家是唯一不能退出企业的人。正所谓"锲而不舍,金石可镂;锲而舍之,朽木不折"。

(7)诚信是企业家精神的基石。诚信是企业家的立身之本,在修炼领导艺术的所有原则中,诚信是绝对不能摒弃的原则。市场经济是法制经济,更是信用经济。没有诚信的商业社会,将充满极大的道德风险,显著抬高交易成本,造成社会资源的巨大浪费。其实,凡勃伦在其名著《企业论》中指出:有远见的企业家非常重视包括诚信在内的商誉。诺贝尔经济学奖得主弗利得曼更是明确指出:"企业家只有一个责任,就是在符合游戏规则下,运用生产资源从事利润的活动,即须从事公开和自由的竞争,不能有欺瞒和诈骗。"

第十四章 工业文化外溢

第一节 外溢效应

1. 20%现象

中国学者尤政、黄四民在研究工业文化时观察到一个现象,称为"20%现象",即当一个地区的制造业增加值在世界占比超过20%的时候,该地区的工业文化由"内生"逐步走向"外溢",其工业文化开始大规模地为其他国家所接受[1]。此时,该国工业软实力明显增强,对外影响力、号召力、掌控力,尤其是对规则的制定能力显著提升,价值观输出和发展模式获得认同的机会大增。美国、日本是典型案例。

例如,19世纪和20世纪之交美国的制造业增加值在世界占比超过20%(见图14-1),在此后的半个多世纪里产生了以流水线为标志的效率文化,以及其后的质量文化、组织文化、创新文化和企业家精神等,不仅巩固了其工

---

[1] 尤政,黄四民. 新时代工业文化研究的机遇与挑战[N]. 新华社客户端,2018-1-22.

业强国的地位,也影响了世界其他国家的发展模式。20世纪90年代初,日本的制造业增加值在世界占比达到20%,产生了以丰田生产模式为标志的精益文化,对世界工业乃至其他领域影响至今。

2010年,中国的制造业增加值在世界占比首次超过美国,根据不同的统计口径,2012年前后中国该占比超过了20%。如果上述"20%现象"还将存在,那么中国工业文化外溢就处于一个新的历史机遇期。

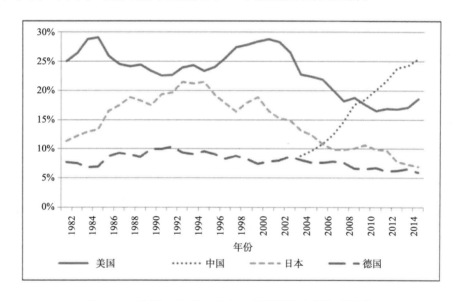

图 14-1　美国、中国、日本、德国制造业增加值比较

2. 从内生到外溢

当今世界进入了一个综合国力竞争异常激烈的时代,大国竞争不仅体现在经济实力、军事实力等硬实力层面,更进一步体现在观念、文化、发展模式的吸引力、国家形象、国际影响力等软实力上。文化战略就是人类的生存战略,谁家的文化成为主流文化,谁家就是价值观主导权斗争的赢家。但是,只有先进的文化才能为世界广泛所接受,当一国制造业增加值在世界占比超过20%的时候,先进生产力孕育出的先进文化由内生到外溢,成为各国学习效仿的榜样。

工业的外溢效应，是指在工业生产活动中，不仅会产生产品制造本身所期待的效果，而且会对工业领域以外的人或社会产生影响。外溢效应有文化外溢效应、技术外溢效应和效益外溢效应等。

工业文化外溢效应指工业生产活动孕育出的工业文化价值难以评估且具有公共产品的属性，因此，工业文化的创造者、传播者并没有获得额外的经济效益，但工业文化在传播、扩散过程中额外给社会创造了巨大的积极价值，便导致了工业文化外溢性的产生。

工业文化外溢具有巨大的社会价值与潜在收益，具体表现在以下方面：

第一，影响生产组织模式，提升生产效率、产品品质与服务质量；

第二，能够形成产业，产生经济效益；

第三，提升工业文明素养，形成主流意识形态，产生社会效益；

第四，孕育出先进发展理念和文化形态，并通过各类产品和管理模式对外传播与输出。

工业文化外溢带来的结果就是该国的影响力、号召力、掌控力显著提升，对国际的标准、规范、机制、组织、秩序、生态的导向、制定和控制能力提高。这也意味着该国已从量的积累、点的突破逐步转变为质的飞跃和系统能力的提升，意味着该国产品、企业、制造将更多地在价值链高端深度参与国际竞争与合作，从技术、标准、规则的模仿者、跟踪者、遵守者逐步转变为赶超者、创制者、引领者。

第二节　流水线生产与流水线文化外溢

工业生产组织模式经历了由个体或团队独立加工到大规模流水线生产的过程，大规模流水线生产是现代工业生产的一种典型模式，它产生的文化元素不仅改变了工业系统内人的思维习惯和行为方式，更是随着工业产品的推广应用，使流水线文化扩散到教育、艺术等诸多领域，并深刻影响这些领域的文化演进。

工业流水线生产诞生于20世纪初的汽车行业。电动机的应用逐渐普及，电动起重机等一批电驱动设备也被发明出来，这为流水线生产模式铺平了道路。流水线首先出现在汽车行业与汽车生产的特殊性有关，早期福特T型车大约由1 000个零部件组成，最初是由工人将汽车各组成部分装在固定架子上，导致工人为寻找组装件需要来回行走，耽误时间，同时要求一组工人要掌握汽车组装的大多数操作程序，培训成本也比较高。因此，福特希望可以做到车移动人少走动，基于这种理念，衍生出流水线的生产技术，这种技术为工业离散型的生产组织带来根本性变革，基于流水线的生产理念，分工更为细致，每道工序的时间大致相同，工人只需专注一道工序，且更加专注，由于专注于一项重复性的操作，工人也会从中找到灵感，进而发明出更为便捷的工具。这种流水线技术使得大规模生产成为现实，而且可以降低对工人的培训成本，保证工人稍加培训甚至不需要培训就可以工作，工人上岗门槛变低了，特别是生产效率明显提升后，工人待遇也提高了，因此广受欢迎。

在此之后，流水线生产不断完善，其他行业纷纷引入福特的流水线理念，这种理念被传导到社会中，得到当时美国社会一致赞扬，特别是汽车产能提高，成本下降，使得更多的美国家庭可以购买汽车，工人可以在缩短工作时间的基础上提高工资，从而促进了消费，消费又带动了生产，形成良性循环。

其实，这个时期还有一位重要人物——泰勒，他的《科学管理原理》一书所蕴含的思想在家庭、经济、教育及流行文化等诸多领域都产生巨大反响。但泰勒的标准化思维在实践中并没有超越流水线思想，因为流水线思想把先进的设备不断引入流水线生产技术中，使之不断进步。《科学管理原理》的普及使得社会更多阶层和领域的人可以接触流水线和标准化的理念。流水线理念被更多人所认知的同时逐渐沉淀，成为流水线文化。

流水线文化不仅到今天依然影响着工业生产，对教育、艺术等诸多领域也产生了深远影响，特别是使人的审美观发生了变化。因为流水线文化的普及，冷冰冰的机器逐渐被认为富有美感，20世纪20～30年代，很多美国电影、摄影、舞蹈都有意识地把这种美的机器元素融入作品中，如费尔南德·莱热的作品《机械芭蕾》就将机器噪声融入作品，并要求演员像流水线的机器那样机械地重复一些动作。

流水线带来的文化外溢也存在负面元素。随着流水线生产模式的普及，一些群体逐渐发现这种模式与自身需求或者预期存在不协调的元素。首先，部分工人发现每时每刻的重复性劳动使自己本来可以拥有的专业技术能力逐渐丧失，他们感觉自由正在被生产车间所剥夺，担心自己的精神因此会麻木。接着，一些企业管理者和社会学家发现流水线虽然能大幅度提高生产效率，但是这种"推动式"的生产模式对市场容量要求比较高，如果市场容量出现严重萎缩的现象，为降低成本，企业不得不关停流水线，流水线上的大量工人因此会失业，且由于长期从事重复性劳动，失业工人很难再从事其他技术性强的岗位，因而导致可怕的大规模技术性失业。很遗憾，这种担心在20世纪20年代末的金融危机中成为现实。工人、企业管理者的这些认识传递到社会中，社会也涌现出一群人批评指责流水线，如卓别林的电影《摩登时代》就是这种批评的代表，而类似《摩登时代》这种脍炙人口的文化作品使得更多的工人意识到流水线正在剥夺自己的自由，对流水线的不满也越来越大，像福特一再提高工人待遇，依然无法吸引到足够的工人。企业管理者也深刻认识到流水线的问题，这为精益生产模式的产生创造了条件。

第三节　精益生产与精益文化外溢

今天，在科研、行政、金融、文化等诸多领域我们依然能听到"精益"这个词，在各类机构眼中，"精益"是一个永不过时的时尚"名词"，更是很多机构的核心价值所在和毕生追求，不仅不断丰富"精益"内容，更在机构办事流程和制度的设计上穷尽想象力和创造力以实现"精益化"。这种"精益文化"正是工业精益生产中精益文化外溢的结果。

精益生产诞生于日本的丰田公司。该公司的大野耐一从工人与企业管理者等群体之间关于流水线的文化碰撞中总结出自己的一套认识。大野耐一曾经在福特的工厂认真学习了传统流水线的生产组织模式，他认为这种模式不能在日本直接套用，因为日本当时的市场空间和原料供给都十分有限，先生产产品再找市场造成的收益周期与成本周期之间的巨大差异带来的债务负担是丰田难以承受的。同时，大野耐一认为，日本人的敬业精神是丰田企业可以信任的，日本工人在技能和主动性方面拥有巨大的潜力，传统流水线模式对工人的技能缺乏重视，无法将日本工人的作用发挥到极致。因此，大野耐一考虑既要充分发挥工人的作用，又要与市场紧密结合等，基于各方面考虑，他在流水线基础上摸索出一套精益生产的组织模式。标识性的就是根据市场订单要求工人"看板生产"，即从市场需求端出发，有多少订单，就生产多少产品，变传统流水线的"推动式"生产为"拉动式"生产。同时，他提倡团队协作生产理念，要求工人必须掌握多种技术，能够在改进生产方面提出建议等。

这种精益生产更强调人的作用，给人以更大的发挥空间，因而很快得到丰田上下的认同，赢得车的高效生产和工人主观能动性的双丰收。随着以丰田车为代表的日本汽车对欧美汽车在市场占有率的赶超，精益生产理念被世界所认知，欧美企业逐渐开始研究并采用精益生产的理念改进传统生产组织管理模式，使得精益生产理念逐渐积淀成一种强调协助、强调充分发挥团队每个人价值等的精益文化，精益文化从工业生产领域扩散开来，对教育、科研等诸多领域的组织和管理都产生了巨大影响。时至今日，由工业衍生出的精益文化依然在改善并提高各领域管理效能中发挥重要作用。

第四节　服务型制造与服务文化外溢

进入 21 世纪，一场新的产业变革发生了，主要发达国家纷纷提出基于数字化、网络化、智能化的工业生产方式，制造业和服务业间的界线变得模糊，制造即服务成为全球追逐的理念和模式。无论是德国工业 4.0，还是美国的工业互联网，它们的核心思想都是通过有效的技术和管理手段，推动制造业从大规模生产转向柔性化、定制化生产，更加精准、高效地满足客户的需求，为其提供细致周到的个性化服务。

传统观念认为，制造就是生产加工。实际上，生产并不等于制造，制造包括生产和服务两部分。过去，由于工业供给能力有限，基本上是工业供给什么，消费者就消费什么。当今，自动生产技术已基本实现全球性的普及，无人车间、无人工厂这种低劳动成本的生产模式也已比比皆是，工业供给能力和效率前所未有地提高，成本在逐渐降低，消费者不再为购买不到心仪的产品而犯愁。然而，对于企业来讲，供给能力提升对应的是有限的市场和更加挑剔的消费者，为使消费者购买自己的产品，很多企业采取将消费者纳入生产组织过程的办法，力求使产品对消费者产生黏性，这也令消费者所拥有的文化元素融入企业，从而促成了今天的服务型制造。

当消费者逐渐成为产品全生命周期过程真正的决策者和参与者时,一种新的生产组织模式——服务型制造必然会产生。服务型制造是为了实现制造价值链中各利益相关者的价值增值,通过产品和服务的融合、客户全程参与、企业相互提供生产性服务和服务性生产,实现分散化制造资源的整合和各自核心竞争力的高度协同,达到高效创新的一种制造模式。

服务型制造形成了新的服务模式和服务文化。第一,在价值实现上,强调由以传统的产品制造为核心,向提供具有丰富服务内涵的产品和依托产品的服务转变,直至为顾客提供整体解决方案;第二,在作业方式上,由传统制造模式以产品为核心转向以人为中心,强调客户、作业者的认知和知识融合,通过有效挖掘服务制造链上的需求,实现个性化生产和服务;第三,在组织模式上,覆盖范围超越了传统的制造及服务的范畴,让不同类型主体(顾客、服务企业、制造企业)主动参与到服务型制造网络的协作活动中,在相互的动态协作中自发形成资源优化配置;第四,在运作模式上,强调主动服务的文化,主动将顾客引进产品制造、应用服务过程,主动发现顾客需求,展开针对性服务。企业间基于业务流程合作,主动实现为上下游客户提供生产性服务和服务性生产,协同创造价值。

个性化服务就是服务型制造的一个典型应用场景。过去,在工业产品供给能力低的阶段,产品使用者和产品生产者之间属于弱关联,产品生产者为追求产量,根本不会过多地考虑消费者。然而今天有竞争力和生命力的企业,都会充分考虑消费者,让消费者参与生产的各个环节,并积极地响应消费者的各种诉求。

工业服务文化的历史就是人类体验升级的历史。最早的流水线生产时代,产品的物理功能,可能就是一切。在工业化的漫长岁月中,注重售后服务、产品使用和维修手册,成为一个典型工业品的标配。今天,工业进入服务型制造时代,服务理念开始贯穿产品研发、设计、生产、销售、使用全生命周期,服务文化逐步取代精益文化和流水线文化。

第十五章 产品的文化定价权

产品价值传统上主要表现为产品的使用价值,即产品能够满足消费者对功能、质量、性能等方面的要求。随着经济社会发展水平的提升和消费者对更高精神追求的向往,产品的文化价值也成为产品价值的重要组成部分,它能够带来超额的溢价。成功的产品开发就是与竞争产品形成差异化竞争,将丰富的文化内涵引入产品中,可以使其相对于竞争产品体现独特的韵味和魅力,利用这种文化价值的差异性效应提高产品的竞争力和附加值。

第一节 基于文化定价的动因分析

在市场经济发展早期,由于整体经济社会发展水平较低,人们对于产品的需求层次以满足基本使用功能为主,对于产品价格比较敏感。随着经济发展水平的提升和人们需求的提升,消费者对于产品的要求日益多元化,对其蕴含的文化需求开始逐渐显现。

1. 市场角度

(1)文化是跨国经营必须优先考虑的因素。从最早的荷属东印度公司,再到如今的IBM、通用电气、西门子，跨国公司在过去300年的工业化发展和全球化发展过程中扮演着极为重要的角色，它们在全球范围内进行生产活动的配置，推动生产要素的跨境流动，使工业得以突破国境的限制，在世界范围内更大的市场中得以发展。在跨国经营活动中，文化一直是跨国公司需要面对的主要挑战。

一方面，文化差异会对跨国经营产生阻碍和负面影响。人类生活所处的环境是多样化的，不同的气候、地理环境加上不同的经济和技术发展水平，导致了不同的生产、生活方式，而且不同国家、地区，不同民族在不同的历史进程中所积淀下来的文化早已融入人们生活之中，从而形成了不同的文化体系。各种文化体系中存在着较为显著的差异，包括价值观与道德标准的差异、思维方式与行为方式的差异和风俗习惯与宗教信仰差异等。美国著名杂志《电子世界》曾对跨国企业进行调研和咨询，结果发现影响产品销售的首要因素是文化差异，其重要性超过法律规制、价格战、汇率、信息、语言等因素。

另一方面，文化差异的存在也为企业进行产品的跨文化营销创造了更多机会。多样化偏好是各国消费者普遍存在的一个消费习惯，人们总会对来自国外具有异域风情的产品具有天然的好奇心和新鲜感。通过产品的跨文化定价，采取灵活的多元化策略，把文化差异的情况有效地引入产品中，提供具有显著文化差异性的产品，满足消费者的需求偏好，就有可能开发新的市场，从而获取相应的文化定价权，这有助于企业利用差异化的文化和消费者偏好，制定出具有优势的价格。当然文化差异也会使得企业对产品进行文化定价的难度和风险增大。不同文化环境下的消费者在语言文字、审美情趣、价值取向、思维方式、道德习惯等方面有很多不同之处，走出去的企业面临的环境更为复杂。如果忽视文化差异，文化定价不准确、不充分，反而可能使得产品销售更加困难。

（2）服务型制造需要文化助力。传统制造业主要依赖土地、资本和劳动力等生产要素的投入，随着人类经济社会发展的不断进步，人们日益重视发展的质量和效益。同时，当物质文明进入高级阶段，短缺经济成为过去式时，具有较高文化含量的产品会得到消费者更多的青睐，因为这类产品可以满足自身更高层面的精神需求。这就要求在产品制造的研发、设计、生产、包装、广告等各个环节进行调整以满足消费者的需求，包括个性化服务的需求。

（3）产品差异化竞争日趋激烈。随着社会生产的发展和生产技术的扩散，产品的基础功能部分所具有的排他性已经越来越小，产品之间的竞争也日趋激烈，同质化的产品很难在激烈竞争中脱颖而出，只有差异化的产品才能得到消费者青睐。产品的差异化正是企业获得竞争优势的主要因素，差异化使得顾客对企业产品或服务价格不敏感，降低了产品或服务的需求价格弹性，以致企业采用歧视性定价策略成为可能，实现高于同行业企业的平均利润水平。

产品的差异化可以分为功能差异化、利益差异化、文化差异化。文化差异化是指产品具有与其他产品所不同的文化内涵和文化价值，可以看作差异化的最高阶段，是很难被模仿和超越的，并且持续性较强，企业从中获得的利益也能够持续更长的时间。这三种差异化策略中，实现功能差异化需要企业不断进行技术研发，改进或改善产品的功能和性能，有时甚至需依赖整个社会技术的进步，才能使得产品功能有颠覆性改变。实现利益差异化会使企业的正常盈利减少，成本增加，而且竞争企业可以通过简单的跟随等策略加以模仿和应用，难以保证差异化的效果，它可以作为一时之需，但不能作为长久之计。相对而言，文化差异化通过引入特定的文化因素，赋予产品相应的文化内涵；从竞争的角度而言，这种差异化相对难以被模仿和超越；从价值的角度看，通过"产品文化化"，使产品区别于竞争对手，从而提升产品的竞争力。

（4）文化是品牌塑造不可或缺的因素。对于消费者而言，品牌的主要作用一般在于方便对产品的来源进行识别、确保产品的质量、降低购买的风险等。当经济社会发展水平不断提高后，消费者对于品牌的要求就不仅局限于品牌所代表的质量和功能，而是越来越重视品牌在传递文化气息、反映使用者社会地位和声望等方面所发挥的独特作用。其实在人类社会发展早期，就已经有了对于产品除使用功能以外其他功能的需求，特别是对于产品所反映的文化意义、社会地位等的追求。例如，在中国古代，包括鼎和簋在内的一些青铜器最早在商周时期用作烹饪和进食的器具，但随着时代的演变，到了商周后期特别是西周时期，这些原被用作生活器具的青铜器逐渐演变成重要的礼器，用于祭祀等重要场合，也形成了"天子九鼎八簋，诸侯七鼎六簋，大夫五鼎四簋"等代表宗法和礼仪的规制传统。此时这些青铜器的使用性功能就被极大地弱化，而更多地扮演起满足使用者精神需求的角色。只是在古代社会，只有极少数王公贵族才有条件去实现这种精神层面的追求，在现代社会，越来越多的消费者开始有条件来实现这种需求。

因此，缺少文化内涵的品牌不会形成强大的影响力，而融入文化因素的品牌，能使消费者在看到该品牌时，不仅想到所对应的产品，更感受到该品牌所蕴含的文化及蕴含的文化张力。

总体来说，文化对品牌的影响表现在品牌的核心要素上。品牌的要素常分为两类，一类是表层要素，包括产品的品质、名称、标识、外形等，这是感官可以感知到的；另一类是深层要素，包括文化、情感、价值观、个性等，这是心里才能感受到的。品牌的深层要素对消费者是最有吸引力的，也是最易打动人的。一旦企业能够树立起对消费者群体形成文化象征意义的品牌，那么该品牌会对消费者产生所谓的"光环效应"[①]，即能够有效地激发顾客对该品牌的文化联想，此时消费者一旦看到该品牌就会联想起某种特定的文

---

① 林明华，杨永忠，陈一君. 基于文化资源的创意产品开发机理与路径研究[J]. 商业研究，2014 (9).

化元素、文化情景或文化价值。这种联想会激发起顾客对于承载该品牌的产品极大的消费兴趣,进而推动顾客将兴趣转变为实实在在的消费行为。

2. 企业角度

(1)文化因素有利于企业形成"文化垄断"优势。一个产品如能通过文化要素展示自己独特的品质,增强产品的吸引力和竞争力,就能够形成"文化垄断",并通过垄断定价来获得丰厚利润。比如,美国的"哈根达斯"和"星巴克"等品牌,正是凭借其独特文化和品牌吸引消费者,进而在中国市场实施高定价而获得超额利润的。再比如,中国古代的瓷器,远销欧亚各国,除了经久耐用的品质对于消费者所形成的吸引力,其优雅的造型、精美的图案和圆润的光泽更表现出一种与众不同的中国文化,这种附着于产品上的文化使其具有一种独特且难以模仿的核心竞争力,瓷器出口也成为中国古代政府财政收入的重要来源之一。

在竞争日益激烈的市场环境中,掌握了消费者的文化诉求并能够提供蕴含文化因素的相应产品,将使企业更具有独特性,并能够重构企业价值链,形成竞争对手难以模仿的"文化垄断优势",满足消费者"花钱买个满意、买个舒服"的需求,从而获取产品定价的话语权。

(2)文化因素有助于创造新的消费者需求。消费者需求是驱动市场发展的直接动力,在满足消费者需求以外,如果能够直接创造出消费者需求,企业一定能够成为领先型的企业,正如苹果公司推出智能手机引领并开创了一个巨大的消费市场,自身也成为该领域的标杆性企业。融入文化特征的产品能够给消费者带来不同的价值感受、不同的消费体验和不同的满足感,这种差异化可以创造出新的社会消费需求,从而使企业获得市场先机。

(3)文化因素有益于企业建立与消费者之间稳定的联系。对产品进行文化定价,对于企业来说,就是要利用文化特有的魅力去构造并增强企业与消费者的联系,推出能够更好满足顾客需求的产品,注重产品文化的传统,从而利用文化的引导作用来全面影响消费者的行为，由此建立与消费者之间稳定的联系，培养消费者对企业及其产品的忠诚度。

3. 消费者角度

（1）文化能够满足消费者更高层次的需求。随着经济社会的发展和人民物质生活水平的提升，人们对于产品的要求和品位也会不断提高，即整体需求层次会不断上升。对于具有相同功能的产品而言，人们的需求也会不断变化，从满足功能性的使用目的逐渐过渡到期望产品能够带来更好的消费体验、更多的精神满足。

融入优秀文化因素的产品，则能凭借文化的内涵和特质，创造出特有的感染力，从而满足消费者更高层面的精神需求，包括消费者的认识需求、感化需求、愉悦需求、美化生活需求、身份认同需求和全面发展的需求等。随着消费需求层次的升级，消费者需求个性化的特征也不断显现，不同的消费者有着差异化需求，而注入文化创意因素的产品设计能够更好地满足消费者个性化需求，从而契合消费者需求层次升级的需要。

（2）文化能够刺激消费者的购买行为。企业通过将产品、品牌或企业与消费者喜欢的特定事物进行联系，从而使得消费者将对自身喜欢事物的情感转移到企业的产品、品牌或企业身上，最终实现吸引消费者的目的。这也对企业进行产品的文化定价行为带来很多启示，将消费者青睐的某种文化与企业的产品、品牌等建立联系，可以使得消费者对特定文化的情感转移到产品、品牌或企业上面，最终推动产品、品牌或企业形象的提升，推动产品的销售和企业利润的提升。

由此可见，将文化因素纳入产品之中，是满足消费者日益凸显的文化需要的要求，是实现产品差异化竞争背景下企业塑造独特文化形象的需要，是企业竞争由产品竞争、服务竞争到文化竞争升级的需要，既是消费者价值理论的一种应用，也是现代新的营销理念的体现。

第二节 影响定价的文化因素

1. 产品自身文化元素的影响

产品自身文化元素主要由产品审美价值、产品品牌价值、产品社会价值三个方面构成。这些文化元素从不同角度再构了产品，增强了产品差异性、稀缺性、特色化和消费者忠诚度，从而使自身具有文化元素的产品在价格上能够超越缺乏文化元素的同类产品。文化元素在产品内涵、外观、功能和构造方面的融入，有效对接了消费者对产品异质性、品质性、独特性和专有性的偏好，使得消费者对产品的心理预期价格超出了原有的保留价格，从而对产品价格产生影响，而且一般产生正向的影响。

（1）产品审美价值的影响。产品审美价值包括产品自身具有的美感、和谐、外形、风格及其他的美学特征。审美包括主体与客体两个方面，只有客体本身的美与主体的感受相适应，主体才会产生美感，产品才会呈现出审美价值。不同审美主体有不同的品位，因此主体的审美品位和产品的美学特征共同形成了产品审美价值，进而使审美主体转变为消费者，消费者对审美价值的判断影响了产品的审美价值。

产品审美价值能够对价格产生影响主要在于三个方面的因素，包括消费者审美价值观、企业迎合消费者审美偏好，以及消费者的从众心理。

一是消费者审美价值观。消费者的审美价值观受到了来自家庭、社会、宗教、教育等背景的影响，会使消费者对产品的评估价格高于产品市场均衡价格，从而形成产品溢价。在购买产品时，消费者会依据审美价值观判断产品外观、颜色、风格等是否符合自己的审美要求。如果产品审美价值契合了消费者审美价值观，那么消费者会给予产品较高的评价，愿意支付更高的价格;反之,只愿意支付正常价格。

二是企业迎合消费者审美偏好。企业通过市场调研获得消费者对于新产品的支付意愿。在捕捉市场信息的前提下,企业可以准确定位消费者心理价格,利用消费者审美偏好提高产品的价格,通过对产品分层达到分流消费者群体的目标,消费者在"一分价钱一分货"的暗示下会结合自身的审美价值观做出理性选择,从而产生产品溢价。

三是消费者的从众心理。消费者喜欢某件商品可能并非出于自身的判断,而是受到周围消费者的影响,因看到他人消费某商品或对商品审美价值的评价而消费该商品。近年小众偏好也引起了企业的关注,小众偏好对企业审美价值的影响需要通过消费者主动给企业发出的个性化订单来实现。个性化定制本身就是生产者与消费者沟通的结果,因而生产出来的产品总是能够满足消费者的审美偏好。由于是个性化生产,企业可以向消费者收取较多的审美价值溢价,从而在定价上掌握主动。

(2)产品品牌价值的影响。产品品牌价值是产品因为某些属性或者因为营销活动而形成的价值,品牌价值是一种非独立性的价值,它融合了产品其他价值属性的部分性质。品牌对于产品的定价权的影响是垄断性的,品牌价值是人们继续购买某一品牌的意愿,会形成顾客的忠诚度,从而在市场上建立垄断地位。企业依靠自身过硬的质量、特色设计或经营策略可以形成企业的品牌,使得产品的实际售价高于正常市场竞争条件下的销售价格,产生产品的溢价。

(3)产品社会价值的影响。产品社会价值是指产品可以展现人与人之间的相互联系,有助于人们理解所处社会的本质,有助于形成身份和地位的意识。产品社会价值对产品定价权的影响主要在于人们对产品与身份和地位之间关系的判断。

消费者在购买产品时除得到产品的功能性满足以外,越来越注重产品的附加功能，如消费者消费某一产品得到的身份象征、情感认同、社会地位等的需求满足，这些产品的附加功能都是产品的社会价值。随着经济社会的发展，消费的产品在一定程度上揭示出了消费者的财力状况，产品社会价值借由消费者展示财力的动机而生成溢价。

亚当·斯密曾经定义过"面子商品"，少了它，富人不说，就是穷人也觉脸上无光。在面子商品中最能反映出社会价值的无疑是奢侈品，在国际上，奢侈品被定义为一种超出人们生存发展需要范围的，具有独特、稀缺、珍奇特点的消费品。在经济学领域，奢侈品被称为非生活必需品。消费者对于奢侈品购买动机可大致归纳为注重自我享受、表达外在个性、彰显尊贵身份。例如，香奈儿、路易威登等奢侈品对于白领女性等高端群体具有极大杀伤力，她们将这些奢侈品视为自己的化身，从而使奢侈品体现出产品社会价值。奢侈品生产企业多以生产高端奢侈产品作为市场定位，通过占据产业链顶端满足消费者虚荣心和攀比心理，借助产品设计实现产品分层，因此产生的产品溢价实际上源自设计带来的社会价值。

（4）产品自身文化元素变化的影响。产品自身文化元素在特定的时期和市场环境中也会发生一些变化和调整，也会对产品定价产生直接的影响。比如，为了响应中国 2008 奥运会，联想官方发布了一款与奥运火炬相结合的典藏版笔记本电脑。这款笔记本电脑整个机身小巧轻薄，外壳是"中国红"，表面仿漆盒工艺，上绘有祥云与火炬图案，巧妙地将中国传统文化与奥运精神结合在一起，在增加产品审美价值的基础上，赋予产品象征价值、珍稀价值与社会价值，产品一经推出就赢得了消费者的推崇。通过在笔记本电脑中加入文化元素，联想官方推出了以小熊维尼、雪山、可乐等为创意来源的多款具有独特文化元素主题的限量版笔记本产品。除联想外，诺基亚 6 108 款手机、法拉利 599GTB 中国限量陶瓷版、"中国风"iPhone 外壳及周大生"真心真意"系列等都是通过产品自身文化元素的变化改变产品定价的代表。

随着经济的发展和企业间竞争的加剧，产品同质化现象日益严重，在这种情况下，通过改变产品自身文化元素、调整产品定价是企业获取竞争优势的重要手段。产品文化元素越是与众不同就越能够减弱产品之间的替代性，增强消费者对产品的需求偏好，降低消费者的价格敏感度，从而影响企业价格定价权，提高企业收益。

2. 企业文化元素的影响

企业文化元素对产品定价的影响主要是指生产者将处于生产环节的文化元素恰当地注入产品的生产过程中，最终实现了产品价值增值的效果。具体分为生产者企业文化、生产者声誉及生产企业名人效应三个方面。

（1）生产者企业文化的影响。生产者企业文化是从事生产的企业在长期的生存与发展中逐渐形成的并为企业多数成员所共同自觉遵守的基本信念、价值标准与行为规范。根据性质的差异，可以将生产者企业文化进一步划分为工匠精神、企业家精神、团队精神。不同性质的企业文化元素会通过不同机制对产品定价产生影响。

（2）生产者声誉的影响。生产者声誉是指企业以往生产经营活动中各种行为的综合结果，这些声誉体现了企业向上下游关联企业、消费者乃至整个社会提供有价值产品和服务的能力。生产者声誉的提高能够为其产品价格的提升创造条件，保障企业在产品定价上具有更大的灵活性和自由度。

具体来看，生产者企业声誉产生产品溢价的机制分为三种：第一，从上游企业角度来看，良好的声誉可以取得原材料供应商的信任，从而减少成本，获得更高的边际利润。第二，对下游企业而言，生产者高的声誉可以吸引销售企业及其消费者之间的相互竞争，进而在价格谈判方面处于有利地位。LV是法国酩悦·轩尼诗——路易·威登集团（LVMH）旗下最大的品牌，对该集团的销售额及利润贡献率超过50%。一直以来，这个品牌都是国际奢侈品的引领者，这与它拥有高质量的生产声誉是分不开的。在1911年泰坦尼克号海难中,船上一个 LV 硬型皮箱从海底被打捞上岸,该皮箱经历了 70 多年海水的浸泡,仍保持着原有风貌,甚至皮箱内部没有渗进海水,有人戏称 LV 制作的皮箱比那艘号称"永不沉没"的邮轮更靠得住。至此,LV 成为名流界争相追逐的对象,进而也造就了 LV 的奢侈品地位。第三,生产者企业因为高的声誉可以吸引更多忠诚的员工,进而促进产品质量的整体提升,为产品溢价提供资本。

(3)生产企业名人效应的影响。生产企业的名人效应,是指生产厂商利用名人的知名度,吸引下游企业的注意力,以达到强化企业产品价值,扩大产品与企业社会影响的效果。在信息市场逐渐完善的情况下,产品的同质性也越来越严重,一些生产企业为了突出产品的异质性特征,在生产中注入名人效应,以此提高下游销售商与消费者对产品的信任度,进而在谈判中提高产品的价格。

生产企业名人效应主要表现为品牌效应,名人效应通过转化为品牌效应获得产品价值增值,从而实现产品溢价。生产企业利用名人效应获得产品溢价的情况在体育用品领域非常普遍,Air Jordan(AJ)就是耐克专门为篮球明星飞人乔丹设计的品牌,商标的内容就是乔丹投篮的形象,每件乔丹商品一出生名义上就附带有乔丹的独特魅力,与其他品牌相比是独一无二的。

李宁品牌也是生产企业利用名人效应获得产品溢价的代表,李宁作为中国曾经的体操运动员,创造了世界体操史上的神话,先后摘取十四项世界冠军,代表着中国一个时代的精神文化。所以李宁品牌的产品一出生,就自带李宁的光环,潜在的下游客户会因李宁而对李宁产品产生认同感与信任感,这也是李宁生产厂商与下游企业谈判时的异质资本。

生产者声誉、生产企业文化和生产企业名人效应是相互联系贯穿的一种企业无形资产,能够直接或间接地影响产品定价。生产者良好的声誉能够扩大产品市场影响,提高产品定价;反之,生产者声誉不好会降低产品定价。

生产企业文化包括物质文化、行为文化与精神文化三个方面，它的改变同样能够调整产品定价。

3. 地域文化元素的影响

一国内部不同地区由于历史、地理、民族和社会等多方面因素会形成差异化和特色化的地域文化，这些地域性文化相应地会对本地区产品产生文化溢价。特别是对于幅员辽阔、历史悠久的国家而言，其境内一般存在着较为明显的地域特色文化，这些文化也会对产品定价产生影响。

自然地理气候和当地习俗、生活习惯和生活方式，这些都是形成地域文化的重要因素。地域文化是人们为了适应不同地区的地理和自然条件，逐渐演化并生成了不同的生活方式和理念，并最终形成自己的地域文化。

产品的生产都是在某些特定地域进行的，不可避免地受到地域文化的影响和浸染，巧妙融入地域文化元素的产品，通过表达文化神韵，能够让产品的使用者领会其地域文化，还可以让其对地域文化产生感情，进而产生较高的认同感，消费者心理对于产品的价值评定也会相应提高，从而为产品进行文化定价提供了基础和条件。一般而言，地域文化会对产品的设计、包装和品牌等要素产生显著的影响。

（1）产品设计方面。功能相近的同类产品在不同地区生产，设计方面一般会受到地区文化影响，比如，新疆地区作为东西方文化交流融合和碰撞的地区，其文化与内地有很大的区别，相应的产品形态也有着非常显著的地域特色，如以一个纹样为单位，反复连续使用即构成了著名的阿拉伯式花样，少数民族牧民的刀具、乐器上面都以这种特点的图案作为装饰，尤其是刀具的刀柄上装饰的精美纹样，不仅可以作为装饰，还能起到防滑的作用，兼顾审美性和实用性。将地域的文化元素解析、归纳、凝练并转换成可以设计的元素，通过产品赋予新的文化生命力。将地域文化元素融入产品设计并不是简单的复古或者仿古，而是将地域文化元素和现代设计理念、产品的功能等因素相结合,创造出具有地域文化特征且实用的产品。

(2)产品包装方面。现代包装已经不是简单的包裹,也不仅仅强调生态、环保、审美及功能性,更代表的是一种引导消费的手段,一种生活方式,一种文化价值取向。具有地域特色的包装既能提升产品的档次,也能树立起产品所在地域的形象,发展地方经济,展示着地域文化的个性,使得产品和地域之间形成紧密的共生关系。地域文化可以从地域性材料、地域性图案、地域性色彩几个方面对产品包装产生影响。

(3)产品品牌方面。通过将地域文化因素注入产品品牌中,特别是对于一些由于地区地理、气候、历史等因素所生产的独特产品,这种地域文化更是成为产品品牌价值的核心所在。欧美国家、韩国、日本在特色产品品牌形象设计构建中,能注重其文化思维理念渗入,并借助鲜明的区域文化中传统视觉符号和传统民俗等饱含民族审美意味的图形,融入现代视觉元素展现在世人面前,将品牌视觉形象深入人的心灵感知。典型的如法国波尔多地区的红酒,该地区独特的地理和历史因素,赋予了当地葡萄酒更多的文化内涵,也使其获得了巨大的文化溢价,成为世界最为著名的高端葡萄酒产地之一。

案例:星巴克的文化定价

星巴克(Starbucks)是一家1971年成立的美国连锁咖啡公司,产品线包括烘焙咖啡豆、浓缩咖啡和各式咖啡冷热饮料、点心小食等。与传统的咖啡连锁品牌不同,星巴克极其重视消费者的"咖啡体验",形成并推广了富有特色的咖啡文化,使得它的品牌定位具备了独特的差异化竞争优势,从而获得了较高的产品溢价:

(1)咖啡文化的成功。在融入欧洲传统咖啡文化的基础上,星巴克将欧洲咖啡制作工艺与美国的快餐文化结合起来,成功地将欧洲咖啡文化美国化，并教会消费者如何品尝高品质的咖啡，创造了独特的美国咖啡文化。

（2）强调全新生活方式体验。星巴克提供了除生活和办公场所以外的第三空间，在这里可以享受到温馨与舒适，这种区别于工作和家庭的第三空间为都市人群提供了难得的休闲体验。

（3）树立企业形象。采购咖啡豆时与非营利环保组织"环保国际"合作，制定 C.A.F.E.条例（咖啡和种植者公平实践），选购环保和公平交易认证咖啡，保护了种植区环境，努力帮助咖啡种植者获得更好的生活条件，确保这些种植园能持续供应高质量的咖啡。

（4）将自身文化与本土文化进行有机的融合。例如，针对公共空间拥挤、嘈杂的情况，提供相对整洁、安静、舒适的环境和良好的社交场所。星巴克还在中国成立设计中心，在保持品牌设计一致性的同时，实现中国文化与原有建筑风格的完美结合。

通过上述品牌文化建设，星巴克获得了很强的溢价能力，虽然定价较高，但是依旧能够通过提供独特的文化体验，满足消费者精神和情感上的价值需求，消费者一边享受咖啡，一边也在享受一种生活和体验，从而也愿意支付更高的价格。

4. 国家文化元素的影响

（1）国家文化形象的影响。由历史文化积淀所形成的国家文化形象是存在于人们头脑中的、基于对一个国家历史文化的了解所产生的文化印记，具有稳定性和黏性。其对产品定价权的影响关键在于人们对这种独特历史文化的认同。在全球化时代，文化形象对国内外经济、政治等方面的影响日趋加强，良好的国家文化形象能够提升一国的国际影响力，是国际竞争中不可或缺的无形资产。国家文化形象依赖经济实力的强大、历史文化的积淀和产品的传播。由经济所建构的国家文化形象是塑造性的，因而会随着一个国家经济发展状况而改变。当一个国家经济实力强大时，其国家文化形象必然也是强势的，会对其他国家产生吸引力和强大影响力，从而渗透到产品定价权之中。

（2）国家工业形象的影响。国家工业形象是由于工业产品传播所形成的国家形象，所以国家工业形象会因为工业实力的变化而变化。当国家工业整体实力强大时，工业品的定价权便得以增强；反之，当国家工业实力弱小时，工业品的定价权便受到限制。消费者在面对来自不同国家的产品时，不可能掌握市场上所有产品的内部信息，只能通过依靠对外在线索的质量感知来进行选购，而国家工业形象是重要的外在线索之一。

第三节 产品的文化定价权理论架构

产品定价理论是微观经济学研究中的核心问题之一，也是企业在实际经营中获取优势市场地位、实现利润最大化的重要命题。现有的产品定价理论侧重于从市场和技术等角度探讨产品价格形成机制和体系，对于文化因素在产品定价中所起到的作用及相应机制、规律探讨较少。随着科技的进步、生产生活方式的变革及全球化的浪潮，以文化因素为代表的软实力成为一国经济和工业实力的有机构成部分，许多跨国企业在产品定价过程中越来越重视将历史、价值观、生活方式、语言等各种文化因素、符号融入产品制造中去，借此极大地提升产品附加值。在产品质量、性能和品质相差无几的情况下，企业能够凭借其文化内涵获得超额利润。

1. 常用定价方法

在市场经济发展的不同阶段，由于生产组织方式、要素形态等的变化，产品定价理论也经历了不断丰富和发展的过程。经济学，特别是微观经济学的发展史几乎可以称为价格学说史。随着 19 世纪第一次产业革命的完成、新的社会阶级的形成、社会主义思潮的发展，经济学划分为两大流派：沿袭亚当·斯密的自由经济理论发展而成的西方主流经济学派即市场经济学派，以及以马克思的剩余价值理论为基础的社会主义经济学派，并由此构成市场化的自由经济制度与指令性计划的经济制度的理论基石。

在《国富论》一书中，亚当·斯密把市场经济中的协调机制"价格体系"描述为一只"看不见的手"。从亚当·斯密的自由经济理论开始，主流的经济理论都以市场定价作为产品定价的一般手段。市场机制定价的两个基本行为主体是生产者与消费者。企业对产品的价值评价体现为产品的供给价格，即企业对一定的产量愿意接受的最低价格，它取决于由企业生产规模、生产技术和投入要素价格水平决定的企业成本函数；消费者对产品的价值评价体现为产品的需求价格，即消费者对一定数量产品愿意支付的最高价格，它取决于消费者对产品的偏好和消费者的收入水平。

在传统经济学中，企业的生产要素主要是人力、资源、资本等，在产品生产过程中，这些生产要素是逐渐被消耗的，即表现为"耗损型"经济。企业产品定价主要是以成本为导向进行的，产品定价以边际理论为基础。

随着知识经济和互联网经济的到来，产品的形态发生了很大变化，高新技术产品、知识性产品等区别于传统工业制品的产品大量出现，互联网的普及也使得信息传递渠道发生了变化，相应的产品定价规律也发生了一定的变化。在知识经济和互联网经济时代，知识、技术成为主要生产要素，使得影响产品定价的因素增多，很难再直接用传统产品定价理论进行分析。

对产品进行定价的方法很多，一般而言，企业应根据不同经营战略和价格策略、不同市场环境和经济发展状况等因素，使用不同的定价方法。常见的企业定价方法包括成本导向定价法、需求导向定价法、竞争导向定价法、心理定价法和投标定价法等。[①]

成本导向定价法是根据产品的生产和经营成本，再加上适当利润的一种定价方法，是一种卖方导向的定价方法，也为大多数企业所采用。

需求导向定价法是指在不同等级成本的基础上，对各种假设价格水平下的销量进行估计，决定一个可达到预计销量和利润目标的价格，其最大的特点是不以成本作为定价依据，而是以消费者对产品的知觉价值作为定价的依据，这种定价方法也可以被称为"以市场为导向的定价法"或者"以顾客为导向的定价法"。

从理论研究来看，早期的产品定价理论很少涉及文化因素的影响，近年来有些学者开始慢慢关注文化对产品价格的影响，但整体上而言，此类研究相对较少。已有研究对文化要素影响产品定价的途径、机制和过程并未进行深入的分析，没有形成完整的理论体系和框架。

2. 理论架构

产品定价权与产品的定价机制密切相关。产品的定价机制是指企业在制定产品价格时所遵循的规则、所实施的具体方法和所取得的实际效果。定价权是指企业在产品定价过程中对自身产品价格的制定拥有主动权，受市场需求变化及竞争对手的影响相对较小。企业一旦拥有了定价权，就会在市场上处于优势地位，可以在确保销售量的前提下制定相对竞争对手更高的价格，从而获得更加丰厚的利润，也可以在成本上升的情况下通过提价将新增成本转嫁给消费者或者下游企业而不牺牲销售量。

产品文化定价权指企业能够有效地将文化要素融入产品定价的过程中，

---

① 陈永，陈友新. 产品定价艺术[M]. 武汉：武汉大学出版社，1999.

使得文化要素成为产品价格的有机组成部分,并通过提高产品的文化内涵、增加产品的竞争力,从而在市场上占据优势地位。与传统产品定价机制中的土地、资本、劳动、技术等生产要素不同,文化作为一种特殊因素,进入产品价格体系的方式及其发挥作用的途径有着很大的差异。

我们在产品定价权理论的基础上,以产品进行文化定价的原则、方式、获取、影响因素等为核心要素,由此构建起产品文化定价权的理论框架(见图 15-1)。

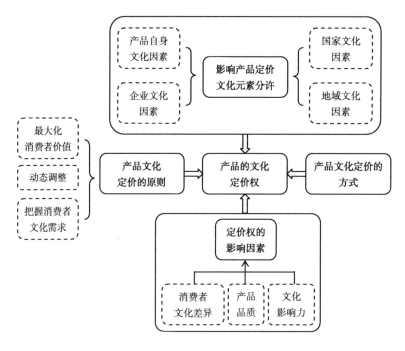

图 15-1　产品文化定价权的理论框架

文化因素作为一种精神层面的要素,其本身的价值存在难以定量核算、随市场需求变化而较大幅度变动等特点,有些文化因素的形成是由于历史、传统、社会、自然地理等原因,本身并非企业通过投入其他生产要素而生成的。有些文化因素虽然是通过人工设计或者创造而产生的,但其价值不能简单地用设计和创造过程中的人工成本加以核算,因此难以使用成本导向法进行定价。

市场竞争法更多的是在企业间的产品在功能、品质、品牌等方面较小差异时所采取的定价方法,而文化因素的价值就在于能够使得引入文化要素的产品可以具有与其他企业产品相区别的独特内涵与魅力,从而在市场竞争中占有独特的地位,因此如果仅仅按照竞争导向进行定价而忽略了产品文化因素所蕴含的价值,也背离了产品进行文化定价的初衷。

综上分析并考虑到文化作为精神层面的要素,能够使产品在具有传统的使用功能之外,满足消费者更高级精神层面的需求,因此按照消费者需求导向进行定价就成为产品文化定价方式的主要选择。

考虑文化要素自身的特性及与其他生产要素在形态、价值构成方面的差异,可以认为产品在进行文化定价时,采用以成本定价法为基础的、以需求导向定价法为主导的定价策略是比较合适的。具体而言,一般消费者在购买商品时,会对商品的功能、质量、性能、外观、价格等有一定的认识和价值的基础判断,消费者的心理价位会以消费者对产品的价值判断为基础,在价值基础上进行一定程度的波动。产品提供的价值,既包括使用价值,也包括文化价值。

企业在按照需求导向法进行产品的文化定价时,首先通过对消费者需求和偏好的分析,结合产品自身文化因素的特点和内涵,事先估计产品的文化因素能够在多大程度上影响和吸引消费者,并对其在消费者心目中的价值水平进行初步的判断。通过文化因素的引入,影响消费者对商品价值的认知,使得消费者不仅仅根据技术、功能、质量等传统因素对产品进行价值判断,还会根据产品中所蕴含的文化因素对产品价值进行判断,从而形成对企业有利的价值观念。企业进而根据产品的生产成本、市场环境、企业的发展和营销战略等制定出最终包含文化因素的产品的价格。

通过需求导向法对产品进行定价，即使产品的价格高于成本，但与产品本身和产品所蕴含的文化价值相比，只要消费者心理可以接受，就是合适的价格。通常而言，这类价格会给企业带来显著的文化溢价，从而使企业能够获得更为优势的市场地位和更为丰厚的利润。对消费者而言，在产品种类不断丰富、产品竞争日益激烈的市场环境中，通过需求导向的定价策略，将文化因素引入产品价格中去，文化价值在产品中所占比重的增加将给消费者带来更多的精神享受，使得产品具有深度差异化。

第四节　价值升华机制与文化溢价空间

产品价值一般由使用价值、技术价值和文化价值决定，技术价值可以通过成本测算确定，使用价值由产品提供的功能和用户的需求决定，文化价值由质量、设计、品牌、服务、生活方式、品位等决定。要提高产品的含金量，就需要提高设计、质量、品牌并挖掘其中的文化内涵，这也是产品和产业迈向中高端的必由之路。

1. 产品文化价值提升机理

产品文化价值提升发生在产品全生命周期中。在产品研发设计、生产制造、销售推广、用户使用等各个阶段，产品会被附加不同的文化元素和内容（见图 15-2），相应地与产品研发设计、生产制造、销售推广、使用等相关的人、企业、地域、国家等的文化标签所蕴含的元素和内容也会传递到产品上。

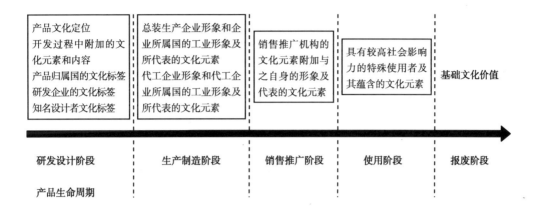

图 15-2 产品全生命周期文化价值附加示意图

（1）研发设计阶段。第一，企业决定开发某款产品时，会对产品进行包括文化定位在内的市场定位，所谓文化定位是指针对某个消费群体的特定文化需求进行定位，如针对某些消费者喜爱动物、追求时尚、爱好科幻等进行定位。在这个过程中，企业会赋予产品相应的理念、概念等文化元素，这种文化元素会提升产品的文化价值。第二，在研发设计过程，设计者会将美学、传统文化、其他领域的文化元素及某种精神、价值理念等融入产品中，这会直接提升产品的文化价值。比如，北京奥运会之后很多产品外观设计都有祥云的图案，现在很多生活用品融入了知名动漫、游戏、电影的元素。第三，由于产品具有国家属性，一旦产品开发成功，就会拥有"国籍"，相应地，人们对其所属国的总体印象会传递到产品上，这也会提高产品的文化价值。比如德国产品，人们的第一印象就是质量有保证；法国产品，第一印象就是时尚等。由于中国不同地域文化差异较大，人们对不同地域的文化印象差异也比较明显，因此，中国这种地域文化印象也会被传递到产品上，并对产品文化价值产生一定影响。第四，一般情况下，产品开发是由某个企业或者在某个企业支持下完成的，产品投入生产前就会先被贴上研发企业的文化标签，该企业的总体形象对产品文化价值的提升会产生一定影响。这种影响对企业主营品牌产品产生的文化增值作用比非主营产品更加明显，比如，消费者对海尔家电产品质量的信任在海尔手机上明显不成立。此外，如果产品的设计者属于世界知名的、有影响力的设计师，也会提高产品的文化价值。

（2）生产制造阶段。产品文化价值附加主要取决于生产企业和生产国的工业形象，在中国，生产地的工业形象也会产生一定影响，支撑这种形象或者这种形象所代表的是企业或国家所拥有的文化元素，如诚信、创新、绿色、责任等。当前产品生产制造一种是由企业自行生产或总装的，另一种是由其他企业代工的。对于企业自行生产或者总装的产品，该企业的文化形象及其所属国的工业形象将影响该企业产品的文化价值，比如企业展现出来的创新、时尚、诚信、绿色等形象会在一定程度上提高产品的文化价值。对于代工产品，代工企业及其所属国工业形象对产品的文化价值附加起到重要作用。从实际情况看，一般消费者购买产品，往往会忽视代工企业，而关注产品产地，所以代工企业所属国家的工业形象对产品文化价值提升的影响程度一般大于代工企业形象。比如，现在很多国外品牌产品都会贴有"中国制造"的标签。

（3）销售推广阶段。产品文化价值提升主要取决于销售推广机构为促进产品销售而附加在产品上的文化元素和内容，不同内容的文化元素和不同的附加方式手段带来的增值效果具有较大差异。为使附加在产品上的文化元素产生尽可能大的增值效果，销售推广机构一般会聚焦目标市场及消费者进行更加精准的文化定位，附加更为精确的文化元素和内容。比如奢侈品，销售推广机构不需要更多的消费者购买这类产品，但需要稳定、消费能力强的消费群体持续购买相关产品，因而其附加的文化元素和内容专门满足拥有较强消费能力并具有较高文化诉求的某个消费者群体的特色文化消费需求。像当今很多奢侈品的推广活动都要花费巨资邀请各界最知名的人士和成功人士参加，原因就是要将奢侈品打造成社会地位、身份、自我价值实现等的象征。同时，一些销售推广机构本身所具有的文化形象，也会在提高产品文化价值和影响产品定价方面发挥作用。比如，一些知名的高档消费商场，在这种商场里购买产品，本身就象征着一种地位，因此在高档商场的产品要比普通商场的同类产品价格更高。

（4）用户使用阶段。拥有特殊意义的人或者机构在使用某些产品的过程中，会将自身所拥有的文化标签传递到产品上，从而对产品的文化价值产生一定的增值效益，典型的如收藏品、典藏品、纪念品。此外，有部分产品因为其见证了某段历史或者对一个国家或者地区、企业发展来讲具有重大意义的节点性事件等，虽然其使用价值已经微乎其微，却获得较高的文化溢价。

2. 文化溢价能力与空间

产品文化定价权由产品的文化溢价能力和溢价空间共同决定。产品的文化价值是文化溢价能力的基础，一般情况下，产品拥有的文化元素越多，文化元素所蕴含的价值量越大，其文化溢价能力就越强。比如，美国NBA当红篮球巨星詹姆斯代言的篮球鞋与中国CBA篮球运动员做广告推广的篮球鞋相比，詹姆斯篮球鞋的溢价能力更高。再比如，同一型号的汽车，被赋予绿色环保概念汽车的文化溢价能力要高于普通汽车。不同文化元素蕴含的价值量不同，带给产品的文化溢价能力也不一样。当今企业品牌文化元素、明星文化元素等往往会给产品带来较高文化溢价能力，国家形象对产品文化溢价能力的提升具有一定的作用。

但是，产品的文化价值还无法成为产品溢价空间大小的决定性因素，即产品的实际价格可能与之拥有的文化价值相悖。典型的如梵·高的画，其生前只能卖出较低的价格，现在却能卖出数千万元甚至上亿元的天价。究其原因，产品的实际文化溢价与消费者对该产品文化元素的价值认知程度和相应的文化消费需求有关，即某种产品所拥有的文化元素如果符合消费者对该文化元素价值的认知，并且满足该消费者的文化消费需求，那么该产品所拥有的文化元素就会给产品带来较好溢价效果。否则，这种产品拥有的文化元素可能使产品贬值。比如，一款明星代言的产品，当消费者认可这个明星时，愿意以高出普通市场价的价格购买这款产品，说明该产品拥有较大溢价空间。但是如果明星形象出现问题，消费者否认这个明星，同时也会否认该明星代言的产品，这款产品价格就会下降。

消费者不同的文化价值认同和文化消费需求给产品带来的文化溢价空间存在较大差异，对比不同类型的产品及其实际售价可以发现，对应消费群体的消费能力、需求层次及文化消费需求度等因素会在其中发挥重要作用。一款产品消费群体的消费能力越大，整体文化需求层次越高，对产品文化消费需求越强烈，该产品的文化溢价空间就越大。第一，按照马斯洛的需求层次理论，满足自我实现需要、被尊重需要等高层次需求的产品的文化溢价空间远大于满足生存需要等低层次需求的产品的文化溢价空间。比如，奢侈品能卖出远高于成本价的高价，主要是它们多被贴上了体现成功或不同人生价值的文化标签，人们花高价购买这些奢侈品，更多的是向社会展示自己的价值。第二，消费群体的消费能力，即该群体购买一款产品的实际出价能力的高低影响该款产品文化溢价空间的大小，因此，当今奢侈品直接销售推广的对象很多是家资巨富且不吝惜金钱的富二代。第三，消费群体对某种产品文化消费需求越强烈，对应产品的文化溢价空间就越大，这也是很多商家采取饥饿营销的原因。

比如，当年热卖的苹果手机，其实，从使用角度看，很多产品可以替代苹果手机，但那时的苹果手机已经成为一种文化符号，很多人不惜半夜排队第一时间高价购买苹果手机其实就是为了消费"苹果"这种文化，这种文化只有消费者在最早的时间买到新款的苹果手机才能体现其价值，虽然隔一段时间后苹果手机都会降价，但对果粉来讲，这种价格的降低远远比不上文化价值下降造成的损失。

再如，艺术品拍卖会上，经常会有人以远高于市场评估价竞拍艺术品，或者一些喜欢张扬个性的人会高价购买彰显性格的个性化产品等也是这个原因。此外，如果产品可以精准地定位某个稳定文化消费群体，满足该群体共同的文化消费需求,就会获得稳定的溢价空间。需要指出的,技术含量、功能、质量和工业设计对产品的溢价空间具有明显的提升作用。一般情况下,产品溢价空间由低到高总体上呈现如下态势:

普通品牌产品<名牌产品<奢侈品<艺术品

其中,普通品牌产品溢价空间不大,名牌产品的溢价空间可以到达产品成本的几倍,奢侈品的溢价空间可以到达产品成本的几十倍,艺术品的溢价空间可以到达产品成本的几百倍,甚至更高,这就是文化定价权的魅力!

第十六章 工业软实力

工业软实力是工业文化的重要组成部分。工业文化决定工业软实力的特质，引领其发展，软实力又极大地丰富了工业文化的内涵。作为国家软实力与产业核心竞争力的重要组成部分，工业软实力在竞争中的地位和作用日益凸显。但有丰富的工业文化资源并不一定等于有工业软实力，要把资源转化为普遍认知和欣赏的软实力，实现从"内生"到"外溢"，必须提炼出有效的方法和路径。

第一节 软实力与硬实力

"软实力"这个概念是 1990 年哈佛大学教授约瑟夫·奈（Joseph S.Nye）最先提出的，他认为，一个国家的综合国力，既包括由经济、科技、军事实力等表现出来的"硬实力"，也包括由政治制度的吸引力、价值观的感召力、文化的感染力体现出来的"软实力"，即通过精神和道德诉求，影响、诱惑或说服别人相信和同意某些行为准则、价值观念和制度安排。[1]这一概念的提出，明确了软实力的重要价值，将它提高到了与传统的硬实力同等重要的位置。正如约瑟夫·奈所言，硬实力和软实力同样重要，它们是"一个硬币的两面"的关系。

1. 内涵与特点

（1）内涵。工业软实力是与工业硬实力相对应的一个概念，是以知识、信息、技能和文化等核心要素为基础，以工业精神、价值理念、制度环境等为重要支撑，以工业创新能力、质量和服务水平、品牌影响力、国际规则主导权等为基本呈现，体现一国工业综合竞争力、国际影响力、控制力和产品吸引力的关键能力。

一方面，与硬实力建立在有形资产基础上不同，工业软实力以知识资产、人力资本、信息要素、管理理念、工业精神等无形资产融入工业经济运行中，进而衍生出设计、专利、版权、质量、品牌、服务等制造业核心竞争力。因此说，工业软实力与工业硬实力同等重要，居于竞争力的核心部分，是核心竞争力。

另一方面，与其他软实力不同，工业软实力背后是工业经济和工业化进程的整体发展进程及其成果，是以制造业为主导的工业精神及其产品的整体实力。体现在全球化竞争层面，这种软实力在于六个方面：第一，该国工业化程度够不够高，工业化发展是否卓有成效；第二，工业产品消费市场是否足够大，足以吸引其他经济低迷国家的出口贸易并拉动其经济增长；第三，工业发展理念或者工业组织理念等是否有所创新，可以更有效地激发工业效率，值得其他国家在全球化进程中跟进仿效；第四，工业产品是否质量过硬或性价比够高，足以大规模开拓国际市场；第五，跨国企业和国际组织的数

---

[1] 约瑟夫·奈. 美国定能领导世界吗[M]. 何小东，盖玉云，译. 北京：军事译文出版社，1992.

量和能力是否足够强;第六,在国际合作组织中的地位和所起的作用。

在信息化、全球化时代,工业软实力更显重要,它具有乘数效应,能够倍增或递减工业综合实力。工业软实力对外和对内有不同的作用:对外,体现在一个国家的工业在国际上的影响力、号召力和魅力;对内,表现为一个国家的工业对民众的吸引力和控制力。它产生的效力是缓慢的、长久的,而且更具有弥漫扩散性,更决定长远的未来。

美国、德国、日本等当今工业强国,其他国家与它们相比还有不同程度的差距。这种差距不仅体现在物质装备、能源效率、资源利用等硬实力方面,还体现在以设计、专利、品牌等为代表的无形资产,以及管理和服务水平、工业文明等软实力方面。

纵观世界制造强国,无不以强大的工业软实力为重要支撑。德国在19世纪80年代后期,通过培育崇尚严谨、精益求精的工业精神,将规范管理引入产品的设计、生产制造和服务环节,崛起了一大批有国际竞争力的制造企业,逐渐塑造了"德国制造"技术先进、品质优良的国际声誉。美国20世纪初形成的福特大规模生产方式和泰勒管理方式,成为具有全球制造业标志的两个基本性创新,引领全球制造业的发展。日本第二次世界大战后,结合自身文化特点和实际,探索出以丰田精益管理为代表的日本管理模式,成为日本制造业核心竞争力和高效率的源泉。尽管随着美国、德国、日本等国家工业化的完成及新兴工业化国家的崛起,这些国家制造业增加值的全球占比呈现出下降的趋势,但是今天我们看来,正是由强大的工业软实力支撑的制造业竞争力、影响力、控制力和产品吸引力,使得这些国家始终保持全球制造业的优势地位。

(2)特点。工业软实力具有一系列工业硬实力所无法比拟的优势和特点,很多时候工业软实力的成本非常小,但是可以起到非同凡响的作用。工业软实力主要有以下几个特点:

一是主导性。软实力体现了文化、价值观、意识形态、规则制度等要素蕴含的无形力量,包含了工业文化的吸引力、工业发展模式的影响力和国家工业形象的魅力等方面,因此,软实力主导工业发展方向和投送方向。

二是无形性和无法计量性。因为它是一种无形的精神力量,包括文化吸引力、国际凝聚力、工业影响力和形象魅力等方面,这些都是难以硬性衡量的标准,具有很大主观性。

三是非强制性。这也是工业软实力区别于工业硬实力最根本的地方。工业硬实力强调的是产品、技术、生产工艺和装备,软实力是以诱导、合作、吸引等方式来让对方做自己希望别人做的事情,从而达到最终目标。

四是渗透性。软实力渗透于产业、技术、商贸、经济、社会等领域,具有"润物细无声"般的渗透性。从这个意义上看,软实力是更高、更深、更广的力量。软实力作用的发挥是一个长期缓慢的过程,并不像硬实力那样立竿见影,但是它的影响力更加持久有力,发挥的效力远远超过硬实力。

五是隐蔽性。因为工业软实力是非物质性的、抽象的,所以人们不易察觉,而是心甘情愿、潜移默化地受到影响。[①]

2. 软硬实力关系

(1)软硬实力相辅相成,互相制约,互相影响,具有很强的互补性。因为工业硬实力和工业软实力都是以影响他人行为达到自身目的的能力,它们之间的区别在于其行为的性质和资源的实质性存在的程度不同。工业软实力不可能离开工业硬实力基础单独发挥作用,工业硬实力还是第一位的,硬实力是软实力的前提和基础,软实力是硬实力的延伸和拓展,这是工业软实力建设的前提条件。没有国家强大的工业硬实力作后盾,工业软实力的发挥空间会大大受限,但是如果只靠工业硬实力,忽略工业软实力的构建,也很难

---

① 郑东旭. 从塑造国家形象的视角看中国软实力的构建[D]. 上海:华东师范大学, 2010.

最大限度地发挥综合优势和最大效能。只有把两者结合起来，才可以最大限度地发挥它们的作用，实现国家工业的利益最大化。

（2）无论是软实力还是硬实力，都无法单独存在，只不过是在具体时空环境中彰显的程度不同而已。在现实社会中，根本无法找出仅仅具备工业软实力或硬实力的资源。国家在进行"制裁"或对某些统治集团或统治者进行"利诱、收买"时，主要是硬实力的表现，但在经济援助或抗击经济风险过程中，又能产生较大的软实力效应。

（3）工业硬实力的目标在于"硬控制"，工业软实力的目标是"软制衡"，都是让他人服从自己，只是方式有所不同。约瑟夫·奈曾经指出，"软实力比硬实力更人道"，虽然这一论点并不一定正确，但说明软实力在某些情况下可以更好地实现特定的目标。

（4）工业软实力建设具有长期性，工业硬实力可以短时间内见效，也有可能在短期内通过某种方式如购买产业技术、成套生产线等暴增，而且，工业软实力的实施效果远比工业硬实力慢。

（5）工业软实力对工业硬实力具有较大的依赖性，但是，就某个具体的国家或机构而言，工业软实力并不完全受限于其自身的硬实力。工业软实力能够通过有形或无形的方式链接更多的硬实力，以增强自己的综合实力和影响力。

综上所述，工业硬实力资源主要来自物质和实体资源，工业软实力资源主要存在于意识形态领域，因此，工业硬实力和工业软实力的关系基本上类似于"物质"与"意识"的关系，硬实力决定软实力，软实力对硬实力有较大的依赖性，但软实力并非完全是硬实力的"跟班"，它具有自己的"主观能动性"，对硬实力有"反作用"能力。

第二节 作用机理模型

1. 三层结构

工业软实力发挥作用的机理,可以用三层结构来阐述,即工业文化层、工业价值观层、工业制度规则层。其中,价值观、制度规则均属于广义的工业文化的范畴。

工业文化层是狭义的工业文化内涵,主要指工业文化的吸引力和感染力,如企业文化、工业行业文化、工业领域文化、精神理念、工业形象等。

工业价值观层主要指意识形态、思想观念认同及工业发展道路和制度模式的吸引力。

工业制度规则层指对国际标准规范、国际规则机制的导向、制定和控制能力。

工业软实力的作用机理:第一阶段,以工业文化为先遣,通过文化的吸引力和感染力赢得他国的认可;第二阶段,在意识形态、思想观念认同的基础上,潜移默化地输出价值观;第三阶段,把对他国的价值认同、工业发展道路与制度模式的认同,转化为对国际标准规范、国际规则机制的制定与控制能力,从而完成工业软实力的整个作用过程。

工业软实力的三层结构模式如图 16-1 所示。

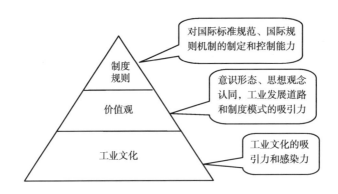

图 16-1　工业软实力的三层结构模式

2. 工业文化层

（1）工业软实力是工业文化的重要组成部分。广义上的文化指人类在社会发展过程中所创造的物质财富和精神财富的总和,黑格尔曾说过"文化是人类创造的第二自然"。从狭义上讲,是指社会的意识形态及民族心理积淀。

软实力主要包括制度的吸引力、价值观的感召力、文化的感染力等。实质上,制度、价值观等均包含于广义的文化。换句话说,软实力只是将文化中的制度、价值观、形象等能够提升软力量的因素抽取出来,而文化中的其他要素,如科学技术、物质财富、宗教信仰、语言符号等,就没有纳入其中。因此,工业软实力是工业文化的重要组成部分,工业文化的发展必然会带动工业软实力的提升。

（2）工业文化决定工业软实力的特质。工业文化作为工业社会的主流文化,是工业软实力中最基本、最抽象也是最具代表性的内容。也就是说,有什么样的工业文化及其所体现的价值观,就决定有什么样的工业软实力。

（3）工业文化引领工业软实力发展。一方面,一个国家和民族均有着深厚而久远的历史文化,这种文化沉淀下所形成的价值观,是软实力的主要内容；另一方面,工业文化不是无水之源,是根植于传统文化基础上的传承与创新。一个国家的工业软实力根本上来自文化所蕴含的魅力而产生的吸引力和影响力，当前，主要通过工业的物质文化、制度文化和精神文化得以展现，因此，工业文化引领工业软实力发展。

3．价值观层

价值观是指一个人对周围的客观事物（包括人、事、物）的意义、重要性的总评价和总看法，是人的一切社会行为的"出发点"。对诸事物在心目中的主次、轻重的排列次序的看法和评价，就是价值观体系。对于一个人，在社会生活中，应该做什么事，不应该做什么事；什么是"好"，什么是"坏"；什么是"善"，什么是"恶"等，完全由这个人所拥有的价值观来决定。

工业文化价值观念既包含具体工业从业人员个人的价值理念，也包括工业主体整体共有的价值理念。工业价值观是工业文化的核心，它既是无形的，又是可见的，每个工业生产活动中都能捕捉工业价值观的痕迹。

正确的工业价值观有利于培养个体的责任心和团结协作精神，增加凝聚力。正是由于有崇尚科学，尊重规则的浓厚氛围，英国的梳理机、梳毛机、切布机、织袜机等所有发明和发展大部分在18世纪的最后30年中迅速次第出现，电话、电报、炸药、电灯、飞机等发明紧随其后。马克斯·韦伯在《新教伦理与资本主义精神》中指出，工业价值观即诚实经营、节俭生活，珍惜时间、恪守信用，勤劳致富、永不满足，重视责任、遵守道德，反映了资本主义工业化进程的一个侧面——对于规则、规范的尊重。当工业化发展到成熟阶段后，这些观念成为西方经济生活中的主流价值观念，得到较好遵循。

4．制度规则层

对国际标准规范、国际规则机制的制定和控制能力是工业软实力国际影响力的终极体现，也是世界各国、特别是工业强国追寻的目标和努力的方向，掌握工业领域的国际话语权，就是掌握国际标准规范、国际规则机制的制定和控制权。制度体现为规则时，它必然反映了文化的价值，文化的精神，文化的理念。当文化体现为规则时，它必然采取或标准、或习惯、或制度的形式。一方面，工业制度规则的制定可以为工业发展予以规制和引导，促进工业有序、规范、更符合价值目标地发展。另一方面，加强工业文化建设，强化工业标准规范、规则机制的制定力和主导力，可以提高国家在国际上工业发展的主动性，为自身工业发展赢得更多的发展潜力和拓展空间。

有一种说法：一流的企业做文化、卖标准，二流的企业卖品牌，三流的企业卖产品，四流的企业卖苦力。这种说法几乎反映了产业链条的全部生态，是各个企业确定自己位置的最好标尺。最好的企业是制定行业规则、打造产业生态的，具有绝对的话语权。企业如此，行业和国家也一样。在现代经济发展中，标准规范已经成为最为重要的行业发展因素，谁的产品标准规范一旦为行业所认同，谁就会引领整个产业的发展潮流。因此，逐渐参与到国际标准规范的制定和研发之中，以此获得与国际巨头同等的话语权，对一流的企业来说，当然是至关重要的。那些二流、三流、四流的企业，则从高端依次递减到低端，在产业链中分别找到属于自己的位置。一般来说，处于产业链低端的企业，同质化严重，就只有拼价格卖产品；拼到后来，利润很低，就只能卖苦力；拼到最后，没有了边际利润，企业活不下去，就只有关门大吉。

纵观世界工业化发展的历史，无论是英国等工业化先行国家，还是美国、德国、日本等工业化的成功赶超者，抑或是东亚、拉美等工业化的后起国家和地区，在工业化的过程中，虽然它们的工业化道路由于自然条件不同、所处历史时期不同及国内政治经济背景不同，但是无一不在于一系列制度、政策和规则的变化给其工业跨越式发展这一根本性变革铺平了道路。

第三节 产业与企业软实力

1. 产业软实力

同工业软实力概念一样,产业软实力也是软实力概念在产业竞争与发展层面的应用与延伸。产业实力也包含硬实力和软实力,其不仅表现为固定资产、设施设备、资本、人员规模、产业布局等一定的物质条件和技术基础,还包括由组织模式、科技能力、管理能力、产业文化、公众形象等构成的影响产业发展的长期性、基础性和战略性的软性要素。

人们普遍认为产业实力的强弱是以产业技术装备、资金、人员规模、产品结构等有形因素来进行衡量的。然而,在产业寻求长期可持续发展的过程中,要实现产业竞争力的提升必须依靠产业管理能力、产业文化、公众形象等无形因素构成的长期的、战略性的软性要素。上述两个方面有机结合,即软硬结合,才能提升产业发展的综合竞争力。

一个产业的综合竞争力,不仅包括资本、技术、装备等要素构成的硬实力,也包括由产业文化、商业模式、系统化整合、创新能力、品牌商誉、企业精神、社会责任等体现出来的软实力。对低技术产业而言,硬实力虽是不可或缺的物质基础,但由于进入壁垒较低,只需注入一定量的资金,对其进行模仿是比较容易的。若要复制该产业的文化或影响力则困难得多,甚至是不可能的。

工业文化

案例：法国传统手工工艺的软实力

法国的高端成衣定制业，拥有很多著名的奢侈品牌，如 Chanel、Christian Dior、Louis Vuitton、Hermes 等，所采用的大多是工业革命以前的传统手工技术，还致力于将传统工艺推上时尚巅峰。巴黎几家知名的手工作坊，如刺绣坊 Montex、刺绣坊 Lesage、手套坊 Causse、纽扣坊 Desrues、鞋履坊 Massaro、制帽坊 Michel、金银饰坊 Goossens、花饰坊 Guillet 等均被 Chanel 一一收购。与其他手工坊一样，成立于 1929 年的 Desrues 在机械化时代来临时，也曾举步维艰、惨淡经营，1985 年被 Chanel 收购之后，在 Karl Lagerfeld 的不断创新之下重获新生，目前拥有 170 名技术卓越的员工，从事铸造、雕刻、雕凿、染色、上珐琅或磨光备受尊崇的 Chanel 纽扣及珠宝配饰。可见，传统手工工艺同样具有终极竞争力，通过赋予商品追求卓越、追求精致生活的价值观念，产生了超越时空、超越国界的巨大影响力、渗透力。这种竞争优势无法用金钱来置换，也不能凭借山寨模仿、技术引进获取，必须经过大浪淘沙式的长期积淀才能形成。

2. 企业软实力

从竞争的角度来看，处在市场如战场环境下的企业间的竞争与弱肉强食的国家间竞争，其实质是相同的。因此，可以认为企业就是缩小的国家，国家就是放大的企业。

随着经济全球化、信息化时代的到来，当今企业处于一个高度不确定性的环境中，企业要满足自身的各种需要，要生存和发展下去，就要提高自身的综合竞争力。企业的综合竞争力既包括资本、技术、装备、土地、厂房等生产要素组成的硬实力，也包括社会声誉、市场信用、品牌影响力、管理模式等体现出来的软实力。

企业软实力是企业运行过程中形成的一种能有效整合企业资源的综合力，这种力量与企业价值意识相关，能够左右企业相关者的意愿，推动企业达成所期望的目标。企业软实力由一些诸如组织模式、行为规范、价值理念、管理方式、创新能力、企业文化、品牌战略、社会公信度、企业内部外部环境等要素构成，或者由一些诸如创新力、凝聚力、生命力、传播力、吸引力、弹力或张力、学习力和洞察力等能力构成。

由于受思想和发展阶段的影响，许多企业大多以扩大自己的地盘和市场份额为核心，以"硬实力"的相关数据为发展指标，而"软实力"的建设和加强往往被忽略，重硬实力打造，轻软实力建设，导致企业发展的后劲严重不足。在企业规模小的时候，把积累硬实力作为第一要务，这是不可逾越的必然过程，在硬实力发展到一定程度，则必须重视并加强软实力建设，否则，软实力的欠缺弱化将成为企业做不大、做不强、做不优、走不远的"硬伤"。但是，企业软实力的培育不是一蹴而就的，需要一个长期积累的过程。

对企业来说，硬实力建设与软实力建设是相辅相成，互为依托，缺一不可的。硬实力是软实力的有形载体，软实力是硬实力的无形延伸，在一定条件下，二者之间还可以相互转化。

企业软实力有以下几个特征：一是企业软实力通过一些非强制性的方式起作用；二是不具备物质实体；三是它的影响是深刻而无形的；四是具有非垄断性和扩散性；五是难以被对手复制。

企业软实力的培育必须以企业硬实力为基础。企业只有在市场激烈竞争中生存下来，才有发展壮大的可能，才能够建立自己的企业文化，形成自己的核心价值观。企业发展壮大的根本资源，就是企业的机械设备、厂房、资本、人员、产品、产量、利润等硬实力资源。硬实力是衡量企业做大做强的客观标准，是软实力背后的支撑力量，有了强大的硬实力作为物质后盾，软实力才有可能得到迅速提升，这样，硬实力就可以转化为软实力。

企业软实力的培育不仅仅是提提理念、写写标语、喊喊口号那么简单，必须与企业硬实力积累结合起来，是一个系统工程。企业理念、价值观只有在企业建设硬实力的行动过程中，才能真实地、全面地反映出来。企业"软实力"和"硬实力"完美互补，互相增长，才能使企业在发展的道路上越走越顺、越走越稳。①

---

① 李倩. 企业软实力及其形成的关键因素分析[D]. 长春：东北师范大学，2010.

产 业 篇

第十七章
工业强国文化根基

文化是思想、科技、社会进步的源泉，是一个民族的根。当一个国家发展到一定阶段，它与其他强国的较量，就是全方位的较量，但最核心的还是文化的较量。从西方近现代工业发展的历史可以看出，正是自由、平等和创新的文化开启了西方工业文明时代人本精神和科学理性精神的大门，为西方工业文明发展所需要的文化精神提供了基本的思维框架，更为其发展确定了总的文化发展方向。世界工业强国的制造水平登峰造极，关键之处不在于能制造出结实耐用、美轮美奂的工业品，而在于其文化中体现出来的专注、严谨和创新的精神。

中国著名学者金碚曾说："以先进制造业为标志的现代工业社会是迄今为止人类历史上经济最发达、国家最强盛的时代。进入工业化进程的国家无不希望成为制造强国，但在被称作（工业国）的数十个国家中，真正成为制造强国的屈指可数。可见，建成制造强国并不是一个水到渠成就能达到的目标，只有具备特殊条件并经过不同寻常的努力才能实现。"金碚指出："决定制造业强盛的基本因素包括资源、技术和文化'三原色'。一个国家能否成为制造强国，其文化特质往往具有决定性影响，即使英国这个曾经的世界第一制造业大国，称雄世界200年，但由于文化特质原因，也未能继续保持制造强国的地位。"①

第一节 英国

英国是工业革命的发起国,也是近现代工业文化的发源地。英国率先成为世界工业强国不是偶然的,是有其深刻思想文化根基的。但崇尚缺乏工业精神的绅士和扭曲的工业价值观,又导致了英国的衰退。

1. 思想文化基础

14世纪到16世纪的文艺复兴运动,最先在意大利兴起,以后扩展到西欧各国。文艺复兴运动为科学革命的爆发解放了思想,相对宽松的宗教背景和人文主义思潮,为自由的科学探索打下了深厚的基础,也创造出了优越的科技创新环境。

16—17世纪,欧洲发生科学革命,科学先驱者们继承古希腊用数学来描述自然和物体的运动的思想,并将其发扬光大。例如,伽利略研究物体运动和自由落体,牛顿创立三大定理和万有引力定律,胡克提出了胡克定律及有许多创造发明等,这些科学成就标志着现代科学的诞生。此时,欧洲出现了资本主义的萌芽,其对科学和技术产生了强烈的社会需求,如为了开辟海上贸易,需要对地理和天体的运动规律进行研究。正如恩格斯所说:一旦社会上产生了对技术的需求,这种需求就会比十所大学更能推动科学的发展。

据统计,1660年至1730年,英国拥有60多名杰出的科学家,占当时全世界杰出科学家的36%以上,他们的重大科学成果占全世界的40%以上,英国当之无愧地成为世界科学中心。与此同时,海上贸易的出现和扩大化为

---

① 金碚. 建设制造强国需要耐心和意志[J]. 决策与信息, 2015(10).

先进的市场意识和商贸手段的出现提供了平台，为纺织机、蒸汽机等创新科技的发明和运用创造了有利条件。

得益于 14—16 世纪文艺复兴运动、16—17 世纪科学革命、17—18 世纪启蒙运动和亚当·斯密的《国富论》、19 世纪社会达尔文主义等影响，英国人的世界观、人生观发生变化，整个社会形成了一种新的文化思潮，表现为重视科学技术研究，重视经验和实验成果，重视生产效率提升，这为英国率先开启工业化进程奠定了深厚的思想文化基础。

2. 制度创新与政策措施

17 世纪的英国资产阶级革命推翻了英国的封建专制制度，建立了以资产阶级和土地贵族联盟为基础的君主立宪制度，从而使英国成为世界上第一个确立资产阶级政治统治的国家。资产阶级利用国家政权加速推行发展资本主义的政策和措施，促进了工业革命各种前提条件的迅速形成。英国的工业化主要是由其社会自身不断产生出有利于工业化的因素推动实现的，是内生型的工业化模式。

英国工业化发展的过程虽然是市场经济作用的结果，却也离不开制度的不断创新。在 19 世纪 20 年代以前，英国基本上实行垄断和贸易保护政策，如早在 1623 年就制定实施了《垄断法则》。随着工业产品大量增加，国内市场开始出现饱和，在这样的背景下，英国开始逐渐取消出口税，降低进口税。1842 年，英国政府取消了对机器出口的禁令；1846 年，英国又废除了禁止粮食进口的《谷物法》，开始实行完全的自由贸易政策。正是由于这一制度的创新，使英国成为世界贸易和金融的中心，其进出口额 1800 年为国民生产总值的 19%，1850 年达 27%，1875 年达到 51%。

3. 价值观与工业精神

首创精神是英国开启工业化时代最突出的工业精神。飞梭和珍妮纺纱机的发明大大提高了织布纺纱的效率，蒸汽机的发明推动了工业革命的发展，汽船、铁轨、蒸汽机车的发明开启了运输方式的革新。由此可见，在工业革命到来之时，英国人的首创精神是无与伦比的。

富有冒险的进取精神和创业精神也是英国工业精神的一部分。18世纪上半叶，英国优越的政治制度使国王权力虚而不实，英国社会逐渐打破了"地主—资本家—劳动者"这样的三层社会秩序，底层的劳动者可以通过自身努力提高社会地位，成为资本家和地主。在这样的社会形态下，人们只要不懈努力，合理合法地追求财富，拥有财富，就可以跃到上一个阶层。这激发了人们的冒险精神和进取精神，也给了有志向、有资本、有技术的人证明自己、提升社会地位的机会，富有冒险的、进取的工业精神由此诞生。随着工业化进程的推进，这种财富欲和冒险精神、进取精神已经发展成一种努力进取、公平竞争的实业精神。

4．英国工业的衰退

第一次工业革命铸就了英国工业的辉煌，但这种辉煌未能一直保持下去，正如美国历史学家马丁·威纳在《英国文化与工业精神的衰落：1850—1980》一书中所说，是英国文化导致了英国工业精神的"绅士化"，使英国工商业丧失了进取心和竞争力。"一个真正的英国绅士，一定是热爱乡村野趣的"，这是英国文化里根植的乡村情结。当富有进取精神的工商业者把绅士作为偶像来效仿时，他赖以成功的工业精神就逐渐丧失了。典型的英国式的理想是对一种田园牧歌生活方式的向往，工业化却是与黑暗的魔鬼般的工厂和环境污染联系在一起的。在1851年的伦敦世博会以后，英国出现了反工业化的文化思潮，许多企业家们对所从事的事业改变了认识，把工商业活动只看作一种业余的事，常常有一些十分成功的企业家完全离开了工商业界，尽管有些在坚持，却只把它看作一种社会责任，而不是看成一种经济上的机遇。英国政府因而也实施了向殖民地国家转移工业产能的战略。

表面上，这种做法既能实现英国的碧水蓝天，又可以通过殖民地广阔的销售市场、原料产地和廉价的劳动力保证资本家获得巨额利润，实际却导致了英国工业不可逆转的削弱。一方面，使得资本家热衷于商品输出、资本输出和原材料输入，对采用新技术、新设备缺乏足够的主动性、积极性，以致创新活力和生产效率相对下降；另一方面，尽管英国在科学技术研究方面仍然取得了一些杰出成就，如白炽电灯、电话、电磁波、雷达系统、青霉素、电视、喷气式发动机等一批重大技术发明，但当时大多数科学创新活动封闭在皇家学会中的小团体，学术创新与投入生产实际相脱节，造成英国本土产业空心化，技术、创业人才无用武之地而远走他乡，不仅大幅降低了工业创新实力，也使英国在应对经济危机时显得力不从心。

在世界竞争的格局中，技术创新和质量提升一旦停滞，就意味着被超越和淘汰。从19世纪后期到20世纪初期，英国科学技术及工业技术逐步丧失领先地位，全球工业重心开始向德国、美国转移。

第二节　德国

德国工业产品以品质优良著称，技术领先、做工细腻，在世界上享有盛誉。这种口碑源于德国敬业、专注的工业精神，因为有着严谨、踏实、理性的工业文化支撑，德国至今仍可以保持工业强国的地位。

1. 思想文化基础

德国是16世纪欧洲宗教改革的发源地，深受新教伦理天职观的影响。所谓天职就是上帝让你干的事。德国社会学家马克斯·韦伯在《新教伦理与资本主义精神》（又称《新教伦理》）一书中认为：受着时代的影响，天主教徒表现出对现实利益的禁欲苦行和无动于衷，对物质欲望及劳动观念极有

"睡得安稳"以求得临终前的"幸福天堂"的意思。与之相反，新教将日常世俗劳动视为上天赋予人们个人道德活动的最高形式，等同于救赎般的无比光荣的神圣使命。这种天职理念与文化不仅将劳动视为谋得个人生存的法宝，更是人们归属与爱的需要，是维系社会和壮大民族的重要方式。由此，企业家创业、经营都可以被视为上帝的"旨意"，是为上帝增添荣光，企业虽然要赚钱牟利，但不能无休止地追求利润。

德国启蒙运动始于18世纪三四十年代，虽比英国、法国晚些，但它是一场反对封建专制，反对教会和宗教迷信，普及文化和教育，倡导人权、自由、平等诸多新观念的思想文化解放运动，是德国古典哲学的先声。从民族性格上看，德意志不是一个喜新厌旧的民族，喜欢有历史记忆的东西，有文化记忆的东西。德国人不注重眼前利，更加看重身后名。

18世纪末19世纪初是近代哲学乃至整个西方哲学的体系化时期，以康德、费希特、谢林、黑格尔为代表的德国哲学对西方哲学进行了集大成式的概括总结，建立了庞大的体系，将古典哲学推向了最高也是最后的发展阶段。康德、黑格尔等深邃的、理性严谨的哲学理论成为法国革命背后的思想基础，更是"德国制造"的核心文化。

德国的科学技术发展也得益于黑格尔、康德等启蒙思想家对科学方法的总结和传播。19世纪，德国科学家将大学教育与专业研究室结合起来，对学院文化的发展起到了促进作用，这一社会文化发展模式催生了现代大学和研究开发机构，开辟了优化科技创新小环境和培养创新人才的先河，为德国的科技崛起积累了重要力量。

2. 制度创新与政策措施

德国的工业文化与英国有较大区别，德国以教育为本和注重质量、创新的工业文化比英国自由竞争的工业文化更有持久性，负面效果也小得多。

德国的工业化经过18世纪的孕育到19世纪30年代才算进入正轨。1871年德国实现统一后,百废待兴,当时的世界市场几乎被工业化先行国家瓜分完毕。作为后发国家,追求强国梦、在夹缝中求生的德国人不得不"不择手段",仿造英法美等国的产品,并采取廉价销售的方式竞争。从偷窃设计到复制产品,从伪造制造厂商标志到在产品材料、工艺上偷工减料,德国这些低劣的竞争手段让英国大为恼火。英国人不仅给德国制造产品贴上了"厚颜无耻,廉价低质"的标签,英国议会更是于1887年8月23日通过了侮辱性的商标法条款,规定所有从德国进口的产品都须注明"德国制造",以此将劣质的德国货与优质的英国产品区分开来,于是8月23日成了"德国制造"的诞生日。

这一事件极大地刺激了民族自尊心极强的德国人。为了改变"德国制造价廉质低"的形象,德国一方面树立质量至上、精益求精的观念,学习英国工业革命经验,出台一系列保证产品质量的政策举措,产品设计主张追求卓越,生产方面鼓励企业优化生产工艺流程,推动生产技术、装备升级,从源头保障产品质量。另一方面以质量和创新教育为重心,推行全民义务教育和职业教育,通过教育和文化塑造人,将质量和创新意识融入德国人的血脉。

德国的工业化进程除了依靠市场机制,政府干预和政策法律也发挥着重要作用。德国制定和实施工业发展政策的目的,是在创造一个使整个市场经济能够有效运作的法律制度框架的基础上,有目的地制定一些对某些产业的发展施加影响而促进产业结构升级的政策,并组织有效实施,具体包括:

一是实行各种补贴,以保证一些行业的社会就业需要,促进结构调整和产业升级,提高竞争力。

二是实行资助、贷款和贷款贴息制度,包括给科研开发部门提供资助,通过一定的风险担保给中小型企业提供技术开发贷款和贷款贴息,以促进产业技术进步。

三是制定保障竞争的政策，通过反卡特尔，防止企业之间通过契约和协调行动形成垄断，使各类企业都能获得比较公平的机会，保证市场的开放性。

四是实行区域统筹政策，缩小地区经济差别。依照德国基本法的规定，各地居民的生活水平应当大体一致，如果地区间经济生活水平出现较大差距，政府就要对经济落后地区进行投资或者给予其他补贴。

五是建立严格、健全的质量认证和监督体系，最推崇质量持续改进。

六是制定并实施人才政策，实行双轨制职业教育，增加职业学校和工人补习学校的设置。依照1869年北德意志联邦宪法规定，凡工厂所在地有补习学校，工厂主必须让工人入学，以提高德国劳动人口的素质。

3．价值观与工业精神

德国人"理性严谨"的民族性格是其工业价值观和精神文化的焦点和结晶，具体表现可归纳为以下六个方面[①]：

一是专注精神。专注是德国"理性严谨"民族性格的行为方式。德国制造业者，"小事大作，小企大业"，不求规模大，但求实力强。企业几十年、几百年专注于一项产品领域，成为"隐形冠军"，有些至今仍是中小规模企业，例如，Koenig&Bauer的印染压缩机、RUD的工业用链条、Karcher的高压专业吸尘器都是行业的全球领袖。

二是标准主义。标准主义在德国企业的具体表现首先是"标准为尊"。在德国制造的过程中，标准就是法律，尊重标准、遵守标准，就像系安全带和遵守红绿灯一样自然。其次是"标准为先"，即在生产制造之前，先立标准。德国人生活中的标准比比皆是，如烹饪佐料添加量、垃圾分类规范，这种标准化性格也必然被带入其制造业。全球2/3的国际机械制造标准来自德

[①] 葛树荣，陈俊飞. 德国制造业文化的启示[J]. 企业文明, 2011(8).

国标准化学会标准。德国是世界工业标准化的发源地,其标准涵盖了机械、化工、汽车、服务业等所有产业门类,超过3万个,是"德国制造"的基础。

三是精确主义。对标准的依赖、追求和坚守,必然导致对精确的追求。对精确的追求,反过来又提高了标准的精度。德国人崇尚精确主义,据《欧洲时报》报道,德国制衣业委托一家研究所重新测量和统计有关德国人身材的数据,目的是获得更准确的制衣尺寸。这种精确主义使德国精密制造一直保持全球领先地位。

四是完美主义。完美主义是"专注精神、标准主义、精确主义"的综合表现。追求完美的工作行为表现是"一丝不苟、做事彻底",也就是认真,这已经是德国人的性格特征。德国人做什么都要彻底到位,不论是否有人监督,做得不完美、有瑕疵就深感不安。

五是秩序主义。德国有一句谚语:"秩序是生命的一半。"德国人特别依赖和习惯于遵守秩序。秩序主义在具体工作中主要表现为流程主义,一切按照程序进行。秩序主义的空间表现,则是物品放置的条理性。无论是家庭中的杯子、碟子,还是领带、衬衣,乃至工作场所的文件、工具等物品,都摆放得井然有序,一切都在自觉之中。

六是厚实精神。这是普鲁士精神的精髓,继而成为全德意志人的精神——"责任感、刻苦、服从、可靠和诚实"。这使得"德国制造"在设计和材料使用上,实实在在地考虑用户利益,注重内在质量,胜过外观和华而不实的功能。德国人对工作负责、对客户负责、对产品负责,并以人的可靠和诚实保证了产品的可靠和真实,使得德国无假货,且货真价实。

第三节 美国

1812—1814 年，第二次英美战争中的胜利使美国得以顺利开启工业化进程。在此之前，美国一直是英国工业的原料供应地和销售地。1814 年之后，美国开始通过外来移民等途径学习英国先进工业技术，吸收外来投资，发展近代工业。美国工业化蕴含着自由竞争、尊重劳动、白手起家等价值理念，以创新、探索精神和自由主义为代表的文化促成了美国今天的社会面貌和生活方式，成为美国工业文化最重要的组成部分，更是整个国家前进的动力和发展的灵魂。

1. 思想文化基础

美国早期移民信仰的新教伦理带来了勤勉奋进的精神。殖民地移民多以新教信仰者为主，所以他们所信仰的天职观及崇尚合理谋利的思想都是美国文化的"先天基因"，并进一步演变为勤勉奋进精神。如本杰明·富兰克林就是这些早期移民的典型缩影，富兰克林家族因为笃信新教，反对天主教而被迫从欧洲逃往北美。

生存斗争与发展竞争的社会现实决定了美国实用主义价值取向。北美新大陆的早期移民肩负着宗教的"神圣的使命"，但是当时的北美大陆存在着与欧洲完全不同的环境，这种陌生的环境使教徒们遇到了意想不到的困难，甚至可能葬身异域。艰苦环境的考验逼迫他们只能立足现实，勤奋劳作，把茫茫荒原变成可以耕作的沃土，从而实现自身的生产与发展。

开放融合的多民族性形成了强烈的创新和竞争意识。美国移民历史可以追溯到 1620 年。为了进一步加速广袤土地的开发，解决发展资本主义工商业人力资本不足的问题，美国采取了宽容开放的移民政策。美国一共有三次移民高潮，吸纳了世界上 100 多个民族的移民，仅 1820 年到 1920 年的 100 年间，美国就接纳了 3 350 万名移民。这些移民不仅带来了先进的工业技术，同时具有实业精神。比如，被美国总统杰克逊称为"美国制造业之父"的塞缪尔·斯莱特在移民美国后，成功复制出英国的高效棉纺机，并办起了棉纺厂，吹响了美国工业革命的号角。电话发明者亚历山大·贝尔、电报之父萨缪尔·莫尔斯、大发明家爱迪生等无不是移民的后裔。各种怀揣着个人理想主义奋斗目标的移民在美国这片广阔的土地上追逐着自己的梦想，受社会达尔文主义影响，美利坚人坚信人人都应该拥有平等的机会，其能否成功取决于在社会竞争中是否拥有实力。广泛多元的移民在美国社会竞争式发展，为美国工业文化注入了更加强烈的竞争意识和创新意识。

移民使美国加速步入工业社会，更深层地影响了美国文化。通过不同国家的移民，美国可以获得各国发展的经验，在此基础上结合美国的国情进行创新，如美国人对农业的同情似乎在效仿法国，但以工业技术和工业生产方式改造农业又是美国竭力推行的。美国的工业文化是在精选欧洲各国工业文化基础上，结合自身国情摸索出来的，所以创新成为美国价值观的内核。

2．制度与政策措施

（1）实行保护工业发展的关税政策。美国独立时，英、法等国制造业都比美国的发达，可以生产出更廉价、质量更好的产品。汉密尔顿在其"论制造业的报告"中，建议国会通过关税来保护新兴工业，他认为，一个国家如果没有适当的工业基础，不论是在经济上还是政治上都无法强大起来，对美国幼稚的工业提供关税保护，是推动工业免于被外国摧毁的有效办法。因此，1816 年，美国出台保护性的关税法，其原则是合法地采取一些保护措施来弥补国内和国外生产成本上的差距，从而抵消外国产品在竞争上的优势。

（2）高度重视企业制度创新。在生产组织方式方面，美国创造了流水线生产法和管理方法，最早实现了机器和产品零部件的标准化，并按照专业化和规模化的原则进行生产；在公司制度创新方面，美国的企业家为了解决组织大规模、标准化生产需要巨额资金的问题，创立了有限责任公司的组织形式，并逐步向多个生产领域、多个国家拓展业务，形成了多元化经营的跨国公司。

（3）率先将保护知识产权写进宪法。美国在建国之初就颁布了专利法，极大地调动了人们发明创新的积极性。林肯称："专利制度是在天才的创造火焰中添加了利益的燃料。"与此同时，美国很注意防止专利权的滥用而扼杀竞争，于19世纪后期制定了"不公平竞争法"和"反托拉斯法"。

（4）大力支持科技创新。到20世纪中期以后，随着美国逐渐成为世界第一强国，基础研究、国防军工技术研究、前沿性技术研究投入大量增加。在这种情况下，为加快研究成果向应用技术转化，美国先后出台了《塞勒-凯氟维尔法》《国防航空和宇宙航行法》《购买美国产品法》《拜度法》《小企业创新法》等法案，建立和完善了军民融合、技术转移和支持中小企业发展等制度，逐步形成以企业、大学、国立科研机构为主体的完备的创新体系。

（5）强调教育对改变人们价值观念的重要性。力行开放式教育，以吸引各种不同类型的人才。立国不久，就颁布了《全民教育法案》，要求每个公民都要接受教育，把受教育的权利当作人权的重要部分。美国建立了世界上规模最大、水平最高的教育体系，特别是高等教育远远领先其他国家。

3. 价值观与工业精神

作为移民国家，美国拥有来自不同种族、不同国家且带有强烈的冒险和创新精神的大量移民。同时，对于这些移民来讲，美国又是一块未开垦过的大陆，有无限的冒险和创新空间。所以，美国成为冒险家、创业者的天堂。纵观美国200多年的发展历史，就是一部高扬进取的创新创业史。美国重视通过自身奋斗实现人生价值，鼓励探索创新，既赞美成功也宽容失败，崇尚爱迪生、盖茨、乔布斯这样的英雄。通过创新创业实现人生价值是美国梦的核心内容，这是美国创新力强大的文化基因。

工业文明是最富活力和创造性的文明，美国人特有的冒险精神，把工业文明中的创新精神发挥到了极致。一方面，他们敢于推翻旧事物，凭借对市场变化的敏锐嗅觉开发颠覆式的产品；另一方面，他们为创新提供了一个自由的环境。从 19 世纪的蒸汽机船、轧棉机、电报、牛仔裤、安全电梯、跨州铁路，到后来的电灯、电话、无线电、电视、空调、汽车、摄影胶卷、喷气式飞机、核电、半导体、计算机、互联网和基因工程药物等，这些持续不断的重大发明和创新，催生了一个又一个新兴的产业，大幅增强了美国的经济实力和综合国力，将美国这个年轻的国家推上了世界经济的高峰。

开拓精神的核心是尊重个人自由，这决定了美国文化的包容性。文化的包容性为各种不同思想观念的交汇提供了基础。在观念相互碰击与自由竞争中，美国国民逐渐形成了实用主义思想观念，即鼓励探索新的市场机制和管理机制，以确保新的观点想法及相关科技成果转化为现实生产力。在这种观念的影响下，美国最早将专利权写入宪法，最早开始成立风险投资，向科技企业提供融资，并不断完善相关法律法规，保证投资者利益。从而使美国自 20 世纪 40 年代之后成为全球科学研究和技术创新潮流的引领者。[①]

第四节　日本

1840 年鸦片战争后，中国开始沦为半殖民地半封建社会。日本也同样遭到西方列强的侵略，但自 1868 年实行"明治维新"后，日本迅速崛起，一跃成为亚洲工业强国。与英国、德国等西方国家不同，日本的工业发展从

---

① 王昌林，姜江，盛朝讯，韩祺. 大国崛起与科技创新——英国、德国、美国和日本的经验与启示[J]. 全球化，2015(9).

重工业开始,然后逐渐发展纺织等轻工业。日本立足国内基础,制定出符合国情的一系列合理有效的产业政策,政策上走从"贸易立国"到"技术立国"再到"科技创新"的道路,技术上经由了"吸收型""模仿型"到"追赶型"再到"领先型"的技术发展路径。

1. 思想文化基础

日本是一个善于借鉴、学习和与国情相结合的民族,古代向中国学习,近代开始向西方学习。公元 8 世纪学习中国唐朝完善了封建制度,19 世纪学习西方摆脱了殖民地危机而走上了资本主义道路,20 世纪学习外国管理经验实现了经济振兴。不管是东方文化,还是西方文明,日本都能将其充分吸收并为己所用,并成功改造自身。兼容并蓄、创新发展成为日本人对待文化的一贯态度和卓越能力。这一点体现在企业文化建设上,如创立了"一手拿算盘,一手执《论语》"的管理文化,缔造了东方工业文明发展的"新教伦理"等,表现为既吸纳西方文化注重技术和追求效率的元素,又兼备日本传统文化中视企业为家庭的观念意识,基本保持本民族特色,为日本工业发展注入了强大的精神力量。

日本在工业化的过程中,基本上模仿德国工业化模式,因此,诸多研究者往往将两国的工业化模式并称为日德模式。事实上,日本的工业化模式也有其独到之处。日本之所以能在亚洲率先完成工业革命,是国内、国际多种因素作用和一定历史条件的结果,特别是明治政府上台后,在"脱亚入欧"的思想指导下,不遗余力地引进和吸收西方先进技术,使之本土化,从而建立起近代产业体系,实现了经济和军事实力的快速提升。

因此,日本的思想文化基础是东西方文化融合的产物。一方面,不断学习新的工业技术、生产方式、企业经营和管理制度,吸收西方工业文化改造日本传统文化。另一方面,秉持自身的传统文化,并将之融入现代工业生产中,形成具有日本特色的,强调敬业、忠诚、创新、进取等的日本工业文化。

2. 制度创新与政策措施

明治维新之后，明治政府就运用国家权力实施"贸易立国"与"殖产兴业"结合，其发展大致经历了两个阶段：第一阶段，大力创办以军工企业为主导的国有企业；第二阶段，"廉价处理"国有企业，大力扶植私人资本主义。为发展工业专门设立工部省，负责在各官营产业中广泛引进、采用西方先进技术设备和生产工艺，大量引进、译介西方科技信息情报资料，聘用外国工程师、技术人员，派遣留学生到欧美学习及引入外国直接投资等。日本政府和企业还与欧美企业缔结许可证生产合同、技术协作合同等，并通过反求工程（倒序制造）快速消化吸收西方先进技术，实现技术转移和本土化。

制定符合国情的一整套复杂的产业政策，包括制定国家长远规划和设计国家经济的任务，其主要特点是既对整体工业结构进行分析，又对部分领域进行研究，从中确立保护扶植产业。为了确保工业政策的实施，日本政府通过拥有广泛管理权力的通产省，以强大的法律、经济和行政手段为后盾，对各产业，特别是战略产业进行强有力的管理。在第二次世界大战后的恢复阶段，日本提出"倾斜生产方式"的产业复兴政策，在资金和资源不足的情况下，集中力量恢复和发展生产资料部门。20世纪50年代初期，能源等资源问题得以解决后，日本产业政策主要针对电力、钢铁、合成纤维、石油化工、煤炭和造船等重工业和化工部门，通过设备更新和技术进步来降低基础工业成本，刺激企业对现代化设备的投资。在50年代后期经济高速增长期，日本产业政策重心从基础工业转向新兴工业。60年代初，为了追赶欧美发达国家，确立了"贸易立国"战略，对工业部门实施重化工业化，产业政策转为适应国际经济体系，实现其产业结构高层次的转变。70年代受环境和石油危机的影响，日本开始关注知识密集型产业的发展，产业政策转向支持自主技术研发，建立企业、大学、政府三位一体的"流动科研体制"。90年代，在经济调整时期，日本利用稳定性的产业政策应对经济发展的低迷状态。

日本也从美国引进了不少管理经验，主要包括三个方面：第一，引进两种主要的美国管理技术，一种是企业的生产管理，即工业管理和质量控制，另一种是一般性的经营管理；第二，引进美国管理技术方面的教育训练，包括 1950 年就引进了"经营者教育"，以训练培训部长、科长等中级人员，1951年引进了"基层管理人员训练计划"，以培养工段长、班组长；第三，从美国引进现代企业组织机构，参考美国的做法开展了提高生产率运动等。在这三个方面，第二个方面受益最大。因为它及时培养了一批可以委以重任的管理人才，这些管理人才不仅继续吸收其他各国的先进经验和科学方法，而且把学到的东西进一步日本化。

日本对中国企业管理的情况同样认真研究，大胆吸收了中国的《鞍钢宪法》中的"两参一改三结合"的管理思想。《鞍钢宪法》的核心内容是"干部参加劳动，工人参加管理；改革不合理的规章制度；管理者和工人在生产实践和技术革命中相结合"。20 世纪 70 年代，日本的丰田管理方式、全面质量管理和团队精神实际上就是充分发挥劳动者个人主观能动性、创造性的《鞍钢宪法》精神。

日本政府高度重视普及大众教育，着力夯实智力基础，培育人力资本。如颁布《学制令》，自 1871 年开始实行强制性初等教育，仿照西式教育构建国民基础教育体系；创办帝国工程学院，并在京都大学、东北大学和九州大学设立工程系，积极培养日本的工程师和技术人员，使其能够接管由西方专家管理的工厂、矿山和铁路，实现技师的"进口替代"。正是这种长期的人力资源积累，日本在第二次世界大战后仍然具有迅速恢复和重新崛起的能力，在 20 世纪 80 年代后成为世界第二经济大国。

3. 价值观与工业精神

日本的工业文化，特别是敬业、进取、追求极致等工业精神，是支撑日本成为高端制造大国的强大动力。敬业是日本工业文化的精髓，日本很多优秀的制造企业在技术上始终追求极致。从丰田企业 2009 年汽车大面积召回事件可以看出，日本工业企业的内动力和自我纠错能力很强。日本企业管理者很少谈营销，谈得最多的是专利增加多少，哪些车型做过多少试验，生产线做过哪些改变等。日本在走向工业化的进程中，保持了农业时代的勤劳精神，形成了讲求效率、敬业、纪律严格、高度团队精神的文化。

值得一提的还有日本工业的进取精神。高端的工业制造能力和强大的技术优势是日本成为高端制造大国的重要原因，这些优势的背后是强大的进取精神在支撑。日本由于资源稀少，能源自给率不足20%，粮食自给率仅28%，日本要维持生存，满足能源和粮食的进口需要，就必须大力发展工业，这既是日本的生存之道，也是日本强大的进取精神的来源。日本正是以这种强大的进取精神，在世界工业领域始终占据高位，拥有一大批全球知名企业和品牌，如三菱、索尼、丰田、松下、东芝、日产等，具备多项高科技行业专利发明，涉及电子、机械、精细化工、纳米新材料、能源与环保等领域，日本制造成为品牌、技术、质量的代名词。

第十八章 文化作用工业机制机理

工业文化是推动工业现代化的重要力量,一个国家工业的发展必须要有强大、先进的工业文化作为支撑和引领。基于工业文化的内涵和外延,以及工业文化在物质、制度、精神三个层面的构成,其对工业发展可以总结为三种作用机制,即工业物质文化对工业发展的支撑作用机制、工业制度文化对工业发展的保障作用机制,以及工业精神文化对工业发展的引领作用机制。构建完善的作用机制,有利于政府从战略、规划、政策、标准、市场等宏观层面对工业发展进行有效的宏观调控,优化产业发展环境;也能够指导企业、高校、社团组织、中介机构等社会力量从微观层面参与工业文化建设,强化各类主体提升自己的竞争力。

第一节 推动工业发展的作用机理

文化是经济社会发展的重要动力,是推动经济转型升级的关键因素。世界工业化300多年的历史证明,文化元素对工业化进程和产业变革具有基础性、长期性、决定性的影响。工业文化作为工业发展的灵魂和根基,是工业提升创造力、竞争力、影响力和可持续发展能力的动力源泉。

发展先进制造、成为"工业强国"是许多工业化国家矢志追求的目标，但成功者寥寥无几。所谓"工业强国"是指在整个世界工业或者某些工业领域的国际竞争与发展中占据强势地位、具有引领作用或发挥重要影响的国家。工业大国"大而不强"的原因，主要是在技术创新、产品质量、品牌影响力及环境友好等方面，与工业强国之间存在较大差距。工业强国的"强"应是多个维度判断的综合考量，产业强、企业强、创新强、质量强、品牌强是工业强国的重要标志，体现在综合竞争力上，主要包括创新竞争力、产业竞争力、市场竞争力、管理竞争力和生态竞争力等多个维度。

创新竞争力主要体现在工业的技术与人才上。领先的技术创新是工业强国的基础保证，人力资源则是推动工业发展，维持创新活力的第一资源。工业强国需要具有世界领先的工业生产技术水平和创新能力，也要具备完善的人才培育机制，从而引导整个工业系统的创新发展。

产业竞争力主要体现在工业的规模与结构上。工业化最基本的特征就是制造业规模日趋壮大，产业质量不断提高。因此，规模较大、结构合理、产业质量高等特征是制造强国的核心内涵。产业规模和生产能力是工业强国之所以强大的重要基础；结构优化、附加值高的现代工业体系，是工业强国获取竞争优势的重要因素。

市场竞争力主要体现在工业发展的质量与效益上。质量与效益是反映工业市场竞争力的核心指标，主要体现在全球知名工业品牌数量、工业全员劳动生产率、工业销售利润率等指标上。品牌是一个国家竞争力和国际地位的核心体现，劳动生产率和工业销售利润率是决定一国经济是否是未来增长型的标志性指标。

管理竞争力主要体现在工业发展的国际地位与影响上。政策、制度和标准体系的制定是提升管理竞争力的有效途径。其中全球产业组织参与度、全球标准参与度和早期创业活动指数是衡量工业管理竞争力、体现工业地位与影响的重要指标。

生态竞争力主要体现在工业发展的节能与环保水平上。工业是能源消耗和环境污染的主要来源，随着社会的发展，工业资源能耗强度低、绿色发展能力强逐渐成为工业强国的重要标志之一。工业节能、节水、资源综合利用、环保、废水循环回用等关键成套设备和装备产业化示范工程的积极推进，为资源节约型和环境友好型社会建设提供了有力支撑。

第二节　物质文化对工业的支撑机制

工业物质文化是工业文化的有形部分，具有物化特征，作为工业文化的主要载体，对工业发展的支撑作用主要取决于其蕴含的文化特征。工业物质文化包含工业生产环境和工业产品两大子系统。其中工业生产环境是物质文化水平的重要体现，也是工业发展水平乃至整个社会经济发展状况的直接体现。作为工业的基础支撑，生产环境的营造蕴含着人类的智慧和创新思想。工业产品作为工业生产的结果，直接关系到国家的工业形象。蕴含文化内涵的工业产品，对工业发展起到了主体支撑作用。现代工业的发展，主要以富有文化元素的工业产品设计和构思为创新源泉，产品的设计构思、技术的创新、顾客的需要三者之间相互交融、相互作用，共同促进工业发展。

工业物质文化推动工业发展的支撑作用机制模型，如图 18-1 所示。在作用机理上，整个工业系统中先进生产环境的应用、高品质工业产品的生产和消费，与企业和科研机构等创造物质文化的主体间产生了良好的反馈和加强效应，既支撑了工业强国的实现，也是工业实力的具体体现。在工业生产环境方面，各类科技园区、产业园区以集群方式出现，汇聚了大量产业链上下游企业，一方面，不同企业之间比学赶超，不断采用先进的生产线、装备，彰显生产实力，促使企业不断强化精工意识；另一方面，企业持续改进和优化生产环境，体现了企业对产品质量的负责，对劳动者生产安全的负责，对自然和生态环境的负责，促使企业不断增强社会责任意识。在工业产品方面，企业越来越注重提高产品的附加值和文化含量，在技术、质量、设计、品牌等方面增加投入，为产、学、研机构创造了技术创新和产业化基础。

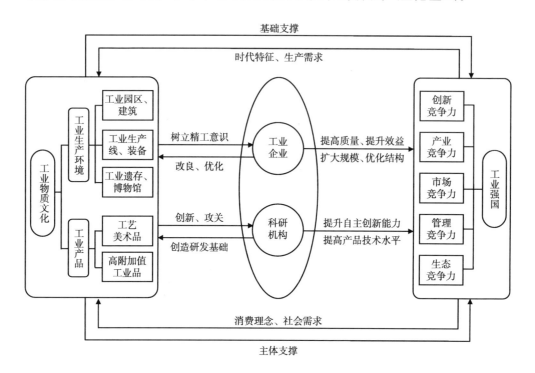

图 18-1　工业物质文化推动工业发展的支撑作用机制模型

第三节　制度文化对工业的保障机制

工业制度建设可稳定经济主体预期，为工业发展提供长久的动力，并且建立起有效的激励机制，把社会各界的努力尽可能地引导到对工业发展有利的方向上来，保障工业发展效率。在宏观层面，通过改进和完善工业体制和管理制度等影响市场的需求和要素的供给变化，优化资源要素配置，刺激工业生产资源向具有比较优势的产业部门转移，从而调动社会整体的开拓进取、自主创新的积极性，加快工业发展的前进步伐；在微观层面，微观制度的调控有利于提升企业的管理水平,降低生产成本,推动技术创新,实现企业内部生产要素的优化配置,从而提高生产效率,提升企业整体效益和行业竞争力。

工业制度文化推动工业发展的保障作用机制模型,如图 18-2 所示。从宏观层面的作用机理上分析,现有的工业制度文化决定了政府选择什么样的治理手段和管理工具,先进的工业制度文化能够为政府采用更加行之有效的工业发展举措提供保障,促使政府转变生产方式、优化产业结构,提升工业竞争力。从微观层面的作用机理上分析,通过改进和完善企业管理规章制度、产品质量、标准规范、组织形式、生产方式等,优化配置各类生产要素,提升工业企业参与全球竞争的意识,增强产业竞争力、市场竞争力和管理竞争力,从而达到增强工业实力的目的。

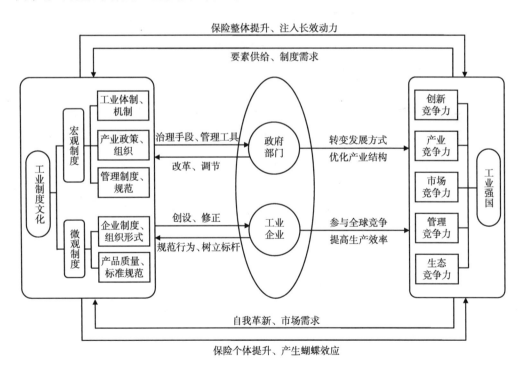

图 18-2　工业制度文化推动工业发展的保障作用机制模型

第四节 精神文化对工业的引领机制

工业精神文化至少包含发展理念、企业文化和群体精神三个部分。从发展理念来看,工业精神文化直接决定了工业发展的高度。比如,发展理念上如果定位于承接发达地区转移的低附加值的产品生产,那只能塑造一个"廉价""低端"的地区工业形象。从企业来看,标杆企业是工业精神文化发挥引领作用的重要组成要素之一,标杆企业的率先探索和坚守,有助于提炼工业文化的精髓,逐步形成共同的价值观和时代精神,不断丰富工业精神文化的内涵与实践。从群体精神来看,工业软实力的提升需要全社会的共同努力,从树立整个产业的企业家精神、工匠精神、创新精神、诚信精神等,到传播绿色、科技、质量、品牌为先的发展理念,再到推动大众消费理念的升级,均能引领整个工业提升到新的层次。

工业精神文化推动工业发展的引领作用机制模型,如图 18-3 所示。在作用机理上,发展理念、企业文化、群体精神等对政府部门、工业企业、科研机构和宣传媒体等主体行为都能够产生深刻的影响。对于政府部门而言,在全社会大力弘扬工业精神文化的影响下,政府将积极创新发展理念,树立正确的工业发展观,制定工业发展战略,引领工业化进程;对于工业企业而言,在工业精神文化引领下,工业企业能够更好地形成打造国际知名品牌、扩大全球影响力的思想认识,致力于提升企业综合竞争力;对于科研机构而言,通过工业精神文化的引领,能够丰富创新驱动内涵,提振科教兴国士气,将增强工业实力的目标落实在科研行动中;对于媒体而言,工业精神文化为各类媒体提供了具有正能量的宣传案例和素材,而媒体通过展示和宣传,进一步深化了它的感染力和影响力。

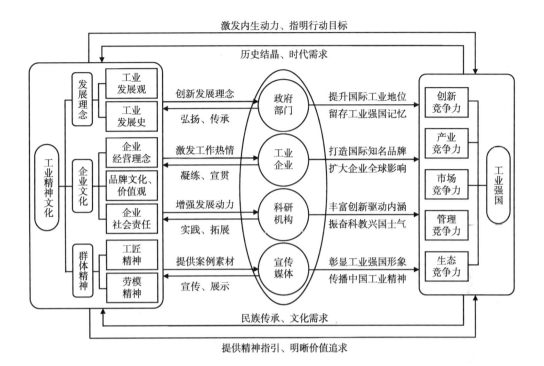

图 18-3　工业精神文化推动工业发展的引领作用机制模型

第五节　工业文化促进工业科技创新

文化是孕育精神的土壤，精神是科技发展的脊梁。不同的文化对科技的成长与发展有着不同的影响。工业科技活动本身就是一种文化现象，工业文化是把双刃剑，既对工业科技发展有良好的促进作用，也会对工业科技发展起到消极阻碍作用。

1. 工业科技水平决定工业文化的基础

工业科技的进步为工业文化发展奠定了物质基础、制度基础和精神基础。工业科技的孕育和发展来自工业文化母体的滋养，从文化母体中摄取养料，受所处的工业社会环境的影响。文化基因对科技创造、发明和应用起到潜移默化的作用，影响着工业科技的发展方向和规模速度。[①]

工业科技发展深化和充实工业文化。工业发展是科技向现实生产力转化过程的重要形式，科技创新引导工业发展、推动工业兴盛、影响工业化进程，没有科技的重大突破，就不可能有工业的根本变革。科技缩短了工业发展的时空距离，跨越了生产、分配、交换、消费的各个经济活动过程。科技促使各种生产要素的地位不断变化，支撑了生产要素的作用发挥。科技引领传统工业、战略性新兴产业发展，科技引领工业发展方式转变，科技引领工业发展模式新生。因此，在工业化过程中，伴随着科技进步和生产力的渐进飞跃，同样造成了工业文化形态的变革和文化结构的升级。可以说，有几次工业科技与工业的革命，就有几次文化的变革；有几次产业结构升级，就有几次思想认识的提升。

2. 工业文化传播反哺工业科技进步

工业科技发展根植于特定的工业文化环境。随着社会的日益科学技术化，容易体会到工业科技传播对社会的影响，忽略社会是如何影响和造就工业科技传播及其发展的。事实上，工业科技传播与社会之间存在着相互影响、相互作用的双向关系。社会是推动工业科技传播的主导力量，社会状况如何，决定着科技传播及其发展的状况。在不同的历史时期、不同的民族、国家和地区会形成不同的文化传统，由此构成文化在形式上的特殊性。当工业科技传播者选择传播何种科技内容、以何种方式传播时，在受众选择接受何种科技内容、以何种方式获取科技信息时，都会自觉或不自觉地受到既有文化特殊性的影响，最终影响工业科技是否被传播，传播的方向和效果怎样。换言之，不同的文化选择和价值取向决定着工业科技传播的轨迹和状况，工业文

---

① 王娟. 文化作用于科技创新的机制与路径研究[D]. 沈阳：东北大学, 2013.

化是影响科技传播的重要因素。①

3. 文化推动科技发展的机理

工业文化对工业科技实践的作用机理包括三个方面：首先，工业文化对工业科技发展尤其是对工业科技创新主体的价值观起到"建构"的作用。其次，工业文化对工业科技发展全过程的渗透与影响。工业文化思想通过影响工业科技创新主体的创新意识、科技创新方向的选择、科技创新方法的设计及科技创新成果的理论解释等方式，渗入科技创新的全过程。再次，工业文化对工业科技发展的"建构"，还表现在影响工业科技创新模式的选择。②

（1）塑造工业科技活动主体的价值观。工业文化使工业科技活动表现出不同的价值取向。若要不断促进科技创新及先进生产力的出现，必须拥有与之相宜的文化"土壤"。先进生产力的出现不以人类的意志为转移，总是要寻找它的落脚点，而且往往在最适宜的文化环境里实现突破。一个社会的文化氛围不仅影响工业科技创新知识和成果的出现，更会影响创新的传播和科技新成果向现实的转化。工业化的历程表明：越是创新活跃的地方，越容易形成产业革命的广阔舞台，越容易形成创新集群及各类资源汇聚的经济中心。

（2）工业文化渗透工业科技实践过程。工业科技活动是把工业科技和发明成果应用于生产经营活动，使之向产品化、商品化不断逼近的过程。文化对工业科技活动的"建构"，就是文化对工业科技活动全过程的渗透与影响。现代工业科技活动是一个社会过程，也是一个系统化和网络化的过程，必然要受到社会各个方面的影响，尤其是文化因素的作用，比如，在工业技术创新方面，个人主义有利于技术梦想的产生、呈现和检验，集体主义有利于技术创新的执行，即产品开发、市场调研和发行。

---

① 王娟. 文化作用于科技创新的机制与路径研究[D]. 沈阳：东北大学，2013.
② 邵羽. 论文化对科技创新的作用[D]. 长沙：长沙理工大学，2011.

工业文化还渗透到工业科技活动的评价上。评价本身就具有塑造和规范工业科技活动的作用，它引导着工业科技活动的价值尺度和方向。随着现代生态文化与人文文化的发展，人们评价工业科技活动的标准已经不是纯粹技术层面上的"先进"与"落后"，也不是纯粹经济层面上的"盈利"和"亏损"，而是具有绿色生态效益、人文效益与社会效益的"好"与"坏""更好"与"更坏"。在此，文化评价成为重要的标准因素，势必对工业科技活动产生潜移默化的影响。

（3）工业文化孕育工业创新模式选择。不同的科技创新，遵循不同的创新模式。科技创新分为原始性科技创新与模仿性科技创新两大类。文化对科技创新的"建构"，还表现在文化影响科技创新模式的选择。工业科技创新不是建立在外界的压力之上而是由文化及文化所带来的一系列的变化产生的。文化应看作一种创新模式选择的动力。技术同自然、人是如何打交道的，并不取决于技术本身，而是取决于人对自然提出的问题，取决于人提出这些问题的方式，以及利用自然、揭示其规律的目的。

不同国家或地区都各有不同的社会制度、组织形式、发展模式、民族精神和价值理念，因而总体上形成的文化也各异。一般而言，一个国家或民族，如果经济与社会超前于周边国家与民族，或者受自然因素或人为因素约束且处于较封闭状态，这个国家或民族往往选择原始性创新。中国古代大体上属于这种情况，基本上进行的都是原始性科技创新。一个国家或民族，如果经济与社会落后于周边国家与民族，同时与其他国家或民族交流又比较频繁，这个国家或民族往往倾向于选择模仿性科技创新，如古代与近代日本，"危机文化意识"使日本人先后进行了"大化改新"与"明治维新"，先后积极引进中国和西洋的科技与文化，普遍性地进行模仿性科技创新，成为全世界模仿性科技创新的典范。

第十九章 宏观层面工业文化

工业是立国之本、强国之基、富民之源,是最重要的物质生产部门。世界工业化两百多年的历史证明,文化基因对工业化进程和产业变革具有基础性、长期性、决定性的影响。世界上没有一个工业强国是在短期内成就的,工业强国建设是技术创新、匠艺精进的过程,需要耐心和意志。宏观层面工业文化是指在国家层面从事的工业文化活动,包括国家工业体系、工业文化资源和产业规模、国家工业形象、工业价值观等。

第一节 国家工业体系

工业是国民经济的重要物质生产部门,工业发展同整个国民经济发展乃至整个社会发展密切联系。工业为自身和国民经济其他各个部门提供原材料、燃料和动力,为物质文化生活提供工业消费品。它还是国家财政收入的主要源泉,是国家经济自主、政治独立、国防现代化的根本保证。国家工业体系的规模和结构与国家地域范围、人口、资源、经济基础及国际环境有密切关系,并由国家的经济管理体制和产业结构的特点决定。

1. 工业体系

工业体系指一定地域范围内，工业经济活动的有机联系及由此形成的空间流的整体。工业体系的构成除工业生产单位外，还包括：

（1）具有决策和行政功能的管理单位和附属的发展研究单位。

（2）从事原材料采掘、加工或产品修配的厂矿。

（3）为生产厂矿服务的物资调运、产品销售服务等辅助单位。

小至一个工业联合企业，大至一个国家甚至国家集团的工业，都可视为某种工业体系。例如，一个钢铁联合企业，至少要包括铁矿山、石灰石矿山、炼铁厂、炼钢厂、轧钢厂、焦化厂、耐火材料厂、机修厂等生产单位，以及物资部门、运输部门、销售部门、服务公司等辅助单位，还有公司管理机构本身。这些组织都在公司一个体系之内，彼此具有密切的配合或从属关系，形成各种物质流、人员流和信息流。从一个国家来说，各类工矿企业数量庞大，由政府的工业部门和大的公司或企业集团负责总的管理决策，由专业的设计研究院所协助谋划，并由专门的物资、商业、外贸、运输机构提供各种服务，从而形成内部关系错综复杂的工业体系。

从经济和贸易全球化角度讲，整个世界可以说存在着一个工业体系，然而由于世界政治经济形势的复杂性，很难确切划分其范畴。因此，人们更重视国家或区域性的工业体系。国家工业体系与国家经济管理体制、地域范围、人口、资源、经济基础、产业结构和国际环境等密切相连。国家工业体系包括基地、地区和国家三个层次。

经济较发达的地区一般具有相对完善的产业结构，主要的轻重工业门类比较齐全和协调，具有较强的经济实力，能够相对独立地运转。这种地区工业体系一般包括若干个工业基地。

工业基地是由于在一个比较紧凑的地域范围内集中发展了优势产业而

形成的,其工业体系的特点是强调主导产业的重要性,而非部门结构的完整性。其形成往往和工业基地所在地及周围地区的优势资源、地理位置、经济基础密切相关,成为全国和区域工业体系的组成部分,并起到经济核心区的作用。工业基地一般包括若干个彼此邻近的工业园区,各工业园区包含特色产业,具有较强的内聚力并同其他工业园区或基地保持联系。

自工业革命以来,多数发达国家在20世纪上半叶先后形成了结构比较稳定、布局基本定型的工业体系。目前,全世界大体形成了美国、欧洲、中国、日本等几个工业核心地区。

工业体系的各个层次都在不断变化。20世纪60年代以来,发达国家的产业变革和发展中国家的经济增长,使世界工业体系在结构和布局上发生了显著的变化,如新兴产业集聚区涌现、老工业区结构改组、传统工业由发达国家和地区向发展中国家和欠发达地区转移等,也使得地区工业体系在一二十年内发生的变化比过去数十年、上百年的变化还要显著、深刻。即使如此,任何工业体系一经形成,还是具有相对的稳定性,只有当某种重要因素发生突然变化时,才会引起整个工业体系性质的改变。工业体系的发展和变化主要涉及该体系功能和空间上的发展和变动,物质流、信息流及区际、区内联系上的变化,组成单位的发展趋势和变化动力等。

2. 工业管理

现代工业社会就像一台机器,具有复杂的组织结构和关联,需要各部门协调配合方能运转。工业管理就是按照经济规律和社会规律的客观要求,把工业内部和外部各种人的要素和物的要素正确结合起来,并用恰当的形式和方法调节各种错综复杂的关系,使工业组织的各项活动协调地运转和发展。一般来说,工业组织内部是由各种要素组合而成的,通常将其概括为人、财、物、信息四要素。"人尽其才"和"物尽其用"是工业组织的各项活动正常运行的基础和保障,反之,就会陷入混乱状态。

工业管理体制是指在一定社会制度下，工业的管理制度和方法的总和。广义上，工业管理体制包括宏观的工业组织管理、微观的企业经营管理两大环节，而狭义上工业管理体制仅指宏观的工业组织管理，具体涉及四个方面的内容：一是工业经济活动决策权；二是调节经济的手段；三是利益分配关系；四是政府与企业的关系。工业管理体制包含机构、机制和制度三个基本要素，其基本特征应当包括协调、效率、效益和应变能力四个方面。

3．工业政策

工业政策是国家为了实现某种经济和社会目的，以工业为直接对象，对工业的生产、建设和发展所制定的一系列行动准则。工业政策是国家经济、社会政策法规的组成部分，就其范围来说，它是关于工业生产、发展及关系的规范和措施，与农业政策、商业政策、外贸政策等既互相联系，又互相区别。

工业政策是为了实现一定的社会、经济目的而制定的，它既要考虑政策实施带来的经济效益，又要考虑政策实施带来的社会效益。没有一定目的性的政策不能被称为政策。国家的工业政策，对什么支持、保护、鼓励，对什么引导、允许，对什么限制甚至禁止，非常明确，这就成了工业活动的准则。对国家来说，实行这些政策有利于国家和社会的利益；对企业来说，实行或不实行这些政策，对企业自身的利益会有不同的结果。企业只有遵循工业政策，才能使国家与企业利益一致，并取得积极的效益。

4．工业分类

行业（或产业）是指从事相同性质的经济活动的所有单位的集合。为适应对工业进行组织管理和统计分析的需要，必须对众多的工业部门从不同角度进行分类。

（1）三次产业分类。在世界经济发展史上，人类经济活动的发展有三个阶段：第一阶段人类的主要活动是农业和畜牧业；第二阶段开始于英国工业革命，以机器大工业的迅速发展为标志，纺织、钢铁及机器等制造业迅速崛起和发展；第三阶段开始于20世纪初，大量的资本和劳动力流入非物质生产部门。

1935年，新西兰经济学家费歇尔在《安全与进步的冲突》一书中首次提出对产业的三次划分方法。英国经济学家、统计学家克拉克在费歇尔的基础上，采用三次产业分类法对三次产业结构的变化与经济发展的关系进行了大量的实证分析，总结出三次产业结构的变化规律及其对经济发展的作用。

三次产业分类法具体划分如下：

第一次产业包括种植业、林业、畜牧业和渔业在内的农业。

第二次产业包括工业和建筑业，其中，工业包括采矿业，制造业，电力、燃气及水的生产和供给业。

第三次产业包括流通部门、服务部门。

费歇尔将处于第一阶段的产业称为第一产业，处于第二阶段的产业称为第二产业，处于第三阶段的产业称为第三产业。第一产业的产品直接取自自然界；第二产业的产品是取自自然的生产物；其余的全部经济活动统归第三产业。这种划分法，是以工业时代的产业经济发展为背景的，提出后，得到广泛认同，并一直被沿用至今。

（2）国际标准行业分类。为了使不同国家的统计数据具有可比性，便于汇总各国的统计资料，联合国经济和社会事务统计局制定了《全部经济活动国际标准行业分类》（International Standard Industrial Classification of All Economic Activities），简称《国际标准行业分类》，并建议各国采用。它把国民经济划分为10个门类，对每个门类再划分大类、中类、小类。其中，在现代工业体系中，工业可以分为39个大类、191个中类和525个小类。

标准产业分类法的优点在于对全部经济活动进行分类，并且使其规范化，具有很强的可比性，有利于分析各国各地的产业结构，而且与三次产业分类法联系密切。中国制定的国家标准《国民经济行业分类与代码》（GB/T 4754—2011）也采用《国际标准行业分类》2008年第四次修订版的分类标准。2012年，中国国家统计局将工业变更为41个大类。中国是全世界唯一拥有联合国产业分类中全部工业门类的国家。

（3）轻重工业分类。按照产品的经济用途，把整个工业分为生产资料工业和生产消费工业，通常也叫重工业和轻工业。重工业是轻工业的对称，提供生产资料的部门称为重工业，提供消费资料的部门称为轻工业。重工业包括钢铁、冶金、机械、能源（电力、石油、煤炭、天然气等）、化学、建筑材料等工业，是为国民经济各部门提供技术装备、动力和原材料的基础工业，是实现社会再生产和扩大再生产的物质基础。一个国家重工业的发展规模和技术水平，是体现其国力的重要标志。轻工业主要指生产消费资料的工业部门，如食品、纺织、皮革、造纸、日用化工、文教艺术体育用品工业等。

《中国统计年鉴》中重工业的定义为：为国民经济各部门提供物质技术基础的主要生产资料的工业，包括采掘（伐）工业、原材料工业、加工工业。轻工业的定义为：主要提供生活消费品和制作手工工具的工业，包括以农产品为原料的轻工业、以非农产品为原料的轻工业。

（4）其他分类。按照工艺过程和劳动对象性质的不同，把工业划分为采掘业和制造业。采掘业的劳动对象是未经人类劳动作用过的自然资源，它直接从自然界取得制造业所需要的原料和燃料。制造业是对从采掘工业或农业取得的原料进行加工。

按照劳动力、资本和技术三种生产要素的密集程度，把工业划分为劳动密集型工业、资本密集型工业和知识技术密集型工业。

按照生产的序列结构，把工业划分为初级产品生产、中间产品生产和最终产品生产。工业产品的生产是一个连续的过程，整个过程可分为初级生产阶段、中间生产阶段和最终生产阶段。与此相对应，各个生产阶段的产品分别称为初级产品、中间产品和最终产品。

按照工业部门形成和发展的先后顺序，把工业划分为传统工业和新兴工业。传统工业指已经得到广泛发展的、技术较为成熟的工业。新兴工业一般指随着科学技术进步而迅速发展起来的工业领域。

5．工业结构

工业结构指各工业部门组成及其在再生产过程中所形成的技术经济联系。或者说，工业结构就是工业的构成方式，是工业内部各部分之间的经济、社会联系和比例关系。工业结构从性质上说，包含两重含义：一是合理组织生产力，即生产力诸要素的相互关系和比例关系，表现为人与物和物与物的关系；二是调整和完善生产关系，即工业生产中发生的这部分人与那部分人之间的关系。所以，工业结构是一个生产力与生产关系的对立统一体。

分析和衡量工业结构的主要指标有三种：一是独立工业部门或门类的固定资产、流动资金和劳动力在全部工业中所占的比重；二是各工业部门或门类的总产值、净产值和利润在全部工业中的比重；三是各工业部门间的产品消耗系数（包括直接消耗系数和完全消耗系数）。

工业结构同经济体制模式有着内在的联系。在不合理的经济体制模式下，不可能有合理的工业结构。影响国家或地区工业结构的因素有：社会经济制度、供给结构（包括自然资源、资金、劳动力及技术系统）、社会需求结构、国际贸易和地区贸易及经济地理位置等。

工业结构一般具有以下特性：

（1）区域性。不同地区的不同工业结构，不仅反映地区经济发展条件的不同，还反映地区间经济发展水平的差异及结构的先进程度，揭示国际和地区劳动地域分工的不同。

（2）时序性。每次大的技术革新、工业革命，都会给工业结构带来巨大变化。

（3）层次性。一个国家或大地区的工业结构往往相对完整，而地域较小的地区工业结构比较简单，往往与相邻地区表现为一定的互补关系。

工业结构由多种横向结构组成，至少包括：

（1）工业部门结构，指工业内各部门、各行业、各种生产之间的生产关系和比例关系。工业部门是生产同类产品的企业的总和。生产的同类型是指产品的经济用途相同，或者使用的原材料相同，或者工艺过程性质相同。

（2）工业地区分布结构，指工业在各地区的地理分布构成。

（3）工业产业结构，指工业产业内部各产业的构成及其相互之间的联系和比例关系。

（4）工业技术结构，指工业生产过程中的智能化、机械化、半机械化、自动化、半自动化和手工劳动之间的联系和比例关系。

（5）工业产品结构，指工业企业内部各种产品之间的联系和比例关系。

（6）工业企业规模结构，指大、中、小、微型企业之间的联系和比例。

（7）工业所有制结构，指工业企业的国有、私营、混合所有制的构成成分。

（8）工业生产组织结构，指生产者对所投入的资源要素、生产过程及产出物的有机、有效结合和运营方式的一种概括，是生产与运作管理中的战略决策、系统设计和系统运行管理的全面综合。

从发达国家的发展历程来看，工业结构一直随着工业化的进程而调整。

在产业结构方面，其演变过程可分为三个阶段：第一阶段是以轻工业为中心的发展阶段。如英国等欧洲发达国家的工业化过程是从纺织、粮食加工等轻工业起步的。第二阶段是以重化工业为中心的发展阶段。在这个阶段，化工、冶金、金属制品、电力等重化工业都有了很大发展。第三阶段是工业的高加工度化的发展阶段。在重化工业发展阶段的后期，工业发展对原材料的依赖程度明显下降，高新技术产业的增长速度明显加快，这时对原材料的加工链条越来越长，零部件等中间产品在工业总产值中所占比重迅速增加。加工度的提高，使产品的技术含量和附加值大大提高，而消耗的原材料并不成比例增长，所以工业发展对技术装备的依赖大大提高。

以上三个阶段，反映了传统工业化进程中工业结构变化的一般情况，但并不意味着每个国家、每个地区都完全按照这种顺序发展。当前，以新一代信息、网络技术、新材料技术、生物技术、新能源技术、人工智能等为核心的新技术，正在改变着社会的种种结构，首当其冲的就是工业结构。

第二节 国家工业文化资源

1. 内涵外延

工业文化资源是一个涵盖很广泛的概念，主要指人类在工业生产中创造的物质文化、制度文化和精神文化成果所形成的资产、要素和理念。当然，工业文化资源并不能完全等同于工业文化，加了"资源"一词就意味着它已经拥有时间性、效用性、聚合性等含义，其重点是利用和开发，且与生产的关系十分紧密。因此，可以认为工业文化资源也可理解为人类工业化进程中能够传承下来，可资利用的那部分内容和形式。与自然资源、社会资源一样，它也是工业发展不可或缺的重要资源。产业文化资源、行业文化资源、企业文化资源、精神文化资源、工业文化人才资源、工业软实力资源等均是工业文化资源的组成部分。

对工业文化资源进行恰当分类是进行资源统计、调研及制定战略规划的重要前提。工业文化资源可从不同角度进行分类：

- 从形式上分，工业文化资源可分为有形资源和无形资源。有形资源包括工业遗产资源、工业旅游资源、工业博物馆资源、工艺美术资源、工业设计资源。无形资源包括精神文化资源、工业文化教育资源、工业文艺资源、人才资源等。此外，企业文化资源、行业文化资源等既是有形资源，又是无形资源，具有双重属性。

- 从时空上分，工业文化资源可分为历史资源、现代资源和未来资源。历史资源主要指工业发展历史上遗留下来的，具有资源属性的要素，如古代工业技艺、工业遗产。现代资源是指当今工业领域在使用的、具有文化等价值、可以开发利用的要素，如可以作为工业旅游资源的现代化生产车间等。未来资源是指工业领域尚未实现产业化或者全面普及的，停留在概念、设计阶段，但拥有较大产业化潜力和价值开发空间的要素，如面向未来的工业产品、未来技术，在概念、设计阶段，从体验、展示的角度，可以作为工业文化资源进行开发。

- 从类别上分，工业文化资源可分为行业性资源、地域性资源，如为军工服务的资源、为消费品生产提供的资源、为支撑服务业发展提供的资源等。

- 从内容上分，工业文化资源有品牌资源、信息资源、创意资源、工业精神素材资源、产业政策资源、制度规范资源、知识产权资源等。

2. 资源特征

工业文化资源具备有形、无形、传承性、稳定性、共享性、持久性、效能性、递增性、多样性等特征。

有形——有些工业文化资源是以遗址、设备、物件、产品等物质形态存在的，人们可以通过眼、耳、手等感觉器官直接感知。

无形——有些工业文化资源是以精神、理念等观念形态存在的，人们可以认识它、理解它、感知它，甚至可以用语言表达它，但不能说出它的形状、色彩等。而且，人们在使用工业文化资源的时候，感觉是隐性的、潜在的，功效即便巨大，往往也不能立竿见影，它对人的作用常常是间接的、潜移默化的。

传承性——任何工业文化资源的形成都是一种历史的积累，其中体现着一个群体的特性，它是通过长期的工业活动凝练、继承创造出来的，前因后果，历史联系是不可能割断的。

稳定性——工业文化资源作为客观存在，是经过长期的历史积淀而形成的，人们可以丰富它、发展它，但一旦形成并得到认同，就具有相当的稳定性，不会轻易改变。

共享性——有些工业文化资源虽然有产权归属，但产权拥有者并不一定对这一资源完全独占独享。资源共享是发挥它的最大效用的途径。

持久性——许多自然资源使用后便可能消耗掉，工业文化资源则不然。只要对它合理开发、利用，不但不会导致资源减少，而且可能促使这种资源量的增长，甚至产生新的文化特质。

效能性——一种工业文化产品可以供许多人享用，如一项新技术可以引起一场革命，一种精神可以改变产品的品质。工业文化资源使用的人愈多，范围愈广，其效能就愈大。

递增性——工业文化资源是经过一代一代人的努力，随着工业的演进而不断创造、不断丰富的。

多样性——工业文化资源具有工业设计、工业遗产、工业博物馆、工业旅游等直接的领域，也在工业的不同行业、主体之中以多种形式存在，并且随着其发展、演变、融合，不断产生新业态、新内容，呈现多样性。

3. 价值评估

工业文化资源对工业的发展起着支撑力、凝聚力、推动力及指引方向的作用，对其价值进行准确评估具有重要意义。

第一，价值评估是在工业发展中有效发挥资源作用的基础工作。从支撑力、凝聚力、推动力等方面对工业文化资源进行评估，就要明确哪些资源对工业革命、技术创新、产业转型、质量品牌提升具有推动和保障作用，为调动工业文化资源服务于工业生产提供决策依据。

第二，价值评估是推动工业文化资源产业化的先行步骤。从资源禀赋和市场潜力等方面对工业文化资源进行评估，就要明确它可利用资源有哪些、资源的价值点在哪里，厘清哪些资源具有可开发性、哪些不具备产业化条件，为科学、合理地制定资源保护、开发和利用的规划提供参考。

第三，为工业文化资源开发利用模式与规模提供决策依据。设立科学的指标体系，调查和测评工业文化资源，形成工业文化资源在价值特征、价值潜力、价值预期效应等方面的层次体系及其相互关系，以明确产业开发的目标、重点和方向。

第四，为打造工业文化产业核心竞争力提供保障。资源评估有利于明确工业文化资源的核心价值。通过纵横比较，能够进一步明确工业文化资源禀赋与市场潜力之间的相互关系，从中找到资源进入市场的契机，为工业文化资源产业化的市场匹配提供参考价值。

基于工业文化资源本身固有的精神、制度和物质的属性，或者有形、无形的属性，对其价值所做出的评价和度量也就有了多重意义，也正因如此，工业文化资源往往表现出可度量性和不可度量性。可度量的资源有其鲜明的价值量化形式,如工业遗产、工业博物馆、工业美术品、工业设计品等;不可度量的资源鲜有明确的经济价值标尺,如人才资源、工业文艺作品、工业精神、企业文化等。有鉴于此,客观评价工业文化资源的价值,需要建立一个兼顾可度量和不可度量性的评价基准。

第三节 国家工业形象

国家工业形象是国家形象的核心组成部分,是一个国家工业的重要无形资产,是一个国家吸引世界关注与投入的重要因素,对国家的政治、经济和社会等的发展具有重要意义和战略价值。国家工业形象也是工业软实力的具体体现,是提升工业产品国际竞争力的助推器。国家工业形象的重要性在于,一旦形成好的形象能够提高产品价值,不良的形象可能拉低优质产品市场价值。国家工业形象的塑造与传播正成为国与国之间在经济领域竞争中最为重要的博弈策略之一。

1. 内涵外延

在全球经济的竞争合作环境下,经济产业领域的竞争成为各国间竞争的重要领域。国家工业形象在国家工业生产、对外贸易等活动中起着越来越重要的作用,不仅成为关乎一个国家工业的外显形式,而且成为涉及国际市场竞争、外交往来、民族认同及国家整体发展的实际问题。良好的国家工业形象意味着更高的可信度、更强的接纳性和更广阔的国际合作与发展空间。在当今全球化时代,越来越多的国家意识到国家工业形象建构和传播的重要性,都在努力提升自己的国际工业形象。

(1)国家工业形象内涵。国家工业形象是国家的外部公众和内部公众对国家工业本身、国家工业行为、国家工业的各项活动及其成果所给予的总体认知和评价。国家工业形象是一国工业资源、工业科技、工业产品、工业体制、工业文化等实力的综合反映,是由一国的工业体系,由一国的企业特别是出口企业,由一件件的出口商品的技术、质量、品牌、信誉和服务等组成的。

国家工业形象也可被称为国家工业认知、国家工业声望、国家工业品牌等。国家工业形象是一个综合体,具有极大的影响力、凝聚力,是一个国家工业整体实力的体现。对国家工业形象的理解包括以下三个层面:

第一,宏观层面,即消费者对特定国家的工业产品技术、品牌质量、创新能力、工业文化、行业管理、工业化和信息化水平、工业文明程度等的总体印象。比如,美国、德国、日本给大家的形象是世界工业强国,它们无论是科技实力、创新能力、产品质量还是品牌竞争力等都居世界领先地位。

第二,中观层面,即消费者对特定国家工业某个领域或行业的产品技术、品牌质量、创新能力、行业文化等方面的整体认知感觉,比如,德国的汽车工业、中国的高铁和消费品工业、韩国的电子工业等。

第三,微观层面,即消费者对来自特定国家的某一产品或者企业的品牌质量、企业文化等方面的总体感觉,比如,瑞士手表和军刀、法国香水等。

上述三个层面从宏观、中观、微观的视角,共同支撑和打造了一个国家的工业形象。

(2)两大决定因素。形象的形成是一个复杂的过程,消费者通过购买和使用来自一国的产品和品牌,就对这个国家的产品和品牌形成了某种总体印象,当然,这里面也融汇了人的价值观念、情感意念、生活阅历及对形象本源的感知程度等诸多因素。各种因素相互交织、共同作用,便形成了整体形象。国家工业形象的构成有两大决定性因素:一是产品因素,二是国家因素。

产品因素就是产品本身给消费者带来的印象,这个印象直接关系到国家工业形象的形成。可以说国家工业形象与产品形象息息相关,没有良好的产品形象支撑,国家工业形象就成了无源之水、无本之木。事实也是这样,至今没有发现哪个国家产品一塌糊涂还能有良好的国家工业形象。国家工业形象不是夸夸其谈吹出来的,国家工业形象的大厦是由产品形象的砖石一块一块垒起来的。

国家因素就是说一个国家在国际社会上的政治、经济、科技、教育、军事形象,对这个国家工业形象的形成有至关重要的影响,企业的产品能影响国家工业形象的生成,国家的政治、经济、军事、科技、教育等形象同样能影响国家工业形象的生成。事实上,国家工业形象是企业形象、行业形象和国家形象的综合体。

在国际交往日益频繁的全球化时代,各国越来越关注国内外公众对本国工业的看法,国家工业形象的作用也日渐凸显。国家工业形象的重要性在于,一旦形成好的国家工业形象,一般的产品也能沾光卖个好价钱;一旦形成不良的国家工业形象,好产品也可能受到拖累,甚至屈尊于"地摊货"的命运。日本前首相中曾根康弘讲过:"在国际交往中,索尼是我的左脸,丰田是我的右脸。"日本也曾是世界低端工厂,但20世纪70年代后,日本的低端制造业开始向外转移,本国的索尼、丰田等一批高端品牌开始崛起,工业形象逐步升级。

国家工业形象不能简单地等同于国家工业综合实力,如同具有主观属性的形象,不可与客观物质等同起来一样。国家工业形象从某种程度来讲并不是国家工业综合实力的真实客观反映,而是融汇了受众的主观情感、价值观念、认知习惯等因素,存在或多或少的歪曲和误读。因此,情感和观念也是影响国家工业形象的重要因素。

(3)国内工业形象与国际工业形象。国家工业形象的认知主体既包括国内公众，也包括国外公众。因此，国家工业形象包括国内形象和国际形象，即自我形象和他我形象。由于国内公众与国外公众对本国的了解程度、情感诉求、文化程度等方面存在较大差异，国家工业的国内形象和国际形象便存在较大不同。

国内工业形象是指国内社会公众对本国工业整体情况的感受和评价。本国的工业产品技术、服务、质量、品牌等，作用于国内的个人、企业组织、政府等各种认知主体，逐步形成国内公众对本国工业情况且融合民族情感在内的总体评价和感受。国内形象也被称为"自我形象"。

国际工业形象是特定国家的外部社会公众对该国工业整体情况的感受和评价。不同的国外认知主体，通过多种途径，获取某一国家工业的相关信息。而后，认知主体在自身根本利益、传统文化观念和信息获得渠道等因素的影响下，去解读所获得的信息，从而形成关于该国国家工业形象的感受和评价。一国的国际工业形象是在国际交往活动中产生的，除了媒体传播和产品使用，还包括经济合作、科技文化交流、工业旅游观光等，这些都是国家工业形象传播的重要途径。由于距离的制约，多数国外公众通过非直接交往的方式获取信息。这些信息从传播者发出到公众接收已经过了多级变形和多层过滤，与该国的客观状况必定存有或多或少的差异。以媒体为例，它是全球化、信息化时代公众了解他国的重要途径。媒体以真实、准确、全面、客观为准则，但有时也会因政治需要，肆意歪曲客观事实。

2. 形象特性

国家工业的客观状况是国家工业形象的基础，决定了国家工业形象的客观性；人们基于自身需求对某一国家融合情感在内的感受和评价，则是判断国家工业形象具有主观性的依据。国家工业形象一旦形成，会在一段时间内保持相对的稳定性，会在人们心目中形成具有一定惯性的思维模式。这种思维模式将在很长时间内影响人们对一个国家的认知，使国家工业形象保持相对稳定。但是，国家工业形象的稳定性不是一成不变的，它在某种程度上是可以塑造的，具有相对可塑性。

（1）客观性。客观性指国内公众和国际社会对一国工业形象的认知是建立在该国客观状况的基础之上的。国家工业的客观状况或综合实力，是一个国家拥有的赖以生存与发展的物质保障，是国家工业形象的基础和客观内容，在很大程度上反映了该国工业在国际经济领域的地位和影响力。

既然国家工业形象是国家工业实力客观实在的反映，那么工业的整体情况就是构成国家工业形象的基础要素。国家工业形象的基础要素可以概括为物质要素、制度要素和精神要素。物质要素主要指支撑国家工业生存和发展的工业经济总量和增长速度、工业科技水平、工业装备数量及机械化、自动化、信息化水平等因素；制度要素主要指工业体制、制度模式等；精神要素主要指国民意识形态、工业素养、工业精神和工业文明程度，是一个国家民族心理和民族精神的体现。

（2）主观性。主观性指一国的国家工业形象是被国内公众和国际社会主观感知和评价的。国家工业形象的存在虽然必须以国家工业的综合实力为物质基础，但二者不可简单等同。这是因为国家工业形象并不是对国家工业客观状况的真实的、直接的反映，而是渗透了认知主体自身的价值观念、生活阅历、情感态度、利益需求等主观因素。不同的国家和地区，由于处于不同的发展阶段，社会制度、发展模式和文化传统均有所差异，由此形成了各自特有的思维习惯和评价标准。

国家工业形象的形成是一个极其复杂的过程，主观性体现在每个环节：一个国家的工业部门对自我形象进行理想定位并采用适当的方式和途径对国家工业形象进行传播，以获得国际社会的认同；信息在本国内部进行多级加工后，利用特定的语言符号、通过多种传播渠道传送；输出信息的传播内容和方式被外国的政府、组织、媒体控制，并在特定条件下通过一定方式输出给大众。在这个过程中,最初反映一个国家工业客观状况的信息,到最后被公众接收时,已经受到不同程度的干扰。造成这种干扰的原因固然有传播工具等客观因素的制约,但传播者的情感倾向和观念态度等主观因素不经意间也会影响信息的选择、组织和传播,再加上有些组织和个人为了达到某种目的而对客观事实进行歪曲,导致同一个国家工业在不同公众心目中形成不同的形象。

(3)稳定性。随着工业发展和认知情境的变化,一国的工业形象确实会发生变化,但在一段时间内具有相对的稳定性和持续性。形象一旦形成,便会持续影响人们的认知框架。当历史不断发展时,人们一般会沿用以往的知觉惯性去认知现有事物的形象,那些与已有形象不一致的信息会自动被忽略。例如,苹果公司在高科技企业中以创新而闻名,它的产品设计美观、品质卓越,深受人们喜爱。然而,iPhone4 的信号问题、iPhone5 出现的掉漆和漏光问题等,说明苹果公司的产品并非尽善尽美,但很多人依然对苹果公司的产品给予良好评价。由于国家工业的各种组成因素是相对稳定的,这使得在相当长一段时间内,国家工业保持了稳定的内在规定性,其呈现出来的形象也因此是相对稳定的。

(4)可塑性。国家工业形象的稳定性不仅是公众认识一个国家工业的基础,也为国家工业形象向新的方向发展准备好条件,使塑造国家工业形象成为可能。国家工业形象的可塑性是指其在不同因素的影响下会逐渐发生变化的特性,主要表现在两个方面:

第一,国家对本国国家工业形象的主动塑造。当国家产生了改变自身工业形象的需求时,就会对本国的国家工业形象进行理想定位,并把国家工业形象上升到国家战略层面,进行全面的国家工业形象塑造。作为塑造主体的国家,主动改变自身不合时宜的方面,努力使国家工业的客观状况与国家工业形象理想目标趋向一致,以赢得国内外公众的好评。

第二，认知主体对国家工业形象的有意和无意塑造。认知主体基于自身的利益需求、特定目的、工业发展、文化传统、意识形态，感受和评价一个国家工业的整体情况。不同的主体，对同一国家的国家工业形象会产生不同的认知，一个国家的工业形象便呈现多元化、复杂化的倾向。

国家工业形象的这些特性说明，只要把关键产品的国际形象建设好了，就可以有效地带动这个国家整体工业形象的提升。

3．功能作用

文化在国家工业形象的塑造中，体现了一种"上善若水"的包容、浸染、渗透的软性功能。这种影响，更像"润物细无声"的"春雨"，具有持久和潜移默化的作用。

"负面"的国家工业形象危害产业安全，良好的国家工业形象意味着更高的信誉度，从而吸引国内外公众。这种吸引力可以转化为经济贸易能力、吸引资金的能力、吸引旅游的能力、开拓外贸的能力等。国家工业形象的功能作用在于以下几个方面。

（1）增强国家影响力。一个国家要想成为有影响力的大国，除了依靠经济、科技、军事实力，还需要精神力量的支撑。国家工业形象以其与众不同的特色承担起增强国家影响力的责任。它就好似一张名片和通行证，凭借良好的产品声誉敲开其他国家紧闭的大门，增进相互了解，赢得国际信任，借以影响他国自愿追随本国的价值观念、认可和支持该国推行的战略方针。

（2）促进经济贸易活动。在对外经济贸易的过程中，国家工业形象的潜在影响时刻存在。任何一个国家或企业在寻找对外贸易合作伙伴时，往往很大程度上依赖这个国家工业的信誉和形象。一个国家工业形象不好，意味着其不值得信任、不信守承诺，其他国家也就不愿同其合作。国家工业形象可以起到"光环"作用，影响人们对一国产品普遍特征的印象，从而左右人们对某一品牌或产品的态度。

（3）增强民族凝聚力。国家工业形象当然成为文化认同的一个标志性符号和载体，成为国家经济生存发展的一面旗帜，能够增强国民极大的民族自豪感和自信心，从而增强民族凝聚力。国家工业形象产生的吸引力可以为本国赢得更多的国际话语权，扩大国家的影响力，顺利推行本国工业的对外战略。国际社会中的成功将更加有利于国内的发展，有助于增强自信。

（4）影响产品销量和价格。消费者一旦形成对一个国家产品的总体印象，就会带着这个印象看这个国家生产的所有产品，并依据这个印象做出取舍的判断。换言之，即使消费者对这个国家的不良印象是从摩托车、羽绒服等个别产品得来的，也会推而广之地把这个印象放大到其他产品上去。反之亦然。例如，为什么发展中国家的产品难以与发达国家的产品平等竞争呢？就是因为消费者已经形成了"发展中国家的产品质次价廉"的不良印象，这个印象决定了发展中国家的产品必须比发达国家的产品卖得便宜才行。发展中国家的产品真的不行吗？未必，但市场就是这样无情，你必须得接受这种不公平的现实。同样的产品，贴上发达国家标签和贴上发展中国家标签后卖价就是不一样，原因即在于其背后的国家工业形象差异。

（5）增强工业软实力。良好的国家工业形象不仅可以扩大本国工业文化的影响力和吸引力，而且可以为工业硬实力的提升注入新的动力。在国家工业形象的树立和传播中，国家工业形象片及媒体起着不可替代的重要作用，而且国家工业形象的广告宣传是一个长期且持续的过程。

4．形象塑造

塑造国家工业形象可以从国家工业形象标识、政府形象、工业企业形象、工业产品与技术形象、工业品牌形象、工业文化与历史形象和国民工业文明素质等多个维度策划。实施步骤可包括工业实体建设、工业形象塑造、工业形象传播、工业形象接受四个阶段。

（1）增强工业科技研发和自主创新能力，掌握核心关键技术是提升一国工业竞争力和工业形象的关键。作为创新的主体，企业应平衡当前利益与远期利益，着眼于长远，以世界先进水平为方向，加强对核心技术的研发，加速高新技术的产业化，提升工业产品档次，争取以质取胜，以品牌取胜。

（2）提高工业产品的质量、品牌和服务水平。企业特别是为数众多的中小企业要提升自觉性，作为制造的主力军，或许仅是一双鞋、一个手电筒，它们不仅实现着本企业的利润，更塑造着国家的产业形象。

（3）宣传交流。国家工业形象更意味着国际形象，由于时间、空间的限制，受众对其他国家很难产生直接的感官认识，他们只能借助产品和媒介去了解。传统媒体和新媒体的互动性、双向性和即时性等优势，使其在推动国际交流合作、塑造国家形象方面具有无与伦比的独特优势。国家工业形象可以通过传统媒体和新媒体传播、广告传播、事件营销、口碑营销、公共外交、公共关系等主要策略来进行立体传播。

国际主流媒体在一定程度上操控着国际话语权，其题材选择与评述观点往往主导着国际舆论的走势。很多外国公众主要通过国际主流媒体获得对象国的原始信息及经过加工的信息，在不少情况下甚至全盘接受国际主流媒体的立场评判。作为传播的媒介，那些在世界范围内具有很高知名度和较强影响力的国际主流媒体，很多时候几乎充当了国家形象判定者的角色。因此，通过"借船出海"的方式，不仅客观上能大大减少传播过程的总体投入，而且主观上能更加贴近外国公众的认知习惯。更为重要的是，以民众比较熟悉的表现形式、易于接受的通行语言运作的国际主流传播媒介会给观者留下强烈的第一印象，从而能够极大地抵消外国公众心理上对于该国自我表述那种本能的反感或犹疑。

第二十章 工业文化产业

随着科技的创新和产业的进步,工业技术和人文艺术的关系越来越紧密,人文艺术的表达也越来越需要工业技术和产品的支撑。我们看到,工业不只是机械地制造一些规规矩矩的机器和零件等,它的生产可以带有人文艺术性,它的产品可以具有欣赏价值。与其说工业是在生产,不如说工业是在创作,是在和艺术进行交流和碰撞,它的创作不仅体现了一种文化的理念,更是一种文化的传承。工业文化产业是工业技术与产品在融入文化和创意后所形成的产业,主要包括工业遗产、工业旅游、工业博物馆、工艺美术、工业设计、质量品牌、工业文艺及工业文化新业态。

第一节 工业遗产

1. 起源与概念

20 世纪 60 年代初,伦敦尤斯顿火车站存废问题引发了英国全国性的工业遗产保护活动。1973 年,为了研究与保护兴起于英国工业革命时期的工业遗产,英国产业考古学会成立,第一届国际工业纪念物保护会议在英国铁桥峡谷召开，这标志着国际性的工业遗产保护工作的开始。

在 2003 年国际工业遗产保护委员会发布的《关于工业遗产的下塔吉尔宪章》中，对工业遗产进行了详细的定义："工业遗产是由具有历史价值、技术价值、社会价值、建筑价值或科学价值的工业文化遗迹所构成的，这些遗迹有建筑与机械、工厂、磨坊、矿山与从事加工与精炼的厂址、仓库与货栈、产生于输送能源的地点、交通运输及其基础建设，以及有关工业社会活动（诸如居住、宗教信仰或者教育）的遗址。"《关于工业遗产的下塔吉尔宪章》还指出，我们不仅要研究工业革命以后的工业遗产，也要关注工业革命以前的工业遗产，包括它的原始工业之根。传统工业，即工业革命以前的手工业，是重要的工业遗产组成。

从形态上，工业遗产可分为"物质"和"非物质"两大类，其中物质遗产又可分为"可移动"和"不可移动"两类。机器、设备、工具、仪器与重要工业制品等属于可移动的工业遗产。不可移动的工业遗产包括：工业建筑，如厂房、仓库、码头等；工业遗址群及所在地的整个景观，如工厂、矿山、铁路、运河等。非物质的工业遗产指记忆、口传、习惯和档案文献中留下的工艺、技术、设计方案、施工措施。

因此，这里给出一个定义：工业遗产是指人类在工业活动中保留下来的、与技术进步、生产制造、配套服务等相关的、具有一定价值的物质遗产和非物质遗产。

（1）物质遗产。物质遗产主要包括工业文物、工业建筑及工业遗址三部分。

- 工业文物：从历史、技术、科学角度看，具有突出的普遍价值的工业制成品，包括机器设备、生产工具、办公用具、生活用具、历史档案、商标徽章、文献、手稿、图书资料、契约合同、商号商标、产品样品、手稿手札、招牌字号、票证簿册、照片拓片、音像制品等涉及企业历史的记录档案等可移动文物。

- 工业建筑：从历史、艺术或科学角度看，在建筑式样、分布均匀或与环境景色结合方面具有突出的普遍价值的单立或连接的工业建筑单体或群体，包括作坊、厂房、仓库、码头、桥梁、故居及办公建筑、工业市镇等。
- 工业遗址：从历史、科技、社会学角度看，具有突出的普遍价值的人类引入新技术形成的工业工程或自然与人造工程等地方，包括工人的住宅、使用的交通系统及其社会生活遗址等。

（2）非物质遗产。非物质遗产包含生产工艺流程、生产技能、原料配方、商号、品牌、记忆、口传等相关的工业文化形态，具有特殊贡献的个人或群体及其先进事迹报告或口述史。

近年来，工业遗产的概念在继续扩大，其中"工业景观"的提出引起了人们的关注，一些国家已经开始实施广泛的工业景观调查和保护计划。国际工业遗产保护委员会主席伯格伦（L. Bergeron）教授指出："工业遗产不仅由生产场所构成，而且还包括工人的住宅、使用的交通系统及其社会生活遗址等。即便各个因素都具有价值，它们的真正价值也只能凸显于它们被置于一个整体景观的框架中；同时在此基础上，我们能够研究其中各因素之间的联系。整体景观的概念对于理解工业遗产至关重要。"

2. 工业遗产体系与名录

工业遗产保护体系的形成与发展过程中，工业遗产组织的建立对其起到了一定的挈领作用，其中具有代表性的工业遗产组织有伦敦工业考古学会、英国工业考古学会、美国工业考古学会、澳大利亚工业考古委员会。

1978 年，第三届工业遗产保护国际会议在瑞典首都斯德哥尔摩举行，会议达成决议成立专门的国际性工业遗产保护机构——国际工业遗产保护委员会（The Information Committee for the Conservation of the Industrial Heritage，TICCIH）。TICCIH 的成立标志着工业遗产的研究与保护进入国际化进程，其研究对象逐渐由单一关注工业建筑、机械等"工业厂址/遗迹"，发展成整体的与工业生产相关的遗产。工业遗产保护动机也逐渐转变为关注历史证据的普遍价值，而非仅仅保护那些工业生产留下的遗址。

根据联合国教科文组织官方数据统计，《世界遗产保护公约》的签署国共 191 个，其中 161 个签署国登记有世界遗产项目。根据国际古迹遗址协会的官方数据，全球有近 50 处工业遗产列入《世界遗产名录》，有 70% 的工业遗产分布在欧洲，亚洲约占 10%。这些散发着人类文明与智慧光芒的工业遗产地，如今已经都是著名的旅游胜地（见表 20-1）。

表 20-1　世界遗产名录中的工业遗产项目

州	公约签署国	入录年份	项目译名
欧洲	波兰	1978	维利奇卡盐矿
南美	巴西	1980	欧鲁普雷图历史名镇（金矿）
欧洲	挪威	1980	勒罗斯（铜矿）
欧洲	法国	1982	阿尔克—塞纳斯皇家盐矿
南美	巴西	1982	奥林达历史中心
欧洲	法国	1985	加尔河桥（古罗马高架水渠）
欧洲	西班牙	1985	塞哥维亚古镇及其高架水渠
欧洲	英国	1986	艾恩布里奇戈尔热工业区（铁桥峡谷）
南美	玻利维亚	1987	波托西成（水力银器加工）
北美	墨西哥	1993	瓜纳华托历史名镇及周围银矿
欧洲	德国	1992	拉姆尔斯贝格矿山及戈斯拉尔历史名镇
欧洲	斯洛伐克	1993	班斯卡—什佳夫尼察
欧洲	墨西哥	1993	萨卡特卡斯历史中心（银器加工）
欧洲	瑞典	1993	恩格尔斯堡铁矿工场
欧洲	德国	1994	弗尔克林根钢铁厂

续表

州	公约签署国	入录年份	项目译名
欧洲	捷克	1995	库特纳霍拉历史名镇中心及圣巴拉巴教堂与赛德利采圣母玛利亚大教堂
欧洲	意大利	1995	阿达的克里斯匹工业城镇
欧洲	法国	1996	米迪运河
欧洲	芬兰	1996	韦尔拉磨木与纸板厂
欧洲	奥地利	1997	哈尔施塔特—达赫斯泰因·萨尔茨卡默古特文化景观（盐矿）
欧洲	西班牙	1997	拉斯梅德拉斯（金矿）
欧洲	荷兰	1997	金德代克—埃尔斯豪特的风车动力网
欧洲	奥地利	1997	赛默灵铁路
欧洲	比利时	1998	拉卢维耶尔和勒勒（埃诺省）中央运河四座升降船闸及其周围环境
欧洲	荷兰	1998	D.F. 沃达蒸汽泵站
南美	巴西	1999	蒂阿曼蒂那城历史中心
亚洲	印度	1999—2005	（大吉岭喜马拉雅铁路）印度高山铁路
欧洲	比利时	2000	施皮纳斯（蒙斯）的新时期时代燧石矿
亚洲	中国	2000	青城山与都江堰水利灌溉系统
欧洲	英国	2000	卡莱纳文工业景观
南美	古巴	2000	古巴东南第一座咖啡种植园考古风景区
欧洲	瑞典	2001	法伦大铜山采矿区
欧洲	英国	2001	德文特河流域工业区
欧洲	英国	2001	新拉纳克工业区
欧洲	英国	2001	索尔泰尔工业社区
欧洲	德国	2001	埃森关税同盟煤矿工业中心
南美	巴西	2001	戈亚斯城历史中心
欧洲	英国	2004	利物浦—海港商城
亚洲	印度	2004	贾特拉帕蒂·希瓦吉终点站
大洋洲	澳大利亚	2004	皇家展览馆和卡尔顿园林
欧洲	瑞典	2004	瓦尔贝里广播站

续表

州	公约签署国	入录年份	项目译名
欧洲	比利时	2005	帕拉丁工厂—博物馆综合体
南美	智利	2005	亨伯斯通和圣劳拉硝石采石场
亚洲	叙利亚	1979	大马士革古城
欧洲	马耳他	1980	瓦莱塔古城
欧洲	法国	1981	丰特努瓦西斯尔修道院
非洲	利比亚	1982	大雷菩提斯考古遗迹
欧洲	葡萄牙	1983	亚速尔群岛英雄港中心区
南美	巴西	1985	孔戈尼亚斯仁慈耶稣圣殿
欧洲	意大利	1987	威尼斯及潟湖
北美	墨西哥	1987	瓦哈卡古城和阿尔万山考古遗迹
南美	玻利维亚	1987	波托西城
非洲	突尼斯	1988	苏塞古城
欧洲	俄罗斯	1990	圣彼得堡历史中心
欧洲	希腊	1992	萨摩斯岛毕达哥利翁及赫拉神殿
欧洲	西班牙	1993	圣地亚哥—德孔波斯特拉"朝圣之路"
南美	智利	1995	复活节关岛国家公园
欧洲	意大利	1995	费拉拉文艺复兴时期城市
欧洲	西班牙	1997	拉斯梅德拉斯
欧洲	荷兰	1999	比姆斯尔迁田
非洲	坦桑尼亚	2000	桑给巴尔石头城
亚洲	塞内加尔	2000	圣路易斯岛
非洲	摩洛哥	2001	阿卡古城
北美	墨西哥	2002	坎佩切卡拉科姆鲁古老的玛雅城
非洲	智利	2003	港口城市瓦尔帕莱索的历史城区

资料来源：阙维民. 国际工业遗产的保护与管理. 2007.

3. 工业遗产价值

工业遗产是不同时期工业文明的证物，是一个地区、一个国家工业发展史的真实记录，与文献记载相互印证，共同阐释了一个国家或地区工业历史的脉络，为后人探究工业文化的发展历史、总结工业兴衰规律提供了可靠依据。一是工业遗产是一种文化符号，一个国家或地区最重要的文化记忆，需要从工业遗产中去探究发觉，它对一个地区文化特色的形成、传承与发扬起到了不可磨灭的作用；二是工业遗产中蕴含着特有的品质——工业精神，为社会添加一种永不衰竭的精神气质，保护工业遗产是对民族历史完整性和人类社会创造力的尊重，是对传统工人历史贡献的纪念和崇高精神的传承；三是城市建设要想避免千篇一律，就需要有独特性和标志性的东西，工业遗产的特殊形象成为把众多城市区别开的一个标志，它可以作为一种文化旅游资源，如德国奥博豪森将欧洲最大的工业储气罐改造为大型购物中心，如今这个储气罐已成为整个鲁尔区购物文化的发祥地，甚至发展为欧洲最大的购物旅游中心之一。

工业遗产包括的内容非常丰富，所以在保护过程中不仅要研究它的历史价值，还要研究它的技术价值、社会价值、文化价值、审美价值和经济价值。

（1）历史价值。工业遗产见证了工业活动对历史和今天所产生的深刻影响。工业遗产是人类需要长久保存和广泛交流的文明成果，它与其他人类文化遗产相比也毫不逊色。忽视或者丢弃这一宝贵遗产，就抹去了人类发展进程中一部分最重要的记忆，也使其所在城市出现一段历史的空白。更好地保护工业遗产，发掘其丰厚的文化底蕴，将使绚丽多彩的历史画卷更加充实。同时，这些深刻变革的物质证据对人们认识工业活动的产生和发展，研究某类工业活动的起步和过程具有普遍的价值。

（2）技术价值。工业遗产见证了科学技术对于工业发展所做出的突出贡献。工业遗产在生产基地的选址规划、建筑物和构造物的施工建设、机械设备的调试安装、生产工具的改进、工艺流程的设计和产品制造的更新等方面具有科技价值。只有保护好不同发展阶段具有突出价值的工业遗产，才能给后人留下相对完整的工业科技发展轨迹。保护某种特定的制作工艺或具有开创意义的范例，则更具有特别的意义。

（3）社会价值。工业活动在创造了巨大的物质财富的同时，也创造了取之不竭的精神财富。工业遗产记录了普通劳动群众难以忘怀的人生，成为社会认同感和归属感的基础，构成不可忽视的社会影响。工业遗产中蕴含着务实创新、兼容并蓄、励精图治、精益求精、注重诚信等工业生产中特有的品质，为社会增添一种永不衰竭的精神气质。因此，工业遗产不仅承载着真实和相对完整的工业化时代的历史信息，帮助人们追述以工业为标志的近现代社会历史，帮助未来世代更好地理解这一时期人们的生活和工作方式，而且，保护工业遗产是对民族历史完整性和人类社会创造力的尊重，是对传统产业工人历史贡献的纪念和其崇高精神的传承。

（4）文化价值。国际社会正在不断鼓励多样化地理解文化遗产的概念和评价文化遗产价值的重要性。人们开始认识到，应将工业遗产视作普遍意义上的文化遗产中不可分割的一部分。保护工业遗产就是保持人类文化的传承，培植工业文化的根基，维护文化的多样性和创造性，促进社会不断向前发展。

（5）审美价值。工业遗产见证了工业景观所形成的无法替代的城市特色。认定和保存具有多重价值和个性特点的工业遗产，对于提升城市文化品位、维护城市历史风貌、改变"千城一面"的城市面孔、保持生机勃勃的地方特色，具有特殊意义。工业遗产虽然不能像一般艺术作品一样进行观赏，但是，城市的差别性关键在于文化的差别性，工业遗产的特殊形象成为众多城市的鲜明标志，作为城市文化的一部分，无时不在提醒人们城市曾经的辉煌和坚实的基础，同时为城市居民留下更多的向往。

（6）经济价值。工业遗产见证了工业发展对经济社会的带动作用。对工业遗产的保护可以避免资源浪费，防止城市改造中因大拆大建而把具有多重价值的工业遗产变为建筑垃圾。同时，保护工业遗产能够在城市衰退地区的经济振兴中发挥重要作用，保持地区活力的延续性，给社区居民提供长期稳定的就业机会。通过对城市中的工业遗产重新进行梳理、归类，可以在合理利用中为城市积淀丰富的历史底蕴，注入新的活力和动力。保留工业遗产的物质形态，弘扬工业遗产的文化精神，既能为后世留下曾经承托经济发展、社会成就和工程科技的历史形象记录，也能为城市经济未来的发展带来许多思考和启迪，更能成为拉动经济发展的重要源泉。

第二节　工业博物馆

1. 基本概念

国际博物馆协会将博物馆定义为"博物馆是一个为社会及其发展服务的、向公众开放的非营利性常设机构，为教育、研究、欣赏的目的征集、保护、研究、传播并展出人类及人类环境的物质及非物质遗产"。

工业博物馆是为社会及其发展服务的，以教育、研究、欣赏为目的，征集、保护、研究、传播、展示工业和信息化领域活动、环境、发展趋势的，向公众开放的非营利性常设机构，主要以博物馆、企业展览馆、纪念馆等形式存在。工业博物馆是博物馆的一个重要类别，不仅有博物馆的基本属性，同时与工业遗产、工业文化、工业科技与产业发展密切相关。

在盈利方面，当前对此的理解一般是"不以营利为目的，但要适应市场经济的变化，不是不能进行经营活动"。工业博物馆可以通过平台资源、工业旅游等新功能创新商业模式，创造直接经济价值，通过平台功能衍生的相关配套服务等，创造间接经济价值。

国际通常的博物馆分类方法是以博物馆的藏品和基本陈列内容为依据，

一般划分为艺术博物馆、历史博物馆、科学博物馆和特殊博物馆四类。结合工业博物馆特色，亦可从不同角度对其进行分类。例如，从建设运行看，可以分为传统工艺博物馆、新型工业博物馆；从展陈内容看，可以分为综合类工业博物馆和专题类工业博物馆；从体系架构看，可分为国家级工业博物馆、区域综合类工业博物馆、行业类工业博物馆、企业类博物馆、高校及科研院所工业相关博物馆，以及私人博物馆等其他民间工业博物馆。

2. 新型工业博物馆

当前很多工业博物馆的功能局限于传统博物馆的基本功能，未能充分利用行业企业、工业遗产、工业产业等资源进行必要的拓展延伸；展陈思路局限于时间轴线的设定，未能突出工业领域核心的生产工艺、机器设备等特点；同时，对于当今时代可应用转化的新技术利用率较低，且未对大众特别是年轻群体的心理需求做必要的研究，导致展陈方式较为单一，缺少娱乐性、互动性与知识性。

新型工业博物馆是工业文化传播展示的窗口，也是宣传、教育、传承的核心载体，不仅拥有工业领域优势，而且具备资源整合与利用的平台功能。为满足时代发展需求，新型工业博物馆可以从6个方面强化其内涵特色，即意义内涵的延伸、核心功能的拓展、展陈思路的突破、展示内容的深化、展陈方式的革新、管理运营模式的创新。

（1）意义内涵的延伸。

- 传承与展示功能。具体表现在观念形态、制度形态、物质形态等多个层面。其中观念形态可以理解为对工业精神的传承，包括诚信精神、创新精神、工匠精神、企业家精神等；制度形态指对企业文化的传承，包括企业制度、组织架构等；物质形态指对传统建构筑物及可移动物件的传承，包括厂房、工业风貌、产品造型等，如利用原有厂房空间建设博物馆场馆、利用原有工业美学价值突出的构筑物打造特色工业景观等。新型工业博物馆通过展示空间、展示内容、展示主题、展示方式等方式呈现上述形态的内容。

- 平台功能。一方面新型工业博物馆通过对一定地域范围内的企业、设备、技术等信息的采集、分析，可以形成资源、信息的汇总聚合；另一方面通过博物馆联合组织的活动及博物馆的各类专项活动，可以促进博物馆之间，企业、行业、地域之间的沟通交流，成为产业、技术、产品、业务、模式及其他各类资源和信息的传播推广、交流合作平台。

（2）核心功能的拓展。新型工业博物馆不仅包含教育、展示、研究、保护等博物馆的基本功能，并且可以利用行业、企业等资源优势探索新功能，如平台服务、工业旅游等，使其成为促进区域经济文化发展的有效推动力。

在平台服务方面，新型工业博物馆可以与企业及其他相关机构合作，为其提供周期性展示的场所与最新展示技术，结合博物馆自身的展示内容打造大型的会议、展览等活动，既可以满足企业新产品的发布展示与用户的深度体验需求，又可以借助活动的影响力使博物馆展品得到更广泛的宣传与推广。

在工业旅游方面，文化旅游产业的核心在于文化，而工业博物馆几乎涵盖了各种工业文化形态。作为重要的优质旅游资源，工业博物馆可以展示地域工业文明和发展进程的标志，不仅是工业旅游的核心对象，更是整个区域工业旅游的缩影。此外，以新型工业博物馆为核心吸引力，还可以拓展旅游所需相关配套开发，如特色主题餐厅、创意产品体验店等。

（3）展陈思路的突破。新型工业博物馆可以打破传统博物馆以时间为主轴线的设计思路，尝试围绕生产环节、生产布局规划等工业领域自身突出特征设计展陈主题线及整体展陈思路，以期凸显工业文化的价值。

科技价值是工业文化的重要价值之一，而生产工艺流程是其中的核心载体。尝试以生产工艺流程为主题可更好地展现工业博物馆独有的特色，同时在此基础上衍生出相关的生产技术、生产产品、生产设备等副主题，每个副主题的展示可根据其突出价值进行有重点的展示，而非面面俱到。

通过生产的总体布局规划展现整个工业行业领域全貌也可以是工业博物馆的另一大特色。尝试以生产总图布局为主线，将整个行业或企业从最初的原料获取—初加工—深加工—成品生成—衍生的相关产业—废料的利用或处理—运输等环节的规划布局做全貌展示，其中各个组成部分可作为副主题进行扩展。此外，作为工业文化组成部分的工人生活娱乐相关配套设施也可做适当展示。

（4）展示内容的深化。新型工业博物馆的展示内容从类型来讲应更加多元化。传统工业博物馆与其他类型博物馆一样，其展品均以可移动物件为主，新型工业博物馆可以充分利用工业遗产的不可移动部分进行原址展示，特别是保存较好的生产线、大型不可移动设备等，不仅可以丰富馆内的展品类型，更可以凸显工业博物馆的形态特征。另外，展示内容应包括物质与非物质遗产，传统工业博物馆往往会忽略非物质部分。

工业博物馆的展品多以历史价值为核心，而忽略了其他三大价值。新型工业博物馆应对工业遗存进行深入的价值评估，确定其价值载体，再选择核心载体进行展示。如科技价值重点在于强调工业生产的生产线、核心技术深度解剖等展示；社会文化价值应在原有的基础上更强调工业文化的展示；艺术审美价值在于工业美学的凸显，主要表现在机器设备的特色凸显、产品的形态设计等方面。

（5）展陈方式的革新。新型工业博物馆如何合理利用工业遗产现存空间，在展示展品的同时凸显工业博物馆的独有特征；如何将工业领域新技术进行巧妙的转化和应用，满足观众的深度体验感；如何通过创新的模式吸引年轻群体，让他们不忘历史的同时承担传递文化的使命，满足教育和传承的需求，这既是新型工业博物馆面对的挑战,也是工业博物馆进行创新的切入点。

不同于其他类型的博物馆,除了完全新建的工业博物馆,新型工业博物馆还可以依托工业遗产对原有空间进行改造设计,作为博物馆展示空间。大跨度的桁架结构、具有历史印记的钢筋混凝土立柱、经历无数风霜的红砖墙面、工业厂区特有的铁轨、高耸的烟囱、错综复杂的管道等,将这些元素充分地融入新型工业博物馆的设计中,在工业空间进行展品展示,既可以让观者具有身临其境的体验感,同时将工业特色凸显得淋漓尽致。

伴随着新技术的发展,如数字技术、网络技术、增强/虚拟现实技术、多媒体技术等为展陈方式提供了多种可能性。如增强现实,可通过 AR 眼镜让观众在观看一个静态生产工具的同时,可以同时领略到该工具在生产中实际应用的动态景象。新型工业博物馆应在展品展示中尽可能地运用这些最新技术,从静态实物单向展示逐步转变为动态虚拟双向互动的深度体验。

吸引年轻群体的关键在于博物馆的娱乐性,如何引入当下的潮流是实现娱乐性的重要因素。新型工业博物馆应尝试与多方机构合作,结合展示内容,创新性地打造多个互动项目、活动、课程等。例如,汽车类博物馆,可以将车展活动引入博物馆,让观众欣赏新车型的同时了解品牌历史故事;金矿类博物馆,可以设计探险类的淘金游戏,让观众在博物馆中观看展览的同时参与游戏活动等。

(6)管理运营模式的创新。新型工业博物馆能够增加资源整合、平台展示、工业旅游等新功能,亦需要新的模式适应其需求与发展。充分发挥政府的引导作用,推动各类社会主体以多元、创新的方式进行工业博物馆建设,才能激发博物馆活力,才能适应市场需求。

第三节 工业旅游

1. 概念和起源

工业旅游是以产业形态、工业遗产、建筑设备、厂区环境、研发和生产过程、工人生活、工业产品,以及企业发展历史、发展成就、企业管理方式和经验、企业文化等内容为吸引物,融观光、游览、学习、参与、体验、娱乐和购物为一体,经创意开发,满足游客审美、求知、求新等需求,实现经营主体的经济、社会和环境效益的专项旅游活动。目前,工业旅游已成为发达国家旅游产业的重要组成部分,自20世纪50年代起至今经久不衰。

通常,工业旅游是以保护和开发工业遗产为核心,同时展示现代化工业的生产和作业景观,并能为游客创造生产体验的专项旅游。工业旅游的形式丰富,作为旅游业的一种新概念和新形式,主要包括三种:

(1)工厂、工业生产基地、大型工程与工业设施参观体验游,如生产线、露天煤矿、水利设施、桥梁等;

(2)工业遗址、工业博物馆参观旅游;

(3)工业创意园区、工业主题公园、工业特色小镇等休闲体验游。

工厂参观可以在一定程度上提高工业企业的品牌效益,让消费者近距离地了解产品的生产过程和企业的技术水平;园区参观和工业遗产旅游适应时代发展需求,丰富和提高了旅游的精神内涵。总之,这三种新型旅游形式可以在不同方面满足人们的好奇心和求知欲,同时带来促进科普知识普及、提高国民素质、增加就业机会等诸多益处。

20世纪50年代,工业旅游首先从法国的汽车行业兴起,之后逐渐扩散至其他工业领域。英国作为工业革命的先驱国家,自然也是工业旅游的发源地。逆工业化现象使英国在悠久古老的工业史上留下了很多颇具历史价值的工业弃置地,英国组建了城乡规划部。对大量工业弃置地的保留、改造、宣传、再生成为城乡规划部的重点任务之一,工业旅游应运而生。

2. 经营发展模式

工业旅游经营发展模式可归纳为生产流程型、文化传承型、创意产业型、工艺展示型、工业景观型、工业园区型和商贸会展型等几种。

(1)英国工业旅游发展模式。英国工业旅游产业的发展并不顺利,从一开始政府和公众的否定和排斥阶段到开展模式的探索和尝试阶段,经历了一个漫长的过程。直到1980年,工业旅游产业在英国才开始了真正的发展。

经过长时间的探索和尝试,英国工业旅游产业主要以三种模式来发展,分别是主题公园模式、博物馆模式、工业化模式。

- 主题公园模式。以交互为主要形式,将工业史、工业技术、工业产品体验等与周围的环境、风景结合,建立主题公园接待前来参观和体验的游客。英国工业旅游主题公园以1992年建成并开放的斯尼伯斯顿发现者公园为代表,该公园的主题是莱斯特郡工业史。
- 博物馆模式。博物馆模式分为纪念型和体验型两种。纪念型博物馆主要是展览并解说工业史、工业技术及工业产品,这种形式与主题公园类似,但与主题公园相比,缺少互动环节。体验型博物馆以互动和体验为主,主要目的是让游客感受、模拟工厂加工生产的过程或者某项工业技术的应用。英国的工业博物馆以纪念型博物馆为主,代表性的纪念型博物馆有利兹工业博物馆、伦敦万国工业产品大博览会、艾恩布里奇峡博物馆、布拉德福德工业博物馆等,其中,艾思布里奇峡是英国工业革命的发源地,英国对艾思布里奇峡博物馆尤为重视,主要宣传悠久的工业文明史。体验型博物馆的代表是苏格兰威士忌文化遗产中心，该博物馆可以让游客亲身体验威士忌酒的制作过程，观看相关的视听节目，了解威士忌的历史，学习相关的工业技术等。体验型博物馆还具有一定的营销作用，如游客可以在苏格兰威士忌文化遗产中心购买威士忌酒及相关纪念品等。

- 工业化模式。它可以说是工业遗产旅游的形式，在该模式下，工业旅游的景点往往建立在工业遗址上。如索尔泰尔工业区，该工业区位于利兹附近，修建于 1850—1863 年，是世界上第一个大型工业住宅区，这里集聚了很多古老的纺织厂、公共建筑、工业厂房与住宅，采用的是哥特式建筑风格，至今仍完整保留着原始风貌，是英国工业旅游的著名景点。

（2）德国工业旅游发展模式。工业旅游产业在德国同样经历了一个漫长的从形成到被接受的过程，和英国类似，德国的工业旅游产业也是从对大量的工业弃置地进行开发和改造开始逐渐发展的。德国人理智、严谨，在工业旅游的发展思路上认真探索出了适合德国工业的发展模式。

德国工业旅游的发展模式也是多样化的，包括博物馆模式、公共休憩空间模式、综合开发模式、区域一体化模式等。

博物馆模式是德国开展工业旅游的主要模式，德国工业博物馆与英国工业博物馆的不同之处是，德国工业博物馆依托工厂建筑而建，如钢铁厂、采煤厂、焦化厂等，其中具有代表性的是关税同盟煤炭厂。关税同盟煤炭厂是世界文化遗产之一，其旧厂房采用的是包豪斯建筑风格，经过开发与改造，关税同盟煤炭厂的旧厂房成为德国的创意之地、灵感之乡，如锅炉房被设计师改造成红点设计馆，是德国著名的设计中心。

此外，与其他国家工业博物馆最大的不同就是，德国工业博物馆邀请政府、学校、企业、协会、研究机构等加入博物馆，甚至将办公场地迁入博物馆，真正成为博物馆的一部分，使博物馆成为设计和文化的集聚地，如一些设计中心、高等学校、创意企业、广告公司等迁入关税同盟煤炭厂。学校和企业的加入使工业博物馆具有了一定的教育意义和经济意义。当然，由于空间有限，很多机构如部分学校不能迁入博物馆，于是这些学校组织学生定期去工业博物馆参观，参观过程中学生可以穿上矿工的工作服走进矿洞，亲身体验矿工的工作过程。

与英国相比，德国作为后起的资本主义国家，在资本主义积累阶段少走了很多弯路，建立了社会保障制度，赋予了工人一种归属感和使命感，使工人的劳动得到了肯定和尊重。正是德国这种尊重劳动的精神使德国留下了大批高大、庄重的建筑。如措伦煤矿工业博物馆，位于多特蒙德市，是德国一处很有特色的煤炭工业基地，更是世界文化遗产之一。虽然是煤矿厂，它的建筑设计却非常讲究，整个厂房的设计采用了多种建筑风格：巴洛克风格的小塔、哥特式风格的门、罗马风格的窗等，这些古老而精致的厂房建筑都成为现代工业旅游产业的重要资源。此外，德国人尊重劳动的精神也通过工业旅游产业渗透进每个游客的脑海中，特别是对儿童劳动意识和工业精神素养的教育有重要的意义。

第四节 工艺美术

1. 起源与概念

工艺美术品是以手工艺技巧制成的与实用相结合并有欣赏价值的工艺品。随着时代的发展，工艺美术品已不局限于手工艺品，而与机器工业，甚至与大工业相结合，把实用品艺术化，或者艺术品实用化。

工艺美术的突出特点是把物质生产与美的创造相结合，以实用为主要目的，并具有审美特性，为造型艺术之一。工艺美术也指以美术技巧制成的各种与实用相结合并有欣赏价值的工艺品，通常具有双重性质：既是物质产品，又具有不同程度精神方面的审美性。作为物质产品，它反映着一定时代、一定社会的物质的和文化的生产水平；作为精神产品，它的视觉形象（造型、色彩、装饰）又体现了一定时代的审美观。

工艺美术是历史最悠久的文化形式之一，至今已有几万年的历史。它的产生，常因历史时期、地理环境、经济条件、文化技术水平、民族风尚和审美观点不同而表现出不同的风格特色。工艺美术是伴随人类起源而产生的，从人类制造第一件工具开始，工艺美术这颗世界文化海洋中璀璨的珍珠就诞生了。卢梭曾在《爱弥儿》中说：在人类所有的职业中，工艺是一门最古老、最正直的手艺。工艺在人的成长中功用最大，在物品的制造中通过手将触觉、视觉和脑力相协调，身心合一，使人得到健康成长。从原始社会到农业社会再到工业社会，在这几十万年的工具制造中，人类在不断地激发灵感和追求美感，对工艺美术的探索和发展从未停歇，并一直传承至今。

世界各地由于文化差异，对工艺美术都有不同的认知和发掘，从而形成了风格各异的表现形式。在西方，古希腊的迈锡尼工艺雕塑艺术为欧洲建筑美学奠定了基础，古罗马以青铜工艺和银器工艺等金属工艺著名，古埃及风格独特的浮雕和壁画成为人类绘画艺术史上不朽的篇章；在东方，中国的工艺美术如陶瓷、玉器、丝绸、刺绣等一直都是东方文明的耀眼明珠，对亚洲文化乃至世界文化都产生了广泛影响；在北方，俄罗斯的油画和雕刻艺术发达，颇具民族特色；在南方，非洲以石器工艺和木雕工艺最为著名。

随着经济发展和技术进步，工艺美术已经发展为一种产业，亚洲和欧洲是产业发展最早的地区。1964年成立的世界手工艺理事会（简称WCC），在非洲、亚太、欧洲、拉丁美洲、北美洲五个地区设有分支机构。

工艺美术作为工业文化产业的一种，既有文化属性，又有经济属性；既是艺术形态，也是生产形态。当然，工艺美术在发展过程中也面临诸多挑战，如关于传统与创新的争论。由于现代生活水平的提高,人们的审美标准在不断变化,尤其年轻人追求时尚和新潮,这就要求工艺美术产品必须有所创新,从而满足消费者新的需求。但这种创新不宜过度,要和传统艺术保持一种平衡,使工艺美术产业既跟随时尚潮流,也不失传统工艺。

2. 产业分类

工艺美术门类纷繁,样式众多,主要分为以下几类。

(1)按功能价值,可分为实用工艺美术和陈设工艺美术。实用工艺美术,即含有审美意匠的生产、生活用品,如服装、陶瓷、家具和工具等;陈设工艺美术,即展示材美工巧和审美意匠且专供观赏的工艺品,如象牙雕刻、玉石雕刻、景泰蓝、装饰绘画等。

(2)按历史形态,可分为传统工艺美术和现代工艺美术。传统工艺美术,即具有悠久历史、浓郁地方特色和民族风格,反映古典文化精神的工艺造物,如四大名绣、北京雕漆、宜兴紫砂陶、广东象牙球、扬州玉器等;现代工艺美术,即在现代工业文明基础上新兴并反映现代文化精神和生产需要的工艺造物,如现代陶艺、广告设计、书籍装饰、包装装潢等。

(3)按生产方式,可分为手工艺美术和工业设计。手工艺美术,即采用手工制作的工艺造物;工业设计,即运用现代材料和工业技术制造的工艺造物。

(4)按生产者和消费者的社会层次,可分为民间工艺美术、宫廷工艺美术和文人工艺美术三类。民间工艺美术是作为生产者的劳动大众为自身需要制作的工艺造物,宫廷工艺美术是按封建贵族统治者的需要制作的工艺造物,文人工艺美术是为文人阶层的需要制作的工艺造物。

(5)按材料和制作工艺,可分为雕塑工艺(牙骨、木竹、玉石、泥、面等材料的雕、刻或塑)、锻冶工艺(铜器、金银器、景泰蓝等)、烧造工艺(陶瓷、玻璃料器等）、木作工艺（家具等）、髹饰工艺（漆器等）、织染工艺（丝织、刺绣、印染等）、编扎工艺（竹、藤、棕、草等材料的编织扎制）、画绘工艺（年画、烫画、铁画、内画壶等）、剪刻工艺（剪纸、皮影等）等种类。

3. 品种类别

（1）工艺雕塑类。

- 玉器：或称琢玉，含玛瑙、夜光杯、青金石、木变石、水晶、珊瑚等。
- 木雕：东阳木雕、黄杨木雕、龙眼木雕、楷木雕刻、红木雕刻、金漆木雕、少数民族（藏族、白族等）木雕等。
- 石雕：青田石雕、寿山石雕、巴林石雕、昌化石雕、惠安石雕、曲阳石雕、菊花石雕、少数民族（如藏族等）石雕等。
- 微刻：或称细微雕刻。
- 其他雕塑：牛角雕、骨雕（牛骨、骆驼骨）、煤精雕刻、果核（桃核、橄榄核）雕刻、椰壳雕刻、刻葫芦、刻砚、砖雕、竹刻、彩塑、面塑、油泥塑（或称瓯塑）、少数民族雕刻（鄂伦春族桦树皮雕刻等）、牙雕等。

（2）刺绣和染织类。

- 刺绣：丝线刺绣（含绣衣、剧装）、绒线刺绣、珠绣、发（头发）绣、挑花、补花、堆绣（或称堆绫）、少数民族（如苗族、壮族、彝族、瑶族、水族、羌族、乌孜别克族等）刺绣和挑花等。
- 印染：蓝印花布、彩印花布、蜡染、扎染等。
- 织造：云锦、蜀锦、宋锦、漳绒、天鹅绒、少数民族（壮族、侗族、瑶族、土家族、傣族、黎族等）织锦和织花带等。

（3）织毯类。

- 地毯、挂毯、仿古地毯、天然植物染料地毯、丝毯（盘金丝毯、盘金丝挂毯)、毡毯（哈萨克族）等。

（4）抽纱花边和编结类。

- 抽纱花边：梭子花边、棒槌花边、花边大套、手拿花边、即墨镶边、满工扣锁花边、雕绣花边、万缕丝花边、网扣等。
- 编结：棒针编结、钩针编结、手工编结（中华结等）、盘扣等。

（5）艺术陶瓷类。

- 瓷器：瓷塑、陶塑、"唐三彩"、青花瓷器、青瓷、彩绘瓷器、织金彩瓷器、颜色釉瓷器、薄胎瓷器等。
- 仿古瓷器：磁州窑、南宋官窑、建瓯窑、吉州窑、汝窑、耀州窑、禹县钧窑、龙泉窑、定窑、辽瓷等。
- 陶器：紫砂陶器、各种刻花和剔花装饰陶器等、黑陶、少数民族陶器（如藏族彩釉陶器和红陶）等。
- 其他艺术陶瓷：瓷版画、刻瓷等。

（6）工艺玻璃类。

- 料器、琉璃、水晶玻璃等。

（7）编织工艺类。

- 草编：黄草、芒草、金丝草、蒲草、马兰草、席草、龙须草等编织。
- 其他编织工艺：竹编、藤编、棕编、玉米皮编、麦秸编、麻编、葵编、柳枝编及少数民族编织等。

（8）漆器类。

- 金漆镶嵌、雕漆、云雕漆器、推光漆器、描金漆器、螺钿镶嵌、点螺镶嵌漆器、多宝嵌漆器、脱胎漆器、雕填漆器、漆画、漆线装饰、少数民族（彝族等）漆器等。

（9）工艺家具类。

- 硬木家具、骨木镶嵌家具、金漆镶嵌家具、大理石镶嵌家具、彩石镶嵌家具、髹漆家具、少数民族（如藏族彩绘）家具等。

（10）金属工艺和首饰类。

- 金属工艺：景泰蓝、烧瓷、银蓝（烧蓝）、花丝和花丝镶嵌、金银细工（摆件）、铁画、铜器（如斑铜）、仿古铜、镏金铜佛像、锡器、龙泉宝剑、铸币设计和制模、少数民族腰刀、日用器皿（酒壶、酒杯、碗、盘）、宗教法器（如藏传密教法号、手铃、神灯、香炉）等。
- 首饰：黄金首饰、银首饰、铂金首饰、珠宝镶嵌首饰及少数民族首饰（如藏族、苗族等银首饰）等。

（11）其他工艺美术类。

- 人造花：绢花、纸花、绒花、通草花等。
- 工艺画：羽毛画、麦秸画、竹帘画、软木画、牛角画、贝雕画、纸织画、烙画、彩蛋画、唐卡（藏传佛教彩绘卷轴画）等。
- 手工玩具：木制玩具、布绒玩具、竹玩具、泥塑玩具、玩偶等。
- 其他工艺美术：灯彩（宫灯、纱灯）、扇（折扇、葵扇、绢宫扇、竹丝编织扇、鹅羽扇、孔雀羽扇、檀香扇等）、鼻烟壶和内画壶、风筝、木版年画、剪刻纸、皮影、傩戏面具、装裱、纸扎、秋色、绢人、绒鸟兽、戏剧脸谱、烟花爆竹等。

第五节 工业设计

1. 起源与概念

中国科学院院士、中国工程院院士认为，设计萌芽源于新石器时代。引领创造数千年农耕文明的传统设计，主要依靠经验和技艺传承，利用天然材料和人力畜力等开展设计[①]。近现代工业设计的起源可以追溯到英国工业革命，传统的手工制作方式被机械化大生产所取代，这种机械化的生产方式严重缺乏设计，造成生产者与消费者之间的利益冲突，工业设计的需求由此产生。工业设计在英国发展一段时间后，迫于英国传统势力的抵制和传统观念的束缚，其发展势头渐渐衰退，随后在德国开始迅速兴起和发展。德国自早期工业革命就一直注重技术与艺术的统一，从泽姆佩尔的工业设计思想到"青年风格派"的工业设计思想，德国一直在探索解决传统艺术与工业技术之间矛盾的途径。1902年威尔德提出了"设计三原则"，即"产品设计结构合理，材料运用严格准确，工作程序明确清楚"。在这三个原则的基础上，寻求符合工业技术的美感，讲求用理性的思想创造符合功能的产品。

"工业设计"于1919年由美国艺术家约瑟夫·西奈尔（Joseph Sinell）首次提出。2015年10月，在国际工业设计协会召开的第29届年度代表大会上，宣布工业设计的新定义：设计旨在引导创新、促发商业成功及提供更好质量的生活，是一种将策略性解决问题的过程应用于产品、系统、服务及体验的设计活动。它是一种跨学科的专业，将创新、技术、商业、研究及消费者紧密联系在一起，共同进行创造性活动，将需解决的问题、提出的解决

---

① 路甬祥. 论创新设计[M]. 北京：中国科学技术出版社，2017.

方案进行可视化，重新解构问题，并将其作为建立更好的产品、系统、服务、体验或商业网络的机会，提供新的价值及竞争优势。设计通过其输出物对社会、经济、环境及伦理方面问题进行回应，旨在创造一个更好的世界。

工业设计既具有工业属性，又属于设计范畴，是自然科学与人文社科相交叉的学科，是科学技术与文化艺术的结合。广义工业设计指为了达到某一特定目的，从构思到建立一个切实可行的实施方案，并且用明确的手段表示出来的系列行为，它包含了一切使用现代化手段进行生产和服务的设计过程。狭义工业设计单指产品设计，包括为了使生存与生活得以维持与发展所需的诸如工具、器械与产品等物质性装备所进行的设计。产品设计的核心是产品对使用者的身心具有良好的亲和力与匹配性。

由于地域文化差异，各国工业设计的方针也不同，但很难说孰优孰劣。欧美比较注重以人为本，而日本比较注重成本控制。第二次世界大战期间，日本与美国进行太平洋战争时，日本为了以量取胜，研制战机时最大限度地缩减成本，甚至研制了一次性的自杀式战机。美国在设计时更多地考虑飞机师的安全问题，当中有一个小小的细节就是飞机油箱特意做成两层结构，外表是金属，里边是皮质，这样可以防止高射炮和机枪的子弹在油箱位置发生爆破，点燃油箱。日本的战机却相反，为了节省成本，不要说两层，还把油箱的铁皮故意做薄点。结果日军战机损失惨重，美军的生还率大大高于日本。

作为面向工业生产的现代服务业，工业设计产业以功能设计、结构设计、形态及包装设计等为主要内容。与传统产业相比，工业设计具有知识技术密集、物质资源消耗少、成长潜力大、综合效益好等特征。作为典型的集成创新形式，与技术创新相比，工业设计具有投入小、周期短、回报高、风险小等优势。作为制造业价值链中最具增值潜力的重要环节，工业设计在提升产品附加值、增强企业核心竞争力、促进产业结构升级等方面具有重要作用。

工业设计的特点包括：

（1）工业设计的对象是批量生产的产品，区别于手工业时期单件制作的手工艺品。它要求必须将设计与制造、销售与制造加以分离，实行严格的劳动分工，以适应高效批量生产。这时，设计师便随之产生了。所以工业设计是现代化大生产的产物，研究的是现代工业产品，满足现代社会的需求。

（2）产品的实用性、美和环境是工业设计研究的主要内容。工业设计从一开始，就强调技术与艺术相结合，所以它是现代科学技术与现代文化艺术融合的产物。它不仅研究产品的形态美学问题，而且研究产品的实用性能和产品所引起的环境效应，使它们得到协调和统一，更好地发挥其效用。

（3）工业设计的目的是满足人们生理与心理双方面的需求。工业产品是为现代人服务的，它要满足现代人的要求，所以它首先要满足人们的生理需要。工业设计的第一个目的，就是通过对产品的合理规划，使人们能更方便地使用它们，使其更好地发挥效力。在研究产品性能的基础上，工业设计还通过合理的造型手段，使产品能够具备富有时代精神、符合产品性能、与环境协调的产品形态，使人们得到美的享受。

（4）工业设计是有组织的活动。在手工业时代，手工艺人大多单枪匹马，独自作战。工业时代的生产，则不仅批量大，而且技术性强，不可能由一个人单独完成，为了把需求、设计、生产和销售协同起来，就必须进行有组织的活动，发挥劳动分工所带来的效率，更好地满足社会需求。

工业设计的作用与意义在于：

（1）加强合理性。设计古而有之，发展了许多分支，机械、电子电路、化工等设计都属于技术方面的工程设计范畴，它们着重解决机械或器具的性能问题，或者说是物与物之间的关系。这些性能无疑是为人服务的，但相对远些，是间接的。工业设计是一种横向学科，侧重于人与物之间的关系，即满足人们的直接需要和产品能安全生产、易于使用、较低成本，从而能使产品造型、功能、结构和材料协调统一，成为完善的整体；它不仅满足使用需求，也能提供文化审美营养。

（2）降低成本。现代社会技术竞争很激烈，谁拥有新技术，谁就能在竞争中占有优势，但技术的开发非常艰难，代价和费用极其昂贵。相比之下，利用现有技术，依靠工业设计，则可用较低的费用提高产品的功能与质量，使其更便于使用，增加美观，从而增强竞争能力，提高企业的经济效益。因此，工业设计可在使产品造型、功能、结构和材料科学合理化的同时，省去不必要的功能及不必要的材料，并且在提高产品的整体美与功能方面，起到了非常积极的作用。

（3）提升艺术性。爱美是人的天性之一，而工业设计的目的就是为人服务的。其重点在于产品的外形质量，通过对产品各部件的合理布局，增强产品自身的形体美及与环境协调美的功能，使人们有一个适宜的环境，美化人们的生活。

（4）实现产品系列化。工业设计源于大生产，并以批量生产的产品为设计对象，所以进行标准化、系列化、规模化，为人们提供更多更好的产品，是其目的之一。

（5）工业设计使产品便于包装、贮存、运输、维修、回收、降低环境污染。

2．设计分类

现代工业设计所包含的行业范围是非常广泛的，涉及很多专业和行业。广义上涵盖了视觉传达设计、建筑设计、室内设计、环境艺术设计、家具设计、产品设计、机械设计，以及传播设计、设计管理等；狭义上一般指产品设计。

(1）按照艺术的存在形式进行分类。

- 一维设计，泛指单以时间为变量的设计。
- 二维设计，亦称平面设计，针对在平面上变化的对象，如图形、文字、商标、广告的设计等。
- 三维设计，亦称立体设计，如产品、包装、建筑与环境等。
- 四维设计，是三维空间伴随一维时间（3+1 的形式）的设计，如舞台设计等。

（2）按照工业设计概念与界定来分类。随着科技的发展和现代化技术的运用，工业设计与工艺美术设计的界限正在变得日益模糊，一些原属于工艺美术设计领域的设计活动兼具了工业设计的特点，如家具设计与服装设计。工业设计作为连接技术与市场的桥梁，迅速扩展到商业领域的各个方面。

- 广告设计：包括报纸、杂志、招贴画、宣传册、商标等。
- 展示设计：包括铺面、橱窗、展示台、招牌、展览会、广告塔等。
- 包装设计：包括包装纸、容器、标签、商品外包装等。
- 装帧设计：包括杂志、书籍、插图、卡通与版面设计等。

（3）现代工业设计部分领域。随着工业设计领域的日益拓宽，不同领域又具有各自的特点，可以从不同的角度对工业设计的领域进行划分。

- 产品设计。产品设计是工业设计的核心，是企业运用设计的关键环节，它实现了将原料的形态改变为更有价值的形态。设计师通过对人生理、心理、生活习惯等一切关于人的自然属性和社会属性的认知，进行产品的功能、性能、形式、价格、使用环境的定位，结合材料、技术、结构、工艺、形态、色彩、表面处理、装饰、成本等因素，从社会的、经济的、技术的角度进行创意设计，在企业生产管理中保证设计质量实现的前提下，使产品既是企业的产品、市场中的商品，又是老百姓的用品，达到顾客需求和企业效益的完美统一。
- 企业形象设计。企业识别系统由统一的企业理念、规范的企业行为及一致的视觉形象构成，即通过企业形象设计，使企业具有视觉上的冲击力，可以鲜明地显示企业的个性，是企业力量和信心的体现。
- 环境设计。工业设计是作为沟通人与环境之间的界面语言来介入环境设计的。通过对人的不同的行为、目的和需求的认知，赋予设计对象一种语言，使人与环境融为一体，给人以亲切方便、舒适的感觉。环境设计着重解决城市中人与建筑物之间的界面的一切问题，从而也参与解决社会生活中的重大问题。环境设计包括各类建筑物的设计、城市与地区规划、建筑施工计划、环境工程等。
- 传播设计。传播设计是对以语言、文字或图形等为媒介而实现的传递活动所进行的设计。根据媒介的不同可归为两大类：以文字与图形等为媒介的视觉传播；以语言与音响为媒介的听觉传播。
- 设计管理。将设计活动作为企业运作中重要的一部分，在项目管理、界面管理、设计系统管理等产品系列发展的管理中，善于运用设计手段，贯彻设计导向的思维和行为，并将之与战略或技术成果转化为产品或服务的过程。

3. 创新设计

路甬祥院士构建了创新设计的理论体系，他认为，设计是人类对有目的创新实践活动的创意和设想、策划和计划，是将知识、信息、技术和资源转化为集成创新和整体解决方案，实现应用价值的发明创造和应用创新过程。设计决定产品的功能品质、节能减排、绿色智能、工艺美学和应用价值。好设计不但可以提升市场竞争力，而且可以创造新需求、开拓新市场，从供给侧重塑产业格局和生态，创造新的生产与生活方式。设计创新的企业引领行业，设计创新的国家引领世界，设计创新引领推动人类文明进步、创造更美好的未来。

就本质而言，设计是人类将知识、信息、技艺等转变为实际价值和社会财富的创新创造过程。设计不仅可以创造全新的产品、工艺流程和装备，也可以创造全新的经营管理方式、盈利模式乃至创造新的业态。

人类进入 21 世纪，互联网、物联网创新应用日新月异，信息大数据成为最具价值、可近零成本分享的创新资源，共创分享经济兴起，人们在追求个性化、定制式设计制造和消费的同时，更加关注人与自然的协调发展。在当前知识网络时代，设计的价值理念、环境、方法发生新变化，设计将具有绿色低碳、网络智能、超常融合、多元优化、共创共享等特征。

（1）设计制造、运行服务、经营管理，不仅处于物理环境中，还处于全球信息网络环境中。

（2）设计制造和服务更依靠人的创意创造，依靠科学技术、经济社会、人文艺术、生态环境等知识信息大数据和全球网络。

（3）设计制造从工业时代注重产品的功能和成本效益，拓展为注重包括制造过程、营销服务、使用运行到再制造等全生命周期的资源高效利用、经济社会、生态环境、人文艺术等综合协调优化和可持续发展的价值追求。

（4）发展重点转向多样化、个性化、定制式、更注重用户体验的设计制造和服务。宽带网络、信息开放获取、云计算、虚拟现实、3D+X 打印与精确成形与处理、智能物流等技术创新，为设计创造了全新的自由开放、公平竞争、全球合作环境，设计更加自由灵活。

（5）设计与研发、制造、应用、服务相融合，依托大数据和云计算，发展成全球协同、共创共享的网络设计研发、制造和营销服务。设计创造的重点领域将是具有自感知、自适应、自补偿、自修复功能的智能材料、绿色材料，能源运载、空间海洋、高端制造、医疗健康、民生服务、安全国防、电商金融等战略新兴领域成为创新设计的主战场。设计研发将融合物理、化学、生物与仿生、材料、工程技术、软件和计算等多学科、跨领域的系统集成创新，将融合理论、实验、虚拟现实和大数据等学科方法[①]。

第六节 质量与品牌

1. 产品质量

质量反映一个国家的综合实力，是企业和产业核心竞争力的体现，也是国家文明程度的体现。质量既是科技创新、资源配置、劳动者素质等因素的集成，又是法治环境、文化教育、诚信建设等方面的综合反映。

质量是指产品满足规定需要和潜在需要的特征和特性的总和。任何产品都是为满足用户的使用需要而制造的，对于产品质量来说，不论是简单产品还是复杂产品，都应当用产品质量特征或特性去描述。产品质量特性依产品的特点而异，表现的参数和指标也多种多样，反映用户使用需要的质量特性归纳起来一般有六个方面，即性能、寿命（耐用性）、可靠性与维修性、安全性、适应性、经济性。

产品质量概念可从三方面理解：

（1）符合性质量概念：以"符合"现行标准的程度作为衡量依据。

（2）适用性的质量概念：以适合顾客需要的程度作为衡量依据。

（3）狭义产品质量概念指有形制成品。广义产品质量概念指硬件、服务、软件、流程性材料。

---

① 路甬祥. 论创新设计[M]. 北京：中国科学技术出版社，2017.

质量文化是指以近、现代以来的工业化进程为基础，以特定的民族文化为背景，群体或民族在质量实践活动中逐步形成的物质基础、技术知识、管理思想、行为模式、法律制度与道德规范等因素及其总和。

质量文化是将实实在在的外在产品质量上升到内在精神文化，并进一步反作用于产品质量。在全球生产制造水平达到一定程度之后，质量文化开始慢慢兴起。

质量文化就是企业在长期生产经营实践中，由企业管理层特别是主要领导倡导、职工普遍认同的逐步形成并相对固化的群体质量意识、质量价值观、质量方针、质量目标、采标原则、检测手段、检验方法、质量奖惩制度的总和。

不同企业对质量文化有不同的理解，归纳起来一般有以下几种：

（1）所谓质量文化，是指企业和社会在长期的生产经营中自然形成的一系列有关质量问题的意识、规范、价值取向、道德观念、哲学思想、创新意识、行为规则、思维方式、竞争意识、法制观念、风俗习惯、传统观念、企业目标、企业环境、企业制度、企业形象、商誉等。质量文化的核心是质量价值观念。

（2）企业的质量文化是企业整个质量管理思想、宗旨、精神、理念和价值观的综合，是质量管理工作的基础。质量管理制度和体系是质量文化的表现；质量成效是质量文化和质量管理实施效果的体现。

（3）质量文化是企业在建立和发展过程中形成的并根植于企业全体成员头脑中，决定企业全部生产经营活动的一系列有关质量问题的价值观念及行为规范的总和。

2. 工业品牌

品牌是技术和管理的结晶，是企业优良素质的标识。品牌不同于产品，二者最大的差别就在于：任何一种产品都有生命周期，伴随着科技进步与消费需求的变化，会依次经历市场导入期、成长期、成熟期和衰退期，不论多么货真价实、经久耐用的产品都不可能永远畅销、长盛不衰。品牌一旦建立，就会在消费者心中形成某种价值认知，只要对品牌善加维护和提升，它就会具有持久顽强的生命力。品牌的发展规律，不受产品生命周期和时空地域的限制，可以实现基业长青、历久弥新。

牛津大学商学院教授斯蒂芬·沃格（Stephen Woolgar）博士认为："在21世纪的今天，品牌是一个企业的灵魂，也是一个国家和地区经济实力的象征。"企业的责任是为社会公众提供优质商品和良好服务，长期坚持并得到市场认可就形成了产品和服务的品牌。当今社会，市场竞争日趋同质化，一个工业企业的产品、品质、技术、管理手段、渠道、服务等很容易被竞争对手复制模仿，很难形成持久的竞争优势。但是竞争对手无法复制一个卓越品牌，品牌是独一无二的，是企业避免陷入同质化竞争的最后一道"屏障"，是企业参与市场竞争的核心竞争力。

品牌文化是企业构建的被目标消费者认可的一系列品牌理念文化、行为文化和物质文化的总和。品牌文化可以说是企业给消费者的心理感受和心理认同，又称品牌内涵。它是联系消费者心理需求与企业的平台，是品牌建设的最高阶段，目的是使消费者在消费公司的产品和服务时，能够产生一种心理和情感上的归属感，并形成品牌忠诚度。

品牌文化不但要具备精神内涵，还要从营销策划、促销活动、广告宣传、客户关系等各个方面进行整合，让消费者能够体会到品牌的精神、个性和文化内涵，还要具备典故、仪式和人物等文化载体进行传播，让品牌文化鲜活和生动起来，形成具有忠诚度的品牌消费群体，并形成以品牌来连接的品牌文化。品牌文化要借助大众文化和消费者心理特征，才能形成自己的文化群体，不同的行业可能表现有所不同。比如，商用轿车瞄准商业人士，体现的是一种成功者的风度、气质和不屈精神；麦当劳、肯德基瞄准少年儿童，崇尚的是美国式的快餐文化；星巴克瞄准都市白领，塑造的是一种忙里偷闲、讲求情调和品位的咖啡文化。

品牌文化在品牌营销中的功能主要体现在以下几方面。

（1）提升品牌价值。品牌不仅是符号或它们的集合体，品牌是企业营销活动思想和行为的复合体，是企业的全部。因而，品牌的构建不仅是品牌符号化、品牌知名度增长的过程，而且品牌是联系企业和消费者的桥梁，是企业营销产品的有效手段，是企业竞争取胜的关键。品牌的构造要从品牌的价值发现入手，在品牌要素的各个方面体现品牌的价值观，用品牌文化提升品牌价值。

（2）促进企业与消费者之间的融合。品牌文化不是单一的"企业品牌文化"，它是企业与消费者之间文化的融合和再造。文化沟通是以价值共识为基础的，消费者与企业不是对手，它们是产品或企业价值实现的不同环节。品牌文化的本质是建立有效的顾客品牌关系，与消费者进行品牌对话，真正让消费者参与到品牌的建设中来，让消费者理解品牌，接受品牌，体验品牌，进而喜爱品牌。

（3）实现品牌个性差异化。在品牌营销中，品牌个性差异化是塑造品牌形象，吸引消费者眼球，与竞争对手相区别的重要手段。品牌差异化的建立，要从品牌文化入手，在品牌价值的基础上，结合企业特性发现，塑造品牌个性特征。

（4）增强产品的市场竞争力。卓越的品牌文化能帮助企业在市场竞争中建立竞争优势，能帮助企业建立起识别明显、亲和、沟通、富有关怀心的品牌形象，拉近与顾客的距离，保持竞争优势，进而培养消费者的品牌忠诚度。

第七节 工业文艺

1. 基本概念

工业文艺指以工业题材为主的文学与艺术,是人们对工业活动的提炼、升华和表达,它是随着现代文艺的总体发展而发展的。工业题材的文艺创作主要涉及语言艺术、表演艺术、造型艺术和综合艺术等:

- 语言艺术包括诗歌、散文、小说、报告文学等。
- 表演艺术包括音乐、舞蹈等。
- 造型艺术包括绘画、书法、雕塑等。
- 综合艺术包括电影、摄影、戏曲、曲艺、电视等。

上述各类艺术形态均可以围绕工业题材进行艺术创作,例如,工业绘画、工业摄影、工业雕塑、工业文学、工业影视剧、劳动生产歌曲和舞蹈等。其中,工业文学是工业文艺重要的组成部分,它以书写工业生产、工人生活为题材,包括诗歌、散文、小说、报告文学、剧本等体裁。

工业文艺作品中有写实作品、叙事作品、抒情作品、科幻作品,它们不仅仅描写工业生产活动,而且还要反映工业进步的情况,展望工业发展的未来,揭示由工业引发的各种社会现象。

当今世界,发达国家已经完成了工业化进程,许多发展中国家正处于工业化进程的中后期。工业的发展彻底改变了现代人的生活、思想和情感,人类的命运再也无法摆脱工业,躲开了工业,就是躲开了这个工业社会,躲开了当代文艺赖以生存的现实土壤。

社会存在决定社会意识,当前我们生活在工业社会,科技进步与工业发展给人类社会带来深刻的变革，改变了人类的生存状态和生存方式，要真实地反映这一变化，需要创作相应的工业文艺作品。同时，意识具有反作用，工业文艺作品也在影响着工业从业人员的精神面貌、思维方式、价值取向，进一步影响着工业和社会的发展。尤其重要的是，工业文明不仅给文艺视野带来了在农耕文明不可触及的题材，更带来了一种有别于过去的话语方式、思维方式和想象空间。

比如，现代企业制度可以说是现代文明的原动力的象征物，它孕育着鲜活的生命力和现代都市文明的因子，它本身已经具有了说不尽的深度和人文内涵，这无疑为文艺创作提供了巨大的空间。再比如，工业制造中的浇铸、炼钢、锻造本身就是很震撼的过程，用美术作品讲述大工业情怀，让人体会到人类用智慧与汗水创造的宏大工程。

总之，工业、工厂、工人的多种生产方式和生存状态，需要反映不同层面构成的工业生活和多元关系中的工业从业人员的形象。

人们往往存在一个认识误区，常以为工业题材好像距离文艺的审美想象远了一点，因此不容易驾驭和展开，或者常常认为工业是理性精神的产物，文艺更多的是形象思维的产物，两者难以兼容。但是在以人类全部的科学和技术进步为依托的现代工业文明时代，艺术与科技的融合是艺术发展的大趋势。法国著名作家福楼拜曾预言："越往前走，艺术越要科学化，同时科学也要艺术化。两者在山麓分手，回头又在顶峰汇聚。"事实已一再证明，以理性精神为依据的科学与以形象思维为依托的艺术并不是相互排斥的，相反，它们正是人类现代精神领域的两个层面。认为科学、工业领域中难以进行艺术表现的观念有失偏颇。

工业题材文艺作品从本质上来讲是对工业化的关怀，以及工业化社会背景中对人生存境遇的关注。新时代工业题材文艺的创作理念、主题思想、人物形象、审美风格理应增加新的内涵。运用文艺的力量激活与强化人们参与工业建设的使命感与责任心,努力塑造工业、工人的整体文化形象,在对工人个体的喜怒哀乐的摹写中,触摸和把握时代发展脉搏,增强工业题材文艺作品表现社会和生活的覆盖力和渗透力。

在新时代的语境下,工业历史上的诸多元素得到了延续和发展。工业文艺的独特性又绝非其他题材所能取代,那种大工业建设主人翁和先进生产力代表所建构的社会形象,现代化流水作业线的人生流程和劳动特征,都市物质文明和现代生活方式建设者的时代气魄,以及创造未来新世纪的历史使命,所有这一切,都使得工业文艺具有特殊的地位。①

2. 创作内容

工业是现代文明的标志,第一次工业革命200多年来,在世界文艺中工业文艺作品已大量出现,尽管这些作品千差万别,但它们都是工业的发展在各阶级、阶层中引起的反应,有着某种共同的内容。比如,在世界现代文学发展中,曾先后出现过"工人文学""工厂文学"等作品。"工人文学"这个概念最早提出于20世纪初的日本,指的是一批工人和下层劳动者出身的作家所创作的揭露资本主义、表达工人阶级意愿的文学作品。

20世纪90年代,"工业文学"代表作家蒋子龙,提出了"泛工业化"的概念,认为"并不是只有描写工厂的劳动生活,才是反映现代工业文明。现代社会已经被工业文明彻底改变,剧烈地影响了现代人类的伦理观念、生理状态、表达形式……当代文学只要是表现当代现实生活的,无论所反映的是哪个社会层面、哪种生活领域,都无法脱离现代工业文明"。这样的认识已经突破了行业的局限,而着眼于现代工业文明背景下,人的生存呈现出的新的美学特质,它会拓宽工业文艺创作的视野,也会丰富工业文艺创作的内容,更可增加工业文艺创作的深度。

---

① 樊洛平. 当代工业文学创作的考察与反思[J]. 郑州大学学报(哲学社会科学版),1997 (5):20-25.

工业文化
INDUSTRIAL CULTURE

工业革命引发的生产和生活方式的改变为文艺创作提供了新的表现内容和想象空间。最显著的是工业生产场景和人员角色的变化，原来粗放型的大工厂生产已向集约型、经济型、环保型生产转变。生产方式的变革自然让工人的符号身份面临着解码与重构，新世纪的工人已不再挥汗如雨，而是坐在操作台上操控着机械作业，或是在电脑前优雅地敲击键盘。诚然，在某些行业仍然存在着重体力劳作，但工业生产的数字化、网络化、智能化已是大势所趋。不仅如此，产业结构也悄然发生了变化，新兴产业和服务业逐渐成为国民经济的重要支柱。产业工人来源日趋复杂，产业分工协作日趋精细，工业科技含量也越来越高，这就必然导致工业文艺描写对象范围的日趋宽泛。

实际上，与建立在传统工业情景基础上的工业文艺相比，当代工业文艺的内涵应该伴随经济的全球化和世界产业变革浪潮，在以下几个方面发生了转变：

第一，生产方式、生产空间、生活场景发生了变化。当下工业文艺描写的生产环境，不再局限于矿山、钢厂、车间等经典大工厂时代场面，不再是那种动辄有几百人、几千人同时参与的群体劳作，而是涵盖新兴产业和现代服务业。描写的生产过程更加个性化、具体化，更多关注工人个体生产尤其是高技术人员的创新过程，着眼于工人生活的每个日常角落，由展现工业生产进而连接大千世界，成为具有社会全景性、甚至史诗性的超文本。

第二，人物形象、创作主旨及角色定位发生了变化。在以往的工业题材作品中，读者往往只能看到锅炉工、焊接工、纺织工、车间主任等形象。由于不断增长的新兴产业和不断细化的产业分工，工人形象日渐丰富。不仅如此，工业文艺作品都着眼于个人在人类工业化进程中所面临的种种问题，着力表现的是人与工业生活、生产过程的关系，展现了在新的生产模式和管理制度下，在工业化思维之下人的灵魂的改变和重塑。

第三，创作理念及审美价值发生变化。社会在发展，创作者的思想观念、艺术观念发生了变化。市场经济、商品观念及与时俱进的时代精神渗入文艺生产创作之中，新的艺术手段、新的文化消费方式，改变着文艺创作者的理念和态度。

第四，人文立场、政治视角发生变化。工业不仅仅是一种风景，更是一种制度，一种新的文化政治。从文化政治视角入手对工业题材文艺创作进行梳理，一是挖掘其文化与政治内涵，从而提升工业题材艺术的价值与意义；二是关注工业题材文艺创作中的意识形态、精神价值、政治符号意义。

第五，科幻作品的技术基础发生变化。如以人工智能、机器人、基因技术、宇宙航行等当前工业科技为基础，叠加想象与幻想的形式，表现人类在未来世界的物质精神文化生活和科学技术远景，其内容交织着科学事实和预见、想象的科幻作品。

第八节 工业文化新业态

1. 基本概念

随着现代科技和经济社会的迅速发展，工业新技术、新产品层出不穷，当这些新技术和产品融入文化元素后，就可能诞生出一个新的业态，我们称为工业文化新业态。换句话说，即工业技术、产品、设备与文化消费结合，进而衍生出来的新形态、新产品、新模式，可定义为工业文化新业态，如可穿戴设备、虚拟/增强现实、智能汽车、无人机、增材制造（3D 打印）、机器人、人工智能、数码技术等，这些技术与产品已经在文化领域广泛应用。与此同时，工业遗产、工业博物馆经过开发利用，与技术、产业和工业文化其他领域融合发展，已经逐渐衍生出新的业态，如工业创意园区、工业主题公园，未来，还可能发展出一些新的形态，如工业文化综合体、工业文化教育等。

1998年，英国创意产业专责小组首次对创意产业进行了如下定义："源于个人创造力与技能及才华、通过知识产权的生成和取用、具有创造财富并增加就业潜力的产业。"创意产业通常包括工业设计、广播影视、新闻出版、广告、软件、网络及计算机服务、动漫游戏、美术设计、艺术表演、音乐、艺术品古董、会展、旅游和咨询策划等十几个行业。其中，先有工业属性，再有文化属性的创意产业包括：音像、电子出版物；广播、电影、电视；软件、网络及计算机服务等。

实质上，所有的创意均属于广义的文化，而创意产业至少包括文化创意产业和工业创意产业。两者的区别在于本质上是否具有工业属性：当某项创意产业拿去其支撑的工业技术和产品时，这种创意形态是否存在，如果存在，就属于文化创意产业，如舞蹈、绘画、表演、书画、戏曲、音乐等，它们是农业社会就有的文化形态，可以不依赖现代工业技术；如果不存在，就属于工业创意产业，如广播、电影、电视、电子游戏、数字媒体、互联网、计算机软件、工业设计等，这些原本就是工业产品，随着应用的普及深入，加入文化元素，就形成了工业创意产业，也就是说，广播影视、电子游戏、互联网等产业完全是由现代工业打造出来的文化形态，它无法脱离工业而独立存在。

文化创意产业，强调更多的是文化元素，是以文化属性作为主导，只不过加入工业元素后，可以形成文化产业，实施大规模生产；工业创意产业，强调更多的是工业元素，是以工业属性作为主导，是工业科技和产品融入文化元素后所形成的业态。因此，每当有新技术和新产品发明后与文化相结合，就可称为工业文化新业态。

另外，需要强调的是，英国工业革命之后，我们习以为常的主流文化平台不是文化部门创造的,而是工业部门创造的。工业产品技术已经成为孕育新的文化产品和平台的摇篮,如电视剧、电影、电子游戏等属于文化产品,广播、电视、手机、互联网、虚拟/增强现实、机器人等属于文化传播的承载平台,这个平台可以衍生出纷繁多样的文化产品和内容。

2. 重点新业态

(1)机器人与人工智能。在工业经济向数字经济的加速转型过程中,通过机器人与人工智能技术和文化建设融合与创新,实现工业文化新业态的成长,如机器人与人工智能技术与工业旅游、工业博物馆、工业主题公园、工业遗产保护利用等领域的融合。

(2)VR/AR(MR)。虚拟现实(Virtual Reality,VR)、增强现实(Augmented Reality,AR)或混合现实(Mixed Reality,MR)等新的沉浸式技术发展、设备普及和内容创新发展,给视听感官交互体验带来全面升级。运用 VR/AR(MR)等技术设备,基于 VR/AR(MR)传播平台,开发文化产品,提升品牌文化形象,创新服务模式,如 VR 体验游等,提高大众参与度,增加互动体验趣味性。

(3)工业文化园区。

- 工业文化主题公园。以工业遗产、工业博物馆、重点行业资源为核心,建设各具特色的工业文化主题公园,如航空航天主题公园、汽车主题公园、矿山主题公园、机器人主题公园、VR/AR 主题公园等。

- 工业文化特色小镇。充分利用与工业遗产资源相关资源,建设工业文化产业发展园区、特色小镇、创新创业基地,如工业设计小镇、工艺美术小镇、工业创意小镇、创客空间等。

- 工业文化综合体。工业文化综合体指在产业聚集区域内,为产业发展提供综合配套服务的基础设施。综合配套服务功能包括:一是货物运输、仓储和邮政快递，信息，金融，节能与环保，生产性租赁，商务，人力资源外包等生产性服务；二是产业公共服务平台和创新创业孵化服务；三是工业设计、市场销售、品牌塑造、产品检验检测、认证评估、企业文化建设、产业咨询等专业特色服务；四是区域历史、产业发展、企业状况展示宣传、产品陈列和体验服务；五是教育、培训、会议、展览、工业旅游服务；六是商业、餐饮、娱乐、住宿等生活服务。

（4）工业文化教育。工业文化教育是教育的一种特殊形式，指的是人类社会一种自觉与有目的地促进工业文化发展的活动，主要发生在年长一代和年轻一代之间的教导与学习互动过程中，旨在促进受教育者接受与传承工业文化。工业文化教育的宗旨在于培育合格的工业社会劳动力，促进工业的健康良性发展，并维护工业社会的基本机能，其教育内容也围绕其目的展开。

工业文化教育有教育者、受教育者、教育内容和教育活动方式四大基本要素。其中，教育者主要指的是学校教师和相关教育机构的工业文化传播者，受教育者是以广大青少年为主体的学生及更广泛的社会人群，教育内容是指教育者引导受教育者在教育活动中学习的工业文化累积的经验，教育活动方式包括工业文化课程讲授及其他教学形式。

工业文化教育的内容包括工业文化通识教育、工业精神传承、职业素养的培育、浅性工业技术知识的普及等。

工业文化教育作为与产业高度结合的特殊教育，其教育形式和一般教育既有联系，又有区别，在狭义的学校教育之外，广义的非学校教育举足轻重。在学校教育中，传统课程教育与综合实践活动也有并重之势。工业文化教育的形式包括工业文化课程、工业文化综合实践活动、工业文化研学旅游、工业文化大众普及等。

第二十一章 工业行业文化

工业行业文化是各个工业行业在工业活动中所产生的文化现象，如航空文化、影视文化、钢铁文化、机械文化、网络文化、采矿文化、消费电子文化等，每个工业行业文化还能衍生出子行业文化和产品文化，包含着复杂的多层结构，如汽车文化、铸造文化、手机文化、笔记本文化等，这其中又包含着广告宣传、工业博览会、行业技能大赛等文化宣传活动。

第一节 汽车文化

1. 文化内涵

汽车是人类社会近100年来最重要的发明和支柱产业之一，其历史是一面文明之镜，反映了人类社会变迁兴衰、人们对生存环境的追求和人们改造环境的情况。1885年，德国人卡尔·本茨（Karl Benz）发明了一部以内燃机驱动的三轮汽车，自此，在人类历史短短100多年里，汽车技术取得了空前的进步。刚刚诞生时期的汽车，是权力、地位和富有的象征，到了以流水线方式进行大规模生产的时代，汽车才成为平民大众能够接受的消费品。平民的思想意识、生活方式也融入汽车之中,这为汽车文化的形成奠定了基础。作为"改变世界的机器",汽车早已突破技术层面的意义,其消费和使用已经深入人类生活的方方面面。

毫无疑问,汽车极大地扩张了人们的生活半径,也改变了社会的产业结构、生产和生活方式。汽车本来是个钢铁物件,是人给它赋予了一种影响生活方式的生命内涵,反过来,这种内涵又作用于人类,拉近了人与车之间的距离,形成消费理念、生活情趣及审美趋向等文化范畴。因此,汽车从诞生那天起,就开始融入日常生活中,就被赋予了人类的价值观、生活形态、情感需求等,折射出了不同时代、不同人群的审美取向,形成了汽车文化的特有观念。

汽车文化是建立在汽车这一物质基础的普及和技术进步之上的。汽车之父卡尔·本茨曾经说过:"汽车在改变我们的生活,带给我们极大便利的同时,也带来了一些烦恼,这是一种观念,一种态度,更是一种文化。"有汽车就有车迷,典雅庄重的收藏级名车、精美的汽车模型、别致的汽车匙扣、亮丽的汽车服饰、抢眼的汽车杂志,还有名车打火机、T恤衫等汽车礼品,都是车迷们的最爱,于是,汽车有了文化,并衍生出一系列汽车文化创意产品。

汽车是物化的文化,这个由上万个零件组合的机电产品,凝结了人类智慧的结晶,和谐地将科技与艺术、工业与文化相统一,绽放出绚丽的光芒。当代的汽车文化蕴含着以人为本、安全实用、舒适便捷、经济环保、诚信服务、时代创新、生态和谐等核心价值理念。

汽车文化的含义很多,每个品牌都有自己的含义、宗旨、设计理念。每个国家都有自己的风格,对汽车的认识也有差异,如日本、美国、欧洲,它们的汽车产品都有自己的特点,没有绝对的对错。

广义的"汽车文化"是汽车在发明和发展过程中所创造的物质财富和精

神财富的总和。狭义的"汽车文化"就是人们在制造和使用汽车的活动中，形成的行为方式、习俗、法规、价值观念等内容。

汽车文化以汽车产品为载体并与之结合，影响着人们的思想和行为。在汽车的设计、生产和使用中，从汽车外表到内饰，从风格到品质，都深深打下了文化的烙印。汽车文化源于民众积极参与的意识观念、自由随性的处世态度，更因为长期的历史积淀已具备了丰富深刻的内涵。汽车文化包括汽车本身文化和汽车衍生文化两个方面。

汽车的普及为人类社会生活创造了许多新生事物，汽车艺术、汽车影院、汽车广告、汽车展会、汽车体育、汽车旅游、汽车旅馆、汽车餐厅、汽车社区及汽车银行等已开始渗透到人们的日常生活之中，改造着人们的生活方式和传统观念，进而改变城市结构、乡村结构和就业结构，改变人们的区域概念、住地选择、消费结构、商业模式和休闲方式，改变人们的社会关系、沟通方式、活动节奏、知识结构及文化习俗。汽车创造着崭新的价值观念和生活内容，整个社会的文化理念、心理素质、道德因素也都因此发生着巨大的变化。

汽车文化形成的根本原因是历史环境、人类性格，而不同国家的汽车文化有着明显的差异。这期间，文化的历史传承性非常重要。早期的汽车工业，造一辆车是非常细腻的工艺过程，在那种手工的琢磨中，历史传承的文化渗透微妙而绵长。随着工业流水线的出现，汽车工业规模化了，也失去了一些个性和内涵。

2．文化形态

汽车作为商品，在多年的发展中，除了履行其作为商品的"物质"功能，也履行着"文化"的功能。汽车文化已经成为人类通过这种物质载体展现个性的巨型舞台。

（1）汽车品牌——体现个性的张扬。汽车品牌文化是企业在市场竞争中形成的，包括汽车产品的定位、产品的价值取向、企业文化的积淀等。汽车品牌实际上代表汽车企业的社会形象，一个成功的汽车品牌是需要长久的心血和资金才能打造出来的。

世界著名汽车生产厂家和著名人物对形成汽车品牌文化起着直接作用，他们赋予汽车性能、品质和内涵。汽车厂家对其产品品牌名称及车标极具匠心的设计，体现了企业文化和精神。在汽车史上，凡赫赫有名的汽车巨无霸品牌，大都以个人的名字命名，如汽车品牌的命名有：

- 福特（Ford）——亨利·福特（Henry Ford）。
- 别克（Buick）——大卫·别克（David Buick）。
- 奔驰（Benz）——卡尔·本茨（Carl Friedrich Benz）。
- 丰田（Toyota）——丰田喜一郎（Kiichiro Toyoda）。

汽车文化是汽车品牌的灵魂，只有用先进的文化理念，温暖的人性关怀，友好的公益形象等一系列凝结在汽车产品里的精神内涵，才能铸就汽车品牌，满足人们更高的消费要求。

纵观汽车技术的发展史，人类张扬个性和竞争求胜的本质需求是汽车技术不断突破、追求卓越的原动力。欧洲车一个很好的感觉就是品牌传承性非常高，把一代又一代传承的车型放到一起的时候，明显就能看出它们积累出的精华都在一条线上。日本车，花样翻新很快，可能三代改款之后，已经认不出这款车了。这就是欧洲与日本汽车文化之间的差别，不同地区对汽车文化的认同是不一样的。

（2）汽车运动——竞争本能的展现。汽车技术的竞争，最为显性的表现，体现为汽车运动。赛车文化是汽车工业发展的必然趋势和自然结果。汽车制造者不断开发新技术，除了来自现代消费主义对其的依赖，很大一部分原因是：人自身有打破原有事物框架、创造新的纪录、通过竞争战胜对手的渴望，人们从竞争中获得对自我价值的确认,享受着他人对竞争成就认同的满足感。

1894年,从巴黎到里昂,汽车商进行了人类历史上首次汽车比赛。1950年国际汽联第一次举办了世界锦标赛,并一直举办到今天。目前,国际上正规车赛主要分速度赛(方程式汽车赛)、耐力赛(Grand Touring Car)、拉力赛(Rally)、越野赛(Rally Cross)等几种主要形式。其中,一级方程式赛车是世界汽车场地赛项目中级别最高的,也是最引人注目的体育比赛项目之一。

案例:世界一级方程式锦标赛

世界一级方程式锦标赛(FIA Formula 1 World Championship),简称F1,是由国际汽车运动联合会(FIA)举办的最高等级的年度系列场地赛车比赛,是当今世界最高水平的赛车比赛,与奥运会、世界杯足球赛并称为"世界三大体育盛事"。F1是当今世界最高水平的赛车比赛,年收视率高达600亿人次。它每年都要在世界各地的16~19个站比赛,通常可以吸引200万人次以上的观众到场观战,全球200多个国家5万多家电视台通过电视转播。F1比赛可以说是高科技、团队精神、车手智慧与勇气的集合体。

(3)汽车消费——轮子上的经济。汽车文化最贴切的外延应该是生活方式。开日本车追求经济、精致,开欧洲车追求品牌、性能;法国人是浪漫、不拘束的,所以他们造出的汽车有玻璃面积大等特点;德国车则如德国人一样,一直保持那种严谨、保守的风格。不同的文化理念也直接影响了用户群的认同,这样就形成了鲜明的五彩缤纷的汽车文化世界。

与一般的商品不同,汽车消费不是一次性的。消费者购买汽车的背后,汽油、汽车养护、汽车改装等,衍生出各种各样的消费可能。据统计,购买一部普通轿车后,花在汽车上的后续消费抵得上购买几部汽车的价钱。

由于汽车的使用,消费者日常消费模式同样发生着深刻的改变,人们的消费因为有了"轮子"而更加便捷。当人们以双腿作为主要交通工具时,活动半径局限在几公里的范围。自行车取代双腿作为主要交通工具时,人们活动半径扩大到十几公里的范围。一旦拥有轿车,则人们的活动半径迅速提升到几百公里以上的范围。

汽车数量的增加和道路的延伸,模糊了城乡的界线,城市的面积因此放大。大型商场、饭店、住宅小区等,开始逐渐沿着汽车所行经的轨迹进行排布,城市不断延伸。汽车拉近了人与人之间的距离,人们得以开着汽车以一种自由方便的形式去聚会,当然这个密闭的空间也隔离了无关的人。

(4)汽车设计——技术与艺术的融合体。汽车不仅是一种工业产品,更是一种集高科技和丰富文化内涵于一体的艺术品。从汽车的外形、颜色,到汽车内饰及各种附属设施,都具有美学元素,充分地表现着企业文化特征及其汽车的品质。汽车作为一种"移动的物件",与道路的融合、与城市的融合、与人群的融合,体现着这一"钢铁之躯"的亲和力,给城市带来一道亮丽的风景线。

汽车设计从一开始就与文化有着密不可分的关系,汽车设计文化主要体现在汽车本身所折射出的设计理念,其中所包含的设计元素实际上就是文化元素,当这些元素熔铸到汽车上,就表现出不同的文化。美国、德国、日本、英国的汽车,因为文化元素不一样,其设计的结果便不一样。

具有怎样的文化背景决定了在该文化背景下的设计将蕴含什么样的文化思想、设计理念,这正是工业设计的精髓所在。厂商需要将自己的技术特点展现给消费者,消费者也需要发掘并选择更适合自己需要的汽车技术。喜欢越野的消费者，肯定关注车辆是不是四轮驱动，有没有差速锁、绞盘等越野配置。负责接送孩子上学、放学的母亲，肯定更关注车辆的安全情况，车身结构是不是够结实，气囊安置是不是足够，车门有没有儿童锁等技术设计。飙车一族可能更关注车辆的外形是不是够酷，发动机功率够不够强劲，风阻系数是不是完美，等等。一款汽车从设计之初，就早已标定了谁会是它的购买者，什么样的技术是这类购买者最需要的。

（5）汽车衍生文化——时尚时代。汽车是流动的风景，带给人们多姿多彩的文化生活，汽车衍生文化也将以其丰富的内容和独有的魅力不断地影响着人们的生活，如邮票、车标、游戏、汽车摄影、汽车会展、汽车运动、汽车收藏、汽车模特、汽车广告、汽车电影院、汽车法规、汽车俱乐部、汽车博物馆、汽车与体育、汽车竞赛、汽车模型、汽车书刊、汽车与文艺、汽车与休闲等。它还包括与汽车有关的普及知识、交通法规及基本礼仪等。

汽车衍生文化还有汽车人的个性张扬，以美国为例，汽车文化就包含美国人天生具备的幽默感：驾驶汽车时，别出心裁地把五颜六色的贴纸剪成字母拼在车尾，其中与追尾相关的内容最多，"千万别吻我，那很可怕""不要让我们因相撞而相识""撞上来吧，我正需要钱"。汽车在这里作为一种文化载体，被充分、广泛地赋予了精神特质，折射出美国人的性格和感情。

第二节　航空文化

1. 文化内涵

人类自古以来就有飞行的梦想，但是受生产力发展水平所限，这种梦想长期没有实现。自 1903 年 12 月 17 日美国莱特兄弟研制的"飞行者 1 号"飞机试飞成功后，人们开始飞上了蓝天，航空事业快速进步，从此也诞生了航空文化。航空文化是关于飞行的文化，因而是生动的，鲜活的；航空文化体现着最新的科学技术成果，因而是先进的，前卫的；航空文化有着强烈的进取精神，因而是奔放的，激情的。

航空文化自成体系，由若干个子文化组成，如军事航空文化、民用航空文化、航空技术文化、航空企业文化等；每个子文化里又可以进一步分为若干个子子文化，比如，民用航空文化可以分成民航运输文化、通用航空文化等。这种体系划分主要依据航空活动的性质而决定。航空事业越发达，这种体系就越复杂。在李林达尔时代，在莱特兄弟时代，航空很简单，就是"飞起来"。现今，不仅航空文化呈现出千姿百态，连航空文化的受众也各有偏好，有的喜欢军事航空，有的喜欢民用航空，有的钟情航空科技，有的对航空人物感兴趣，自发地形成一个个小圈子。

航空文化包含物质、制度、精神三个层面：

（1）物质文化层。物质文化层包含了航空器、航空设备与设施。其中，航空器在航空物质文化层中占据核心地位，没有航空器，便没有航空实践，更没有航空文化。人类100多年的航空历史，是航空科技不断发展、超越的历史，是航空器不断推陈出新的历史，是向着更高、更远、更快的目标不断奋进的历史。航空物质文化的不断进步，带动了整个航空文化的发展。从这个意义上说，航空物质文化是航空文化的"引擎"。

（2）制度文化层面。自由从来都是相对的，自由飞行也不是没有任何限制、随心所欲的。事实上，由于航空活动具有天然的高风险性和特殊的社会敏感性，使之成为现代社会生活中管理最严格的领域之一。要驾驶飞机必须先经过严格的地面空中训练取得飞行员执照，要升空飞行必须要遵守航空管理规定和各种飞行规则，总之，航空是"制度中的航空"和"规范中的航空"。从一切航空活动中保障和规范作用来看，制度文化是航空文化的守护神。

（3）精神文化层。精神文化层指航空人在航空实践和意识活动中形成的思想观念、价值取向、精神追求等。航空文化的价值观包含了自由、科学、勇敢、创新、爱国、自强、奉献、探索等要素。追求自由的价值观是催生出航空文化的主要动因,爱国、勇敢的价值观一直激励着军事航空文化的发展,创新求实的价值观为航空科技的进步提供强大的精神支撑。航空文化丰富的价值观内涵又在深刻地影响着社会大众,激励了一代又一代航空人。从这个意义上说,精神文化是航空文化的灵魂。

2. 文化形态

一切航空文化都源于人类的"飞翔之梦"和"自由之梦",真正意义上的航空文化诞生在工业革命之后,它是随着航空器、飞行实践活动而发展与嬗变的。

(1)飞行表演。表现欲是人类生来俱有的欲望。当飞机出现以后,自然就会产生在新的舞台上表现自己的冲动,这就是飞行表演产生的动因。事实上,从蒙哥尔费到寇蒂斯,从莱特兄弟到桑切斯,早期的航空探索活动都带有表演意味,展示航空魅力、博得观众的认可,是飞行家们梦寐以求的事情。

第一次具有轰动效应的飞行表演是1909年8月在法国兰斯举行的航空博览会上。在那次盛会上,众多航空家现场献艺,场面十分壮观,观众们惊叹飞机的神奇,完全被飞行的魅力所折服,情绪激昂,万人空巷。后来在欧洲大陆、英国及北美相继举行了类似的盛大集会,无一不取得巨大成功。其中以克劳德·格雷厄姆·怀特在英国伦敦的亨登机场举办的航空展览会最出色,每逢星期四、六、日及节假日都进行飞行表演,深受伦敦人喜爱,亨登机场后来也成为皇家空军举行飞行表演的固定地点。

早期从事飞行表演的人成分很复杂,有飞机设计师、工程师,也有民间人士,有的立志发展航空事业,有的纯粹为了养家糊口。活跃于20世纪二三十年代的"飞行马戏团"就属于后者,他们驾驶着各式各样的飞机,表演各种惊险刺激的飞行特技,成为那个时代的奇观,对大众航空文化的形成与传播功不可没。

（2）航空展会与航空博物馆。航空展会与航空博物馆在航空文化传播中发挥了重要的作用。一般认为，航空展会是为了展示产品和技术、拓展渠道、促进销售、传播品牌而进行的一种集中宣传活动。航空展会名称很多，如展览会、展销会、博览会、展览交易会、产品展示会等。

（3）航空文化产品。航空文化产品就是具有航空元素的、体现航空价值的、满足人们航空体验的或以航空器及航空活动为主要承载形式的各类文化产品及服务。航空文化产品一般具有大规模复制和流通的特性，如果只是一个"孤本"，一般不称其为产品，如飞行器、航模、航空邮票，以及其他各类航空衍生产品。

第三节 网络文化

1. 文化内涵

互联网络肇始于20世纪60年代末。80年代初，各种各样的计算机网络应运而生，产生了不同网络之间互联的需求，并最终导致了现今的互联网协议的诞生，标志着计算机网络发展的新纪元。网络被称为继广播、电视、报刊之外的第四媒体，有传播速度快、信息量巨大、双向互动等传统媒体无法比拟的优势。网络文化的崛起是工业革命以来，人类文化发展的最重要现象，它的诞生给传统的社会发展和进步带来了诸多挑战。

网络文化是以网络信息技术为基础、在网络空间形成的文化活动、文化方式、文化产品、文化观念的集合。网络文化是现实社会文化的延伸和多样化的展现，同时形成了其自身独特的文化行为特征、文化产品特色及价值观念和思维方式的特点。

网络文化是当代工业文化的重要组成部分，内容和形式非常广泛，包括新闻、动漫、网络游戏、网络音乐、网络文学、网络论坛等，互联网络是这种文化表现、传播的载体和工具。

作为社会交往的工具和符号，网络特殊的媒介身份及借此构建的全球化传播网络是全球化产生的社会基础，网络已成为全球资源共享的交往平台，成为全球化的动力与资源。不同民族地区会出现不同的网络文化，即使同一个民族的网络文化也会有不同的形式，互联网产生国际化的文化，不同民族的网络文化互相融合。《第三次浪潮》一书的作者、著名未来学家阿尔温·托夫勒指出，农业社会诞生掀起的第一次浪潮历时数千年之久才迎来又一次根本性的大变革；由工业革命发端的现代社会只不过持续了200多年就受到了信息网络社会的挑战。农业社会的人们固守在自己的部落、家庭中，而生活在现代信息网络社会的人们已成为"全球人"，世界因此成为名副其实的"地球村"。

网络文化具有以下特征：

（1）超时空性。网络文化是超越时空限制的媒介文化，打破了传统文化的线性结构，塑造了一种全新的超越时间、空间限制的数字文化。传统文化中的时空是具体的、可感知的，人们只能置身于某一个具体的地点、确定的时间之中。在网络世界中，人们可以完全超越这种局限，任何一个地点的事件都可以以"在场"或"出场"的身份即时参与其中并进行发言。网络的超时空性在即时性和全球性两者之间得到有效实现。即时性完美地诠释着时间和互联网之间、时间和网民之间微妙的关系。人们可以时时刻刻通过互联网满足不同方面的需求，如网络新闻、网络聊天、网络信息查询、网络舆论、网络交友、网络游戏、网络购物等，丰富了网络生活，也扩展了传统生活。全球性从空间维度弥补了时间维度不能达到的范围，提升着网民的生活效率和节奏。网络文化生来就是全球性的标志文化,从"地球村"到"信息高速公路",网络文化一步步践行着文化的全球化。

(2)虚拟性和真实性。网络文化与传统文化的最大差别在于网络文化具有很强的虚拟性,首先,网络技术先天就是一种依靠一系列软硬件设备开发的虚拟技术;其次,网络文化主体的身份建构建立在虚拟的时空环境基础之上。这种主体的虚拟性造成对现有文化极大的冲击,它所带来的优势和弊端是以往任何社会的文化特点所不能比拟的,如匿名性。同时伴随诸如此类网络活动耳濡目染侵入我们的生活,这种主体的虚拟性已经是活生生的无法阻挡的真实,以至于人们一方面不断沉浸于虚拟的网络活动之中,另一方面质疑网络虚拟性和真实性的悖谬存在。

(3)自由性和开放性。网络提供给网民的环境是自由的、开放的,与传统媒介相比,它是迄今为止赋予网民最大权力的媒介。首先,网络的准入门槛较低。一方面,网民只要拥有可以上网的计算机就能轻松地从互联网上获取自己想要的东西,或是冲浪,或是学习,或是聊天交友,或是购物等。随着无线宽带技术的不断提高,上网已经成为随时随地都能办到的事情。另一方面,上网的软件要求也非常简单,网民只要学习简单的计算机使用知识并熟练操作就能轻松上网。

(4)平等性和交互性。互联网天生就是一个去中心的、平等的技术网络。在这里,没有贫富贵贱之分,没有等级权力之分,没有职业好坏之分,没有文化高低之分,没有性别歧视,也没有年龄限制。所有人,只要遵守网络传播的规律进行网络活动,都是合法的,合情亦合理的。任何人的观点只要有新意,就可以是万众瞩目的翘楚。网络完全打破了现实社会的藩篱,使人人体会到更为理想的平等,同时延伸了建立在平等之上的交互性。因为平等的实现,交互得以进一步实现,打破了传统社会单一的"教—受"模式,颠覆了传统媒介几百年的信息传输方式,使信息的传递按照新的方式进行互动,从一对一、一对多发展到多对一、多对多的多级互动。

（5）海量性和共享性。网络文化开放性的技术架构本身就是要达到资源共享，最终使参与者都便捷地各取所需，各展其能。如今很多网络信息铺天盖地地袭来，形成前所未有的"超富裕"和"高流量"，致使人们不得不看到很多信息，通过网络的超链接性还能浏览更多资源。从信息获取方面讲，共享性确实带来了网络文化的空前繁荣和方便快捷，但是不容忽视的是，如此多的信息资源也使人们淹没于信息的汪洋大海之中。

（6）多媒体性和多样性。网络文化发展速度之快、影响面之广很大程度上离不开它的"多"方发展。多媒体性一直给网络注入新鲜的血液，与传统媒介不同，网络集视听于一体，融入了文字信息、图片信息、视频信息等。同时，网络文化也是一种多样性的文化，它涵盖不同种族、不同民族、不同地域、不同国家的大文化，也包含各种社会地位、各个年龄阶段、各个时期的小文化，同时吸纳数以亿计的"个人文化"。网络是主流文化和非主流文化的交战地，也是传统文化和消费文化、大众文化、后现代文化等的交流区。

（7）创新性。对于网络而言，创新是灵魂。可以说，每轮互联网领域的大战都是以网络技术和商业模式创新为前提的。在不断的技术创新中，微软、苹果、谷歌、阿里巴巴、腾讯等一大批创新企业获得了巨大的成功，在很大程度上推动着全球经济的发展，提升着人类网络生活的质量。

网络文化的各个层面，都会对群体与个体产生一种日积月累的涵化与分化作用，这包括人们价值观、文化精神及态度、行为等各个方面。网络文化的"涵化"作用既可能是积极的，也可能是消极的。与此同时，网络文化对社会群体具有分化作用。"物以类聚，人以群分"，网络文化的运动过程，也是人群自然分化的过程，这种分化目前还不像社会阶层分化那样深刻，它更多地表现为文化性的差异，但是，它的长远影响是值得关注的。

2. 文化形态

互联网的出现使得人们拥有了一种新的生活方式，即网络生活方式，虽然网络生活方式被认为 21 世纪最具颠覆性的生活方式，在某些方面和我们的传统文化格格不入，发生背离，但是网络文化和网络生活方式在和传统文化的相互磨合中，一定程度上对传统生活方式是一种补充，在某些方面反哺、影响、改变着传统生活方式。

在学习方面，无论是学校文化课的学习还是家庭生活知识的学习，网络成为人们的首选字典和得力帮手。人们通过网络可以搜索知识、查疑解惑，内容涵盖古与今、天与地，从文化地理到生活常识，甚至如何洗衣、做饭、打扫卫生等知识都一应俱全，一方面丰富了人们学习的方法和途径，另一方面扩大了学习的知识范围，使人们可以接触更多更广的文化知识。

在教育方面，网络的交互性、求新性、多媒体性等特点极大地丰富了传统的教育模式。目前，不但出现了远程教学、网络课件、自助学习等多种多媒体教学方式，而且越来越多的学校在管理上实行网络化，方便、集中、高效，传统的相对疏远对立的师生关系也在网络的交流中发生质的转变。

在工作方面，网络软件的开发使用大大加速了工作效率，提高了工作质量，常用的办公软件成为人们日常工作不可缺少的工具。网络信息也在传统的工作环节中占据越来越重要的位置，成为不可或缺的内容。甚至传统的办公模式也发生了变化，很多行业更多地依赖网上办公，如交通运输系统的网上售票、医院的网上预约挂号等，都从传统的方式发展成网络办公。

在交往方面，网络打破了"鸡犬相闻，老死不相往来"的习惯。网络的匿名性一定程度上消除了人们交往中的羞怯心理，使网民敢于表达、愿意表达、乐于表达。同时网络的互动性使网民可以相互交流，形成点对点的关系、点对群的关系，在交往中建立自信和满足。目前，借由网络发展起来的公共聊天室、QQ、微博、微信、社交网络等交往平台已经成为人们日常生活的一部分，并在更深层次影响、改变着人们的生活。

在休闲方面，传统的生活游戏如棋牌游戏、益智游戏、各种球类游戏等被搬上网络，人们通过网络的虚拟现实和即时互动超越时空地感受着如传统般身临其境的休闲娱乐，传统的休闲方式不断网络化，同时网络上的一些休闲活动不断被扩展到传统生活方式之中。通过网络交往等形式寻找志趣相投的朋友建立相应的朋友圈、组织定期的休闲活动也成为人们日常休闲的方式之一，如驴友团、美食团、摄影团、观影团等，都成为现代时尚的生活方式。

在消费方面，电子商务首当其冲，成为对传统生活方式的有益补充。随着网络交易诚信的逐渐建立，更多的消费者愿意足不出户地享受购物消费的便利与乐趣，这对传统的经济发展模式产生了很大的冲击。伴随网络新的消费模式的出现，一些别有新意的消费理念和市场建立起来了。如越来越多的二手市场的出现，这些市场不仅仅销售房子、电器等大的物件，连用过的玩具、衣服、饰品等都陈列出来，使大量的闲置物品得以再流通、再利用，变废为宝。网络消费市场成为一个不受时间和空间限制的全球交易市场。①

网络文化构成复杂，人们可以从不同的层面加以理解。

（1）网络文化行为：网民在网络中的行为方式与活动，大多具有文化的意味，它们就是网络文化的基本层面，是网络文化的其他层面形成的基础。

（2）网络文化产品：既包括网民利用网络传播的各种原创的文化产品，如文章、图片、视频、动画等，也包括一些组织或商业机构利用网络传播的文化产品。

（3）网络文化事件：网络中出现的一些具有文化意义的社会事件，它们不仅对网络文化的走向起到一定作用，也会对社会文化发展产生一定影响。

---

① 马可. 80后与网络文化[D]. 西安：陕西师范大学，2013.

（4）网络文化现象：有时网络中并不一定发生特定的事件，但是，一些网民行为或网络文化产品等会表现出一定的共同趋向或特征，形成某种文化现象。

（5）网络文化精神：网络文化的一些内在价值取向与特质。目前，中国网络文化精神的主要取向表现包括自由性、开放性、平民性、非主流性等。随着网络在社会生活中渗透程度的变化，网络文化精神也会发生变化。

（6）网络文化产业：网络文化具有文化产业的主要特征。作为一种新兴的产业，它不仅是文化产业的增长点与制高点，也是推动文化产业和其他传统产业变革的力量。

（7）网络文化制度：网络文化的发展及其影响，也会在社会制度层面反映出来。网络文化所推动的制度发展、变化甚至变革，也是网络文化的重要体现。

（8）网络文化秩序与格局：网络文化具有复杂的主体构成，有文化的生产、消费、管理、应用等多种主体间形成的关系与秩序；不同国家、民族、阶层、群体文化的相互关系与态度，也是网络文化的重要构成。

不同层面的网络文化交织在一起，构成了复杂的网络社会景观。

第四节　影视文化

1. 文化内涵

影视文化是人类文化创造中最具时代活力、科技含量、市场价值、国际传播意义和社会影响的艺术样式之一。影视文化是第二次工业革命的产物，是完全建立在工业技术与产品上的产业，在大量融入人文因素之后，逐步演变成一个新的文化业态。

狭义地讲,影视文化指的是电影、电视共同的"有声有画的活动影像",即影视艺术及其对社会生活的影响;广义地讲,影视文化泛指以电影、电视方式所进行的全部文化创造。

影视文化以丰富多彩的视听产品为核心内容,以电影、电视为传播媒介,不仅在传媒文化、艺术文化、娱乐休闲文化的几个系统中占据不可替代的扛鼎地位,而且对政治、经济、文化、社会、科技乃至外交、经贸等各个领域都产生直接或间接的重要影响。影视文化具有以下特征:

(1)即时性。指影视节目擅长表现和反映当前发生的、时效性强的事态与情状的性能。影视文化能最大限度地满足观众猎取最新社会动向的心理需求,尤其是一些电视节目,如体育竞赛、文艺演出、庆典演讲等富于现场感的同步追踪节目,采用的是"现在进行时"的播出方式,给观众带来极大的观赏魅力和心理刺激。这种即时性能使全世界不同语言和不同社会背景的人在某个共同的时刻,共同领略和获取正在进行的事态带来的魅力与刺激。

(2)普适性。指影视的广泛传播范围,由于影视的时效性,使得影视节目在表述内容和表述形式上不可能过于复杂,而要求清晰、简明、单纯、通俗,这就使影视节目的传播与接受范围比传统媒介大得多。所谓普适性,并不仅是针对文化素质较低的观众,而是适应各个文化层次观众的普遍需求。

(3)直观性。影视传播的是图像和声音,通过直截了当和形象鲜明的方法传播信息图像和声音并直接作用于人的两个重要感官——视觉和听觉,使之符合人类感受客观事物的习惯。影视文化以其直接、真实、生动的形象再现来反映生活、记录事态、传播信息,让观众从直观化的视听形象中得到真切的认识和感受,这就是影视文化的直观性。

(4)娱乐性。影视不同于报纸,影视呈现的是图像,影响的是人的眼睛,而报纸呈现的是文字，影响的是人的大脑。影视图像虽然失去了报纸文字所特有的严密逻辑、深邃内涵，却获得了文字所无法表现的形象生动。影视无论是内容还是形式，都是为了娱乐观众，或是娱其身，或是乐其心。

（5）导向性。从影视的传播效果来看，影视文化具有高度的示范性和导向性。首先，由于影视展示的世界是形象世界，人们在欣赏影视节目的同时能潜在地了解世界的各种风貌和社会历史各方面的知识，并潜移默化地接受教育。其次，由于影视文化具有娱乐性，它的社会教育和政治教育是寓教于乐的，它以一种非强迫的形式进行传播，而且是在满足人们消遣娱乐等心理需求的基础上进行传播的，因此，在观赏影视节目时，人们不会感到枯燥、疲惫和乏味，反而放松、随意、自由。

2. 文化形态

影视文化作为一个整体，表现在不同的方面，如物质文化、制度文化、精神文化，从而构成了不同的文化形态。

（1）物质文化。影视文化通过影视传媒技术，创造出了具有高科技含量和市场价值的物态化的视听产品，成为人类20世纪以来最伟大的物质文化产品样式之一。始于19世纪末、20世纪初的电影，经过百余年的发展，以其光彩夺目的银幕影像产品，构筑了人类文化消费相当重要的领域。诞生于20世纪20年代的电视，在近百年的历史进程中，更是以与人类的日常生活相伴相随的独特优势，生产和传播着数量巨大的视听产品。以影视视听产品为核心内容直接拉动着影视生产方式、传播方式的革命。影视文化借助工业与市场这两翼，成为人类物质文化创造中重要的组成部分。

（2）制度文化。影视文化的制度建设涉及工业社会制度建设几乎所有的层面和领域。从宏观的社会制度到具体的工业制度，影视文化在制度文化建设层面上都与它们不可分割。影视文化传播良好秩序与产业生态的建构，对影视生产传播效益、效率的提升，将产生重大影响，而落后的秩序与体制将极大地阻碍影视生产传播的健康发展。

（3）精神文化。影视文化作为一种重要的精神文化的生产和传播领域，对工业社会的精神生活和精神世界，产生着相当大的影响，包括价值观念、思维方式、生活方式、心理心态、道德观念、审美趣味等各个方面。影视文化对于人们价值观的建立和塑造，可以产生直接的不可替代的影响，如通过影视文化的熏陶，可以改变其人生观、历史观、国家观、民族观等。由于影视文化对人类价值观可以产生重大影响，各个国家和地区无一例外都会考虑将影视文化纳入主流意识形态和文化整体战略的框架中，予以规范、控制和引导。①

---

① 匡尔峰. 论影视文化对大学生价值观的影响及对策[D]. 长沙：湖南师范大学，2006.

第二十二章

微观层面工业文化

微观层面工业文化包括企业文化和工业群体文化。企业文化是企业在经营活动中形成的经营理念、经营目的、经营方针、价值观念、经营行为、社会责任、经营形象等的总和，它包括企业物质文化、企业制度文化和企业精神文化三个层次，是企业生存、竞争和发展的灵魂。工业群体是指通过一定的工业生产和社会关系结合起来并共同活动的人群集合体，群体意识最终会形成群体人格和价值观。

第一节　企业文化

1. 概念内涵

企业文化是在一定的条件下，企业生产经营和管理活动中所创造的具有该企业特色的精神财富、规章制度和物质形态。它包括文化观念、价值观念、企业精神、道德规范、行为准则、历史传统、企业制度、文化环境、企业产品等。

企业文化是企业的灵魂，是推动企业发展的不竭动力。它包含非常丰富的内容，其核心是企业的精神和价值观。这里的价值观不是泛指企业管理中的各种文化现象，而是企业或企业中的员工在从事经营活动中所秉持的价值观念。

企业文化本质，是通过企业制度的严格执行衍生而成的，制度上的强制或激励最终促使群体产生某一行为自觉，这一群体的行为自觉便组成了企业文化。企业文化由三个层次构成：

（1）表面层的物质文化，称为企业的"硬文化"，包括厂容、厂貌、机械设备、产品造型、产品外观、产品质量等。

（2）中间层次的制度文化，包括领导体制、组织架构、人际关系及各项规章制度和纪律等。

（3）核心层的精神文化，称为"企业软文化"，包括价值观念、企业的群体意识、职工素质和优良传统等，是企业文化的核心，被称为企业精神。

企业文化理论孕育于20世纪70年代末，形成于80年代初。目前所说的企业文化，实际上包含两个层面的含义，它既是一种先进的管理理论，又指企业中客观存在的一种现象，即用企业文化理论来概括、提炼和指导企业的文化建设，形成某企业独具特色的一种文化状态。美国哈佛大学教育研究院的教授特雷斯·B.迪尔和著名的麦肯锡管理咨询公司的专家阿伦·A.肯尼迪于1981年7月出版了《企业文化——现代企业的精神支柱》一书，该书是企业文化理论诞生的标志性著作，强调价值观是企业文化的核心，提出了企业文化五因素论，即企业环境、价值观、英雄人物、文化仪式、文化网络，这五个因素在企业文化的构成中具有不同的作用。

企业环境是指企业的性质、企业的经营方向、外部环境、企业的社会形象、与外界的联系等方面，它往往决定企业的行为。

价值观是指企业内成员对某个事件或某种行为好与坏、善与恶、正确与错误、是否值得仿效的一致认识。统一的价值观使企业内成员在判断自己行为时具有统一的标准，并以此来决定自己的行为。

英雄人物是指企业文化的核心人物或企业文化的人格化，其作用在于作为一种活的样板，给企业中其他员工提供可供学习的榜样，对企业文化的形成和强化起着极为重要的作用。

文化仪式是指企业内的各种表彰、奖励活动、聚会及文娱活动等，它可以把企业中发生的某些事情戏剧化和形象化，来生动地宣传和体现本企业的价值观，使人们通过这些生动活泼的活动来领会企业文化的内涵，使企业文化"寓教于乐"之中。

文化网络是指非正式的信息传递渠道，主要是传播文化信息。它是由某种非正式的组织和人群所组成的，所传递出的信息往往能反映出职工的愿望和心态。

企业文化的概念众说纷纭，各种观点间的区别主要在于企业文化含义的范围上。狭义的观点认为企业文化就是企业成员有关企业的价值观念的总和，包括企业价值观、经营观、风气、工作态度和责任心等。广义的观点认为企业文化是通过企业干部职工的主观意识，改造、适应和控制自然物质和社会环境所取得的成果，表现为一切经验、感知、知识、科学、技术、厂房、机器、工具、产品、组织、制度、纪律、时空观、人生观、价值观、市场竞争观、生活方式、生产方式、行为方式、思维方式、语言方式、等级观念、角色地位、伦理道德规范、审美价值标准等。

2. 功能作用

"化人"和解决现代企业管理中的问题是引发企业领导者重视企业文化的重要因素。企业文化具有导向功能、约束功能、凝聚功能、激励功能、调适功能和辐射功能。

（1）导向功能。

- 经营哲学和价值观念的指导。经营哲学决定了企业经营的思维方式和处理问题的法则，这些方式和法则指导经营者进行正确的决策，指导员工采用科学的方法从事生产经营活动。企业共同的价值观念规定了企业的价值取向，使员工对事物的评判形成共识，有着共同的价值取向，企业的领导和员工为他们所认定的价值目标去行动。
- 企业目标的指引。企业目标代表着企业发展的方向，没有正确的目标就等于迷失了方向。完美的企业文化会从实际出发，以科学的态度去制定企业的发展目标，这种目标一定具有可行性和科学性。企业员工就是在这一目标的指导下从事生产经营活动的。

（2）约束功能。

- 有效规章制度的约束。企业制度是企业文化的内容之一，它是企业内部的法规，企业的领导者和企业职工必须遵守和执行，从而形成约束力。
- 道德规范的约束。道德规范是从伦理关系的角度来约束企业领导者和职工的行为。如果人们违背了道德规范的要求，就会受到舆论的谴责，心理上会感到内疚。例如，同仁堂药店"济世养生、精益求精、童叟无欺、一视同仁"的道德规范约束着全体员工必须严格按工艺规程操作，严格质量管理，严格执行纪律。

（3）凝聚功能。企业文化以人为本，尊重人的感情，从而在企业中造就了一种团结友爱、相互信任的和睦氛围，强化了团体意识，使企业职工之间形成强大的凝聚力和向心力。共同的价值观念形成了共同的目标和理想，职工把企业看成命运共同体，把本职工作看成实现共同目标的重要组成部分，整个企业步调一致，形成统一的整体。这时，"厂兴我荣，厂衰我耻"成为职工发自内心的真挚感情，"爱厂如家"就会变成他们的实际行动。

（4）激励功能。共同的价值观念使每个职工都感到自己存在和行为的价值，这种满足必将形成强大的激励。在以人为本的企业文化氛围中，领导与职工、职工与职工之间互相关心，互相支持。特别是领导对职工的关心，职工会感到受人尊重，自然会振奋精神，努力工作，从而形成幸福企业。另外，企业精神和企业形象对企业职工有着极大的鼓舞作用，特别是企业文化建设取得成功，在社会上产生影响时，企业职工会产生强烈的荣誉感和自豪感，他们会加倍努力，用自己的实际行动去维护企业的荣誉和形象。

（5）调适功能。企业各部门之间、职工之间，由于各种原因难免会产生一些矛盾，解决这些矛盾需要各自进行自我调节。企业与环境、与顾客、与企业、与国家、与社会之间都会存在不协调、不适应之处，这也需要进行调整和适应。企业哲学和企业道德规范使经营者和普通员工能科学地处理这些矛盾，自觉地约束自己。完美的企业形象就是进行这些调节的结果，调适功能实际上也是企业能动作用的一种表现。

（6）辐射功能。企业文化关系到企业的公众形象、公众态度、公众舆论和品牌美誉度。企业文化不仅在企业内部发挥作用，对企业员工产生影响，它也能通过传播媒体，公共关系活动等各种渠道对社会产生影响，向社会辐射。企业文化的传播对树立企业在公众中的形象有很大帮助，优秀的企业文化对社会文化的发展有很大的影响。

企业是工业社会生产活动中最小的单元细胞，企业的繁荣兴旺直接影响国家工业的发展。企业文化是用于指导企业发展和员工行为，以保证企业实现可持续发展的灵魂和核心。企业文化能激发员工的使命感、归属感、责任感、荣誉感和成就感。企业文化强调人的作用，注重从人的精神意识出发形成被员工广泛认同的价值理念和自发的约束力，用这种共同的价值理念凝聚企业员工的归属感和创造力，从而更好地促进企业的发展，引导企业员工向企业的目标方向不断努力，在实现企业目标的同时得到自我的最大满足，同时通过各种渠道对企业所处的社会环境和社会文化产生影响，对企业及企业所在行业都有不可忽视的作用。

3．核心内容

企业文化具有鲜明的个性和特色，具有相对独立性，每个企业都有其独特的文化积淀，这是由企业的生产经营管理特色、企业传统、企业目标、企业员工素质及内外环境不同所决定的。企业文化反映了时代精神，它必然要与企业的经济环境、政治环境、文化环境及社区环境相融合。

企业文化是一种以人为本的文化，最本质的内容就是强调人的理想、道德、价值观、行为规范在企业管理中的核心作用，强调在企业管理中要理解人、尊重人、关心人。注重人的全面发展，用愿景鼓舞人，用精神凝聚人，用机制激励人，用环境培育人。

企业文化内容是十分广泛的，狭义的内容主要包括以下几点：

（1）经营哲学。指一个企业特有的从事生产经营和管理活动的方法论原则，是指导企业行为的基础。一个企业在激烈的市场竞争环境中，面临着各种矛盾和多种选择，要求企业有一个科学的方法论来指导，有一套有逻辑的程序来决定自己的行为，这就是经营哲学。

（2）价值观念。指企业职工对企业存在的意义、经营目的、经营宗旨的价值评价和为之追求的整体化、个异化的群体意识，是企业全体职工共同的价值准则。只有在共同的价值准则基础上才能产生企业正确的价值目标，有了正确的价值目标才会有奋力追求价值目标的行为，企业才有希望。因此，企业价值观决定着职工行为的取向，关系企业的生死存亡。只顾企业眼前利益的价值观，就会急功近利，搞短期行为，使企业失去后劲，导致灭亡。

（3）企业精神。指企业基于自身特定的性质、任务、宗旨、时代要求和发展方向，并经过精心培养而形成的企业成员群体的精神风貌。企业精神以价值观念为基础，以价值目标为动力，通过企业全体职工有意识的实践活动体现出来，是企业职工观念意识和进取心理的外化。

（4）企业道德。指调整该企业与其他企业之间、企业与顾客之间、企业内部职工之间关系的行为规范的总和。它是从伦理关系的角度，以善与恶、公与私、荣与辱、诚实与虚伪等道德范畴为标准来评价和规范企业的。企业道德虽然不具有强制性和约束力，但具有积极的示范效应和强烈的感染力，是约束企业和职工行为的重要手段。

（5）团体意识。指组织成员的集体观念。团体意识是企业内部凝聚力形成的重要心理因素，它使每个职工把自己的工作和行为都看成实现企业目标的一个组成部分，从而把企业看成自己利益的共同体和归属。因此，他们就会为实现企业的目标而努力奋斗，自觉地克服与实现企业目标不一致的行为。

（6）企业形象。指企业通过外部特征和经营实力表现出来的，被消费者和公众所认同的企业总体印象。由外部特征表现出来的企业的形象称表层形象，如招牌、门面、徽标、广告、商标、服饰、营业环境等，这些都给人以直观的感觉，容易形成印象。通过经营实力表现出来的形象称深层形象，它是企业内部要素的集中体现，如人员素质、生产经营能力、管理水平、资本实力、产品质量等。表层形象以深层形象为基础，没有深层形象这个基础，表层形象就是虚假的，也不能长久地保持。

（7）企业制度。指在生产经营实践活动中形成的，对人的行为带有强制性，并能保障一定权利的各种规定。从企业文化的层次结构看，企业制度属中间层次，是精神文化的表现形式，是物质文化实现的保证。企业制度作为职工行为规范的模式，使个人的活动得以合理进行，内外人际关系得以协调，员工的共同利益受到保护，从而使企业有序地组织起来为实现企业目标而努力。

（8）文化结构。指企业文化系统内各要素之间的时空顺序、主次地位与结合方式，企业文化结构就是企业文化的构成、形式、层次、内容、类型等的比例关系和位置关系。它表明各个要素如何链接，形成企业文化的整体模式，即企业物质文化、企业制度文化、企业精神文化形态。

（9）企业使命。指企业在社会经济发展中所应担当的角色和责任，它是企业的根本性质和存在的理由，为企业目标的确立与战略的制定提供依据。企业使命要说明企业在全社会经济领域中所经营的活动范围和层次，具体地表述企业在社会经济活动中的身份或角色。

（10）社会责任。指企业在创造利润、对股东承担法律责任的同时，还要承担对员工、消费者、社区和环境的责任，企业的社会责任要求企业必须超越把利润作为唯一目标的传统理念，强调要在生产过程中对人的价值的关注，强调对环境、消费者、对社会的贡献。

案例：富士康员工跳楼事件

富士康科技集团于 1974 年创办于台湾，是一家专业从事电脑、通信、消费电子、数字内容、汽车零组件、流通渠道等 6C 产业的高新科技企业，现为全球最大的电子产业专业制造商，《财富》2009 年全球企业 500 强第 109 位。自 2010 年 1 月 23 日富士康员工第一跳起至 2010 年 11 月 5 日，富士康已发生 14 起跳楼事件，引起社会各界乃至全球的关注。连续跳楼事件发生后，大批富士康员工选择了辞职，富士康平均每月要流失员工几万人，在跳楼事件频发的近 3 个月，每月竟然高达 5 万人以上。

注重领导层与员工之间的关系维系是企业文化的一个至关重要的问题，富士康员工自杀事件以沉痛的教训说明了这一问题。此外，企业的空间布局也是企业文化不可忽视的一部分。富士康在跳楼事件发生之前，为了节约时间、提高效率，富士康将员工住宿区建于厂房区，很多员工由于长期处于工作的强压氛围中而抑郁，甚至自杀。跳楼事件发生后，富士康领导层注意到了空间布局的潜在问题，为员工设立了独立于厂房区的生活区域，内含住宅区、健身区、娱乐区等，这种科学的空间布局不仅丰富了员工生活，减缓了员工压力，也在另一方面体现了企业文化的强大作用。

第二节 工业群体文化

1. 概念内涵

工业群体是指通过一定的工业生产和社会关系结合起来并共同活动的人群集合体。比如，生产班组、研发团队、技术爱好者联盟、企业家俱乐部、标准工作组、企业工会、行业组织、区域合作联盟等。

工业群体中的人际关系以彼此了解为纽带，并以一定的业务、利益和感情关系为基础。在工业群体最初形成的时候，可能只有简单的价值认同或工作关系，随着群体的发展，往往会在内部形成稳定的交往方式，进而形成一定的公认的规范，用来协调成员的行为，之后逐渐强化为一种带有归属感的群体意识，以保证工业群体的功能得以实现。群体意识最终会形成群体人格和价值观，群体人格和价值观决定着这个群体特有的生活样式。

群体人格是价值观形成的基础，它是指对形成独特的群体行为模式产生影响的，包括群体心理、群体规范和目标等的群体特质，用以确定和表明群体一些持久稳定的特点和形成的行为模式。群体人格可以根据一个群体的惯常行为模式加以描述。在各种不同的情况下，群体反应定式的差异形成了各个群体不同的群体行为特征。这些惯常行为模式可以将一个群体区别于另一个群体，并有可能对群体的未来行为做出具有一定准确性的预测。

工业群体的特征是：有明确的成员关系，有持续的相互交往，有一致的群体意识和规范，有一定的分工协作，有一致行动的能力。现代许多创新型企业发展初期，就是由一班有着相似人格的，或者志同道合者聚集起来创立的。

人格具有特质，也有偏好。余秋雨先生在《何谓文化》一书中提出：文化，是一种包含精神价值和生活方式的生态共同体。它通过积累和引导，创建集体人格。依据瑞士文化人类学者荣格的观点："一切文化最后都沉淀为人格。个人的文化，最后成为个人的人格；一个民族的文化，最后就成为这个民族的集体人格。"既然研究文化应从人格入手，那么研究工业文化也应研究这个国家的工业人格，研究工业人格，应该以这个国家的民族人格和个人人格为基础。

"人格"一词的内涵是指一个人身上表现出来的品德、心理和行为方面的规范。那么，工业人格应该是一个国家工业群体表现出来的品德、心理和行为方面的规范特征，它可以由这个国家的工业产品品质及其他形式、形态表现出来。因此，可以说一个国家工业产品的品质与其工业人格息息相关。二者有机联系、相辅相成，表象是工业品质，本质是工业人格。例如，德国工业品设计经久耐用、制造优良，与德意志民族严谨的人格特质有关；日本工业品的精湛精准，与日本民族的敬业精明人格特质有关。

2. 核心内容

- 人及人群。从人和人群视角研究工业群体文化，自然是与工业制造、流通、使用工业产品等各过程发生联系的所有的人，包括工业品制造者、销售者、消费者等，即这些人及人群在参与工业品制造、流通、使用过程中的"工作者文化"和"消费者文化"，而不是他们的全部社会活动。

- 行为模式与行为规则。行为模式与行为规则调节着人们在群体生活中的行为：如何合理制定和避免利益冲突、如何让人们的行为遵循一定的规范、如何让人们的态度变得积极起来。
- 思想、精神与信仰。微观的范畴，如一个组织、一家企业，或者一个企业家或工业企业领袖的思想或精神。
- 群体人格和群体需求。尽管群体总是独特的，然而就像个体一样，群体全都具有某些共同的"需求"。在这样的群体中存在着三个需求领域。其中两个领域是整个群体的属性，也就是完成共同任务需求及凝聚成一个社会单位的需求，第三个需求领域由群体成员的个体需求之和构成，个体需求包括生理需求、社会需求、知性需求和精神需求。

这三个需求领域是相互影响的。例如，如果一个群体未能完成其任务，那么这将加剧群体中存在的分裂趋势，导致个体成员的满意度降低。如果群体中缺乏团结或和谐的人际关系，那么这将影响工作表现及个体需求。显然，一个在特定工作环境中感到挫折和不愉快的人，将不会为共同的任务及群体的生活做出最大的贡献。相反，共同目标方面的成绩倾向于强化群体认同感——有人称为"我群意识"。胜利的时刻可以弥合成员之间的隔阂，士气自然会提升。以过去的成功为基础的良好的内部沟通和团队精神，会让一个群体更有可能很好地完成自己的任务，而且可以为个体提供更加令人满意的气氛。最后，一个需求得到承认的、感到自己能够对任务和群体做出独特贡献的个体，往往会在这两个方面做出更大的成绩。

相反，当一个群体完成了自己的任务时，群体的凝聚力和全体成员的成就感、快乐感就应该会提升，集体及个体的士气将会变得高涨。如果团队成员碰巧彼此相处得非常融洽，并且发现他们能够以团队的形式紧密合作，那么这将提升他们的工作表现，并满足他们带进共同生活中来的某些重要需求。

第三节　典型国家企业文化案例

1. 美国

（1）体现了美国丰富、多元的移民文化。移民社会是美国文化的源流，更是其亚文化——美国企业文化的大背景和渊源。如今，在美国企业中仍能找到这种移民社会的"活化石"，比如，美国企业对"异端"的宽容，对别出心裁的鼓励等。移民社会的源流使得美国企业文化既不同于东方的日本、中国，也有别于欧洲。

（2）体现了美国人的价值观。美国人的价值观是以自我为中心，追求个性自由，崇尚个人主义。美国在拓殖之初因环境而塑造的民族性格，为美国商业文化提供了诸多"原型"。比如，美国企业员工价值层面是个人主义、个性自由、有排斥集体主义取向。勤奋工作至今仍是美国企业衡量员工业绩的主要指标，各行各业的人都以"工作—挣钱—更好地工作—更好地挣钱"作为自己的基本生活信念。美国企业家也总是将开拓、发展、进取作为自我要求。美国商业文化是以个人主义为本的，企业价值观总体上也是自由、平等、竞争，责任划分是严格的个人本位。

（3）美国人的思维方式深深影响着美国企业文化。从思维的求真目的出发，美国人走的是一条分析、实证的道路，即在探究事理的过程中，不是注重事物的整体把握，笼统体认，关系联络，而是注重事物的局部结构、经验感知、要素剖析及组成事物要素的性质、功能等,在思维过程中他们不带任何情感因素地进行一种客观的深入探究。美国人思维模式对美国商业文化最重要的影响是整个管理过程的定量化、标准化。如企业计划应是明确的,切忌模棱两可,员工工作量是确定的,工资标准、监督过程、考核指标等都力求一清二楚,追求一种看得见的管理。对经验感知的注重使美国企业只重结果不关心过程,比如,员工的工作量如果已经确定,那么接下来只要能按时完成就够了,至于采用什么方式、方法,企业主管一般不加以干涉。此外,思维中的多元化又使美国企业及员工一般不拘泥于单一模式,求新、求异的思想和行为受到鼓励。

(4)体现了美国人的创新意识和冒险精神。美国企业家在决策、生产、市场等方面都力求行动迅速,他们的重要经验之一就是贵在行动,行动至上,并鼓励决策者进行"走动式管理",看重实干人才,看轻"书生意气"。此外,美国企业鼓励每位员工进行实验、创新活动,美国企业的风险意识也强。

2. 德国

(1)深受德国社会文化的影响。首先,欧洲文艺复兴运动和法国资产阶级大革命带来的民主、自由等价值观深深融入了德国企业文化。其次,德国强调依法治国、注重法制教育、强调法制管理,为建立注重诚信、遵守法律的企业文化奠定了基础,尤其是制度文化。再次,宗教主张的博爱、平等、勤俭、节制等价值观念,在很大程度上影响了德国企业文化的产生与发展。最后,德国人长期形成的讲究信用、严谨、追求完美的行为习惯,使企业从产品设计、生产销售到售后服务的各个环节,无不渗透着一种严谨细致的作风,体现在严格按照规章制度去处理问题,对企业形成独特的文化产生了极大影响。以上这些社会文化形成了德国企业冷静、理智和近乎保守的认真、刻板、规则的文化特色,使得德国企业文化明显区别于美国的以自由、个性、追求多样性、勇于冒险为特征的企业文化,也区别于日本企业强调团队精神在市场中取胜的企业文化。

（2）强调以人为本，注重提高员工素质。德国企业文化十分强调以人为本，提高员工素质，这主要体现在注重员工教育，大力开发人力资源上。德国企业普遍重视员工的培训。大众公司在世界各地建立起许多培训点，主要进行两方面的培训：一是使新进公司的人员成为熟练技工；二是使在岗熟练技工紧跟世界先进技术，不断提高知识技能。西门子公司在提高人的素质方面更为细致，一贯奉行的是"人的能力是可以通过教育和不断培训而提高的"，因此他们坚持"自己培养和造就人才"。戴姆勒-克莱斯勒公司认为"财富=人才+知识""人才就是资本，知识就是财富。知识是人才的内涵，是企业的无形财富；人才则是知识的载体，是企业无法估量的资本"。在尊重人格、强调民主的价值观指导下，德国企业普遍重视职工参与企业决策。不论是大众、戴姆勒-克莱斯勒、西门子还是高依托夫、路特等中小企业，职工参与企业决策是一种普遍现象。

（3）具有精益求精和诚信为本的意识。德国企业非常重视产品质量，强烈的质量意识已成为企业文化的核心内容。大众公司在职工中树立了严格的质量意识，强调对职工进行职业道德熏陶，在企业中树立精益求精的质量理念。以德国生产的剃须刀为例，德国剃须刀从设计到生产，需历经 1 000 道生产工序，多达 70 道严格的品质测试，将剃须刀从 1.5 米的高度反复抛掷到瓷砖地上，只为确保剃须刀的可使用状态。

总之，德国企业文化是规范、和谐、负责的文化。所谓规范就是依法治理，从培训中树立遵纪守法意识和对法律条文的掌握，从一点一滴做起，杜绝随意性和灵活性。和谐就是管理体制的顺畅，人际关系的和谐。负责就是一种企业与职工双方互有的责任心，即职工对企业负责任，企业对职工也要负责任，企业与员工共同对社会负责。

3. 日本

(1)"和"的观念。"和"是被运用到日本企业管理范畴中的哲学概念和行动指南，其内涵是指爱人、仁慈、和谐、互助、团结、合作、忍让，是日本企业成为高效能团队的精神主导和联系纽带。它最初源于中国儒家伦理，但又对儒家思想进行了发展。中国儒家理论强调的是"仁、礼、义"，在日本则强调"和、信、诚"，由此使得日本企业文化中包含"和、信、诚"的成分，使得人们注重共同活动中与他人合作，追求与他人的和谐相处，并时刻约束自己，所有日本的企业都依照"和"的观念行事。日本民族一个最为显著的特点是它在日本岛上自始至终都是单一的民族，在漫长的日本民族历史上几乎没有民族大迁移及民族之间的大残杀，社会结构较稳定和统一。日本人世世代代生活在同质社会中，其思考带有较强的共同性，逐渐形成了"和"理念及集团主义思想。在日本人看来，一个团体或企业界如果失败，多半由于缺乏"和"的精神，真正实行了"和"的团体，势必带来和谐和成功。日本企业实行的自主管理和全员管理，集体决策和共同负责，人与人之间的上下沟通，乃至于情同手足，都与"和"的观念密不可分。

(2)终身雇用制。终身雇用制在第二次世界大战后在日本进行全面推广，目前已作为一种制度沿用下来，尽管这种制度不是由国家法律规定的，但终身雇用制贯穿日本员工生活与工作纲领。日本的年轻人一旦进到一家大公司，就把自己一生交给了这家公司，工作归公司安排，出差听公司派遣，住宅是在公司"园地"，休假则集体行动，结婚往往上司主媒，有的连蜜月旅行也由公司安排，退休的补贴自然由公司发给，这样，公司成为员工的第二家庭或大家庭。既然企业成为员工的大家庭，那么情感的纽带、道义和责任的要求等都使得企业不会轻易辞退员工。社会也给辞退员工的企业以一种文化上的压力，使得这类企业形象不佳，经营难以成功。终身雇用制的作用体现在以下几点：首先，可以解除员工失业的后顾之忧，促使他们对工作采取从长计议和一往无前的态度，有利于提高生产率。其次，有利于培养员工的集体主义精神。再次，企业可以有计划、有步骤地对企业员工进行培训，而不必担心员工成为"熟手"之后将"跳槽"而去。最后，终身雇用制迫使企业不断改善企业管理水平，以解决随技术进步而导致的人力过剩的问题。

（3）日本企业权、责、利分明。日本属纵式社会，以等级制度为特征，但这种等级制度及具体的现实载体——家族更多地表现为"功能型"而不是"谱系型"，功能的表现即权力的分配与托管。当然，这种托管是在权力的严格区划之后进行的。这样，就形成了日本社会中的"本位制度"。日本企业中员工的个人责、权、利区分得清晰分明，公司领导人物不仅关心企业经营，而且关心员工的私生活等。在日本企业，员工只要在本岗位内恪尽职守，其权利就会得到尊重，也会得到集团的庇护与保障。

实践篇

第二十三章 英国铁桥峡谷工业遗产

1765年，英国纺织工哈格里夫斯发明珍妮纺纱机，拉开了工业革命的序幕。伴随着工业革命的开展，英国工业化和城市化进程快速完成，其浪潮也迅速席卷了整个欧洲。英国的工业革命不仅对世界产生了巨大影响，也给英国留下了丰富的工业遗产。据国际古迹遗址理事会统计，截至2012年，在世界遗产名录中有50项工业遗产，英国占到8项，分别是德文特河谷、新拉纳克、索尔泰尔、铁桥峡谷、利物浦海港商城、布莱纳文工业景观、康沃尔和西德文矿区景、旁特斯沃泰水道桥与运河，数量居世界首位，其中，铁桥峡谷于1986年被收录为世界文化遗产。

第一节 铁桥峡谷工业遗产由来

铁桥峡谷位于英格兰中部地区的什罗普郡，塞文河畔，拥有丰富的原料及资源，头脑灵活的当地居民早在中世纪就已开始利用炭和石灰石，直至亚伯拉罕·达比一世的成功试验才真正奠定铁桥峡谷在工业革命中的地位，其孙达比三世建造的拱形铁桥开创了用铁筑桥的先河。

铁桥峡谷作为 18 世纪世界最重要的工业中心之一，汇集了采矿区、铸造厂、工厂、车间和仓库，密布着巷道、轨道、坡道、运河和铁路编织而成的古老运输网络，18—19 世纪的钢铁厂厂长住宅、工人宿舍及各类公共设施点缀着峡谷森林。铁桥峡谷拥有丰富的炭、矿石、黏土和石灰石等资源，英国第一长河塞文河将峡谷与布里斯托港及外部世界联系起来。

1709 年，来自布里斯托的制铁人亚伯拉罕·达比一世在峡谷完善了用焦炭熔解铁矿石的流程，创造出一套产量更高且相对廉价的制铁工艺。这项重要的技术革新给铁桥峡谷带来了空前繁荣，首个铁车轮、铁轨、蒸汽汽缸和船舶，首个铁架建筑物、高架渠和桥梁陆续在此诞生。

1777—1781 年，达比一世的孙子达比三世在峡谷的特尔福德新城，建造了一座横跨塞文河的拱形铁桥。铁桥跨度达 30.5 米、高 15.84 米、宽 5.48 米，全部用铁浇铸。铁桥连接起了包括科尔布鲁克代尔、梅德里和科尔波特在内的工业区，成为当时工业革命时期最具代表性的建筑，塞文河峡谷也因此更名为铁桥峡谷。

铁桥采用拱形结构，由五个半圆形的肋支撑起 7 米宽的路面，实际上它只是将当时的木材和石材的施工技术应用于铁桥的建造中。那时还没有开发出适用于新材料的施工方法，所以这座桥仍沿袭传统的木材施工的方式将各个组成部分连接在一起，如榫眼、楔形榫头和木楔，而没有使用螺栓、螺母和垫圈。然而在构造方法上，这座桥的确标志着人类向机械时代的发展。尽管在连接方法上不太成熟，但铁桥的每个铸件，都不是在建桥地点加工出来的，因而意义重大。在这一点上，它代表了最早用于建筑的预制构件施工方法。这座桥由 800 多个独立的铸件构成，将近 400 吨的铁料都是从河的上游运送下来，并在相对较短的 3 个月的时间里现场组建起来的，因而引发通过预制实现大规模重复作业，即建造速度的大大提高。

桥的外肋上铸刻有题字，提醒着人们，这就是制造业同建筑业的初始分离。这座桥在科尔布鲁克代尔锻造，并于 1779 年建起。塞文河在这场工业化进程中发挥了重要的作用，成为各种原材料和工业制成品往来的主要运输通道。1794 年建成的干草斜坡，将高于山坡 70 米的科尔波特和什罗普郡运河，以及广阔的内陆河道系统连接起来。1802 年，一位名叫理查特·特拉维斯克的工程师在科尔布鲁克代尔铁工厂内制造出世界上第一个蒸汽火车头。1862 年，塞文河谷铁路在南岸开通。

由于在矿业、铁器制造和机械工程方面的革新，铁桥峡谷被誉为工业革命的发祥地。铁桥的发展不仅大大加速并革新了英国的工业化进程，也给小镇经济带来了新的生机与活力。1986 年，联合国教科文组织按第Ⅰ、Ⅱ、Ⅳ及Ⅵ条准则，把铁桥峡谷列为世界文化遗产。其主要价值简括为：峡内由亚伯拉罕·达比一世于 1709 年在煤溪谷成功开创焦炭炼铁新技术；由托马斯·法诺斯·普理查德和亚伯拉罕·达比三世共同设计及建造了世界首座巨型金属桥梁。煤溪谷的炼铁设施鼓风炉及塞文河上的大铁桥，对人类技术及建筑的发展产生了深远的影响。

第二节　铁桥峡谷工业遗产价值

工业遗产保护的发展依赖人们对工业遗产资源潜在价值的重新发现和评估。保护工业遗产的宗旨是基于这个群体的普遍价值，主要包括历史价值、文化价值、社会价值、科技价值、经济价值和美学价值等。它的历史、文化价值，使之从一般的工业废弃物，上升为一种文化遗产；它的社会价值在于它记载了芸芸众生的生活，是认同感的基础；它们在机械工程方面具有技术和科研价值，同时它们的设计和建造工艺也是美的源泉。

1. 历史价值

铁桥峡谷工业遗产具有重要的历史价值，它见证了工业活动对历史和今天所产生的深刻影响。英国铁桥峡谷所能贡献的比它作为一座桥梁要更多，它是工业革命的发源地，是工业化进程的见证者。铁桥和任何建筑一样，可以在丧失功用后继续存在，成为一个人造的工业遗迹——一个比许多传统建筑更有影响力的、更具典型传统风格的人造物。它的存在为我们提供了理解和欣赏一个乡镇、一座城市、一个国家或一个经济区的日常活动的一种途径。即使在废弃、破败后，它仍旧体现着运动、活动、繁荣和权利，能够唤起人们对所有遗迹的回忆。

2. 文化价值

铁桥峡谷工业遗产具有重要的文化价值，它见证了工业景观所形成的无法替代的城市特色。铁桥峡谷遗产地的遗存，包括了大量的采矿地、铸造厂、工厂、工场、仓库、铁匠及工人的居所、公共建筑、基础设施、运输系统，以及塞文河谷的森林等自然景观，再加上与当地有关的大量的人物、作业程序和工业产品的文物及档案，使遗产地的价值更加重要。作为工业革命的发祥地，铁桥峡谷蕴含着巨大的能量，提供了大量研究工业革命的新视角，吸引着无数该时期的工程师、艺术家、作家和皇族人员等的到来，并成为国际焦点，留下了不少的文字图像记录及证物，至今仍是世界各地艺术家、工程师及作家灵感的殿堂，铁桥峡谷所在的什罗普郡和临近的特尔福德（Telford）都因工业遗产而闻名。

3. 社会价值

铁桥峡谷工业遗产具有重要的社会价值。作为工业革命的发祥地，铁桥峡谷承载着真实和相对完整的工业革命时代的历史信息，帮助人们追述以工业为标志的近代社会历史，帮助未来世代更好地理解这一时期人们的生活和工作方式。保护工业遗产是对当地民众历史完整性和人类社会创造力的尊重，是对传统产业工人历史贡献的纪念和其崇高精神的传承。同时，铁桥峡谷在矿业、铁器制造和机械工程方面的发展占用了大量当地劳动力，其遗迹及设备建筑对于长期工作于此的众多技术人员、产业工人及其家庭来说更具有特殊的情感价值，对它们加以妥善保护将给予工业社区的居民们以心理上的稳定感。

4. 科技价值

铁桥峡谷工业遗产具有重要的科技价值，它见证了科学技术对于工业发展所做出的突出贡献。英国铁桥峡谷作为世界上第一座铁铸桥，它的建造标志着人类向机械时代的发展。尽管在连接方法上不太成熟，但桥的每个铸件都不是在建桥地点加工出来的，因而意义重大，它代表了最早用于建筑的预制构件施工方法。在那儿还生产出世界上第一个蒸汽火车头。此外，铁桥峡谷的博物馆收藏了大量铁器、雕塑等铸铁制品，并且向参观者展示工艺生产流程及其在矿业、铁器制造和机械工程方面的革新历史，对现代工艺技术发展有着重要的参考价值。

5. 经济价值

铁桥峡谷工业遗产具有重要的经济价值，它见证了工业发展对经济社会的带动作用。铁桥峡谷通过建立博物馆群等模式，经过数年运营发展，不但成为世界工业旅游胜地，同时带动着特尔福德从贫困衰退的旧工业区走向富裕进取的文化繁荣区。特尔福德是传统的工业地区，20世纪60年代时失业率高涨，情况在20世纪70—80年代稍有所改观，地方政府提供了大量的新工业用地，吸引了美国、欧洲及日本等国的投资，至80年代，已有超过40多家外国公司，特别是美资公司和日本著名的照相机生产公司，在当地投资，创造了不少就业岗位。这些新公司以高科技工业为主，代替传统的重工业及冶金工业。同时，该地区开始发展服务业，集中在特尔福德镇附近。正是铁桥峡谷工业旅游产业的开发促进了该地区的经济繁荣。

6. 美学价值

铁桥峡谷工业遗产具有重要的美学价值。早期现代主义建筑审美趣味的来源之一就是对机器和工业的构造逻辑和精密结构本身蕴含的美。工业革命产生了新技术、新材料和新工艺，大大促进了人类建造技术的提升。1779年在英国克布鲁克德的塞文河上修建的铁桥，是工业建筑的典范，具有工业美学价值及技术美学价值。即便现代主义发展到后期出现多元化的今天，高技派建筑仍然在不遗余力地表现工业技术和机器构造的美。在桥梁建设领域中涌现出一批追求高技派风格的设计大师，如圣地亚哥·卡拉特拉瓦、诺曼·福斯特等，他们设计出大量美轮美奂、充分展现技术美感的桥梁建筑，形成了一个具有国际影响力的设计流派，使高科技不但在结构、施工技术方面应用于桥梁设计中，也从美学角度融入其中。工业遗迹就是他们艺术创造不可多得的灵感来源。

第三节　博物馆群保护利用模式

工业遗产资源所蕴含的巨大价值，为现今人们保护、开发和再利用工业遗产提供了强大的动力。1968年之后，铁桥峡谷开始在保护原有工业遗产的基础上建造主题博物馆，让这一有特殊意义的古老工业遗址得到新生，先后建立起了10个主题鲜明、形色各异的博物馆，博物馆群遂成为其遗产保护的主要模式。

铁桥峡谷的博物馆群分布在约5.5平方千米遗产地的几个地点及城镇内，给世人提供了一个令人惊叹的工业区发展缩影。大量的采矿中心、工业转化设备、工厂生产设施、工人生活区，以及交通网络及大量的文献记录等均保存完好，足以成为一个有连贯性的教育整体。这些博物馆包括峡谷博物馆、铁桥及展览馆、维多利亚主题开放式博物馆、科尔布鲁克代尔铁器博物馆、设计技术中心、杰克菲尔德博物馆、煤港瓷器博物馆、达比家族别墅群、布士利烟斗加工厂和焦油矿道。

1967年，独立的教育组织——铁桥峡谷博物馆信托成立，其宗旨是鼓励参观者参与及支持保护铁桥峡谷工业遗产，它主要负责阐释铁桥峡谷的历史景观和内涵，专门维护、辅助博物馆的运营与建设。它负责管理遗产地400平方千米范围内的历史遗存及建筑，其中包括10家博物馆，5个国家认定的一级建筑，35个在录建筑物及3家工厂。除此以外，还包括图书馆、游客中心、两家青年旅社、考古遗址、历史山林、房屋、两个教堂等。铁桥峡谷博物馆信托会通过门票收入、筹款、贸易、商业活动，以及捐赠、资助等获取资金用于博物馆的发展和营运，它对工业遗产规范灵活的保护管理模式值得我们借鉴。

1. 统一管理

铁桥峡谷博物馆群运作最鲜明的特点是，由铁桥峡谷博物馆信托统一管理，这是英国最早出现的私立博物馆群统一管理模式，开创了博物馆界管理工作的先河，亦成为同业效仿的对象。铁桥峡谷博物馆信托成立的目的是保存及阐释铁桥峡谷内的工业革命的遗产。其管理的10家博物馆及各遗迹等，通过向社会筹集资金及向政府取得赞助，经过40多年的努力，逐步整理和修复后先后开放，形成今天的规模。现在它是全英最大的独立博物馆群，全职馆员约有150人，还有义工和多名博物馆之友会员，日常实际工作人员约为200人。作为私立的博物馆，这个规模是非常可观的。铁桥峡谷博物馆信托有16个信托会成员，同时管理附属的100多租户的工作人员。

铁桥峡谷博物馆信托统一管理10家博物馆，有组织地开展各方面工作。除了管理藏品及保存历史建筑遗迹，博物馆的教育工作也办得极为出色。各博物馆几乎都设有现场演示及遗址考察，不断推出讲座及新展览，并配合国家教育大纲，结合小学教育的各学科，把铁桥峡谷工业革命时代的科学技术、人文、艺术等知识融入教学内容中，务求把这一国家借以骄傲的文明发展历史灌输给新一代。

2. 宣传有力

铁桥峡谷博物馆群统一的网页设计尤为出色，赢得了2008年最佳教育网页奖。网内文字简洁清晰，参观资料及指引详尽，大部分博物馆均有六种语言的介绍说明，并专门为教师和学生设计了有关各科的学习内容，提供详尽的寻找辅助资料的途径，甚至还设计了儿童网上游戏等。此外，网站还为家庭和成人的课程和活动提供各种项目计划，值得其他博物馆借鉴。

铁桥峡谷博物馆群下设有图书馆，向公众提供有关工业革命时期的许多珍贵的第一手研究参考资料；设有工业遗产考古队，向外提供考古服务，为大学提供考古课程、讲座、研讨会及学生实习指导，举办考古日等活动；还设立铁桥峡谷学院，与高等教育机构，如伯明翰大学、布里斯托尔大学、韦佛德罗利亚大学等合作，提供工业考古、遗产管理、历史环境保存、博物馆管理等硕士及证书课程和博士课程，并出版研究及专业书籍。其中，煤溪谷铸铁博物馆还被新近成立的欧洲工业遗产线路组织列为指定参观点，这个组织是联结英国、德国和荷兰的主要工业遗产参观点的一个组织，由欧盟资助，推广对欧洲工业遗产的认识，引发公众对遗产保护的兴趣。

3. 广泛参与

铁桥峡谷博物馆信托还成立了铁桥峡谷发展信托会，专门负责筹集资金，包括遗产捐赠和寻求项目的赞助经费等；成立了铁桥峡谷业务会员俱乐部，加强与遗产地范围内业务伙伴与博物馆的联系；会员与义工组织更是不可或缺的部分，现有会员及义工2 000多人；博物馆经营及合营开发各类大小纪念品店、咖啡店、餐馆和青年旅舍，商店提供上至纪念品、文具、书籍画册和礼品，下至陶瓷器、花园及家庭用具、维多利亚时代衣服定制，以及著名的原版泰迪玩具熊等，应有尽有，品类繁多。此外，还在遗产地以外的特尔福德镇中心主街上设立专门的博物馆礼品店，让没有到馆参观的人也可随时购买有关博物馆的纪念品。铁桥峡谷博物馆中几家主要的博物馆场地还可出租当作婚礼、各种社交宴会、商务及学术会议场地等。

铁桥峡谷博物馆群自 2005 年起，每年均举办世界遗产节，以鼓励公众参与对铁桥峡谷的保护。2009 年是亚伯拉罕·达比在 1709 年创出以焦炭炼铁的技术打开工业革命新篇章的 300 周年纪念，铁桥峡谷博物馆群组织了各种展览、巡游、演示、讲座及筹款等活动。

在保护进程中，工业遗产保护的相关组织机构，如查尔斯王子创办的凤凰基金会（The Phoenix Trust）、遗产更新基金会（Regeneration Through Heritage）等也发挥了重要作用。

第四节　工业旅游胜地

完整保存下来的遗产资源既是发展工业遗产旅游的物质载体，也是成功申报世界文化遗产的基础。从成为世界上第一个因工业而闻名的世界文化遗产后，铁桥峡谷就揭开了保护运动的序幕。通过合理的保护与开发，今天的铁桥峡谷已发展成工业旅游胜地，是工业遗产保护开发再利用的成功典范。

1. 从旧工业区到工业景点

工业遗产是工业遗产旅游的核心吸引物，加强管理和保护的目的是保证工业遗产的完整性。铁桥峡谷以铁桥和鼓风炉最为著名，它还是采矿区、铸造厂、工厂、车间和仓库的罕见汇集区,密布着由巷道、轨道、坡路、运河和铁路编织成的古老运输网络,与一些由传统景观和房屋建筑(住宅、教堂、小礼堂等)组成的遗留物相共存。

1986 年后,铁桥峡谷按遗产保护计划,中央和地方政府、区内地主、当地居民、社区及相关机构都负起了对遗产地保护和诠释遗产重要性的责任。铁桥峡谷成为世界文化遗产,也为当地带来相关利益,提高了知名度,吸引了各种文化基金对遗产保护的长期投入,并且促进了旅游业的发展,扩大了就业机会。据统计,参观的游客 60% 来自区外,25% 来自伦敦及东南地区。博物馆群的运作,提供了相当于 150 个全职的工作岗位及 100 多个租户的就业职位,同时给当地社团和义工从事各类义务活动提供了机会。

铁桥峡谷信托在煤港瓷器博物馆场地附近开始,沿塞文河岸开发创意产业,陆续吸引大量参与者,同时,它还分期推进博物馆大规模修复保护和发展项目等。这些策略和投资项目,都为遗产地注入了活力。对于地处英国中部较偏远的山区和该地区较稀疏的人口来说,遗产地和博物馆群在发展经济、吸引当地和外来游客等方面所取得的经济和社会效益是巨大的。

此外,工业遗产资源在基本保持原状的前提下赋予了新的促进旅游发展的功能。比如,关税同盟煤矿工业区注重维护原建筑物、大型设备之间的关系,同时在主要工业特征的基础上还设计出了很多新的使用方式,如戏剧排练舞台、市政府会议中心、North-Rhine Westphalia 设计工作室、私人艺术画廊和长期失业再培训研习会等。工业区的每个建筑都有了新的功能、新的用途,衍生出很多新的活动,而不是死板地保持它的原样。这些新用途和新活动对游客有着非常强的吸引力。

2. 铁桥工业游盛况

目前,整个铁桥峡谷遗产地年参观量约 60 万人次,博物馆观众量占半数,其中约 6 万人为学生。通过工业遗产旅游的开发,铁桥峡谷成为一个面积达 10 平方千米，由 10 个工业纪念地和博物馆、285 个保护性工业建筑整合为一体的旅游目的地，它作为工业遗产推动了当地旅游业的发展。在收入方面，铁桥峡谷信托年收入约 320 万英镑，其中门票收入占一半，18%为商业活动，其余为赞助金及信托会基金收入。这些收入支持着博物馆群的营运，包括员工薪酬及历史建筑和遗址修复费用的支付。

旅游业极大地促进了该地经济的发展，使工业衰落的地区成为旅游目的地，实现了经济的转型。今天铁桥峡谷自然环境已经得到全面恢复，青山绿水掩映着古老的工业遗址，对游客来说别有一番情趣。

英国铁桥峡谷及相关工业遗址的有效保护，不仅突出了英国城市文化特征，提升了城市形象，促进了当地经济发展，还增加了一处别具特色的旅游景点，通过这特定历史时期的物质遗存，不仅让我们看到当年英国工业革命的情景，更折射出工业先驱者们开拓创新、不畏艰险、勇于探索的精神。

第二十四章

法国巴黎航展

航空展会经过一百多年的发展,已经成为航空航天产业中的一个独立行业,世界著名航展包括法国巴黎航展、英国范堡罗航展、莫斯科航展、美国航展、中国珠海航展、新加坡航展等。随着国际竞争的加剧,航展从最初由飞行爱好者主导的飞机展示会演变为制造商展示飞机、争夺订单的竞技场,甚至逐步发展为国与国之间比拼航空航天科技、军工实力的无声战场。

第一节 全球最大的航空盛会

法国巴黎航展是世界上历史悠久、规模最大、久负盛名的航空航天科技交流和商贸集会。巴黎航展的组织者是法国航空航天工业协会(2011年第49届航展以前称为法国航空工业企业联合会)。展会两年举办一次,在单数年的初夏举行,会场设在巴黎东北郊的布尔歇展览中心。

1909年9月25日,法国航空先驱罗伯特·爱斯诺·贝蒂里在巴黎市中心的大帕莱宫组织了第一届国际航空展览会,展期23天。此次航展的展品,除了一艘飞艇和3只气球,还有30架飞机。展会的前两天就吸引了10万名观众，这让举办者对航展充满信心，随后每年的 9 月都有航展举办。在第一次和第二次世界大战期间，航展被迫中断，但由于战争需求促使了航空工业的高速发展，战后航展迅速恢复了举办，并于 1919 年第六届以后改为每两年一次。

2015 年 6 月 15 日，第五十一届巴黎航展开幕，会期 7 天，前 4 天为专业场，后 3 天为公众场。此次航展吸引了来自 48 个国家的 2 303 家企业参展，展会面积达 32.4 万平方米，设有 340 个商务榭舍，举行各类会议 7 000 余场，约 150 架飞行器亮相展会。另外，还有来自 181 个国家的近 14 万名观众、102 个国家的 285 名军民用商业代表和来自世界各地的 3 100 名记者参加展会。在参展商中，法国来了 1 000 多家企业，美国有 300 余家，英国、德国、意大利各有 100 多家，俄罗斯有 37 家，中国有 12 家。航展期间签订的各类订单总额达 1 300 亿美元，达成飞机交易 1 223 架，其中承诺订单 1 017 架，选择订单 206 架。

巴黎航展上聚集着来自世界各地的参展商，从引擎制造商和飞机系统集成商等技术巨头到三四级中小型企业，均在此展示产品，寻找合作伙伴。展品范围不仅局限于飞行器、战斗机、教练机、运输机、加油机、特种飞机、无人驾驶飞行器、直升机、飞行模拟器及训练设备，还包括导弹推进单元、机载电子、导弹、火力装备、飞行控制、机场设备、空中反击防御系统。此外，还展示了太空技术、军事航空与防务技术、防卫系统、推进系统、零配件、局部装配、原材料、着陆系统、航空制造设备、安装维修设备和服务、机场技术、太空探索、卫星技术、无线通信、综合运输系统等。

第二节 航空科技展示与交流

1. 展现最先进的航空科技和创新文化

创新是航空文化的显著特征和魅力，航展作为航空文化的一种表现形式，特别依赖创新，创新在其间发挥着举足轻重的作用。在第五十一届巴黎航展中，来自全球的顶尖航空航天企业汇聚一堂，展示最先进的军民用航空航天技术，为创新文化提供了丰富的展示平台。

高效低排放民机产品是主流。从空客 A350、A380、波音 B787，到法国"隼"8X，加拿大 CS100、CS300、环球 6000 和空客 E-Fan 电动飞机，不同类型和等级的高效低排放民机产品已占据主流。

航展的另一个亮点是由空客研制的首款电力飞机 E-Fan 2.0，它于 2014 年 3 月 11 日首飞，机身采用全碳纤维复合材料，总重仅为 0.5 吨。该机配备了双电动马达，总功率为 60 千瓦，由锂聚合物电池组供电，10 千瓦时的电池容量可使其续航时长达 1 小时，最高时速达 218 千米，具有零排放、零噪声等特点。空客已计划在法国为该机建立装配线，长期计划是生产电力支线飞机和电力直升机，最终目标是 2050 年生产出 100 架电力飞机。

空客直升机公司宣布要发展一款 10 吨级、19 座的直升机 X6，这款直升机是该公司首次在商用直升机上采用电传飞控系统。2015 年 6 月刚刚完成首飞的 H160 直升机，空客也将其全尺寸模型拿到展场展示，这种带有科幻色彩的外形设计，或许会成为未来直升机的主流。

无人机在数量上占据近半壁江山，真机、模型机种类繁多，让人直观地感受到航空业近年来对无人机的重视，也预示着未来空中作战将发生新的深刻变革，低成本长航时无人机和先进战术无人机已成为关注热点。

低成本侦察/攻击飞机受到关注。美国参展的"蝎子"、AT6、"男爵"G58和S2R-660"大天使"等均属此类产品，可满足反恐镇暴等低烈度作战行动和非战争军事行动对低成本侦察监视、精确打击等能力的需求。此外，机载系统/设备和武器仍有良好的发展势头。新型传感器、新型中远距空空导弹、新概念全模块化多任务导弹等在航展上也受到关注。

2. 体现全球化时代的分工协作精神

航展体现了航空科技与文化的冲击力与震撼力。在第五十一届巴黎航展上，波音参展的飞机虽然数量不多，但都是精品。为了宣传其优异的操控性能，波音787-9梦想客机在飞行表演中大秀曾在网络上被疯狂转发的"垂直爬升"特技，还表演了倾斜转弯、着陆复飞等高难度动作，如同空中精灵在舞蹈一般，最后平稳着陆，霸气十足。

波音787客机由美国整体设计、调度生产和统一总装，零件生产被分散到几十个国家，参与制造的供应商遍及全球，充分体现了全球化时代各国分工协作精神。供应商们各自按照波音下发的统一标准规格生产零件，再将各自完成的部分经由令人眼花缭乱的物流渠道中转，最终汇集到波音总装厂，极大地提高了飞机的生产效率。

客机大部分部件的细节设计都是由供应商来完成的，比如，来自中国、日本、意大利、韩国和英国的海外供应商，来自得克萨斯、南卡罗来纳、加利福尼亚等美国本土供应商，来自波音在澳大利亚、加拿大和俄罗斯的分公司。全球化生产、全球化采购、全球化协作，航空产业的这种全球化进程意味着飞机制造产业链日臻完善，体现出不同国家的分工与协作关系。

第三节 航空科普与大众娱乐

巴黎航展的各展馆里有宣传片在播放，在静态展示区，设立展示航空科研的专区，介绍未来飞机的技术路径。每天飞行表演的解说准确到位，分析介绍都十分专业。在展场的各个区域、新闻中心，都摆放着大屏幕电视机，实时转播飞行表演的画面，这些都起到了普及航展知识的作用。

同时，法国航空航天工业联合会组织向年轻人推广航空航天生产有关职业的活动，以吸引他们的注意。如在航展上举办了"飞机职业"活动，让航空航天产业的职工向观众介绍15种与生产相关的技术员和操作员的职业，包括调试工、安装工、焊接工、锅炉工、线缆工、机械工等。

飞行表演实际上是由一系列飞行特技表演组合而成的，特技是飞行表演的灵魂，在航空博览会上一般都设有飞行表演项目，可以吸引大量观众，产生较大的社会影响力和文化传播效应。

开幕式上，来自多个国家和厂商的民用、军用飞机陆续起飞进行空中表演，给观众带来一场视觉盛宴。法国"巡逻兵"飞行表演队，空客A380、A350，波音787，庞巴迪CS300，A400M军用运输机等飞机的表演，令人印象深刻。尤其是空客A380这个500多吨的庞然大物，爬升、盘旋、俯冲毫不费力，让人不得不惊叹人类百年航空的进步。

第四节 国家工业形象与企业品牌展示

航空工业是工业中的高端制造业,巴黎航展可以说是国家工业形象和航空航天实力的一个整体展示。东道主法国的航空和防务企业如达索、赛峰、泰雷兹等全方位展示了其产品与能力,其中达索和赛峰公司展出了包括"阵风"战机、"神经元"无人机、先进航空发动机在内的众多产品。法国空军"幻影"2000、"虎"、NH90、A400M,以及各种导弹、机炮、雷达也都逐一亮相。美国陆海空军派出了一些军机参加静展,如 P-8 反潜巡逻机,F-16、F-15 战斗机,A-10 攻击机,WC-130J 气象侦察机,"黑鹰""支奴干"直升机等。波音公司收获了 331 架飞机订单,价值 502 亿美元,其中包括 747-8、777、787、737MAX,以及 BBJ 公务机。

巴黎航展是企业宣传的平台。来自全世界 2 000 余家参展商在航展期间举办主题发布会、客户见面会、合作项目洽谈及重点项目签约等丰富多彩的业务活动,向客户展示企业形象,传播品牌文化。

空客公司在航展现场打出了"空中之道,空客知道"的霸气标语,并史无前例地派出了 4 架宽体机参展,其中包括参加静态展示的卡塔尔航空 A350XWB、A380 和参加飞行表演的一架 A350XWB 和一架 A380 测试机。2015 年恰逢 A380 首飞 10 周年,当这架 500 多吨的庞然大物在观众面前优雅地爬升、盘旋、俯冲时,人们对人类航空技术的不断进步发出惊叹。

波音发布了其最新民用飞机产品的研发进展:737MAX 已经完成 90%的设计,首架机总装已于 2015 年 5 月开始;787-10 在 2015 年完成 90%的设计工作和预生产验证工作;777X 的初步设计已经得到验证,位于华盛顿州埃弗雷特和圣路易斯的新工厂建设也在稳步推进中。此外,波音还围绕着未来新材料、飞机构型创新、航空制造业的大数据时代等多个主题，向客户展示了其下一代民用客机的先进研发理念。

除了这两个巨头，其他航空制造商同样希望借助航展抢夺市场。其中，庞巴迪公司最为抢眼，航展现场到处都是庞巴迪 CRJ 公务机和 C 系列、Q 系列的广告，多数航展报道专刊上的重要位置也是其宣传广告。中国航空工业集团公司携旗下多种外贸主力机型强势亮相，展品包括枭龙单、双座机、L15 高教机、FTC2000 飞机、翼龙无人机、直 9WE 军用直升机、新舟 700 支线客机、运 12F、AC312 民用直升机模型等。

第二十五章 德国工业设计红点奖

红点奖（Red Dot Award）起初只是德国的一个设计奖项，在过去的几十年间，它从一个单纯的大奖，变成了一个有全球影响力的综合性品牌，与德国 IF 奖、美国 IDEA 奖并列为世界三大设计奖。可以说红点奖现已成为最具知名度的国际设计大奖之一。

第一节 最具国际影响力的工业设计奖

1955 年，红点奖由欧洲著名的设计协会威斯特法伦北威设计中心在埃森设立。每年，由德国的颁奖组织 ZentrumNordheinWestfalen 举办设计创新大赛，评委们对参赛产品的创新水平、功能、人体功能学、生态影响及耐用性等指标进行评价后，最终选出获奖产品。该奖项被公认为对创意设计的认可，也被视为产品外观、质感最具权威性的"品质保证"。红点奖的发展几经演变，由最初的商业、政治、文化和公众的设计论坛转变为设计行业的商业推广机构，并由彼得·赛克教授于 1992 年正式定名为红点奖。

在红点奖设立之初，其市场主要是德国本土，参赛产品也主要来自德国本土企业。由于比赛的设立者克虏伯集团是埃森当地的大型工业企业,因此,为奖项赢得了良好的口碑。随着德国工业的发展,"德国制造"和"德国设计"逐渐享誉世界。1991年,该中心负责人彼得·塞克发起了国际规模的设计竞赛——RoterPunkt奖,竞赛开始扩展至世界范围,为奖项开辟了新的市场。2000年,RoterPunkt奖和1993年创立的德国传达设计大奖正式整合为红点奖。自此,红点奖的参赛作品不再局限于工业产品,还加入了信息传达作品,竞赛开始走向多元化。

目前,德国红点奖分为四类设计奖:红点产品设计奖、红点传播设计奖、红点设计概念奖、红点年度设计团队奖。每类奖项都设有2~3名红点至尊奖。每年没有固定的规定限制红点奖的获奖数量,根据每年提交作品的质量而定。2005年后,亚洲和年轻设计师成为红点奖关注的两个部分。随着经济的发展,设计在亚洲市场上扮演了越来越重要的角色,越来越多的年轻人加入了设计行业,他们需要通过具有国际影响力的竞赛来彰显自己的实力。红点奖适时地推出了"年轻设计师"项目,通过适当减免参赛费用和设立专门的奖项来吸引这些渴望成功的年轻设计师,因此红点奖在亚洲和年轻设计师中的影响越来越大。

第二节 选评及推广模式

红点奖评审注重独立性和专业性,评委全由业内人士组成,这让它的公正性得到了保证。每年,红点奖评审方能收到来自全世界几十个国家的几万件作品,经过严格的评审,选出获奖作品。在这些获奖作品中,最出色的部分,会被冠以"Bestomest",是真正的优中之优。

红点奖评选的标准极为苛刻,评选会严格按照"通过筛选和展示认定资格"。它以参选产品的创新程度、设计美感、市场性、耐用性、功能性、人体工学及环保等要素作为评选重点,只有上市不到两年的产品才可以入选。按照红点奖组委会介绍,每年会有一个由世界各国知名设计人士组成的评审团,评审团每个成员都是各自领域的权威,充分保证了评审质量和公正裁决。同时,评审们也允许汇集在一起,评估提交的参赛作品。根据评审标准,对不同领域的参赛作品进行辩论和讨论,这样确保了知识和经验的分享,从而更客观公正地做出评审决定。

红点奖的评审范围虽然分为产品设计、传播设计、概念设计和团队四个主要部分,但它包括了汽车、建筑、家用、电子、时尚、生活科学及医药等众多领域的16大类别。显然,产品设计在这里既针对工业产品的具体概念,也针对虚拟产品的广义概念。红点奖的设计概念奖就是将事物的起点和终点连接起来的桥梁,针对富有创意的企业、专业设计人士和学生,为其创意带来无限的机会与可能性。作为当今世界上涵盖面最广的一个设计竞赛,红点奖将它的远见卓识体现在设计概念奖的设立上,各类别的概念奖都着重于被转变成产品前的设计创意,旨在激发推进创新的速度,迅速将虚拟转变为现实。每个设计奖的诞生,是世界范围内新设计师获得认可的标志,也是引导未来设计方向和潮流的指向标。

获得红点奖的设计是高品质设计的标志。纵观历年的获奖作品,都是出类拔萃、领导潮流的创新设计。例如,2007年的一款萨博概念跑车,无论是车体外形还是内饰的细节,都涌动着呼之欲出的美感。其镰刀式的车体前部开启方式也创意十足,一改老版的推拉门模式,可以有效地避免有些人进入车子时碰头的尴尬。同时,评审标准还要兼顾产品设计创意具体实施的可能性、功能性和用途。例如,2003年飞利浦的三头剃须刀就因其舒适的刀头贴面,独特的气囊设计,在人体工程学及与人的互动性方面大放异彩,最终赢得了红点奖。

在德国，能与红点奖相提并论的要数 IF 奖了。两者相比较，除了奖项设置、评选机制等不同，红点奖最大的优势在于丰富而严谨的策划、宣传、推广手段，通过网上展览、巡回展览、媒体合作、举办设计展等具体形式为奖项做宣传。尤其是对年轻设计师的各种优惠政策和奖项设置，使其在亚洲的地位不断提高。对于设计竞赛来讲，自身的推广和影响力的提升联系紧密。正是由于不断适应设计的变化，红点奖才能够成为如此成功的国际设计竞赛。所以，赢得红点奖成为每位设计师引以为豪的殊荣。

第三节　助推德国制造品质提升

红点奖之所以被公认为具有国际性与权威性的创意设计大奖，与德国工业设计长期以来强调的理性原则、人体工程原则、功能原则及强烈的社会目的性和责任感是分不开的。德国作为工业设计的发源地，在第二次世界大战后成立的乌尔姆造型学院对德国工业设计发展产生了广泛而深远的影响，该学院的理性设计思想和准则被其培养的设计人才在德国"广泛传播"。

德国是一个具有超强设计意识的国家，德国的产品拥有先进的技术、严格的设计、规范的工业，不仅在产品的造型及视觉效果上独树一帜，对产品的质量和功能更是严格把控，因此红点奖集艺术与技术双重标准为其评判依据，其全球影响力和权威认可度是当之无愧的。1923 年包豪斯提出"艺术与技术的新统一"这一新的设计理念，指出技术不依赖艺术，而艺术离不开技术。德国的工业设计基本摒弃了传统而烦琐的装饰，从造型的简约和功能的严谨中获取美感，严格保证产品的质量，因此，"德国制造"也就意味着品质保证。德国的工业设计发展其实代表了世界工业设计的发展方向，虽然它不是工业革命的发起国，但是，它迅速的工业化进程加上其本民族固有的特质，为其实现工业化大生产奠定了坚实的基础。

德国红点产品设计大奖评价标准：创新性，功能，是否符合人体工学、自我表达的能力，形式如何与内容结合，环保性能，耐用性，象征意义和情感内容，与系统环境的整合性能。这种严格的标准是从工业产品设计的四原则中体现出来的，即实用性原则、经济性原则、美观性原则、可持续发展原则。

红点奖是德国理性功能主义多元化设计时代下的产物，在客观上为德国设计的发展和推广起到了积极作用，它以其简洁严谨的设计风格、丰富的技术与文化内涵征服了全世界，在国际设计舞台上，同美国的商业性设计、意大利风格性设计等新兴设计流派平分秋色。

红点概念奖脱胎于红点产品奖。由于红点产品奖具有悠久的历史及在业界拥有良好的口碑，致使其衍生的传达奖与概念奖同样受到业界与学界的重视。通过近 10 年的发展，红点概念奖从参赛规模、作品质量、评价标准、收费标准等各个方面都趋于成熟。

过去的几十年，红点奖已经变成了一个综合性品牌。除了比赛和研究所，红点还拥有出版物（年鉴）、网站、商店和博物馆。在德国，红点设计博物馆拥有超过 4 000 平方米的面积，展品超过 1 000 件，是世界上最大的现代设计博物馆。这座前身为锅炉房的建筑物是世界文化遗产中的一部分，由设计师诺曼·福斯特重新设计。在新加坡，红点设计博物馆位于商业中心区，是一栋明红色的殖民地风格建筑物。第三家红点设计博物馆在中国台北落户。一个明显的趋势是，这个源于德国的大奖，在过去几年间逐渐地去德国化，成为一个国际性的大奖，这不仅体现在参赛者的国别组成上，也体现在评审团的国际化上。

第二十六章 美国硅谷创新文化

硅谷是世界上最成功的科技工业园区，无论是在美国还是在世界上它都是一个奇迹。提起美国硅谷，大多数人首先想到的是高科技、新经济及巨额财富，但很少有人将它与文化联系在一起。其实，美国硅谷从20世纪30年代末诞生，短短的几十年里它能高速成长，与其鼓励创新、宽容失败的创新文化息息相关。

第一节 美国硅谷的崛起

硅谷并不是人们想象中的一条小山谷，也不生产硅。它位于美国西海岸北加州，即旧金山以南、圣克鲁斯以北的狭长地带，地理位置优越、环境优美、气候宜人、交通便利，总面积约3 800平方千米，其核心地带南北长48千米、宽16千米、面积约800平方千米，其中北加州第一大城市圣何塞为硅谷的中心。

从旧金山的湾区中半岛沿着加州101号高速公路往南至圣何塞，有一条"硅谷大道"，在它的两侧有上千家高科技公司；其中既有世界知名的领先企业，如 2007 年美国 500 强企业中的 17 家高科技企业，也有许多依附大公司制造零部件的中小型公司，它们都是硅谷的组成部分。1971 年《商业周刊》首次称这一地区为"硅谷"，此后这一名称被沿用至今。

一个世纪之前，硅谷是一片果园和葡萄园。但是自从高科技公司在这里落户之后，这里就成了一座繁华的市镇，人口已超过旧金山。硅谷的特点是以附近一些具有雄厚科研力量的斯坦福大学、加州大学伯克利分校等世界知名大学为依托，以高技术的中小公司群为基础，拥有惠普、英特尔、苹果、思科、英伟达、朗讯等大公司，融科学、技术、生产为一体。

硅谷的形成有许多因素。旧金山湾区在很早就是美国海军的研发基地，1933 年，森尼维尔空军基地（后来改名为墨菲飞机场）成为美国海军飞艇的基地，在基地周围开始出现一些为海军服务的技术公司。第二次世界大战后，海军将西海岸的业务移往加州南部的圣迭戈，国家航天委员会将墨菲飞机场的一部分用于航天方面的研究，为航天服务的公司开始出现，包括后来著名的洛克希德公司。

第二次世界大战结束后，美国的大学回流的学生骤增。为满足财务需求，同时给毕业生提供就业机会，斯坦福大学采纳"硅谷之父"特曼教授的建议开辟工业园，允许高技术公司租用其地作为办公用地。斯坦福大学为工业园输送了大量的创新人才，惠普公司、苹果公司、太阳微系统公司、硅谷图形公司、雅虎公司等大量的硅谷公司均由其毕业生创建。

1956 年，晶体管的发明人威廉·肖克利（William Shockley）在斯坦福大学南边的山景城创立肖克利半导体实验室。1957 年，实验室的八名年轻科学家出走并成立了仙童半导体公司，其中的诺伊斯和摩尔后来创办了英特尔公司。在仙童工作过的人中，斯波克后来成为国民半导体公司的 CEO，另一位桑德斯创办了 AMD 公司。

1972 年第一家风险资本在紧挨斯坦福的 Sand Hill 落户，风险资本极大地促进了硅谷的成长。除了半导体工业,硅谷同时以软件产业和互联网服务产业著称。施乐公司在 Palo Alto 的研究中心在面向对象的编程、图形界面、以太网和激光打印机等领域都有开创性的贡献。现今的许多著名企业都得益于施乐公司的研究,例如,苹果和微软先后将图形界面用于各自的操作系统,而思科公司的创立源自将众多网络协议在斯坦福校园网内自由传送的想法。

第二节　创新文化筑就创新中心

硅谷的创新文化与硅谷的成长相伴而生。硅谷之所以成为全球创新中心,有其一系列的优势,包括创新的人才、创新的技术、创新的组织、创新的机制和创新的政策。

1. 创新的人才

硅谷创新文化形成的关键,在于一大批前仆后继的创新人才,这些人才包括工程师、科学家、咨询专家、设计师、企业家和投资家。如果说 1939 年惠普公司的创建,标志着美国硅谷的诞生,那么其创业起家的小车库,则开启了美国硅谷创新文化的源头。从惠普公司的惠利特、普卡德,英特尔公司的诺斯、摩尔,到苹果公司的乔布斯、沃兹尼亚克,甲骨文公司的埃里森,再到网景公司的克拉克,雅虎公司的杨致远,不断涌现的创新人才推动了美国硅谷的成长,促进了美国硅谷创新文化的形成,其中包括以下突出特征:

一是强烈的创业意识和创新精神。硅谷有着一大批创新者,一方面,他们有强烈的创新意识和创新欲望,一旦有了一个好的想法,就千方百计地开公司,将自己的想法付诸实践;另一方面,他们勇于冒险,不怕失败,有强烈的创新精神和创业冲动,对技术创新异常执着。

二是非正规社会网络。硅谷拥有庞大的面向创新的非正规社会网络,洋溢着开放、协作、进取的气氛。硅谷企业中往往实行扁平化管理,管理者和员工之间没有严格的等级制度。在企业之间存在经常性的人员流动,大量的技术移民扎根硅谷,与其母国形成各种各样的关系。部分移民还回国创业,又与硅谷形成新的关系,由此形成的非正规社会网络中,成员共享创新理念、信息、技术、人力资源和其他资源。

三是包容的移民文化。在硅谷的创新人才中,有相当一部分是来自异国他乡的技术移民。在硅谷有这样一个说法:"硅谷就是由 ICS 组成的。ICS 不是指集成电路,而是指印度人(Indians)和中国人(Chinese)。"这些技术移民受过正规的高等教育,具有较强的专业技能,他们不仅改变了硅谷的人口构成,更重要的是注入了新的创新力量。据统计,由技术移民创建并经营的企业占硅谷全部高科技企业的比例已超过 1/3。多种、多样、多元文化的融合,形成了硅谷多姿多彩、活力无限的移民文化。

总之,创新人才是创新文化的灵魂,硅谷创新人才的三个特征,决定了硅谷创新文化的开放性、活跃性和多样性。

2. 创新的技术

硅谷的成长史,不仅是一部创新人才的创业史,也是一部技术创新的发展史。硅谷的四次成长浪潮与国防技术、集成电路、个人计算机、互联网的发展同步,呈现出典型的技术创新驱动特征。

硅谷创新人才的创新行为源于对技术创新的无限渴望和不懈追求。2001年,硅谷地区共获得了 6 800 多项专利,个人电脑、集成电路、网络、航天飞机、激光手术、心脏移植、基因裂变等成千上万的诞生于硅谷的发明,改变了人类的生产和生活方式,影响着人类社会的进程。

硅谷已经当之无愧地成为世界高科技领域的旗舰和领头羊,只要那里有一丝风吹草动，纳斯达克股市就会发生重大变化，甚至整个世界经济也会产生震动。美国布鲁金斯学会的一份报告显示，硅谷自从1988年以来就一直是美国创新实力最强的地区。2012年，硅谷人均产生12.57项专利，而排名第二的俄勒冈州科瓦利斯市为5.27项，还不到硅谷的一半。

硅谷源源不断的技术创新，一方面促进了各类高科技产业在硅谷生根、簇集、成长，另一方面使创新气氛愈发浓厚。受硅谷高速成长的诱惑，大量创新人才纷纷涌入硅谷，形成了一个巨大的创业基地。

3. 创新的组织

硅谷的创新文化，在很大程度上还源于产学互动的创新组织模式。产学互动使各种创新设想成为可能，不仅促进了各类高科技公司的成长，而且进一步激发了创新人才的创新欲望和创新灵感。

- **高度弹性的工业体系**。根据美国硅谷研究专家萨克森宁的研究，硅谷以网络为基础的工业体系，是为了不断适应市场和技术的迅速变化而加以组织的。在该体系中，企业的分散格局鼓励了企业通过技能、技术和资本的自发重组谋求多种技术发展机遇。硅谷的生产网络促进了集体学习技术的过程，减少了大公司和小公司之间的差别，以及企业各部门之间的差别。
- **仙童半导体公司的裂变效应**。1957年年底，以诺斯、摩尔为首的八位青年才俊因不堪忍受肖克利的独断，集体辞职，离开了肖克利的实验室，组建了仙童半导体公司。20世纪60年代，仙童半导体公司由于在集成电路技术上的巨大突破，吸引了众多雄心勃勃的年轻人来此工作、学习，一举成为半导体行业的旗舰。然而，好景不长，由于受母公司大股东们传统经营方式的束缚，涌进仙童的精英人才又纷纷出走，自立门户、自行创业。大量人才的流失，虽然对仙童半导体公司是个致命打击，但对硅谷的发展无疑是个福音。正如苹果公司创始人乔布斯的形象比喻："仙童半导体公司就像成熟的蒲公英，你一吹它，创业精神的种子就随风四处飘扬了。"据 1980 年年初出版的畅销书《硅谷热》所载，"硅谷大约 70 家半导体公司的半数，是仙童公司的直接或间接后裔"。因此，仙童半导体公司不愧为培养创新人才的"西点军校"。它的人才流失所产生的裂变效应，使硅谷形成了一个庞大、动态的创新人才、信息和技术交流的网络。

- 斯坦福大学与斯坦福工业园产学研之间的互动。据《财富》杂志 1997 年第 12 期所载，由斯坦福大学毕业生创建的公司有惠普公司（1939）、Ampex（1944）、资产管理公司（1967）、Rolm（1969）、Tandem 电脑公司（后来的康柏公司）、苹果公司（1977）、硅谷图形公司（1982）、太阳微系统公司（1982）、思科公司（1984）、网景公司（1994）、雅虎公司（1995）。这些由创新人才创建的高科技公司已成为硅谷创新文化的重要实践阵地。

4. 创新的机制

硅谷的高速成长还得益于两大创新的机制——风险投资和股票期权，前者为创新人才提供了创业资金，后者解决了创新人才的激励问题，两者共同成为硅谷创新文化的活力之源。

- 风险投资——创业机制。资本可得性对于新建企业来说至关重要，而新建企业是硅谷经济的一个重要驱动力量。无论是 20 世纪 60 年代末半导体工业的发展、80 年代个人计算机和软件业的兴起，还是 90 年代至今方兴未艾的互联网，都离不开风险投资的支持。风险投资，一方面，加快了技术创新成果商业化的速度，催生了一批又一批高科技创业型公司的成长；另一方面，它驱动了硅谷技术创新的加速实现，促进了创新文化的形成和深化。创新、投资、创业，再创新、再投资、再创业的良性循环，成为硅谷创新文化最富活力的体现。

- 股票期权——激励机制。股票期权对硅谷的成长起到了相当重要的作用。股票期权将雇员的利益与公司的利益紧密结合在一起，极大地调动了员工的热情。尤其在互联网时代，股票期权造就了一大批百万富翁。根据纽约大学爱德华·沃尔夫的统计，基于股票期权这一激励机制，1989—1998 年，在硅谷先后诞生了众多百万富翁。股票期权的实施，从某种意义上说，是对硅谷创新人才的创新行为的一种有力肯定，激励着他们一次又一次地投入新的创新活动中，使硅谷充满了创新的活力和氛围。

5. 创新的政策

虽然硅谷的成长是由民间力量推动起来的，但是在硅谷的成长历程中，美国政府部门的作用不可忽视。如果没有政府的创新政策，硅谷不可能在 20 世纪 50 年代迅速崛起，更不会有近几十年持续的高速成长。美国政府在硅谷的成长上，主要扮演了投资者、消费者和组织者三种角色。

冷战期间，因军事需要，美国政府向具有科研能力的大学和其他科研机构大量拨款，支持技术创新研究。在此期间，斯坦福大学和加州大学伯克利分校受政府资助，分别建立了后来享誉世界的斯坦福直线加速器中心和劳伦斯·伯克利试验中心。硅谷的阿莫斯航空航天中心也因为得到大量政府科研经费，迅速发展成一个开发空间尖端技术的重要基地。与此同时，美国政府还通过订单方式，向硅谷的公司进行政府采购。如 1959 年，仙童半导体公司获得价值 1 500 万美元的政府订单，为"民兵式"导弹提供晶体管；1963 年又获得为"阿波罗"宇宙飞船提供集成电路的合同。据初步统计，1958—1974 年，美国政府向硅谷公司采购的高科技产品达 10 亿美元。美国政府的大量投资和消费，极大地提高了硅谷的创新频率，使硅谷创新气氛愈加浓厚。

如果说在硅谷的发展早期，美国政府主要以投资者兼消费者的身份出现，那么在之后的 30 年中，它更多的是发挥组织者的作用。美国政府通过制定各类规则，为硅谷的创新人才提供了自由广阔的创新舞台。对硅谷发展影响较大的规则有创业、税收、移民、金融、反垄断等方面的法律和政策措施，以及各类支持技术创新的计划和法案。例如，硅谷对财产权的保护是全方位的，不是选择性的，包括对知识产权采取了严格的保护。又如，美国政府先后在1982年和1992年制定并实施了《小企业技术创新发展法》和《加强小企业研究与发展法》，强化了高科技公司与大学等科研机构之间的创新合作。

总之，硅谷的创新文化是在创新的人才、创新的技术、创新的组织、创新的机制、创新的政策共同作用下形成的，其中，创新的人才是创新文化的核心主体，他们的创新性直接影响着文化的创新性，处于灵魂的位置；创新的技术是创新文化的引擎，一次又一次的技术创新，拉动和深化了创新文化的形成；创新的组织是创新人才的摇篮、创新技术的温床，为创新文化输送了源源不断的人才和技术营养；创新的机制和创新的政策通过作用于创新的组织，前者为创新文化注入了活力，后者推动了创新文化的形成。硅谷创新文化的每次深化，反过来有力地支持和促进了人才、技术、组织、机制、政策的创新，从而形成了一个双向互动、周而复始和良性的创新循环。

第三节　硅谷创新文化内涵

硅谷创新文化是一种求异求新的文化，硅谷人创新意识和创新活动，构成了硅谷文化的核心内涵，这个文化内核又感染、影响了"新硅谷人"。

第一，冒险与试错精神构成了硅谷创新文化的根基。冒险精神是解除风险忧虑、正视失败和困难、克服心理障碍的第一关，也是敢想敢干、当断则断的动力源泉。试错精神就是积极开拓，持续不断地展开创新。这种甘冒风险和不怕失败的精神成为创建企业、成就事业的起点和驱动创业企业逐步做强、做大的信念。

第二,用知识和科技创造财富是硅谷创新文化的核心理念。知识和科技是经济总量增长和质量提高的主要推动力,依托丰富的科教资源与创新资源,硅谷及其创业企业大力发展知识经济和高新技术产业,其特点在于通过不断创新与创业把过去未曾商品化的技术拿到市场去转化,依靠知识和科技创造财富。

第三,团队精神、信托机制、社会关系网络构成了硅谷创新文化的契约。在知识经济条件下,无论是技术创新、产业组织还是市场开拓等任何一个方面或环节,都难以依靠独立的人或孤立的组织来展开和实施。硅谷为了更有效地展开创新创业,形成了创新创业的契约组合——通过团队精神提升一个组织的凝聚力和战斗力,通过信任文化及信托机制优化社会分工与合作,通过社会关系网络集聚和扩展人脉与社会资本。

第四,企业家精神不断丰富创新文化的内涵。尽管在工业时代,创新、冒险、敬业、执着等都已经成为企业家精神的重要内涵:创新是企业家精神的灵魂,冒险是企业家精神的天性,敬业是企业家精神的动力,执着是企业家精神的本色。但在新经济条件下,企业家精神的内涵不断被强化和拓展:奉献成为企业家精神的归宿,合作使得企业家精神更加博大,学习成为企业家精神的关键,诚信成为企业家精神的基石。

第五,追求"改变世界"的梦想成为硅谷创新文化发展的新高度。"改变世界"已成为诸多创业者梦寐以求的追求。对于一个硅谷的企业来说,找到一个合适的商业模式可以使之在市场夹缝中生存,但是从根本上创新一套商业模式足以改变整个世界。这样一套全新的商业模式的本质,是创造全新的价值,既包括提供全新的产品、服务,也伴随着全新的资金运作流程、生产组织运行方式和新的市场开拓。

第二十七章 日本匠人文化

据统计，全球寿命超过 200 年的企业，日本有 3 146 家，德国有 837 家，荷兰有 222 家，法国有 196 家，其中，日本企业最多。这么多长寿的企业出现在日本，绝非偶然，其秘诀在于日本的匠人精神。匠人精神就是一种情怀、一种执着、一份坚守、一份责任。经过时间和环境的洗礼，古老的日本"匠"文化在现代大规模生产中依旧体现。很多人认为工匠是一种机械重复的工作者，其实工匠有着更深远的含义。它代表着一个时代的气质——坚定、踏实、精益求精。工匠不一定都能成为企业家，但大多数成功企业家身上都有这种匠人精神。日本式管理有一个绝招：用精益求精的态度，把一种热爱工作的精神代代相传，这种精神其实就是"匠人精神"。

第一节 秋山学校"匠人须知 30 条"

在日本人的眼中，匠人拥有很高的地位。日本人甚至把那些有特殊技能的人封为"人间国宝"。日本的传统手工匠人拥有极强的自尊心。对于他们，工作做得好坏和自己的人格荣辱直接相关。过去的日本流传这样一句话："只要专注、踏实地做好一件物品，哪怕只是一枚螺丝钉，就能获得成功。"这种传统匠人精神中最重要的一点是，追求细节文化。这些匠人一辈子专注一件事，对工作极度认真。严格追求手艺的熟练精巧，对自己经手的每件作品都力求尽善尽美。

日本的这种细节文化在秋山木工这家企业里尤其突出。秋山木工在日本木工界的地位显赫，每年来报名的人很多，但作为"秋山木工"的创始人，秋山利辉对学员的要求极为严格，因为他要培养木工界的"超级明星"。想要进入秋山学校的人，要先接受四天的各项训练，并且通过考试才能入学。训练的内容包括打招呼、自我介绍、泡茶、打电话的方法，其中最重要的是要"能够顾虑到别人"，而关键在于能否成为"能够感动别人的人"。到目前为止也仅仅培养出60余名工匠。

秋山利辉从小就在木匠手艺方面展现了过人的天赋，放学回家他喜欢去看镇里来干活的手艺人工作。小学四年级时，秋山利辉就接到很多木工活，村里面的婶婶们让他修一修小屋或者搭一个架子。秋山利辉经常一边看一边想这些木工活，并且判断这个木匠人怎么样。后来他发现，凡是对人热情的木匠，手上的活也不错；反之，对人不耐烦的木匠，手上的活儿也不怎么样。

中学毕业后，秋山利辉进入日本大阪寄宿式的技工学校。16岁入校，22岁成为匠人。学成后，秋山利辉加入木工所，由于天分与努力，秋山利辉很快成为木工所中收入最高的匠人。一年半之后又在大阪的这一家会社创造了收入第一，之后的一年到了东京排名第一的木工所，此后又加入日本排名第一的木工所。

由于秋山利辉在正常的工作时间内完成了同事要加班才能完成的工作任务，并做得又快又好，老板觉得他的存在，会让同事变得焦虑，就把他开除了。在被开除之前，秋山利辉完成了天皇正殿的家具，该家具现在值1亿日元，到今天仍然被使用着。这个也被称为家具工匠中的一个奇迹，也是他个人工匠生涯的顶峰时期。

1971年，27岁的秋山利辉创立了"秋山木工"，五年之后开始招收学徒。在日本每年有一次技能比赛，每次"秋山木工"都会囊括金银铜奖。他教这些弟子们不仅仅教技术，关键是教他们人性、心性和德行。

"秋山木工"针对以成为工匠为目标的见习者和学徒，颁布了十条规则，其中被录取的学徒，无论男女一律留板寸头，禁止使用手机，只许书信联系，研修期间，绝对禁止谈恋爱。在随后的岁月中，秋山利辉和学徒们一起晨跑，一起诵读"匠人须知30条"，并不断温习在27岁那年获得的"天命"。"天命"是指成为木工界的超级明星，然后培养更多的超级明星。

"匠人须知30条"，诸如进入作业场所前，必须学会打招呼，学会联络、报告、协商，做一个开朗的人，能够正确听懂别人说的话，和蔼可亲、好相处，有责任心，执着，"爱管闲事"，乐于助人等。看起来是一些简单的做人小提示，但秋山利辉让学生用八年的时间来践行这些法则。在"秋山木工"学校，学员一年上预科，四年学做徒，三年学带徒，八年后自立，便被赶出学校。在八年中，学员们每天都要背诵三四遍"匠人须知30条"，八年下来就有一万遍了。

第二节　匠人精神融入职业操守

在日本人看来，匠心就是数十年如一日，耐得住寂寞，不计较成本，苦心钻研，感性拿捏，在"制造"的过程中享受极大的喜悦，直至"一品入魂"。"匠人精神"的核心：不仅是把工作当作赚钱的工具，而且是树立一种对工作执着、对所做的事情和生产的产品精益求精、精雕细琢的精神。

制作围棋棋盘的工匠、制作日本刀的工匠、制作茶具的工匠，皆可在日本历史中留下属于自己的一笔，其中不少人，在当时还享有非常高的社会地位。匠人精神已融入日本人的职业操守中,成为民族精神的一部分。在众多的日本企业中,"匠人精神"在企业领导人与员工之间形成了一种文化与思想上的共同价值观,并由此培育出企业的内生动力。即便在接受现代化大规模生产方式之后,日本对于过去那种近乎偏执的匠人文化的追求,依旧固执地延续着。只不过此时,匠人文化所体现的场合从单一部件或者产品,变成了批量生产的大量部件或者产品。

1. 冈野工业的"无痛注射针头"

2005 年 7 月,一种无痛注射针头开始推向一些医院和其他医疗机构。这种无痛注射针头是由东京的两家公司共同开发研制的:Terumo 公司(一家医疗设备制造企业)和冈野工业公司。

这种无痛注射针头的针尖直径仅有 0.2 毫米,要比普通注射胰岛素的针头细 20%。它是世界上最细的针,能把注射的不适感降低到蚊虫叮咬的程度。2005 年,该无痛注射针头赢得了日本产业设计振兴会颁发的优秀设计特等奖,并被评价为"一种提高减轻病人痛苦意识的产品",并且"是一种使不可能的技术变为可能的范例,是一种轰动日本制造业的产品"。

冈野工业公司对该无痛注射针头的研发功不可没。该公司是一个只有 5 名雇员的小工厂,尽管规模不大,却能开发出高水平的先进技术。这家小工厂的金属压力技术如此精湛,甚至引发了一些国际大公司和美国航空航天局的关注。公司总裁冈野雅行被视为世界级名匠、"金属加工魔术师"。

冈野从十八九岁就开始帮忙家里的事业了,不久,冈野就逐渐掌握了工作技巧,在 22 岁时就成为一名可以独当一面的模具工匠。可让人难以理解的是,他常接冲压工厂不愿意的高难业务,如制造 1 厘米左右的小铃铛,开发口径约为 5 毫米的锂电池盒等。

2000 年的一天,一位身穿朴素西装的男人来到冈野公司的办公室,需要做像蚊子的口针一样的注射针头，顶端小孔直径为 80 微米、外径 200 微米，底部小孔的直径为 250 微米、外径为 350 微米。这是医疗器械厂商 Terumo 要为糖尿病患者减轻痛苦、几乎感觉不到疼痛的注射针头。他们走访了近 100 家公司，都被拒绝了，无法做到顶端那么细、底部又偏粗。

Terumo 的人对冈野说，如果能将这种世界最细的针生产出来，肯定会受患者欢迎，至少孩子们不会因为注射害怕而啼哭。冈野决定将金属板压卷成针，这对一般的技术人员来说是不可想象的，连他的搭档都认为不可能，他却说，我是这家公司的社长，你按照我所说的去做就行，就算做不到，责任全部由我来承担。就这样，直到着手开发一年之后，针头的试制品才宣告完成，但是离商品化还有很遥远的距离。

终于在 2005 年 7 月，无痛注射针头商业化生产成功。当看到糖尿病患者们异口同声地感谢无痛注射针头，还有孩子们说"一点都不疼"时，冈野默默地告诉自己，我有责任一直这样制造下去。减轻病人疼痛的愿望就这样与一个工匠创造一种颠覆传统常识的新产品的热情融为一体。

2. Hard Lock 工业的"防松螺帽"

永不松动螺帽这个要求看似简单，但要满足它难度很大。日本高速铁路"新干线"由 16 节车厢编组，列车上使用了 2 万个螺丝。在高速行进中，列车和铁轨接触，震动非常大，一般的螺丝会被震松、震飞，并会导致重要装置脱落，酿成重大事故。为避免事故发生，必须时常检查并重新拧紧，这需要花费令人难以想象的人力和费用。Hard Lock 工业（东大阪市）的总经理若林克彦发明的永不松动的"Hard Lock 螺母"，以其低成本坚实可靠地支撑着新干线的安全行驶。

其实，若林克彦早在 1961 年就发明了不会回转的螺母。那是参加工作 5 年后，若林参观了大阪的国际工业产品展会看到其他公司的样品后得到灵感而开发出的，若林克彦把这种防回旋螺母命名为 U 螺母，并为此创立了富士精密制作所来生产和销售这种螺母。若林克彦开发出这种防回旋螺母只用了1个多小时,但是把它推广到市场上用了两年多的时间。随着销售额的增加,若林克彦的信心也大为增加,打出"绝不松动的螺母"的广告,没想到这句广告词带来了麻烦,装配在挖掘机和打桩机上的U螺母因为震动太大而出现了松动现象,一些客户就来投诉。当时富士精密制作所每月销售已经达到1亿日元,出现松动现象并不普遍,公司的很多人把那句"绝不松动的螺母"仅仅当作一句广告词来看待,所以并没有把这些投诉当回事。但是若林克彦不这么想,他说,既然公开声明这种螺母是绝不松动的螺母,那就应该做到在任何条件下都不会松动。为了坚持自己的信念,若林克彦离开了自己创立的公司,带走的是U螺母的专利。1974年,若林克彦为了生产绝不松动的螺母又开始白手起家创立了Hard Lock工业株式会社,他从古代木结构建筑中的榫头上得到灵感,发明了螺母中增加榫头的永不松动的螺母。由于这种Hard Lock螺母的结构比一般螺母复杂,成本也高,所以销售价格比普通的要高30%左右,这成了这种螺母推广的最大障碍。在Hard Lock螺母没有销售额的时候,这家新公司除了靠U螺母的专利费,若林克彦还不得不做一些其他工作来维持这家公司的运营。终于有一家铁路公司采用了若林克彦的产品,证明了这是绝不松动的螺母,之后日本最大的铁路公司——JR公司也采用了Hard Lock螺母,并且全面用于日本新干线。

Hard Lock螺母不仅在日本得到广泛使用,而且在世界各地的主要桥梁和建筑物中也可以看到这种螺母的存在。当然,Hard Lock螺母的成功也吸引了很多的模仿者进行模仿,虽然模仿者众多,但成功者几乎没有。Hard Lock公司在网页上特地注明:本公司常年积累的独特的技术和诀窍,对不同的尺寸和材质有不同的对应偏芯量,这是Hard Lock螺母无法被模仿的关键所在。这种螺母的原理和结构都明白地告诉你了,但是实际的生产还需要特殊的经验和诀窍。没有这种诀窍,就是知道原理也生产不出来。

发明这样结构的螺母的确不是很难,但是,真正地把这种发明变成实实在在的绝不松动的螺母,还是需要在使用中持续地改进的。从这家公司的设立到日本最大的铁路公司的全面使用,若林克彦用了近 20 年的时间,这 20 年中的不断技术改进,才使 Hard Lock 螺母成为绝不松动的螺母。

3. 小林研业的"iPod 镜面加工"

2001 年发售的 iPod 后盖宛如镜面一般,它是以"小林研业"这家公司的匠人们为首,在日本的新潟县一个一个地研磨而成的。更令人难以想象的是,iPod 如此科幻质感的金属背板竟来自仅仅 5 名工匠的手工制造,这 5 名工匠就是日本"小林研业"的金属研磨匠人。

苹果公司委托小林研业为"iPod"背板进行的镜面加工最初是 800 号级别,这意味着要将金属研磨到镜面程度,且由于轻量化的 IT 产品材质十分轻薄,难度比研磨一面镜子大得多。将平均厚度 0.5 毫米、边角厚度 0.3 毫米的不锈钢板研磨至 20 微米、加工成镜面,这个过程中要注意研磨时不能出现歪斜,不能破坏产品的形状。高温下金属会发生细微扭曲,因此,工匠们还要在研磨时留出一定的时间间隔,一边散热一边进行研磨工作。

苹果公司对产品的品质管理十分严格,质检员会在一定亮度的荧光灯下,将研磨后的"iPod"举到头顶左右摇晃,荧光灯照映在后盖上只要有一条光线歪了的话,就会作为次品被挑出。10 个产品当中有 3 个以上次品,交货的所有产品都会被退货。

这家公司的社长小林,是一名在研磨道路上钻研了 40 年的专家。小林与 5 位匠人的产品研磨质量是几乎从不会被退货。这样的完成度明显超出了苹果公司的预料,并使"iPod"背板的镜面要求最终与真正的镜子一样达到 1000 号级别。日本工匠令人惊叹的技艺在"iPod"的背面加工中展现得淋漓尽致。

第三节　汽车业体现的匠人精神

日本工业处于世界顶尖的地位，电子行业和汽车领域尤为突出。除了日本科技比较发达的因素，匠人精神同样起到了关键作用。"细节出魔鬼"，日本历来注重细节，日本的产品之所以能够占领世界市场，细节的精雕细刻才是它攻城拔寨的法宝。

从明治维新开始，日本人就推崇匠人精神。在日本文化中根深蒂固的"匠"文化，经过对工业时代的重新适应之后，成了日本制造业乃至整个日本产业界所出产的产品的一大特质，当然，也是它们在全球市场被欢迎和尊重的最大资本。

匠人精神不仅是日本制造业走向世界前列的重要支撑，也是一份厚重的历史沉淀。以在生产管理方面出名的丰田自动车为例，其在此方面最为著名的理念即20世纪50年代，丰田自动车原社长大野耐一提出的"自働化"，它是有人字偏旁的，强调的是人机最佳结合，而不是单单的用机械代替人力的自动化。所以，"自働化"与一般意义上的自动化不一样，它是在产业界享有盛誉的"丰田生产方式"（Toyota Production System，TPS）的一环，和JIT（Just in Time,）理念一起，堪称"丰田生产方式"的两大柱石。"丰田生产方式"改良自福特汽车创始人亨利·福特发明的福特制，最初由丰田自动车创始人丰田喜一郎推动，大野耐一将其体系化。

"自働化"乃至TPS都诞生于第二次世界大战后处于复苏期的日本，此时，包括丰田自动车在内的日本企业，均面临着设备老旧、原材料缺乏、融资困难等问题。当时处于全球最高水准的美国汽车业，平均劳动生产率比丰田高8倍。在这种不利局面下，丰田唯一的出路是在不大规模更替设备的情况下，尽可能地降低生产环节中的一切不必要浪费，提高员工劳动的附加值，创造更高的效率。换言之，就是用人的精益求精，进行生产的合理化，充分利用现有的一切资源，战胜美国车厂先进设备带来的挑战。

  基于日本传统文化中"匠"文化而来的"丰田生产方式"自诞生以来，实际上已经改变了全球产业界对于生产管理方面的认知。自动化是单纯地发挥机械的本身性能，而"自働化"是把机械和操作机械的人作为整体考虑，并且以人作为根本，发挥人的最大价值，消除作业中的无价值动作、对生产中的问题进行根本性解决、降低最终产品的故障率、提升品质和效率的精益化生产方式。丰田自动车旗下车型的高可靠性和高耐久性，也很大程度上来源于这种生产管理方面的优越性。

第二十八章 中国三线建设

"三线建设"是工业史上规模空前的一次迁移工程,不仅创造了中国工业建设上的奇迹,改变了产业和城市发展的格局,而且孕育并凝成了"艰苦创业、勇于创新、团结协作、无私奉献"的三线建设精神。三线建设作为一个特殊时代的产物,建设者们"献了青春献终身,献了终身献子孙",在为国家安全和经济发展立下了不可磨灭的历史功勋的同时,也留下了丰富的工业遗产和宝贵的精神财富。

第一节 国家工业体系再布局

三线建设一般指 1964—1980 年,在中国西部三线地区展开的一场以"备战备荒为人民"为指导思想的大规模国防、科技、工业和交通基本设施建设。三线建设共涉及 13 个省市区,横跨 3 个五年计划,在广大西部地区建立起了相对于全国独立的、"小而全"的国民经济体系、工业生产体系、资源能源体系、军工制造体系、交通通信体系、科技研发体系和战略储备体系。三线是从战略角度在地理位置上的划分,按照经济相对发达程度,对处于国防前线的沿边沿海地区向内地收缩划分的三道线。

一线地区指位于沿海和边疆的前线地区；二线地区指一线地区与京广铁路之间的安徽、江西及河北、河南、湖北、湖南四省的东半部；大三线地区指雁门关以南、广东韶关以北、甘肃乌鞘岭以东、京广铁路以西的广大腹地，包括四川（含重庆）、贵州、云南、陕西、甘肃、宁夏、青海等西部省区和山西、河北、河南、湖南、湖北、广西、广东等中部省区的后方腹地部分，其中西南的川、贵、云和西北的陕、甘、宁、青俗称为"大三线"，一、二线地区的腹地俗称为"小三线"。"小三线"主要依靠地方自筹资金开展建设。

若从行政区划上粗略看的话，三线地区包括四川（含重庆）、贵州、云南、陕西、甘肃、宁夏、青海8个省市区，以及山西、河北、河南、湖南、湖北、广西等省区的腹地部分，共涉及13个省市区。三线地区位于中国腹地，离海岸线最近的在700千米以上，距西面国土边界上千千米，四面分别有青藏高原、云贵高原、太行山、大别山、贺兰山、吕梁山等连绵山脉作为天然屏障，在准备打仗的特定形势下，是较理想的战略后方。

1. 国防安全的战略需要

三线建设作为特殊年代的产物，最重要的考虑便是以备战为中心，在从属于国防安全的目标下，在一定程度上实现地区经济的均衡和长期发展。

20世纪60年代，随着国际形势的演变，中国周边安全形势急剧恶化。1956年之后，由于在意识形态等方面发生分歧，中苏关系恶化，两国长达7 300千米的边境线出现了空前的紧张局势。美国第七舰队进入台湾海峡，在台湾海峡多次举行以入侵中国大陆为目标的军事演习，中国台湾的蒋介石政权咄咄逼人，趁机反攻大陆。1964年8月北部湾事件爆发，美国驱逐舰"马克多斯"号挑起与北越的武装冲突，开始全面介入越南战争，并将战火延烧到包括北部湾和海南岛在内的中国南部地区。

面对着外敌入侵的严重威胁，1964年5月，中国做出了"集中力量、争取时间建设三线，防备外敌入侵"的战略决策，并要求：一线要搬家，三线、二线要加强,以改善中国的工业布局。毛泽东多次说:"在原子弹时期,没有后方不行。三线建设不好,睡不好觉。要认真研究苏联在卫国战争中的经验教训,斯大林一不准备工事,二不准备敌人进攻,三不搬家,这是教训。"毛泽东的这些讲话,对进行大规模的三线建设起到了紧急动员的作用。面对严峻的国际形势和外敌入侵的危险,中国当时的应对方针是积极备战,做到有备无患。这样的国际形势,使得中国领袖们重新定位国家安全形势,得出"早打、大打、打核战争"的战略判断。

20世纪70年代之后,国际形势发生重大变化,和平与发展逐渐成为时代的主题。1978年,党的十一届三中全会决定将党和国家的工作重点转移到以经济建设为中心上来。1983年,中央财经小组和国务院做出了对"三线建设"进行调整改造的战略决策。1999年,中央做出西部大开发的决策以后,三线企业在西部大开发战略下通过各种方式进行了改组变革。

2. 均衡工业生产布局

三线建设是中国展开的延续时间最长、规模最为宏大的一次工业体系建设,也是均衡工业生产布局的需要,体现了区域均衡发展战略思想。

由于地理和历史的原因,1949年之前中国的工业布局,大部分集中在沿海城市,国防工业主要分布在东北、华北和中南地区。据1952年统计数据显示,中国沿海各省市的工业产值,占全国的70%,钢铁工业占80%。这种相对单一和不合理的工业布局,在当时的国际环境下显得非常脆弱,即一旦战争开始,中国的工业将很快陷入瘫痪。

毛泽东在《论十大关系》中指出:"沿海的工业基地必须充分利用,但是,为了平衡工业发展的布局,内地工业必须大力发展。"又说:"新的工业大部分应当摆在内地,使工业布局逐步平衡,并且利于战备。"另外,从国际上看,世界上许多国家,尤其是幅员辽阔的一些国家,都把国防经济的重要目标尽量配置在国家战略纵深地区。例如,德国把重工业和国防工业基本上分布在远离边境的中部地区；苏联从 1941 年开始，在不到半年的时间内，把国防经济从靠近前沿的西部地区向伏尔加河流域、乌拉尔、西伯利亚和中亚地区搬迁；美国根据防空能力，以距离海岸 300 千米作为国防安全地带，部署国防工业。

中国在 20 世纪 60 年代做出调整工业布局和加强战略纵深的决定后，工业就开始由沿海和边疆向内地、由东向西逐步展开。通过三线建设，中国腹地基础工业薄弱、交通落后、资源开发水平低下的状况初步得到改变，并建成了以能源交通为基础、国防科技为重点、原材料与加工工业相配套、科研与生产相结合的战略后方基地，一定程度上改变了中国工业布局不尽合理的局面。例如，在交通运输方面，三线建设先后建成了一批重要的铁路、公路干线和支线，三线地区共新增铁路 8 000 多千米，占全国同期新增里数的 55%，使三线地区的铁路占全国的比重，由 1964 年的 19% 提高到 35%，货物周转量增长 4 倍多。在基础工业方面，建成了一大批机械、能源、原材料重点企业和基地。在国防科技工业方面，建立了一大批生产基地和尖端科研试验基地，如分布在四川、贵州、陕西的电子工业基地，构建了生产门类齐全、元器件与整机配套、军民用兼有的体系，大大改变了国防工业的布局。

三线建设还在西部建成了一批新兴工业城市，如攀枝花、六盘水、十堰、金昌过去都是山沟野岭，现在成为著名的钢城、煤都、汽车城、镍都。几十个古老的历史县乡城镇被注入了新鲜血液，如四川的绵阳，贵州的安顺，云南的曲靖，陕西的宝鸡、汉中，甘肃的天水，河南的平顶山等，成为现代化工业科技都市和交通枢纽。

3. 顶层设计和制度优势

为推动三线建设顺利开展，以毛泽东为核心的第一代中央领导集体，做出并实施了一系列重大战略决策。1964 年 8 月，国务院进行了分工，成立了各级专门机构。国家计委主要负责三线地区新建、扩建工厂，国家建委主要负责一、二线向三线地区的迁移,国家经委主要负责组织全国工业生产,为三线建设提供材料、设备。同时,西南三线建设委员会、西北三线建设委员会、中南三线建设委员会相继成立,分别负责本地区三线建设的具体工作。另外,项目较多的地区,根据工作需要还成立了三线建设领导小组或办公室,具体承担支援三线建设的工作。由此,国家形成了一个高效的三线建设组织领导系统,如四川攀枝花钢铁基地建设筹备小组、以重庆为中心的常规兵器工业基地建设指挥部、西北航空工业建设领导小组。在三线建设任务比较重的机械、电力、煤炭、化学、石油、建材等工业部,以及为三线建设服务的建工、商业部门,分别在西南、西北、中南地区设立了指挥机构,并派部一级领导干部主持日常工作。在"好人好马上三线"的号召下,三线建设者们排除各方面干扰,积极协调,统筹安排,精心组织,数以百万计的建设者不讲条件,不计得失,打起背包,从四面八方汇集三线,保证了铁路、钢铁、煤炭、石油、国防工业等三线骨干工程的建设。

三线建设,作为一项超级战略工程,能在艰苦环境和相对较短的时间内建立起比较完整的工业体系和战略后方,与国家的有力领导、推动和各行业的支援密不可分。三线建设项目大都是在西部山区,地形险峻,交通不便,原材料运输和吃穿用物资供给都很困难,但是,为了支持三线建设,党中央和政府在组织领导、资金投入、人力支援、物资供应等方面进行了全面部署。例如,在建设攀枝花钢铁项目上,将渡口设为特区,以保障项目的实施;在人才保障上,全国各地的人才都积极支持,清华大学、北京大学等高校的毕业生也相继分配到攀枝花市。再如,在四川广安市的三线建设中,为了保障供给,组建了矿务、贸易、建筑等公司及学校、蔬菜市场、医院等生活配套服务单位。

第二节 物质财富和工业遗产

1. 奠定中西部的工业基础

据相关资料统计，整个三线建设在横贯 3 个五年计划的时间里，国家累计投资约 2 052.7 亿元，400 多万名工人、干部、知识分子、解放军官兵和上千万人次的民工参与，先后建成了 10 条总长 8 046 千米的铁路干线，修建公路 25 万千米，建设了近 2 000 个大中型骨干企业和科研单位，配置了数十万台（套）当时国内最先进的技术装备，一批各具特色的工业基地和新兴工业城市在崇山峻岭中拔地而起。初步形成了煤炭、电力、冶金、化工、机械、核能、航空、航天、兵工、电子、船舶工业等门类齐全的工业基地。

三线建设的大中型骨干企业和科研事业单位包括：葛洲坝、刘家峡等水电站；六盘水、攀枝花等钢铁工业基地；渭北煤炭基地；成昆、襄渝、川黔等铁路干线；贵州、汉中航空工业基地；长江中上游造船基地；四川、江汉、长庆、中原等油气田；重庆、豫西、鄂西、湘西常规兵器工业基地；湖北中国第二汽车厂、东方电机厂、东方汽轮机厂、东方锅炉厂等制造基地；酒泉航天中心，西昌航天中心；中国西南物理研究院、中国核动力研究设计院等科研机构。这些代表性的企业和科研力量，后来都被称为中西部工业发展的"脊柱"。

2. 遗留了丰厚的工业遗产

三线建设是中国历史上那段很特殊的时期和工业化进程的最直接的见证者，三线建设时期遗留下来的大量厂房、车间、附属设施、生产设备、产品、工艺流程、文献、照片、音像等，蕴含着大量的信息，成为三线建设历史活的见证，是一笔珍贵的、具有鲜明时代特点和中国特色的工业遗产。

这些工业遗产，由于其地理位置、周边环境建设发展等因素具有极大的特殊性，因此价值不可估量。三线建设的出发点是备战，在布局上按照"靠山、分散、隐蔽"的原则，许多企业的选址都在条件艰苦的深山峡谷、大漠荒野。三线工业遗产由于整体布局上的独特性，不但具有体量、外形等带来的独特的视觉效果和工业机械美感，而且因地处深山、戈壁，与周边环境一起形成了一道独特的工业景观。例如，被称为"世界第一大人工洞体"的重庆涪陵816军工洞体，是中国当时重要的核原料工业基地，它在乌江边的尖子山上开凿了一个巨大的地下洞体，完全隐藏在涪陵金子山山体内。整个工程历经17年建设，动用人力6万多人，解密后开始作为旅游景点对外开放，并成为国防科普和爱国主义教育基地。

三线单位的军工色彩浓厚，科技含量普遍较高。三线建设的很大一部分项目位于远离城市的山地，为了适应不同于平原的特殊复杂地形，从建筑单体到整个建筑群的规划与布置，都有鲜明的特色。例如，重庆市境内的海孔洞，其前身为原国民政府第二飞机制造厂，在三线建设中，从太原迁来海孔，2003年又整体搬迁到四川彭州，留下大量空荡荡的厂房，并完整地保留有食堂、学校、医院、粮店、邮局、影剧院、篮球场，还有厂区公路、成排的仓库、四合院似的招待所、筒子楼似的家属楼、标志性的领袖像及神秘山洞等生产、生活设施。海孔洞已被纳入全国重点文物保护单位，也是重庆抗战兵器工业遗址群之一。

第三节　宝贵的精神财富

三线建设之初，中国国民经济基础薄弱。面对各种挑战，数十万建设大军汇集起来，在极度艰苦的条件下，以顽强拼搏的意志和震撼人心的壮举，用青春和热血，在沟壑纵横的裂谷深处书写出战天斗地、气壮山河的英雄史诗，创造了中华人民共和国建设史上的诸多奇迹，孕育并凝成"艰苦创业、勇于创新、团结协作、无私奉献"的三线建设精神。

第一，自力更生、艰苦奋斗的创业精神。在国家的号召下，在西方国家对中华人民共和国进行政治封锁、经济禁运和军事扼杀等艰苦条件下，数十万建设大军告别故土亲人，放弃相对优越的生活环境，来到条件艰苦、环境恶劣的大山、戈壁，踏上创业之路。三线建设者们抢晴天、战雨天、抓工期、抢进度，披星戴月、披荆斩棘、开山劈水、筑路架桥、只争朝夕，许多重点项目不仅提前完成，而且成为样板工程。"立下愚公志，不怕万重难；踏上红军路，建设大西南。"这是当时三线建设者熟知的口头禅，在如此艰苦恶劣的自然和生存环境下，三线建设者们以愚公移山的精神，依靠人力和简单的工具夜以继日地奋战在荒山野岭，创造出了一个个时代的奇迹。原六枝矿务局宣传部长、老三线建设者卢相福，见证了很多感人事迹：1965年，在六枝矿区要修筑一条地下矿铁路专用线，一共要打通两条隧道，削平五个山头，填平八条沟，建筑四座桥梁。参与建设这项工程的共有1 000多人，那时只有40部矿车，平均四五个人一把大锤，修天沟的沙、水泥等材料全都要工人肩挑背扛。就是用这样落后的装备，靠着一股子干劲儿和艰苦奋斗的精神，愣是把铁路修通了。

第二，直面困难、独立自主的创新精神。面对严峻的国际形势，面对困难的国内形势，面对条件恶劣的自然条件，三线建设者们没有退缩，而是直面困难和挑战，克服了一道道技术难关，群策群力，在一穷二白的基础上自主创新。例如，攀枝花钢铁厂的厂房建设按照通常的设计理念，建一个150万吨的钢铁厂，起码要5平方千米的厂址，但攀枝花连1平方千米平坦的地方也没有。技术人员精心设计，巧妙安排，在弄弄坪山坡上，依山势设厂，搬移了25亿立方米岩石，修建了8座跨越金沙江等江河的大型拱桥，并采用台阶式布置，螺旋式地把一个大型钢铁厂建在三个大台地上，这在世界钢铁建设史上也是无先例的。再如，攀枝花钢铁厂在投产初期技术落后，只能炼钢，不能提取钒，钒只能进入钢渣中被废弃掉。攀钢技术人员从投产开始，就积极探索钢渣处理问题。当时，国家急需钒，但国外对中国进行经济封锁，无法从外部获得更先进的技术。攀钢的技术人员利用废旧材料自制雾化器、铁槽、漏斗等简易装置，殚思竭虑，反复试验，进行大规模的技术改造与升级，使雾化提钒工艺得到国家正式认可。雾化提钒技术的突破，也使中国由钒资源的进口国一跃成为钒出口国。

第三，胸怀祖国、密切合作的协作精神。三线建设规模大、持续时间长，是国家经济建设和国家安全的战略安排。在党中央的统一领导下，各行各业认识统一、行动一致、团结协作，全国人力、物力、财力集中支持建设三线，在荒山野岭的自然环境下，大家用自己的行动体现了以大局为重的团结协作精神和胸怀祖国的爱国主义精神。一方面，中央集中领导。国家集中财力向三线地区投资，保证了三线建设大批物资设备的需求。毛泽东指示，今后新建项目大多要摆在西部地区，现在就要搞勘探设计，不要耽误时间。对沿海地区所有要求增加投资的部门，都不要批，以便把钱大部分用到三线建设上去。一些沿海工业企业向西部地区搬迁，新建项目也大多集中投放在西部地区。另一方面，各行各业团结协作。攀枝花原市委书记、三线建设的亲历者秦万祥同志赋诗深情回忆攀枝花钢铁厂初建时的大协作精神："各路大军齐参战，弄弄坪上主战燃。机器轰鸣震天响，千军万马战犹酣。"

第四，默默付出、甘于牺牲的无私奉献精神。在"好人好马上三线"的号召下，数以百万计的优秀建设者积极响应祖国召唤，不讲待遇，不计回报，不图名利，不提要求，为三线建设事业奉献青春和热血，贡献智慧和力量，创造了深山里的工业奇迹。当时的三线企业都要"依山傍水扎大营"，建设在远离城市的地方，尤其是分布在中部和西南部广大山区，有的甚至是不通水电的不毛之地。三线建设者们风餐露宿、肩挑背扛、前仆后继，不少人甚至献出了生命,长眠于三线大地,将自己的热血青春献给了祖国的三线建设。雷锋的好朋友彭海泉,便是无数三线建设者中的一员。1966年,彭海泉一家16口全部从老家湖南来到六盘水,没想到从此就在这里扎了根,并将一生奉献给了六盘水的三线建设。三线人怀着建设祖国的革命理想,披荆斩棘、开山劈水、筑路架桥,用血汗和生命,构建了三线地区强大的国防生产力。

三线建设是中华人民共和国建设史上不可忽视的一页,是中华人民共和国重大建设时期形成的一种典型工业文化现象,有着独特的历史、社会、科技、人文、审美等价值,具有很强的历史性、时代性、教育性和启迪性。

第二十九章 中国工业精神

自1949年以来，中国工业在一穷二白的基础上，建立起独立的、比较完整的现代工业体系，实现了由工业化起步阶段到初级阶段、再到工业化中后期阶段的历史大跨越，推动中国从一个物资极度匮乏、产业百废待兴的国家发展成世界经济的引擎、全球的制造基地。在工业化进程中，中国工业精神发挥了巨大作用，各条工业战线涌现出丰富的典型，大庆精神、两弹一星精神、载人航天精神、航空报国精神、探月精神等都是其中突出的代表。

第一节 "两弹一星"精神

中华人民共和国成立之初，面对西方的核讹诈和航天技术垄断的局面，中国决定自己发展核武器，重点突破国防尖端技术，以增强国际地位。

1955年年初，中国开始建立核工业。1956年，毛泽东在《论十大关系》讲话中指出："我们不但要有更多的飞机和大炮，而且要有原子弹。在今天的世界上，我们要不受人家欺负，就不能没有这个东西。"随后，在周恩来、聂荣臻主持制定的两次科学技术长远发展规划，即"1956—1967年12年科技发展规划"和"1963—1972年十年科技发展规划",都把发展核科技和核工业列为重点任务。

从20世纪50年代后期到70年代初期,中国各部门、各地方、各部队协同攻坚,执行"自力更生,过技术关,质量第一,安全第一"的方针,经过一大批科技人员、指战员、干部和职工的共同努力,两弹一星(导弹、核弹、人造卫星)取得重大成就。1964年10月16日,原子弹爆炸成功;1966年10月27日,导弹核试验成功;1970年4月24日,人造卫星发射成功。"两弹一星"在国际上引起了巨大反响,极大地增强了中国的国际地位。

"两弹一星"精神,是20世纪中国国防科技工业战线的自强不息、艰苦奋斗的民族工业精神。1999年9月18日,在庆祝中华人民共和国成立50周年之际,由中共中央、国务院及中央军委制作了"两弹一星"功勋奖章,授予23位为研制"两弹一星"做出突出贡献的科技专家,他们是钱学森、钱三强、王淦昌、邓稼先、赵九章、姚桐斌、钱骥、郭永怀、吴自良、陈芳允、杨嘉墀、彭桓武、朱光亚、黄纬禄、王大珩、屠守锷、程开甲、王希季、孙家栋、任新民、陈能宽、周光召、于敏。

"热爱祖国、无私奉献,自力更生、艰苦奋斗,大力协同、勇于登攀"的"两弹一星"精神,凝聚着科技工作者和国防工业建设者报效祖国的爱国热情,反映出他们坚定的理想信念和崇高的精神境界,是中华民族的优秀传统和工业精神在尖端技术领域的集中体现。

热爱祖国、无私奉献——把个人的理想与祖国的命运,把个人的志向与民族的振兴联系在一起。许多研制工作者甘当无名英雄,隐姓埋名,默默奉献,有的甚至献出了宝贵的生命。1968年12月5日,"两弹一星"元勋郭永怀从青海试验基地赴北京汇报,因飞机失事不幸遇难。当人们从机身残骸中寻找到郭永怀时,发现他的遗体同警卫员紧紧抱在一起。郭永怀想到的只是用身体保护对国家有重要价值的科技资料。

自力更生、艰苦奋斗——不辞辛劳、克服艰难、经受考验。广大研制工作者充分发挥聪明才智，敢于创新、善于创新。他们攻破了几千个重大的技术难关，制造了几十万台件设备、仪器、仪表。

大力协同、勇于攀登——团结一致、求真务实、大胆创新。"两弹一星"的研制工作者始终注意选准攻关的重点方向，把有限的人力、物力、财力集中起来，优化组合，形成合力，重点取得突破。

"两弹一星"的研制实现了高水平的技术跨越。从原子弹到氢弹，仅用两年零八个月的时间，比美国、苏联、法国所用的时间要短得多。在导弹和卫星的研制中所采用的新技术、新材料、新工艺、新方案，在许多方面跨越了传统的技术阶段。广大研制工作者充分发挥聪明才智，敢于创新、善于创新。他们攻破了几千个重大的技术难关，制造了几十万台件设备、仪器、仪表。他们知难而进，奋力求新，使研制工作在较短时间内连续取得重大成功，有力地保证了中国独立地掌握国防和航天的尖端技术。

"两弹一星"技术密集，系统复杂，综合性强，广泛运用了系统工程、并行工程和矩阵式管理等现代管理理论与方法，建立了协调、高效的组织指挥和调度系统，从而提高了整体效益，走出了一条投入少、效益高的发展尖端科技的路子。实践证明，越是关系国民经济命脉和国防安全的重大科技与建设项目，越要实施严格的科学管理，始终注重质量管理；越是高科技，越要加强管理，讲求质量和效益，这样才能取得成功。

"两弹一星"精神是爱国主义、集体主义和科学精神的体现，是宝贵的精神财富，不仅促进了国防事业的发展，而且带动了科技事业的发展，培养了一批吃苦耐劳、勇于创新的科技队伍，极大地增强了中国人民的信心。

第二节　大庆精神

中华人民共和国成立之初，中国石油工业基础十分薄弱。1949 年石油产量仅仅 12 万吨，对于百废待兴的中国来说，这无异杯水车薪。因为缺油，首都北京的汽车背上了煤气包，有的地方汽车甚至烧起了酒精、木炭，一顶"贫油"的帽子，压得人喘不过气来。不仅如此，西方国家还对中国实施石油禁运，并断言："红色中国没有足够的燃料支撑一场哪怕是防御性的现代战争。"

面对如此严峻的石油供需矛盾，1958 年，主管石油工业的邓小平高屋建瓴地指出，石油勘探重点要从西部向东部转移。1959 年 9 月 26 日，黑龙江省大同镇松基三井喜喷工业油流，发现了大油田。由于恰逢中华人民共和国成立十周年大庆，就命名为大庆油田。大庆油田的横空出世，是石油勘探战略东移结出的硕果，印证了陆相生油理论，打破了中国"贫油"的论断。

但是，面对这样一个世界级大油田，在一无经验、二无技术、设备落后、国家又十分困难的情况下，如何把石油开采出来？石油部决定集中人力、物力和财力，以打歼灭战的形式，组织石油大会战。强烈的民族自尊心和使命感，把几万会战大军集结松辽大地，打响了一场中国石油人必须打赢的战役！到 1963 年年底，大庆油田累计生产原油 1 155 万吨，中国石油基本自给，甩掉了"贫油"的帽子。

大庆精神是在开发建设大庆油田的实践中逐步培育和形成的，它的内涵十分丰富，可以概括为：为国争光、为民族争气的爱国主义精神；独立自主、自力更生的艰苦创业精神；讲究科学、"三老四严"的求实精神；胸怀全局、为国分忧的奉献精神，即"爱国、创业、求实、奉献"。

（1）爱国精神。大庆石油会战是在困难的时候、困难的地点、困难的条件下进行的。当时，中国国内连续3年遭受自然灾害，国民经济困难，国家迫切需要石油。1960年年初，数万名石油大军展开大庆石油会战。会战一开始，天寒地冻，在一望无际的大草原上，人们连吃饭、住房等起码的生存条件都成了问题。特别是在缺乏勘探开发大型油田经验又毫无国际援助的情况下，能不能独立自主地探明大油田，更是一场严峻的考验。面对缺乏开发和管理大油田的经验，石油职工把高度的爱国精神与严格的科学态度结合起来，不怕苦、不怕死、不为名、不为利，不讲工作条件好坏、不讲工作时间长短、不讲报酬多少，不分职务高低、不分分内分外、不分前线后方，一心要甩掉中国石油落后的帽子，一心要高速度、高水平地拿下大油田，一心要赶超世界先进水平。凭着这种报国情怀，会战队伍仅用三年时间，就成功地开发建设了大庆这个世界级大油田。

（2）创业精神。大庆油田所在的松辽地区自然条件、生活条件相当恶劣。以王进喜为代表的广大石油职工以攻克一切困难的决心和信心，在极端艰苦的条件下，提出"有条件要上，没有条件创造条件也要上"。钻井队搬迁，没有汽车、吊车，就人拉肩扛，把60多吨重的钻机从车站运到几千米外的井场；打井没有水，就破冰取水；施工缺器具，就土法上马，修旧利废；没有房子，就挖"地窝子"，建"干打垒"；粮食短缺，就挖野菜充饥，开荒种地。石油会战赶上了40年不遇的连绵降雨，许多工地和井场都被泡在水塘中，工人们经常站在没膝深的水中干活，工作条件极其艰苦。油建有一个小分队，在荒原深处施工，被暴风雨隔绝，失去联系，困在野外。他们吃野菜充饥，喝雨水解渴，坚持施工，度过了艰难的7天7夜。大庆冬天最冷时可达-40℃，石油工人在野外作业，泥浆水浇在身上，冻得就像穿了冰盔甲，走路前要先用木棍在身上敲一遍才行。随着会战的逐步推进，工作量越来越大，粮食供应却越来越少，最严重的时候"五两保三餐"。有的职工饿得难受，就跑到冰天雪地的野外，捡秋收后的白菜帮子、甜菜叶子、冻土豆来吃。

有的饿得实在不行了，就喝点盐水，喝口酱油汤。由于长期缺乏营养，到1961年年初，得浮肿病的就有 4 000 多人，占会战职工总数的 1/10。

（3）求实精神。要把石油开采出来，需要的不仅是干劲，更需要严谨的科学态度和尖端技术。在勘探开发中，每口井都取全取准 20 项资料、72 个数据。地质人员对地下的 48 个油层、698 个油砂体进行 100 万次的分析对比。为了弄清原油在铁路运输中的温度变化，确定冬季油库合理的加热温度，技术人员手持温度计，顶着寒风，跟随油罐车行程上万千米。为把千千万万的具体工作同千千万万名职工挂起钩来，落到实处，油田建立了一整套岗位责任制。采油三矿四队，当时管理二十几口井，要用二十几盘钢丝绳，每盘钢丝绳 2 000 多米。每次使用前，队长辛玉和都要用放大镜一寸一寸地仔细检查，看上面有没有砂眼，防止刮蜡时出事故。在交接班时，生产报表涂改一个字，灭火器上有一点灰尘，开关闸门差半圈或工具摆得稍微不整齐，都要交班人一一改正才能接班。在这种大量、具体、细致的工作中，逐步培养出了"三老四严"的好作风。

（4）奉献精神。祖国至上，人民至上，这是每个石油人执着的追求；为国家分忧，为祖国加油，这是中国石油始终不变的情怀。为节约资金，因陋就简、就地取材盖起当地人称为"干打垒"的土房子，来解决工人过冬的问题。经过 120 天的日夜奋战，完成了 30 万平方米的"干打垒"，只投资了 900 万元，如果建成砖瓦结构的房屋，大约需要 6 000 万元，在 1960 年经济建设最困难的时期，为国家节省了约 0.5 亿元的资金。

第三节　鞍钢宪法

鞍山钢铁公司是中国第一个最大的钢铁基地。20 世纪 50 年代初，全国各地大批技术人员奔赴鞍钢投入建设，开始的时候学习苏联的马钢经验，后来发现马钢经验过于强调领导者的绝对权威，并不适合鞍钢。"鞍钢宪法"即在这样的历史条件下诞生。

1960年3月，毛泽东在中共中央批转《鞍山市委关于工业战线上的技术革新和技术革命运动开展情况的报告》的批示中，强调要实行民主管理，实行干部参加劳动，工人参加管理，改革不合理的规章制度，工人群众、领导干部和技术员三结合，即"两参一改三结合"制度。1961年制定的"工业七十条"，正式确认这个管理制度，并建立党委领导下的职工代表大会制度，使之成为扩大企业民主，吸引广大职工参加管理、监督行政的形式。当时，毛泽东把"两参一改三结合"的管理制度称为"鞍钢宪法"，使之与苏联的"马钢宪法"（指以马格尼托哥尔斯克冶金联合工厂经验为代表的苏联一长制管理方法）相对。

"两参一改三结合"是"鞍钢宪法"的核心与精髓，它探索出一种中国工业企业的管理模式，在中国企业管理史上具有里程碑的意义。欧美和日本管理学家认为，"鞍钢宪法"的精神实质是"后福特主义"，即对福特式僵化、以垂直命令为核心的企业内分工理论的挑战。换句话说，"两参一改三结合"就是"团队合作"。美国麻省理工学院管理学教授L.托马斯明确指出，"鞍钢宪法"是"全面质量"和"团队合作"理论的精髓，它弘扬的"经济民主"恰是增进企业效率的关键之一。

"鞍钢宪法"解除了企业管理中权威主义的束缚，解除了科学管理中紧张的人际关系及群体身份的束缚，缓解了官僚统治与技术自治之间的矛盾，增加了工人与技术人员的决策自主权，解除了部门对立与决策分割的束缚，增加了员工的自由空间与组织的整体行动能力，增加了工人在生产经营管理中的参与权与自主权，促进了人的自由和解放。"鞍钢宪法"体现了"以人为本、民主管理、改革创新"等进步精神。

第四节　载人航天精神

1992年9月21日，中国政府决定实施载人航天工程，并确定了三步走的发展战略。第一步，发射载人飞船，建成初步配套的试验性载人飞船工程，开展空间应用实验；第二步，突破航天员出舱活动技术、空间飞行器的交会对接技术，发射空间实验室，解决有一定规模的、短期有人照料的空间应用问题；第三步，建造空间站，解决有较大规模的、长期有人照料的空间应用问题。为加强对工程的领导，中国设立了中国载人航天工程办公室，实施大型系统工程专项管理，统筹协调工程13个系统的110多家研制单位、3 000多家协作配套和保障单位的有关工作。

神舟五号和神舟六号飞行任务的圆满成功，标志着实现了工程第一步任务目标；神舟七号飞行任务的圆满成功，标志着中国掌握了航天员空间出舱活动关键技术；天宫一号与神舟八号和神舟九号交会对接任务的圆满成功，标志着中国突破和掌握了自动和手动控制交会对接技术；神舟十号飞行任务是工程第二步第一阶段任务的收官之战；2010年9月，中国启动研制载人空间站建设工作。

载人航天工程实施以来，参加工程研制、建设和试验的航天工作者始终勤于探索、善于借鉴，勇于创造、敢于超越，瞄准当今世界航天科技发展的最前沿，攻克了多个国际宇航界公认的尖端课题，掌握了多项具有自主知识产权的核心技术，展示了新时期航天工作者的创新能力和时代风采。同时，坚持把质量建设作为生命工程，把确保成功作为最高原则，以现代科学管理谋求最大效益，初步走出了一条高起点、高质量、高效益、低成本的航天发展道路。

航天事业的发展，离不开一定的经济基础和科技实力，航天奇迹的创造，更需要巨大精神力量的推动。中国载人航天工程实施以来，广大科研人员、部队官兵和职工艰苦奋斗、顽强拼搏，在载人航天工程的艰苦实践中，在挑战世界尖端科技领域的艰难征程中，铸就了"特别能吃苦、特别能战斗、特别能攻关、特别能奉献"的载人航天精神。其内涵主要表现如下：

（1）热爱祖国、为国争光的坚定信念。在载人航天工程实施过程中，广大航天工作者高举爱国主义旗帜，以国家需要为最高需要，以人民利益为最高利益，自觉地把个人理想与国家建设、民族振兴紧密联系在一起，表现出强烈的爱国情怀，展现了对国家的赤胆忠诚。

（2）勇于登攀、敢于超越的进取意识。在比世界航天大国起步晚30多年的情况下，广大航天工作者知难而进、锲而不舍，自力更生、勤于探索、勇于创新，攻克了飞船研制、运载火箭的高可靠性、轨道控制、飞船返回、交会对接等国际宇航界公认难题。

（3）科学求实、严肃认真的工作作风。广大航天工作者始终坚持把确保成功作为最高原则，以提高工程安全性和可靠性为中心，依靠科学，尊重规律，精心组织、精心指挥、精心实施，创造了一流的工作业绩。

（4）同舟共济、团结协作的大局观念。全国数千个单位、十几万名科技大军自觉服从大局、保证大局，集中力量办大事，同舟共济、群策群力，坚持统一指挥和调度，有困难共同克服，有难题共同解决，有风险共同承担，凝聚成强大合力。

（5）淡泊名利、默默奉献的崇高品质。为了成就载人航天飞行的伟大事业，中国航天人无私奉献、默默耕耘，他们不求名利地位，不计个人得失，慷慨地奉献了自己的青春年华、聪明才智，甚至宝贵生命。

第三十章 中国企业班组建设

企业是经济的基本细胞，是市场主体，企业兴则经济兴。在我国，班组既是企业组织生产经营活动的基本单位和"前沿阵地"，又是党建工作最根本的立足点和战斗堡垒。实践证明，优秀的班组是企业人才的聚集库和"火车头"，对企业的发展有输能和带动作用。中国企业班组曾经涌现出郝建秀、孟泰、赵梦桃、王进喜、倪志福、唐建平、薛莹和苗建印等杰出代表人物。

第一节 孟泰工作法

孟泰是中华人民共和国成立后第一代全国著名劳动模范。东北解放初期，鞍钢需要恢复生产，孟泰爱厂如家，艰苦创业，积极组织工友们献交器材，在当时条件极度困难的情况下，没有花国家一分钱，在恢复和发展鞍钢生产中做出了重大贡献，为中国钢铁工业奠定了基础，孟泰也成为20世纪60年代誉满全国的钢铁战线的老英雄。

（1）孟泰仓库。1948年11月，东北全境解放，孟泰奉调回鞍钢，在炼铁厂的修理厂担任配管组副组长，他不顾刮风下雪，跑遍厂区，并动员本组十几个伙伴，收集废旧材料和零备件，在短短几个月内，就收集了上千种材料、上万种零备件，堆满了整整一间屋子。他把这些零备件用玻璃粉除垢，然后修复成能用的管件。这就是"孟泰仓库"。孟泰艰苦创业的精神受到中共鞍山市委和鞍钢公司的高度重视，并以他为榜样，发起了一场大规模的交器材运动。在修复炼铁厂2号高炉中，所用的管件大部分取之"孟泰仓库"。1949年6月，修复后的2号高炉生产出第一炉铁水。1949年7月，鞍钢举行盛大开工典礼并表彰了在护厂、抢运、献交器材中涌现的先进人物，孟泰等9人被授予特等功臣。

（2）爱厂如家，爱炉如命。抗美援朝时期，美国战机在鞍钢上空盘旋，孟泰撇家舍业，背来行李睡在高炉旁，誓死保卫高炉安全。孟泰主动当了护厂队员，他把行李扛到高炉上。几次空袭警报响起，孟泰都是手拎大管钳，飞跑到高炉总水门旁准备随时用身体护卫，与高炉共存亡。1950年8月，4号高炉炉皮烧穿，铁水与顺炉皮而下的冷水相遇产生爆炸。孟泰将生死置之度外，冲上炉台抢险，迅速用铁板将水流引离炉皮，并采取一系列处理措施，避免了一场炉毁人亡的事故。这年初冬的一个晚上，高炉水门被堵，孟泰踹碎水道表面冰层，跳入其中，俯身抠除堵塞的杂物，使高炉循环水线恢复畅通。工友们把孟泰从冰水中拉上来时，他已冻得浑身颤抖，嘴唇发紫。经历十几次抢险之后，铁厂工人敬佩地称呼孟泰为"老英雄"。

（3）孟泰工作法。著名的"孟泰工作法"就是他多年来在高炉工作实践中摸索出来的一套工作规律及操作技术。炼钢过程中高炉冷却的目的在于增大炉衬内的温度梯度，既可以保护某些金属结构和混凝土构件，使之不失去强度，又可以使炉衬凝成渣皮，保护甚至代替炉衬工作，从而获得合理炉型，延长炉衬工作能力和高炉使用寿命。高炉常用的冷却介质有水、风、汽水混合物，利用工业水开路循环、汽化、软水密闭循环等冷却系统技术进行高炉冷化。

孟泰以年过半百的高龄学习文化、钻研技术、结合多年实践经验，对高炉上密如蛛网的 1 000 多根冷却水管了如指掌，总结出一套"眼睛要看到，耳朵要听到，手要摸到，水要掂到"的"孟泰工作法"；他亲手建立的"孟泰储焦槽"，每年节约上千吨焦炭；他还为配矿槽研制了防暑降温设施，改善了作业环境，被同行们称为"高炉神仙"。孟泰自己设计制造成功的研制双层循环水给冷却热风炉燃烧筒提高寿命 100 倍；试制成功的瓦斯灰防尘罩，既减少了环境污染，又增加了企业的经济效益；组织的提高更换高炉风口、铁口速度的技术攻关，刷新了铁厂生产的历史纪录。

在中华人民共和国成立初期，孟泰还组织全厂各方人员进行联合攻关，先后解决了十几项技术难题。1959 年，铁厂因冷却水水量不足而影响高炉正常生产，孟泰经过半个多月反复思考，提出了将高炉循环水管路由并联式改为串联式方案，改造后铁厂高炉循环水节约总量达 1/3，全厂每年可节约费用 23 万元。1960 年年初，苏联停止对中国供应大型轧辊，致使鞍钢面临停产的威胁。孟泰、王崇伦迅速动员和组织了 500 多名技协积极分子开展了从炼铁、炼钢到铸钢的一条龙厂际协作联合技术攻关，先后解决了十几项技术难题，终于自制成功大型轧辊，填补了中国冶金史上的空白。此项重大技术攻关的告捷，在当时的全国冶金战线轰动一时，被誉为"鞍钢谱写的一曲自力更生的凯歌"。如今，鞍钢股份公司炼铁总厂厂区内建立了孟泰纪念馆。

第二节　郝建秀工作法

1951 年夏，在全国"红五月"劳动竞赛中，中华人民共和国第一代纺织工人——年仅 16 岁的青岛国棉六厂挡车工郝建秀，在平凡的纺纱岗位上，摸索出一套科学、高效、快捷、节约的纺纱工作法，创造了连续 7 个月皮辊花率平均 0.25%的优异成绩，引起了纺织工业部和全国纺织总工会的重视，专门组成研究会，总结命名并在全行业推广"郝建秀工作法"。

1952年5月，当时的纺织工业部和全国纺织总工会在青岛国棉六厂召开大会，郝建秀所在生产班组被命名为"郝建秀小组"，这是中华人民共和国成立后第一个用劳模姓名命名的产业工人工作小组。1953年，在纺织工业部召开的第一次全国纺织劳模大会上，又授予郝建秀小组"永远发挥火车头的作用"的锦旗。

中华人民共和国成立初期，纺织工业虽然很快恢复了生产，但企业管理水平比较低。为了推进企业生产和经营改革，1951年，全国纺织工业开展以增产节约为主要内容的"红五月"生产劳动竞赛活动。在细纱车间通过对值车工生产的皮辊花实行按机台、按人分别过秤，逐月进行记录，作为考核轮班、个人成绩的依据。这项制度的实施，对减少断头、提高劳动生产率，改善成纱质量，节约人力、物力都起了积极的推动作用。

在实施这项制度过程中，青岛国棉六厂按清花、梳棉、粗纱、细纱、摇纱等工种分成不同车间，郝建秀是其细纱车间的一名挡车工。细纱工序是纺纱工艺流程中最重要的工序，它是将前一道工序生产的粗纱，纺成特定的支数细纱，通常还要经过络筒、捻线后的成纱提供机织或针织使用。其中，棉线接线头是细纱工序中的技术活，操作水平是决定质量和产量的重要因素，皮辊花出得越多，就意味着纱线产量越低。

因此，如何多纺纱、纺好纱成为郝建秀每天的"思考题"。经过不断摸索、实践和向老工人师傅请教，不到两年时间，郝建秀终于熟练地掌握了纺车的性能和操作规律，摸索出一套多纺纱、多织布的高产、优质、低耗的工作方法，即"郝建秀工作法"（又称"五一细纱工作法"），也是中华人民共和国成立后工业战线总结出的第一个以提高生产效率为目标的工作方法。

郝建秀工作法基本内容：一是工作主动，有规律、有预见性。她是人支配机器，不是机器支配人，按照一定的规律工作，一切争取主动。二是工作有计划，分清轻重缓急。三是生产合理化，工作交叉结合进行。把几种工作结合起来做，做到了既省力又省时间。四是重视清洁工作。抓住了细纱工作的主要环节，清洁工作做好了，断头就少，皮辊花出得少，产量就高，质量就好。郝建秀工作法不但有效地促使产量增加、原料节约、成本降低、次布减少，而且延长了机器的寿命，提高了成纱率和工人看台能力，节省了社会劳动力，从而为经济核算创造了条件，为定额打下了基础。郝建秀的这套工作法经纺织工业部进行系统的全国测定总结后，更加科学化和条理化，在全国推广以后，使生产竞赛走向体力和智力相结合的阶段。

"郝建秀工作法"的产生和推广，带动了全国纺织行业"五一织布工作法"等 80 多个工作法的陆续产生，对中国纺织工业基础管理、劳动组织调整和操作技术规范产生了巨大作用；同时，以总结推广高效率模范生产方式，提高生产效率的做法也被大力推行，不仅大大鼓舞了广大职工的劳动热情和生产积极性，也带动了其他行业的进步，产生了巨大的经济效益和社会效益。

第三节　赵梦桃小组

"赵梦桃小组"原为西北国棉一厂细纱车间乙班四组，成立于 1952 年，1963 年由陕西省人民委员会以全国著名劳动模范赵梦桃的名字命名。

1951 年，赵梦桃加入原西北国棉一厂，成为一名细纱挡车工。在学习"郝建秀工作法"的毕业典礼上，她获得了第一名，被选为工会小组长、先进生产者。其后，她创造了连续 7 年全面完成生产计划的先进纪录，并帮助 13 名工人成为工厂和车间的先进生产者。凭借过硬的技术、出色的工作成绩和吃苦耐劳的精神，1956 年赵梦桃被授予全国劳动模范称号。

1962 年，西北国棉一厂为了提高棉布质量，要求细纱工序减少条干不匀的现象，以便消灭布面上的粗细节疵点。赵梦桃刻苦钻研技术，在吸取其他纺织能手经验的基础上，摸索出了一套科学的巡回清洁检查操作法，大大充实了"郝建秀工作法"的内容，对提高棉纱条干均匀度和棉布的质量起了重要作用。1962年11月底，陕西省纺织工业局总结推广了这套方法，并在媒体上予以报道。1963年4月，陕西省召开表彰赵梦桃及赵梦桃小组先进事迹大会，将其所在的小组命名为"赵梦桃小组"。

赵梦桃作为全国著名劳动模范，成为纺织战线的一面红旗。在她的带动下，小组"人人当先进、个个争劳模"蔚然成风，并形成了"高标准、严要求、行动快、工作实、抢困难、送方便、不让一个姐妹掉队"的"梦桃精神"，激励了一代又一代纺织工人。

半个世纪过去后，"赵梦桃精神"的火炬又传递到第12任组长王晓荣和她的组员手中，她们紧紧围绕企业生产经营中心工作，立足岗位，勤于钻研，勇于创新，创造了一流工作业绩，有效发挥了先进典型的示范带头作用。随着纺织企业的转型升级，也给"赵梦桃小组"提出了新的挑战。为了适应形势发展，小组提出了"举旗要有新思路，继承要有新内涵，管理要有新方法，先进要有新贡献"的新管理目标。小组坚持以人为本，形成了"四长五员"制的管理体系，建立了"五账一本"小组建设机制，小组提出的"三个换位管理"理念，成为创新管理的一大亮点。小组还推行"四交监督权"民主管理形式，大大提升了小组的管理水平。小组坚持开展创建学习型班组、争做知识型员工的活动，并将学习理论与实践相结合，针对生产难点，运用小组集体智慧攻关，创出了新的高支纱接头和落纱操作法，在全车间推广，保证了新产品的质量，为企业赢得了效益，也带动了全国棉纺织行业管理水平的提高。

第四节 倪志福钻头

1953年,北京永定机械厂一名青年钳工创造了一种高效率、长寿命、切削省力、加工质量好等多种优点的新型钻头,在全国引起强烈反响,之后以他的名字命名为"倪志福钻头"(简称"倪钻")。

通常,工厂里加工零件钻孔用的是合金麻花钻头,也称作标准钻头。"倪钻"是在麻花钻头的基础上刃磨而成的,其外观一是钻头头部磨出两道月牙形分屑槽,后改进为三道(钻头两肩一边磨一道,另一边磨两道);二是钻头头部是平的,中心只比两肩稍高,时称"三尖七刃"麻花钻。这样磨出的钻头比麻花钻头寿命更长,效率更高。这是中国人在机械加工领域对世界的重大贡献。

在机械制造中,钻孔是一项必不可少而又十分普遍的加工工序,在金切加工中所占比例较大,仅次于车削。在实心材料上打孔的主要刀具是麻花钻。麻花钻的使用往往是孔加工的关键工序,因为扩孔、镗孔、铰孔、拉孔的形位误差直接与钻孔的精度有关,保证钻孔精度、提高钻孔效率、延长钻头寿命是合理使用、改进钻头的目标。然而,自19世纪中期出现以来,到20世纪50年代,其几何角度变化不大,随着生产的发展,新加工材料的不断出现,标准麻花钻的切削能力已经逐渐不能适应使用的需要了。

倪志福是原兵器工业国营六一八厂(现在的中国兵器工业集团北方车辆集团公司)的一名钳工。1953年,车间接到为抗美援朝中破损装甲车特种钢板加工打眼的任务,这种钢材连当时外国著名的"席乐夫钻头"也很难钻动。倪志福起初用标准麻花钻头打眼,钻半天才能打通一个眼,而且一天竟烧坏12支钻头,效率很低。

为攻克特种钢硬度高、强度大、钻孔不易掌握的困难,倪志福打破百年来钻头刃口平直的常规,将"一尖三刃"的普通麻花钻改成"三尖七刃"的新型钻头,解决了完成任务的关键难题,被命名为"倪志福钻头"。后来又成立了一个由工人、干部和技术人员参加的三结合小组,继续开展"倪钻"的改进和推广工作。"倪钻"是生产实践的产物,具有科学性、先进性、独创性、新颖性等特点,与普通麻花钻头相比,具有定心好、钻速快、功效高、寿命长等优点,被当时国内许多工厂和苏联的部分工厂所采用,成为中国"机械工业金属切削行业中的一项重大革新"。

因为钻头一举成名,倪志福认为,"这款钻头虽然是我在工厂干活时磨的第一支钻头",但是在得到了各方专家和能手的支持帮助不断改进后定型,是"群众智慧的结晶"。1965年,倪志福发表了"不是倪钻,是群钻"的申明:"最实事求是的名字应该为群钻,因为它是群众智慧的结晶。"一个"群"字体现出了多少人的无私,更体现出了倪志福谦虚质朴的品格。

群钻的优良性能,使它赢得了一系列荣誉,1964年获国家科委颁发的"倪志福钻头"发明证书。同年,世界科学讨论会在北京召开,时年31岁的倪志福代表中国工人第一次登上世界科学讲坛,宣读了他的论文《倪志福钻头》,赢得了到会科学家们的高度赞誉。1965年倪志福钻头受到国家的科技发明奖励,1986年获得联合国世界知识产权组织的金质奖状和证书,2001年倪志福获得国家知识产权局颁发的新型实用专利证书。

第五节 铁人王进喜

王进喜是中华人民共和国第一批石油钻探工人,全国著名的劳动模范。他率领1205钻井队艰苦创业,打出了大庆第一口油井,并创造了年进尺10

万米的世界钻井纪录，展现了大庆石油工人的气概，为中国石油事业立下了汗马功劳，成为中国工业战线的一面旗帜。王进喜身上体现出来的"铁人精神"，激励了一代代的石油工人，成为国家建设的宝贵精神财富。

王进喜及其所带领的 1205 钻井队是中华人民共和国第一代钻井工人。面对中华人民共和国成立之初石油短缺的局面，他们以强烈的责任感、高昂的政治热情投入祖国找石油的工作之中。1958 年，他带领钻井队创造了当时月钻井进尺的全国最高纪录，荣获"钢铁钻井队"的称号。1960 年，他率队从玉门到大庆参加石油大会战，组织全队职工把钻机化整为零，用"人拉肩扛"的方法搬运和安装钻机，奋战三天三夜把井架树立在荒原上。打第一口井时，为解决供水不足，王进喜带领工人破冰取水，"盆端桶提"运水保开钻。打第二口井时突然发生井喷，当时没有压井用的重晶石粉，王进喜决定用水泥代替；没有搅拌机，他不顾腿伤，带头跳进泥浆池里用身体搅拌。经全队工人奋战，终于制伏井喷，被人们誉为"铁人"。

除了"铁人"，王进喜还有一个"工人工程师"的称号，他们集体总结出的"三老四严"等制度成为当时全国工业系统学习的榜样。王进喜在技术上勤于钻研，带领工友们用 20 世纪 40 年代的老钻机，克服技术上的困难，打出全油田第一口斜度不足半度的直井，创造了用旧设备打直井的先例。另外，他还与工友们一起发明了钻机整体搬家、钻头改进、快速钻井等多项技术和工艺革新，被授予"工人工程师"的称号。从 1960 年 6 月 1 日大庆运出第一批原油，到 3 年之后大庆油田会战结束，中国石油结束了用"洋油"的时代，实现基本自给，这是在探索中国工业化道路上的一次成功尝试。由此，毛泽东主席发出"工业学大庆"的号召。

王进喜及其 1205 钻井队为中国石油工业建设做出了突出贡献，也留下了宝贵的精神财富——铁人精神。铁人精神所折射的品质是中华民族赖以生存和发展的精神支撑和力量源泉，是民族精神和工业文化的一笔重要财富。

第一，铁人精神是实事求是的科学态度。王进喜带领 1205 钻井队，含泪把不合格的井填掉，坚决推倒重来，体现的正是铁人求真务实的科学态度。

第二，铁人精神是锐意创新的开拓意识。油田一次创业时，面对复杂的地质情况、艰苦的自然环境、落后的勘探技术，以铁人为代表的石油工人发扬"跨过洋人头，敢为天下先"的可贵探索精神，在技术、管理和文化等多方面进行全面创新，解决了一个又一个技术难题。

第三，铁人精神是敬业报国的责任担当。石油会战初期，正值国家三年困难时期，各种困难和矛盾是难以想象的。以铁人王进喜为代表的石油工人以"有条件要上，没条件创造条件也要上"的气魄，靠着艰苦奋斗、实干创业和革命加拼命的精神，使得石油开采工作有了突破性的进展。凭着"宁可少活 20 年，拼命也要拿下大油田""要为油田负责一辈子"的责任感和使命感，为中国石油工业的发展做出了不可磨灭的贡献。

第六节　唐建平班组

随着计算机技术的发展，数字控制技术已经广泛应用于工业控制的各个领域，尤其是在制造业中，普通机械正逐渐被高效率、高精度、高自动化的数控机械所代替。数控技术的水平和普及程度已经成为衡量一个国家制造业水平的重要标志之一。中国航天科技集团公司第八研究院第八〇〇研究所唐建平班组，是一个以数控加工手段，对航天产品进行精加工的班组，班组现有成员 40 人，平均年龄 30.5 岁。于 2002 年以组长唐建平的名字命名，并逐渐形成了"加工求精、质量求严、降本求效、作风求实"的班组精神。这些年，班组刻苦钻研，勇于创新，注重专业技术，将新工艺、新技术与数控技术发展相融合，与科研生产力相结合，为航天事业发展做出了突出贡献。

（1）承担神舟飞船攻关任务。神舟飞船是中国自行研制，具有完全自主知识产权，达到或优于国际第三代载人飞船技术的飞船。飞船的零件具有形状结构复杂、精度要求高、加工难度大的特点，且无先例可循。唐建平和他的班组承担"神舟六号"飞船推进舱部分关键部件的研制、攻关任务。经过上百次的科研攻关和实验，班组通过设计制造工装夹具、靠模来改进工艺方法，研制出了一个超薄壁铝合金膜片、壳体，成功完成了飞船推进舱关键零部件的研发任务，该攻关项目也获得了国防科工委科技进步二等奖。

唐建平班组还独立设计制造了专用夹具、专用刀具等数控加工关键零部件，为数控精密加工提供了保障。由于唐建平班组精于高难度、高精度、复杂零件的加工，特别擅长刚度差、易变形的薄壁铝、镁合金和钛合金零件的加工，已经成为中国航天生产领域内的技术班组。

（2）质量求严，追求一流。唐建平班组加工的零件，加工难度大、精度要求高，而且都是精加工，稍有不慎就会造成质量事故，不但经济损失大，而且延误生产进度。为保证加工产品的质量，该组在生产中坚决执行首件三检制，并规定在加工前，要会同工艺、编程、操作人员一起认真研究图纸和工艺，找出加工中的重点、难点，引起高度重视，从而有效地避免了加工中质量事故的发生。

"质量是航天的生命。"组员们在产品加工过程中精益求精，对产品质量吹毛求疵，航天质量文化不仅在组长唐建平身上显现得淋漓尽致，而且深深地影响了每个组员。班组成员都有一个共同的目标：实现产品"零缺陷"，保证加工的零件技术过硬、质量过硬，争取成为航天系统内的一流"品牌"班组，为航天现代化建设提升质量。

为实现这一目标，他们在完成任务的同时，还开展了以提高产品质量和生产效率为目的，以技术革新和技术创新为主要内容的"技革竞赛"活动。围绕质量效益班组建设，提出了质量效益"456"管理体系，即质量管理 4

常，效益提升5法和6项专项成本控制，使班组质量效益水平稳步提升。

（3）技术创新，加工求精。在班组长唐建平的带领下，班组内部形成了浓厚的技术研究氛围。高学历技术人员和操作经验丰富的技术工人通力合作，以项目为平台，积极参与所发展基金项目和专业技术发展研究。把新工艺、新技术、信息化技术等与数控专业技术发展相融合，与科研生产能力相结合，有效地实现了科技成果向生产力的转化。班组坚持开展技术创新活动，以强烈的事业心和顽强的精神，攻克了一个个技术难关，显著提高了生产效率。

国家重点工程973项目中强流质子加速器中电极零件的加工攻关项目，是国际前沿高科技技术，对加工和装配的精度要求极高，该零件的所有尺寸公差都是0.01毫米，材料是无氧铜，极容易弯曲变形。唐建平大胆创新，敢为人先，带领班组成员，根据工件材料的机械性能、工件尺寸、形位公差的要求，设计专用刀具，调整机床精度，反复进行多次切削试验，确定了合理的技术参数，制订了具体的加工方案，最后以精湛的加工技艺完成了这项任务。这一技术难题的攻克，不仅加快了中国强流质子加速器研发的步伐，也使中国电极制造技术在世界上处于领先地位，成为继美国和日本之后第三个掌握该技术的国家，这一成就堪称世界一流，并获得上海科技创新成果展一等奖。从此，唐建平成了"精准加工"的代名词。

某高新工程型号的本体与舱体是整个产品的关键零件，形位尺寸公差、精度要求高，尤其是本体和壳体的协调孔，加工难度大，为达到配合要求，原来采用单配、组合加工生产方式，报废率高、生产效率低，是该型号批产的技术瓶颈。单位将此项目作为攻关课题交给了唐建平，经他潜心研究，编制出了新的加工工艺，并利用新技术、新设备、新工装、新刀具把本体与壳体两个零件分别进行加工，在加工过程中消除各种因素引起的误差，通过技术创新保质保量地完成了加工任务，使装配达到互换性，合格率100%，生产效率大大提高。

30多年来，唐建平完成了运载火箭、飞船、卫星、战术武器等数十项国家重大高新工程项目中关键重要零部件、结构件的机械加工，是中国工匠的优秀代表，体现出了新时期的工匠精神。

第七节　薛莹班组

薛莹是西安飞机工业（集团）有限责任公司国际航空部件总厂班长，她和她的班组主要从事波音737-700垂尾可卸前缘组件的铆接装配工作。从2000年开始，薛莹带领女职工占80%的团队，发扬"献身其中，快乐似星"的铆钉精神，在航空制造装配铆工的平凡岗位上创造了一个又一个奇迹，确保了3 000余架波音产品按节点优质交付。

（1）齐心攻坚，解决刁钻难题。垂尾前缘是一个长7.2米、由4段马鞍形镜面蒙皮无缝对接装配而成的。其中一些技术要求，可谓奇特而刁钻。比如，由于质量体系的严格要求，波音公司代表提出，"必须用小于5磅、相当于一个大拇指的推力，使前缘组件上的300多个孔与前梁上的孔同心"。

在垂尾试制的关键时刻，27岁的薛莹担任前缘班班长。薛莹和她的同事们承受着巨大的压力，开始了艰难的攻关。60多千克的前缘，一天之内在5台工装间抬上抬下30余次；30多架份的试制，40多个昼夜的检查、实验反复不停……终于，前缘装配达到了波音公司的要求，实现了用大拇指的推力保证前缘组件上300多个螺钉孔和前梁上所有的孔同心。对质量要求近乎苛刻的波音代表，也由衷地表达了肯定和赞许。

经过多年的探索，薛莹和同事们总结出了一套适合自己的质量控制方法，有效提高了生产效率，提高了产品质量。2005年，"薛莹班"成为西安飞机工业（集团）有限责任公司首个以班长名字命名的班组。

（2）满足并超越用户期望。2002年10月15日，波音公司发来感谢信，授予薛莹班组全体成员"用户满意员工"的荣誉，这是波音公司在全球范围内首次颁发这样的荣誉。原来，早在当年4月，由于前缘工装返修延误了一个月的时间，波音公司代表认为西飞公司无论如何也赶不上主进度计划了，于是通知总部做好对西飞罚款的准备。事情进展却让波音公司代表始料不及：在薛莹的带领下，薛莹班组迎难而上，拼搏大干，不仅完成了计划任务，还比主进度计划提前了2天，不仅挽回了公司的损失，还一举打出了航空人的声誉。正是因为这份替用户着想的执着，在全球经济形势不稳定的大背景下，西飞公司仍然接到波音公司源源不断的订单。

（3）持续创新，提升班组建设水平。在长期的生产实践中，班组积极开展自主管理，营造和谐快乐的工作氛围，创建积极向上的班组文化。班组内部形成了一整套严格、科学、规范的管理体系，这些规章制度已成为每位员工"内化于心，外化于行"的自觉行动。班组每名员工对质量控制精益求精，不断提高操作技能和产品质量，波音公司在全球范围内推广了薛莹班组的质量控制方法。

为了提高工作效率，除了加班加点努力完成任务，班组还通过学习、创新，将生产方式由原来的集体作业改为流水线作业，使生产现场实现了无纸化，连续10余年来，确保按节点优质交付每架产品，生产效率也得到了大幅度提升，波音垂尾月产量由8架份提高到月产28架份。2013年以来，班组开展"六维度管理法"，按照流程、质量、信息、人员、团队、绩效六个维度，开展班组自主管理，创新应用SQCDP（安全、质量、成本、进度、人员）管理方法，形成了"现场管理制度化、班组生产精益化、营造团队学习化、班组建设和谐化、班组工作快乐化"的"五化"班组管理模式。

如今，飞翔在全球的波音 737 系列飞机中，有 2/3 装载着"薛莹班"制造的垂直尾翼，而"薛莹班"也成了航空制造系统的一道亮丽的风景。

第八节　苗建印班组

中国航天科技集团公司五院总体部五室热控产品及预研组于 1965 年由闵桂荣院士一手创建，以苗建印为当代领军人物，2015 年被国家命名为"苗建印班组"。50 年来，班组一直秉持"掌控冷暖、领跑世界"的创新理念，创造了 4 项全球首创、6 项国际领先、20 余项世界先进的成果。

（1）构建众创模式，打通创新链路。科研人员在创新过程中经常面临原始创新不足、创新成果转化应用难、产品攻关缺乏提前储备等难题，究其原因，主要是创新的各环节、各要素及创新人才的脱节造成的。为此，苗建印班组构建了班组众创模式，努力打造良好的创新生态。

一是实现业务融合。集科学研究、技术开发、产品研制、工程应用全链条业务于一身，从而能够做到超前布局、有序衔接、反复迭代、快速研发。比如，针对基础研究薄弱导致原始创新能力不足的问题，在"十五"期间就提前布局，建立了专职的基础研究团队并提供特殊政策，实现了航天热控领域"973 项目"零的突破，原始创新能力大大增强。为了解决嫦娥五号大功率钻取装置散热难题，在国内首次提出水升华的方案，并在 4 个月内就完成了原型样机的研制，突破了按常规研发模式需要 5 年研制周期的时间限制。

二是实现团队融合。网罗各类人才，突出专业特长，强化优势互补。除了热科学相关人才，班组还积极引进与专业发展密切相关的流体、材料等方面的人才；除了"首席专家"、博士、博士后这样的高学历人才，还有技艺超群的工艺专家和操作能手。这个团队在一个个难题面前灵感迸发、互相启迪、快速决策。

三是实现知识融合。通过建立"一刊三库两平台"（"一刊"指跟踪前沿技术的《热控动态报》，"三库"指标准规范库、专业图书库、电子文献数据库，"两平台"指通用软件工具平台及自研软件工具平台），形成了团队学习、知识管理、业务支撑的一体化管理模式，不仅为知识共建、知识共享、知识共创的创新管理提供了有效载体，也为知识零盲区、管理零误差、产品零问题提供了有效保证。50 年来，班组为 100 余个航天器研制的万余套产品 100% 合格，实现了在轨无一失效的业界奇迹。

四是实现文化融合。这里除了有专业情怀、学术氛围和工程情结，班组成员还将他们的执着的品质倾注在业余爱好的各个领域，一大批闻名总体部的"歌王""球星""诗人"、游泳冠军等高手都出自这个班组。这种多元而热情的文化为创新注入了新鲜的活力。

（2）搭建众筹平台，突破创新资源瓶颈。苗建印班组共有 26 人，平均年龄仅 33 岁。为了真正担当起创新重任，就必须采用集智创新的方法，协同创新。在筹智方面，利用国内热物理协会副主席单位、热管协会主席单位的影响力及多次担任国际顶尖学术会议执行主席、承办世界最高级别会议等机会，与 20 余个全球顶级宇航技术研究机构建立了长期合作关系，充分借鉴国际一流的智力成果，确保自己站在科研前沿。

同时，班组与国内 60 余家科研院所、高校共建了产学研平台，共享人才、成果等智力资源。在筹力方面，与多家单位建立联合研究基金。利用自主开发的一批国际先进的生产实验设备，采取合作共享机制，与国内 10 余家单位建立了联合开放实验室。

（3）引入风投机制，引爆创新激情。在五院总体部的支持下，苗建印班组设立了创新种子基金。为了不浇灭每一点创新火花，基金对项目没有严格限制，大到整星新系统、小到一个工艺改进；实到近在眼前的产品，虚到一个新概念，都在支持范围内。如果成果显著，基金可继续支持甚至进行产业孵化。基金面向所有成员，不论是谁，只要有了新想法、新思路，即可申请。这种自下而上、自动自发、灵活机动的方式吸引了越来越多的人加入"创客"的行列。刚入职的 2 名博士，工作不到一年就分别拿到了几十万元的基金支持；热管生产线工人师傅获得的一个仅 5 000 元的工艺改进项目，将微小型热管的成品率从 30%一下子提高到了 95%；通过基金成功孵化出多个军转军、军转民新研产品，其中在电子散热领域形成的第一代民用产品已经赢得民用市场广泛关注，预期将形成每年数千万元的产值。

伟大的创新皆来自最纯真的梦想。苗建印班组所做的，就是使这个团队拥有一个创新团队应有的品格和力量，始终怀抱梦想，坚定勇敢地走下去。这个梦，就是热控梦、航天梦、中国梦！

后 记

工业文化是促进工业发展的倍增剂，也是保证工业平稳运行的润滑剂。当一个工业国家发展到一定阶段，它与其他强国之间的较量是全方位的较量，但最核心的还是文化的较量。世界上没有一个制造强国是在短期内成就的，因为工业发展不仅需要产品、技术、资本和劳动力，更需要耐心和意志，需要文化的支撑。

基于上述原因，自 2011 年以来，我们就一直在思考，如何培育和弘扬优秀工业文化，推动产业界进一步树立文化自信，为建设制造强国提供强大的精神动力。经过五年的探索研究，在领导和同志们的支持帮助下，我和孙星、罗民等同志于 2016 年合作完成了该书第一版的撰写。

该书出版两年来，得到了社会各界的广泛关注和认可。应广大读者的要求，我们对《工业文化》第一版进行了大幅修订，增添了大量最新研究成果。周荣喜、郭世卿、程楠、付向核、孙聪、周岚、冯春慧、郝帅等同志参与了本书第一版和第二版部分章节初稿的写作和修订。

本书编写过程中，得到了工业和信息化部部长苗圩，副部长王江平、辛国斌、冯飞，原副部长刘利华，中央编办原副主任张崇和，中国移动公司董事长尚冰等领导的指导和关怀，苗圩部长还亲自为本书撰写序言，在此表示衷心的感谢！

同时，要感谢财政部王小龙、曲富国，工业和信息化部陶少华、张洪远、李巍、范斌、郭秀明、许科敏、罗俊杰、尹卫军、衣雪青、史晓光、刘爱民、付京波、刘景秀、邱衡、于绍卿、田忠元、邵道新、胡阳辉、彭锐锋、徐少红、冯祯、朱秀梅、姚珺、杨东伟、何映昆、刘小龙，中航工业集团王守信、耿二黑、白小刚、赵忠良、王俊兵、姚远、戴军杰，航天科技集团王献雨、李钢、杨东文、潘晨，中船重工刘郑国，中国移动公司杨洋、方建国，新华社解放军分社刘声东，中国商飞公司魏存平、沈逸超，北京航空航天大学胡象明、杨爱华、杨敏、王理，华中师范大学严鹏，长春理工大学于化东、张闯，清华大学尤政、黄四民等同志的支持！

工业和信息化部原党组成员、总工程师朱宏任，国防科工局李金铎等同志为本书提出了许多宝贵意见，特此感谢！

还要感谢朱永利、李强、高栋、贾宾、马翔、韩强、石俊雅、李伟、回光焰、李晨惠、葛彤慧、张伟杰等同事的支持！

特别感谢全国政协常委、经济委员会副主任、工业和信息化部首任部长李毅中，"两弹一星功勋奖章"获得者、中国第一颗人造卫星总设计师、中国探月工程总设计师、原航空航天工业部副部长、两院院士孙家栋，中国大型飞机重大专项专家咨询委员会主任、原中国航空工业第二集团公司党组书记、总经理、工程院院士张彦仲，中国商飞原党委书记、董事长金壮龙，西安交通大学校长王树国等部长、科学家、企业家、教育家，在百忙之中给予大力指导并题词。

工信出版集团季仲华、刘九如同志对本书的出版高度重视，王斌等在书稿的文字、设计等方面做了非常细致的工作，在此一并表示感谢！

限于能力和水平，书中难免有不足之处，敬请广大读者不吝指正。

参考文献

[1] 王新哲. 弘扬工业文化 建设制造强国[N]. 学习时报, 2017-12-13.

[2] 王新哲. 加快发展新时代中国特色工业文化[N]. 光明日报, 2017-11-28.

[3] 王新哲, 孙星, 罗民. 工业文化[M]. 北京: 电子工业出版社, 2016.

[4] 王新哲, 孙星. 培育工匠精神 建设制造强国[J]. 西北工业大学学报（社会科学版）, 2016(3).

[5] 王新哲. 弘扬劳模精神 引领工业文化[EB/OL]. 新华网, 2015-11-06.

[6] 王新哲. 弘扬优秀工业文化 提升中国工业软实力[EB/OL]. 新华网, 2015-07-04.

[7] 王新哲, 周荣喜. 工业文化研究综述[J]. 哈尔滨工业大学学报（社会科学版）, 2015(1): 88-93.

[8] 王新哲, 孙星. 工业文化概念, 范畴和体系架构初探[J]. 西北工业大学学报（社会科学版）, 2015(1): 30-33.

[9] 孙星. 工业发展的倍增剂和灵魂——工业文化的定义、起源与作用[J]. 企业文明, 2016(3): 15-17.

[10] 张云龙, 杨智奇. 寻找工业文化的精气神——访工业文化发展中心副主

任孙星[J]. 现代企业文化（上旬），2015(10): 126-127.

[11] 刘守华. 文化学通论[M]. 北京：高等教育出版社，1992.

[12] 陈华文. 文化学概论[M]. 上海：上海文艺出版社，2001.

[13] 吴克礼. 文化学教程[M]. 上海：上海外语教育出版社，2002.

[14] 王玉德. 文化学[M]. 昆明：云南大学出版社，2006.

[15] 白泉旺. 企业文化学教程[M]. 北京：经济科学出版社，2010.

[16] 陈建宪. 文化学教程（第2版）[M]. 武汉：华中师范大学出版社，2011.

[17] 王旭东，韩建昌. 大家的天空——航空文化与通用航空[M]. 北京：航空工业出版社，2014.

[18] 闵家胤. 社会–文化遗传基因（S-cDNA）学说[M]. 桂林：漓江出版社，2012.

[19] 刘忠化. 中国大三线[M]. 北京：中国画报出版社，1998.

[20] 林坚. 文化学研究的状况和构架[J]. 人文杂志，2007(3): 86-93.

[21] 林坚. 文化概念演变及文化学研究历程[J]. 文化学刊，2007(4): 5-16.

[22] 金碚. 世界工业革命的缘起、历程与趋势[J]. 南京政治学院学报，2015(1): 41-49+140-141.

[23] 金碚. 工业革命进化史[J]. 南京政治学院学报，2014.

[24] 荣梅，王雪松. 世界制造中心的变迁、特点及趋势对我国制造业的启示[J]. 科技信息，2005(3):29-31.

[25] 余祖光. 把先进工业文化引进职业院校的校园[J]. 工业技术与职业教育，2010(3):1-5.

[26] 刘海静. 全球化的文化内涵与文化殖民主义[J]. 理论导刊，2006

(2):77-80.

[27] 王昌林, 姜江, 盛朝讯, 韩祺. 大国崛起与科技创新——英国、德国、美国和日本的经验与启示[J]. 全球化, 2015(9):39-49+117+133.

[28] 陈胜男. 论民族性与世界性的关系[J]. 才智, 2013(13): 155-156.

[29] 周德丰. 文化建设要处理好的几个关系[J]. 求知, 1997(3):35-37.

[30] 张为付. 世界制造中心形成及变迁机理研究[J]. 世界经济与政治, 2004(12):67-73+7.

[31] 陈邵桂. 论中国近代化进程与文化传播的基本规律[J]. 求索, 2007(5): 209-211+227.

[32] 李砚祖. 设计艺术概论[M]. 武汉:湖北美术出版社, 2009.

[33] 陈东林. 三线建设：离我们最近的工业遗产[J]. 党政论坛, 2007(2): 84.

[34] 朱兴丰. 软实力及中国软实力构建[J]. 江苏技术师范学院学报, 2010(10):1-4.

[35] 陈祎淼. 冯飞：文化力量柔性支撑制造强国[J]. 装备制造, 2015(11): 60-62.

[36] 崔月琴. 日美企业文化的源流及主要特点比较. 东北亚论坛[J]. 1998(4): 82-86.

[37] 董建锴. 工业精神的内涵及其培育[J]. 西安财经学院学报, 2010(3): 123-126.

[38] 丁浩. 转型经济中的企业社会责任履践机制研究[D]. 北京: 首都经济贸易大学, 2008.

[39] 章景平. 前工业化时期英国城市的转型[J]. 淮南师范学院学报, 2003(5):106-108.

[40] 傅长吉, 邢静洋. 论科学文化与科技发展的相互关系[J]. 理论界, 2016(1): 112-117.

[41] 肖生发, 沈国助, 郭一鸣. 汽车文化若干问题探究[J]. 湖北汽车工业学院学报, 2008(4):69-72.

[42] 付业勤, 郑向敏. 国内工业旅游发展研究[J]. 旅游研究, 2012(3): 72-78.

[43] 范红. 国家形象的多维塑造与立体传播（上）[J]. 采写编, 2012(5): 7-12.

[44] 方学敏. 硅谷启示[J]. 天津经济, 2012(1): 11-14.

[45] 单霁翔. 工业遗产的价值和保护意义[J]. 中国文化报, 2009, 2(24):005.

[46] 费嘉. 浅探汽车文化[D]. 上海: 上海师范大学, 2007.

[47] 冯之浚. 国家创新系统的文化背景[J]. 科学学研究, 1999(1): 1-8.

[48] 顾小成. "雾都"伦敦的救赎之路[J]. 环境, 2013(3): 54-57.

[49] 李梦媛. 日本武士道民族精神与日本企业文化研究[D]. 济南: 山东师范大学, 2015.

[50] 葛树荣, 陈俊飞. 德国制造业文化的启示[J]. 企业文明, 2011(8): 24-27.

[51] 郜风涛. 新型工业化与制度创新初探[J]. 中国法学, 2007(1): 91-99.

[52] 刚号. 制造企业质量文化评价技术研究[D]. 重庆: 重庆大学, 2006.

[53] 李宏策. 今年巴黎航展聚焦未来天空[J]. 科技日报, 2015, 6(23): 008.

[54] 高浏琛. 美国硅谷的创新文化（上）[J]. 中外企业文化, 2004(4): 26-27.

[55] 高浏琛. 美国硅谷的创新文化（下）[J]. 中外企业文化, 2004(5): 26-27.

[56] 张建昌. 区域经济形象与企业品牌关系论[J]. 理论导刊, 2005(9):19-20.

[57] 金碚. 建设制造强国需要耐心和意志[J]. 决策与信息, 2015(10): 44-46.

[58] 王娟. 文化作用于科技创新的机制与路径研究[D]. 沈阳: 东北大学, 2013.

[59] 张晶. 工业遗产保护性旅游开发研究[D]. 上海: 上海师范大学, 2007.

[60] 魏新龙, 张红岭. 论历史进程中的文化演进规律[J]. 兰州学刊, 2008(3):143-147+151.

[61] 何莉宏, 冷伟. 小议四川与云南贵州的三线建设[J]. 社科纵横（新理论版）, 2011(1): 193-194+210.

[62] 韩振峰. 提升国家文化软实力的战略思考[J]. 党政论坛, 2011(2): 46-47.

[63] 胡智锋. 中国影视文化建设三思[J]. 现代传播, 2005(6): 79-80.

[64] 贺旺. 后工业景观浅析[D]. 北京: 清华大学, 2004.

[65] 刘邦根. 品牌文化的研究[D]. 北京: 北京交通大学, 2006.

[66] 叶虹. 文化全球化的形成及其后果[J]. 浙江师大学报, 2000(1):11-14.

[67] 汪中求. 日本工匠精神: 一生专注做一事[N]. 解放日报, 2015-8(17):W04.

[68] 朱立. 品牌文化战略研究[D]. 武汉: 中南财经政法大学, 2005.

[69] 柯连君. 技术进步对社会结构的影响研究[D]. 杨凌: 西北农林科技大学, 2013.

[70] 郑东旭. 从塑造国家形象的视角看中国软实力的构建[D]. 上海: 华东师范大学, 2010.

[71] 刘娜. 全球化背景下的"文化殖民"与学校道德教育的应对[D]. 济南: 山东师范大学, 2011.

[72] 李会华. 论提升技术创新能力的文化进路[D]. 长沙: 长沙理工大学, 2011.

[73] 李春艳, 李倩. 企业软实力及其形成的关键因素分析[J]. 东北师大学报（哲学社会科学版），2010(1): 38-44.

[74] 刘相平. 对"软实力"之再认识[J]. 南京大学学报（哲学·人文科学·社会科学版），2010(1): 148-157.

[75] ［美］丹尼尔贝尔. 后工业社会的来临[M]. 北京：新华出版社，1997.

[76] ［法］马特拉. 世界传播与文化霸权：思想与战略的历史[M]. 陈卫星，译. 北京：中央编译出版社，2001.

[77] 马克思, 恩格斯. 马克思恩格斯选集[M]. 北京：人民出版社，1995.

[78] ［日］秋山利辉. 匠人精神[M]. 陈晓丽，译. 北京：中信出版社，2015.

[79] ［日］根岸康雄. 工匠精神[M]. 李斌瑛，译. 北京：东方出版社，2015.

[80] ［英］泰勒. 原始文化——神话、哲学、宗教、语言、艺术和习俗发展之研究[M]. 连树声，译. 上海：上海文艺出版社，1992.

[81] ［美］路易斯·亨利·摩尔根. 古代社会[M]. 杨东莼，马雍，马巨，译. 北京：中央编译出版社，2007.

[82] ［美］约翰·麦休尼斯. 社会学（14版）[M]. 风笑天，等，译. 北京：中国人民大学出版社，2015.